中国城市科学研究系列报告
中国城市科学研究会　主编

中国工程院咨询项目

中国建筑节能年度发展研究报告 2018

2018 Annual Report on China Building Energy Efficiency

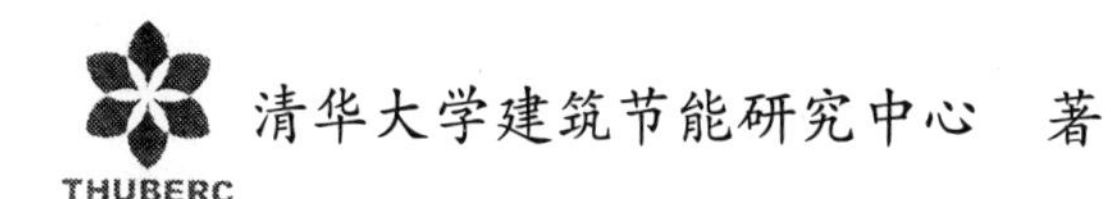

清华大学建筑节能研究中心　著

中国建筑工业出版社

图书在版编目（CIP）数据

中国建筑节能年度发展研究报告 2018/清华大学建筑节能研究中心著．—北京：中国建筑工业出版社，2018.3

ISBN 978-7-112-21913-1

Ⅰ.①中… Ⅱ.①清… Ⅲ.①建筑-节能-研究报告-中国-2018 Ⅳ.①TU111.4

中国版本图书馆 CIP 数据核字（2018）第 043931 号

责任编辑：齐庆梅　张文胜

责任校对：李美娜

中国城市科学研究系列报告

中国城市科学研究会　主编

中国建筑节能年度发展研究报告 2018

2018 Annual Report on China Building Energy Efficiency

清华大学建筑节能研究中心　著

*

中国建筑工业出版社出版、发行（北京海淀三里河路 9 号）

各地新华书店、建筑书店经销

北京红光制版公司制版

天津安泰印刷有限公司印刷

*

开本：787×1092 毫米　1/16　印张：25½　字数：440 千字

2018 年 4 月第一版　2018 年12月第三次印刷

定价：**60.00** 元

ISBN 978-7-112-21913-1

(31831)

《中国建筑节能年度发展研究报告2018》
顾问委员会

本 书 作 者

清华大学建筑节能研究中心

（按章节顺序排）

胡姗（第1章，2.1）

郭偲悦（第1章，2.1）

张洋（第1章，4.5）

江亿（第3章）

刘晓华（第3章，5.1，5.2）

张涛（第3章，5.1，5.2，6.2）

魏庆芃（2.2，2.3，4.1，4.2，4.3，4.4，5.4，6.2，6.3，6.5，第7章）

卢地（2.2，4.2，4.3，4.4，5.1，6.5）

刘效辰（5.1）

关博文（5.2）

刘烨（5.3）

唐千喻（5.3）

夏建军（5.5）

方豪（5.5）

张野（6.1）

梁媚（6.2）

邓杰文（6.3，7.4，8.1，8.3，8.5，8.6）

燕达（6.4）

钱明杨（6.4）

姜子炎（6.6）

郝志刚（7.3）

尹顺永（8.2）

郑雯（8.2）

刘畅（8.4）

特邀作者

（按章节顺序排）

上海建科建筑节能技术股份有限公司　　邓光蔚、李梦惜（7.2）

上海市长宁区低碳项目管理和发展中心　　冒勤（7.2）

中国建筑科学研究院　　于震、李怀（8.1）

青岛被动屋工程技术有限公司　　于正杰、刘磊、韩飞（8.2）

珠海兴业绿色建筑科技有限公司　　罗多、李进、张玲（8.3）

广州市设计院　　屈国伦、林辉、谭海阳（8.5）

中铁二院工程集团有限责任公司地铁院机电分院　　刘伊江、侯喜快、龚波（8.6）

统稿：胡姗、邓杰文

总　序

建设资源节约型社会，是中央根据我国的社会、经济发展状况，在对国内外政治经济和社会发展历史进行深入研究之后做出的战略决策，是为中国今后的社会发展模式提出的科学规划。节约能源是资源节约型社会的重要组成部分，建筑的运行能耗大约为全社会商品用能的三分之一，并且是节能潜力最大的用能领域，因此应将其作为节能工作的重点。

不同于“嫦娥探月”或三峡工程这样的单项重大工程，建筑节能是一项涉及全社会方方面面，与工程技术、文化理念、生活方式、社会公平等多方面问题密切相关的全社会行动。其对全社会介入的程度很类似于一场新的人民战争。而这场战争的胜利，首先要“知己知彼”，对我国和国外的建筑能源消耗状况有清晰的了解和认识；要“运筹帷幄”，对建筑节能的各个渠道、各项任务做出科学的规划。在此基础上才能得到合理的政策策略去推动各项具体任务的实现，也才能充分利用全社会当前对建筑节能事业的高度热情，使其转换成为建筑节能工作的真正成果。

从上述认识出发，我们发现目前我国建筑节能工作尚处在多少有些“情况不明，任务不清”的状态。这将影响我国建筑节能工作的顺利进行。出于这一认识，我们开展了一些相关研究，并陆续发表了一些研究成果，受到有关部门的重视。随着研究的不断深入，我们逐渐意识到这种建筑节能状况的国情研究不是一个课题通过一项研究工作就可以完成的，而应该是一项长期的不间断的工作，需要时刻研究最新的状况，不断对变化了的情况做出新的分析和判断，进而修订和确定新的战略目标。这真像一场持久的人民战争。基于这一认识，在国家能源局、住房城乡建设部、发改委的有关领导和学术界许多专家的倡议和支持下，我们准备与社会各界合作，持久进行这样的国情研究。作为中国工程院“建筑节能战略研究”咨询项目的部分内容，从2007年起，把每年在建筑节能领域国情研究的最新成果编撰成书，作为《中国建筑节能年度发展研究报告》，以这种形式向社会及时汇报。

清华大学建筑节能研究中心

前　　言

正如党的十九大报告所指出，我国已经进入中国特色社会主义发展的新时期，城镇化建设也已经进入新阶段。统计表明，从2015年起，我国建筑开工总量、每年消耗的建材总量以及新建建筑导致的相关的二氧化碳排放总量都已经达到峰值，2016年、2017年开始呈下降趋势。这就表明我国城镇化发展出现了新的变化：大规模住宅、办公楼、商业大厦的建设已经告一段落，今后城镇化建设的重点开始在如下三个方面集中：为了改善民生所需要的医院建筑、学校建筑以及社区活动配套建筑；为了满足进一步改善交通环境所配套建设的机场、高铁车站以及地铁车站建筑；一批国家级和省级的新区开发建设，如雄安新区、北京通州副中心、西咸新区、珠海横琴岛、深圳前海自贸区等。

与这一变化相适应，今年这本以公共建筑为主题的报告也就突出了这些方面的内容。报告对大型交通枢纽建筑、医院建筑的目前用能状况和节能途径专门进行了较深入的分析；对学校建筑用能和室内环境状况以及未来的学校建筑（尤其是中小学建筑）应朝什么方向发展，才有利于改善目前发展不平衡的矛盾，有利于把生态文明的发展理念牢牢地在我们的下一代中扎根，进行了初步讨论；对新区建设的指导思想和实现总量与强度双控的具体做法，提出了系统性的建议。这些内容都是第一次出现在本系列报告中，也是我们根据城镇化建设工作的变化和近年来调查研究得到的新认识。

从技术措施上看，我们发现上述公共建筑的共同特点是室内空间通风换气问题。目前这些建筑明显地呈现出的特点是：很多人员长时间停留的场所（如中小学校）通风换气不足，室内空气品质不佳；人员停留时间短、不需要过大的通风换气量的场所（典型是交通枢纽）却是过量通风，室内 CO_2 浓度远远低于很多教室空间，过多的室外空气带入过多的室外热、湿、冷，过量通风换气成为这类建筑中能耗偏高者高能耗的主要原因；病室之间由于空调系统形式不当导致的空气交叉渗透又是影响医院病房相互感染的主要原因。因此，如何科学地调控公共建筑的有效通风量，既满足通风要求以保证室内空气质量，又要防止各种过量通风导致运行能耗上涨，同时又要从通风方式上合理组织空气流动，这些都成为在有效控制运行能耗的前提下营造良好的公共建筑室内环境的关键问题。为此，本报告在不少章节中讨论了通风问题，包括现实状况、各种改进措施、监测手段等。报告中建议应该与温度、湿度一样，把 CO_2 浓度也作为室内环境设计和运行的监控指标，替代新风量，从而使新风量控制与冷热、干湿一样，成为设计者和运行管理者关注的对象，使其维持在合理范围内，避免过高和过低的现象出现。随着对通风问题的研究，我们越来越意识到通风问题非常重要，也非常复杂。目前的认识离全面解释各种实际工程中的问题还有不少距离，目前可以提出的技术路径也远非是可以使各方面都满意的解决方案。看来通风问题还需要深入研究，既需要深入调查，剖析工程中出现的实际现象；又需要深入分析，提取科学规律找到解决途径。这个方向上还有挺长的路要走，希望更多一些有兴趣者能投入到这一方向中来。

建筑节能工作要从措施导向转为效果导向，建筑实际的用能数据应该是检验建筑节能工作的唯一标准。经过这些年的宣传和实践，建筑节能领域中越来越多的同事开始关注用能数据，拿数据说话。近十年来，国家投入大量财政支持，建成了公共建筑能耗监测平台，使我们的建筑节能工作已经从没有数据发展成有大量的实时能耗数据和静态节能审计数据。大数据技术又全面推进了数据获取和数据挖掘的技术发展。配合这一形势，本报告的第 4 章介绍了作为以能耗数据导向的建筑节能工作的基础——《民用建筑能耗标准》，以及目前用能数据在线监测与应用状况。第 7 章则通过三个工程实例具体介绍了以能耗数据为导向的建设和运行的全过程管理方法与经验。希望能耗数据得到更多人的关注，以能耗数据为导向的建筑节能理念能够深入人心，大数据技术能够给建筑节能工作带来理念、方法以及结果上的大变化。

这是第三本重点讨论公共建筑的报告（2010 年、2014 年、2018 年）。比较这三本报告的内容，可以看出我们在公共建筑室内环境营造和节能减排方面认识的逐步发展与深化。这些认识上的进步得益于这一领域众多的研究者、设计者、调适者和运行管理者的支持帮助与启发，也借鉴了很多国内外这一领域研究者的成果。在此向对我们提供了大量无私指导和帮助的同行们表示深深的感谢。这项工作还需要在大家不断的支持与鼓励下，才能持续地做下去。真正实现优异的室内环境和超低的运行能耗，解决各类不同功能建筑的各种需求与问题，前面的路还很长，还有很多工作要做。

本书的很大一部分工作是由魏庆芃老师和他领导的课题组的同学们完成的。这个小组多年来深入现场，对各类公共建筑做了大量的调查、实测与分析，摸索总结出一套从实际工程出发，接地气的建筑节能研究方法，书中的很多内容都源于他们这些深入实际的工作。感谢他们十几年来在这一领域的辛勤耕耘，感谢他们对本书的重要贡献。本书的第1章和全书的编辑总成负责人是胡姗博士，这是工作量巨大又十分繁琐的工作，对她表示感谢。当然更应该感谢的是本书的责任编辑齐庆梅和张文胜。今年交稿很晚，中间又有一个春节长假，这样短的时间内能高质量地让这本书出版面市，是一件很难想象的事情，但是他们做到了。

江亿

于清华大学节能楼

2018年2月3日

目　　录

第1篇　中国建筑能耗基本现状

第2篇　公共建筑节能专题

第 1 篇　中国建筑能耗基本现状

第 1 章　中国建筑能耗基本现状

1.1　中国建筑领域基本现状

近年来，我国城镇化高速发展，大量的人口从农村进入城市。2016 年，我国城镇人口达到 7.98 亿人，城镇居民户数从 2001 年的 1.55 亿户增长到约 2.83 亿户；农村人口 5.82 亿人，农村居民户数从 2001 年的 1.92 亿户降低到约 1.53 亿户，城镇化率从 2001 年的 37.7%增长 2016 年的 58%，如图 1-1 所示。

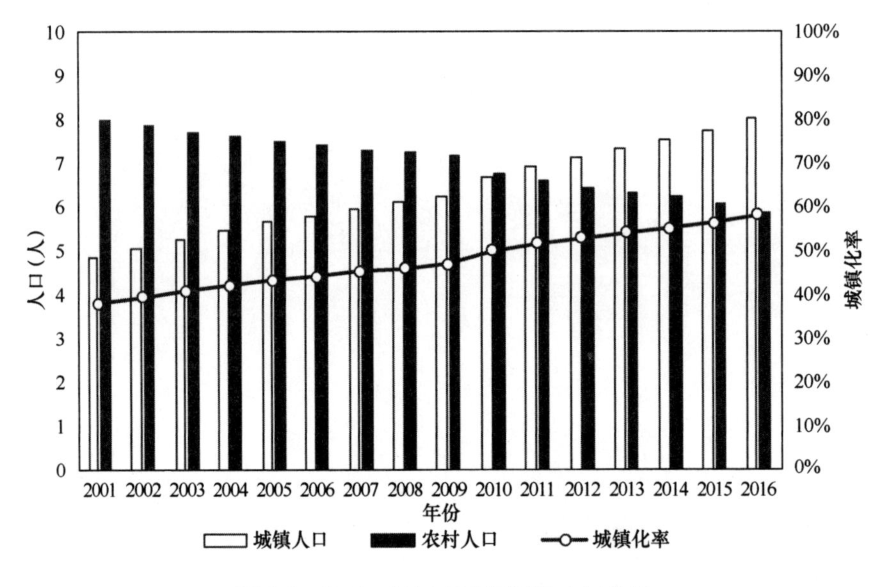

图 1-1　2001～2016 年中国逐年人口发展

快速城镇化带动建筑业持续发展，我国建筑业规模不断扩大。从 2001 年到 2016 年，我国建筑营造速度逐年增长，城乡建筑面积大幅增加，自 2005 年起，每年的竣工面积均超过 15 亿 m^2，2016 年的建筑竣工面积达到 25.9 亿 m^2。竣工面积中住宅建筑约占 66%，公共建筑约占 34%，如图 1-2 所示。

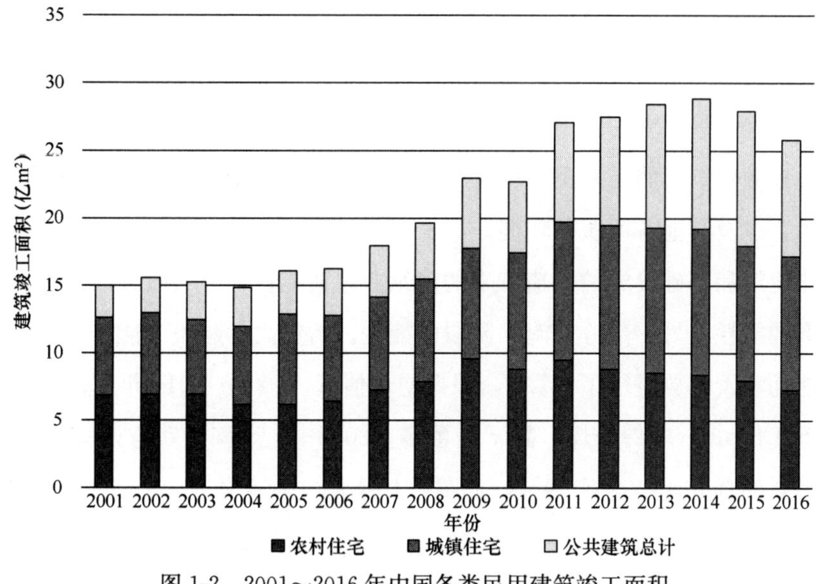

图 1-2 2001～2016 年中国各类民用建筑竣工面积

逐年增长的竣工面积使得我国建筑面积的存量不断高速增长，2016 年我国建筑面积总量约 581 亿 m^2，其中：城镇住宅建筑面积为 231 亿 m^2，农村住宅建筑面积 233 亿 m^2，公共建筑面积 117 亿 m^2，如图 1-3 所示。

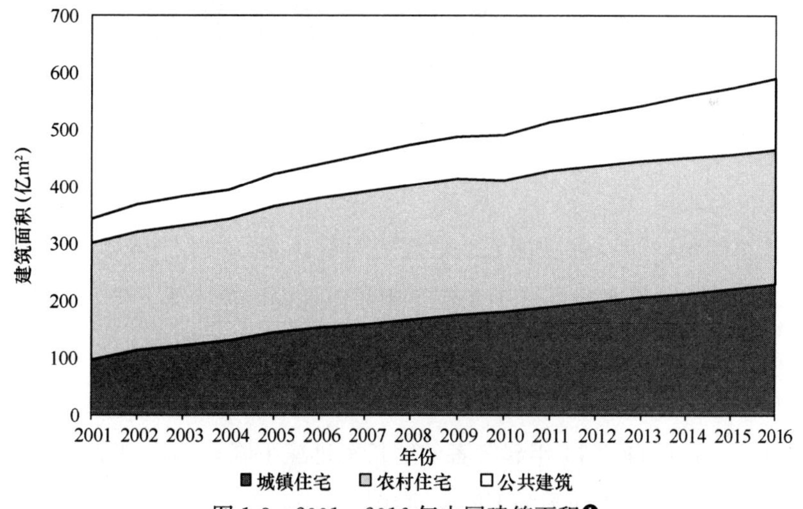

图 1-3 2001～2016 年中国建筑面积[1]

建筑规模的持续调整增长主要从两方面驱动了能源消耗和碳排放增长：一方

[1] 数据来源：清华大学建筑节能研究中心估算结果，详细推算方法详见《中国建筑节能年度发展研究报告 2015》。

面，建设规模的持续增长都需要以大量建材和能源的生产与消耗作为代价，我国大量的新建建筑与基础设施所产生的建造能耗也是我国能源消耗和碳排放持续增长的一个重要原因；另一方面，不断增长的建筑面积也给未来带来大量的建筑运行能耗需求，更多的建筑必然需要更多的能源来满足其供暖、通风、空调、照明、炊事、生活热水，以及其他各项服务功能。

新建建筑和基础设施的建造带来的建筑业建造能耗又分为两大部分：一部分是建材生产的能耗；另一部分是施工阶段的能耗。清华大学建筑节能研究中心对建筑业建造能耗和碳排放进行了估算[1]，根据初步估算，2004～2015年，建筑业建造能耗从接近4亿tce（吨标准煤）翻了一番多，2015年已达10.7亿tce，占全社会一次能源消耗的百分比高达24.9%，如图1-4所示。

图1-4　2004～2015年建筑业建造能耗

值得注意的是，2015年我国建筑业建造能耗首次出现了下降，与2014年相比下降了1.48亿tce，这与我国近年来建筑业建造规模增速持续下降，建筑业产值增速放缓有关。根据住房城乡建设部发布的《2016年建筑业发展统计分析》，我国的全社会房屋施工面积与竣工面积从2006年起直到2013年，维持了近10年约10%以上的高速增长，但自2014年起二者的增长率迅速下降，2015年首次出现了负增长（见图1-5），施工竣工面积的下降，直接导致了我国建筑业建造能耗的降低。

建筑业建造能耗中93%均为钢材、水泥和铝材等建材的生产能耗，大量建材

[1] 估算方法详见《我国建筑业广义建造能耗及CO_2排放分析》. 林立身，江亿，燕达，等. 中国能源，2015，37 (3)：5-10.

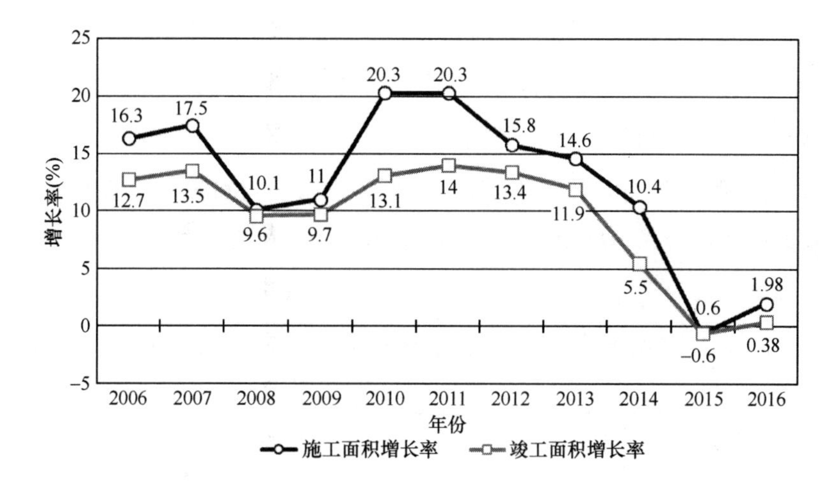

图 1-5　2004～2015 年我国全社会房屋施工面积

的生产不仅消耗了大量的能源，同时也会产生大量的二氧化碳排放。根据估算，2015 年我国建造相关的碳排放总量高达 35.7 亿 t CO_2，超过我国碳排放总量的 1/3。

建筑业包括建筑建造和基础设施如公路、铁路、大坝等的建设。在 2010 年之前，建筑的建造能耗占建筑业建造能耗总量的 60%以上（见图 1-6），是最主要的部分，近年来，建筑业建造能耗所占比例有所下降，2015 年占到建造总能耗的 48%。2015 年新建建筑的建造能耗为 5.07 亿 tce，约占全社会总一次能源消耗的 12%，新建建筑产生的碳排放约为 17 亿 t CO_2。

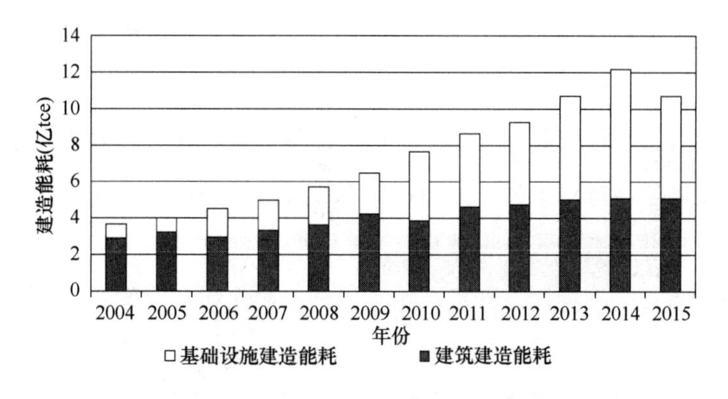

图 1-6　2004～2015 年建筑建造能耗和基础设施建造能耗

大规模的新建建筑一方面驱动建筑材料的生产，消耗了大量能源、水资源，对环境造成影响，同时也会占用大量土地资源，建设用地和耕地高邻接度的空间格局以及城市在空间上的摊饼式发展，对耕地保护形成了巨大冲击，导致耕地日益萎缩[1][2]。自2004年起，我国建筑业产值连续高速增长，这与依靠房地产拉动GDP的经济增长模式密切相关。

21世纪初期，地方政府为刺激经济发展，为房屋建设创造了有利条件；而开发商为获取商业利益，更期望扩大房地产市场；投资者将房产作为投资和资产保值手段，更促进了房屋的建设，刺激房价升高。2013年，全国商品房平均售价6237元/m^2，对GDP贡献达12.6万亿元，接近我国GDP总量的15%；如果按照平均造价和装修价约3000元/m^2估算，共计形成建造业和建材业产值约6.1万亿元，地产增值约为6.5万亿元。

将住房成为投资渠道，会导致城市中大量房屋资源空置，根据清华大学2015年在全国城镇住户中开展的问卷调查，全国约有20%的城镇住宅空置无人居住，这无疑是对社会资源的巨大浪费。除了居住建筑外，一些企业、地产商所建的超面积的办公用房、大量"广场"、"中心"，实质并非从实际使用的角度来进行合理设计和建造，而是能多建则多建，但实际上建筑并未完全使用，大量面积空置，商业运营的"广场"、"中心"在目前的出租率下并不能收益，这也主要是因为这些业主将建筑作为保值和升值的手段。在这样的发展模式下，全国甚至出现了大量的"鬼城"，整片区域的住宅和商业建筑全部空置，无人居住。

从宏观经济社会发展的角度，将投资房产作为收益最大的投资渠道，会扰乱金融秩序，影响经济的健康发展。投资住房2008～2013年的平均收益率高达15%，而2015年投资国债五年年化收益仅为5.32%，投资股市的平均收益仅为7%[3]。高额的房产投资收益率使得资金大量流入房地产建造业，而导致创新企业和中小企业融资困难，发展举步维艰。另一方面，随着经济的发展，居民收入持续增长，但除房屋之外的支出并没有增长，也就是说增长的收入都被用来凑首付、还房贷，而除房屋外的消费需求受到抑制，严重影响了教育、文化和其他服务业的发展。

---

❶ 倪绍祥，谭少华．江苏省耕地安全问题探讨．自然资源学报，2002，17（3）：307-312.

❷ 谈明洪，李秀彬，吕昌河．20世纪90年代中国大中城市建设用地扩张及其对耕地的占用．中国科学：D辑，2005，34（12）：1157-1165.

❸ Fang H，Gu Q，Xiong W，et al. Demystifying the Chinese Housing Boom［R］. National Bureau of Economic Research，2015.

2013年之后，在我国经济下行压力加大，十八大之后全面深化改革，在加快产业转型升级的背景下，建筑业产值以及建筑施工面积增速迅速放缓，并且施工面积在2015年首次出现了下降，水泥、钢铁、玻璃等建材的消耗量也同步降低，这导致了我国建筑业建造能耗以及相关碳排放的下降，这也说明我国建筑业的主要矛盾从供应不足，经过快速城镇化过程，已经基本满足了人民生活的需求，因此，建筑业和房地产业的下一步发展将着力于解决“不均衡、不充分”的矛盾。

1.2 中国建筑运行能耗及碳排放现状

1.2.1 定义及分类

建筑运行能耗指的是民用建筑的运行能耗，即在住宅、办公建筑、学校、商场、宾馆、交通枢纽、文体娱乐设施等非工业建筑内，为居住者或使用者提供供暖、通风、空调、照明、炊事、生活热水，以及其他为了实现建筑的各项服务功能所使用的能源。考虑到我国南北地区冬季供暖方式的差别、城乡建筑形式和生活方式的差别，以及居住建筑和公共建筑人员活动及用能设备的差别，将我国的建筑用能分为北方城镇供暖用能、城镇住宅用能（不包括北方地区的供暖）、公共建筑用能（不包括北方地区的供暖），以及农村住宅用能四类。

（1）北方城镇供暖用能

指的是采用集中供暖方式的省、自治区和直辖市的冬季供暖能耗，包括各种形式的集中供暖和分散供暖。地域涵盖北京、天津、河北、山西、内蒙古、辽宁、吉林、黑龙江、山东、河南、陕西、甘肃、青海、宁夏、新疆的全部城镇地区，以及四川的一部分。西藏、川西、贵州部分地区等，冬季寒冷，也需要供暖，但由于当地的能源状况与北方地区完全不同，其问题和特点也很不相同，需要单独论述。将北方城镇供暖部分用能单独考虑的原因是，北方城镇地区的供暖多为集中供暖，包括大量的城市级别热网与小区级别热网。与其他建筑用能以楼栋或者以户为单位不同，这部分供暖用能在很大程度上与供暖系统的结构形式和运行方式有关，并且其实际用能数值也是按照供暖系统来统一统计核算，所以把这部分建筑用能作为单独一类，与其他建筑用能区别对待。目前的供暖系统按热源系统形式及规模分类，可分为大中规模的热电联产、小规模热电联产、区域燃煤锅炉、区域燃气锅炉、小区燃煤锅炉、小区燃气锅炉、热泵集中供暖等集中供暖方式，以及户式燃气炉、户式燃煤炉、空调分散供暖和直接电加热等分散供暖方式。使用的能源种类主要包括燃煤、燃气和电力。本章考察各类供暖系统的一次能耗，包括了热源和热力站损失、管网的热损失和输配能耗，以及最终建筑的得热量。

（2）城镇住宅用能（不包括北方地区的供暖）

指的是除了北方地区的供暖能耗外，城镇住宅所消耗的能源。在终端用能途径上，包括家用电器、空调、照明、炊事、生活热水，以及夏热冬冷地区的省、自治区和直辖市的冬季供暖能耗。城镇住宅使用的主要商品能源种类是电力、燃煤、天然气、液化石油气和城市煤气等。夏热冬冷地区的冬季供暖绝大部分为分散形式，热源方式包括空气源热泵、直接电加热等针对建筑空间的供暖方式，以及炭火盆、电热毯、电手炉等各种形式的局部加热方式，这些能耗都归入此类。

（3）商业及公共建筑用能（不包括北方地区的供暖）

这里的商业及公共建筑指人们进行各种公共活动的建筑。包含办公建筑、商业建筑、旅游建筑、科教文卫建筑、通信建筑以及交通运输类建筑，即包括城镇地区的公共建筑也包含农村地区的公共建筑[1]。除了北方地区的供暖能耗外，建筑内由于各种活动而产生的能耗，包括空调、照明、插座、电梯、炊事、各种服务设施，以及夏热冬冷地区城镇公共建筑的冬季供暖能耗。公共建筑使用的商品能源种类是电力、燃气、燃油和燃煤等。

（4）农村住宅用能

指农村家庭生活所消耗的能源。包括炊事、供暖、降温、照明、热水、家电等。农村住宅使用的主要能源种类是电力、燃煤和生物质能（秸秆、薪柴）。其中的生物质能部分能耗不纳入国家能源宏观统计，本书将其单独列出。2014 年之前的《中国建筑节能年度发展研究报告》在公共建筑分项中仅考虑了城镇地区公共建筑，而未考虑农村地区的公共建筑，农村公共建筑从用能特点、节能理念和技术途径各方面与城镇公共建筑并无太大差异，因此从 2015 年起将农村公共建筑也统计

---

[1] 2015 年以前出版的建筑节能年度发展研究报告中的公共建筑未考虑农村公共建筑，从本书起对此概念进行修正，具体可见附录。

入公共建筑用能一项，统称为公共建筑用能。

1.2.2 能耗及碳排放

本章的建筑能耗数据来源于清华大学建筑节能研究中心建立的中国建筑能耗模型（China Building Energy Model，CBEM）的研究结果，分析我国建筑能耗现状和从 2001 年到 2016 年的变化情况。从 2001 年到 2016 年，建筑能耗总量及其中电力消耗量均大幅增长（见图 1-7）。

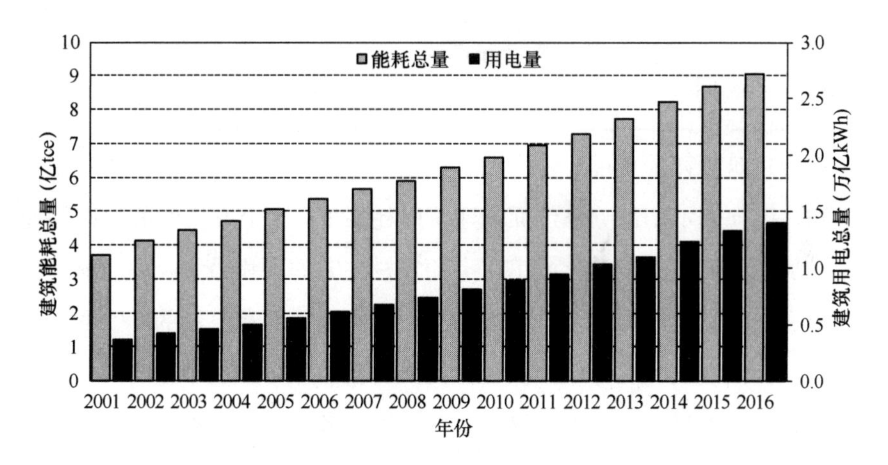

图 1-7 中国建筑运行消耗的一次能耗和电总电量（2001～2016 年）[①]

如表 1-1 所示，2016 年建筑运行的总商品能耗为 9.06 亿 tce[❶]，约占全国能源消费总量的 20%，建筑商品能耗和生物质能共计 9.86 亿 tce（其中生物质能耗约 0.8 亿 tce）。

中国建筑能耗（2016 年） **表 1-1**

用能分类	宏观参数（面积/户数）	电（亿 kWh）	总商品能耗（亿 tce）	能耗强度
北方城镇供暖	136 亿 m^2	291	1.91	14.0kgce/m^2

❶ 本书中尽可能单独统计核算电力消耗和其他类型的终端能源消耗，当必须把二者合并时，2015 年以前出版的建筑节能年度发展研究报告中采用发电煤耗法对终端电耗进行换算，从《中国建筑节能年度发展研究报告 2015》起采用供电煤耗法对终端耗电量进行换算，即按照每年的全国平均火力供电煤耗把电力消耗量换算为用标煤表示的一次能耗，本书第 2 章中在计算城镇住宅能耗总量时对于电力消耗也采用此方法进行折算。因本书定稿时国家统计局尚未公布 2015 年的全国火电石供电煤耗值，故选用 2014 年的数据，为 319gce/kWh。

续表

用能分类	宏观参数（面积/户数）	电（亿 kWh）	总商品能耗（亿 tce）	能耗强度
城镇住宅（不含北方地区供暖）	2.83 亿户 231 亿 m^2	4579	2.12	750kgce/户
公共建筑（不含北方地区供暖）	117 亿 m^2	6896	2.80	23.9kgce/m^2
农村住宅	1.53 亿户 233 亿 m^2	2237	2.23	1454kgce/户
合计	13.8 亿人 581 亿 m^2	14003	9.06	656kgce/人

将4部分建筑能耗的规模、强度和总量表示在图1-8中的4个方块中，横向表示建筑面积，纵向表示四部分单位面积建筑能耗强度，4个方块的面积即为建筑能耗的总量。从建筑面积上来看，城镇住宅和农村住宅的面积最大，北方城镇供暖面积约占建筑面积总量的1/4弱，公共建筑面积仅占建筑面积总量的1/5弱，但从能耗强度来看，公共建筑和北方城镇供暖能耗强度又是4个分项中较高的。因此，从用能总量来看，基本呈4分天下的局势，四类用能各占建筑能耗的1/4左右。近年

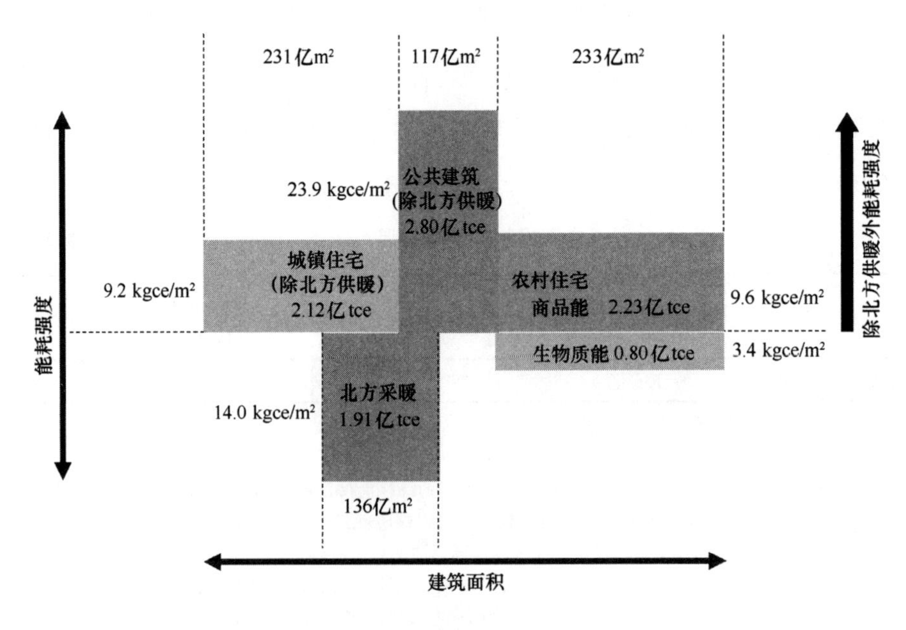

图1-8 中国建筑能耗（2016年）

来，随着公共建筑规模的增长及平均能耗强度的增长，公共建筑的能耗已经成为中国建筑能耗中比例最大的一部分。

整体看来，建筑运行阶段消耗的能源种类主要以电、煤、天然气为主。其中：城镇住宅和公共建筑这两类建筑中70%的能源均为电；而北方供暖和农村住宅这两类建筑中，消耗煤的比例比电更高，北方供暖分项中用煤的比例超过了80%，农村住宅中用煤的比例约为60%。

而在我国的发电结构中，火电占了72%的比例，水电占到20%，其余是核电、风电和太阳能。根据全国发电量的结构、火力发电的能源平衡表，可以计算得到全国平均的度电碳排放因子。根据建筑运行的能源结构及碳排放因子可以计算得到全国建筑运行能耗相关的碳排放总量。2016年中国建筑运行的化石能源消耗相关的碳排放为20.3亿t CO_2（见图1-9）。其中电力相关的碳排放占40%，其他能源相关的碳排放占60%。人均建筑运行碳排放量为1.5 t/cap，占人均总碳排放量（全国平均约8 t/cap）的18.7%。

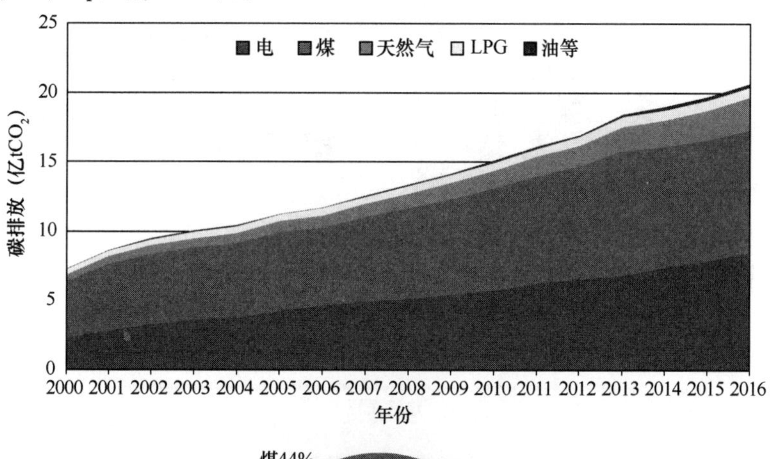

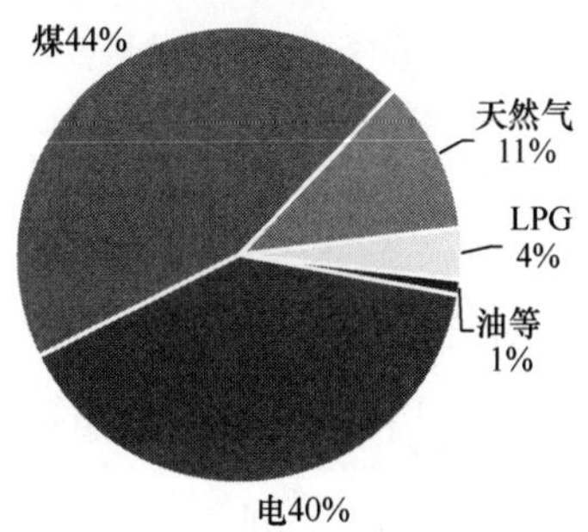

图1-9 2016年中国建筑运行化石能源相关的碳排放量

2016 年 4 个建筑用能分项的碳排放比例为：农村住宅 29%，公共建筑 27%，北方供暖 25%，城镇住宅 19%。将 4 部分建筑碳排放的规模、强度和总量表示在图 1-10 中的 4 个方块中，横向表示建筑面积，纵向表示四单位面积碳排放强度，4 个方块的面积即是碳排放总量。可以发现 4 个分项的碳排放呈现与能耗不尽相同的特点：公共建筑由于建筑能耗强度最高，所以单位建筑面积的碳排放强度也最高，为 45.9$kgCO_2/m^2$；而北方供暖分项由于大量燃煤，碳排放强度次之，为 37.6 $kgCO_2/m^2$；农村住宅和城镇住宅单位面积的一次能耗强度相关不大，但农村住宅由于电气化水平低，燃煤比例高，所以单位面积的碳排放强度高于城镇住宅：农村住宅单位建筑面积的碳排放强度为 25.6$kgCO_2/m^2$，而城镇住宅单位建筑面积的碳排放强度为 16.6$kgCO_2/m^2$。

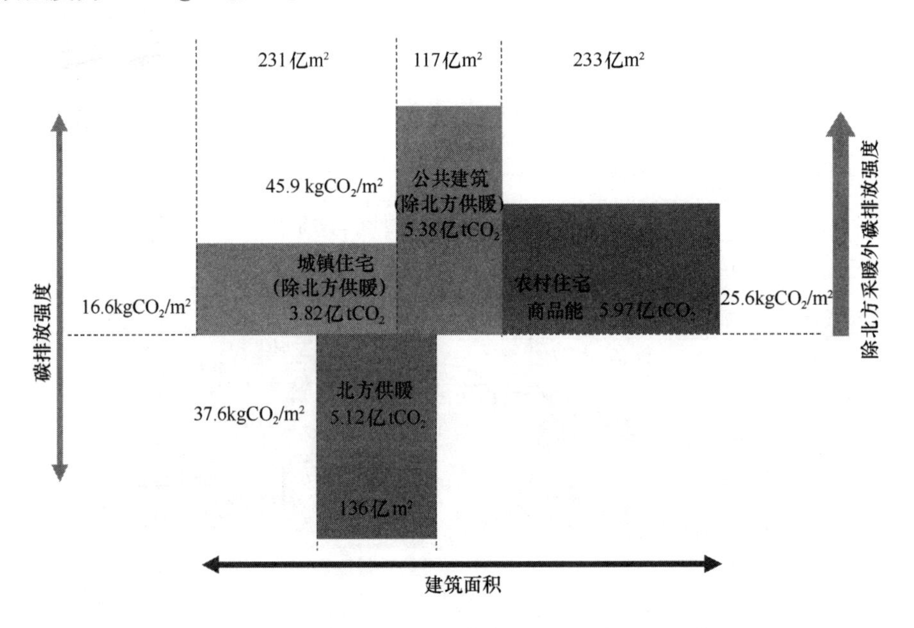

图 1-10 4 个建筑分项的碳排放总量及强度（2016 年）

1.2.3 分项用能特点

结合 4 个用能分项从 2001～2016 年的变化，从各类能耗总量上看，除农村用生物质能持续降低外，各类建筑的用能总量都有明显增长（见图 1-11）；而分析各类建筑能耗强度（见图 1-12，图 1-13），进一步发现以下特点：

（1）北方城镇供暖能耗强度较大，近年来持续下降，显示了节能工作的成效。

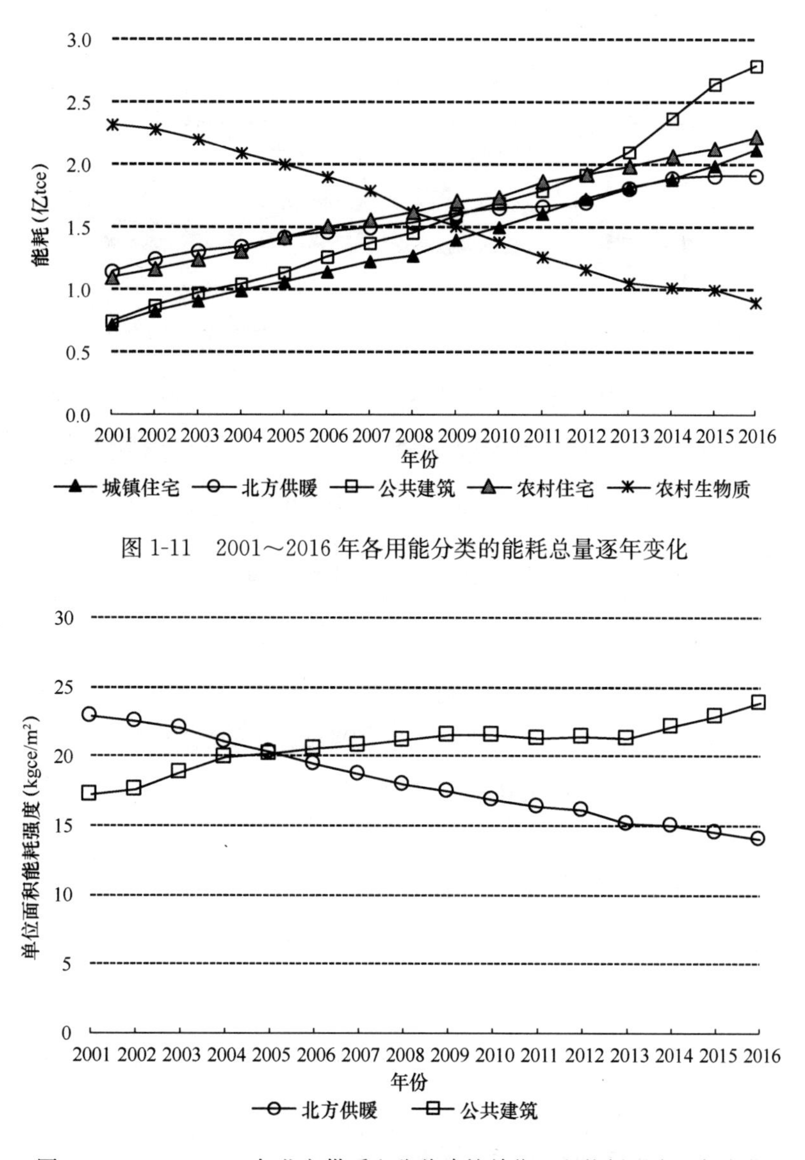

图 1-11　2001～2016 年各用能分类的能耗总量逐年变化

图 1-12　2001～2016 年北方供暖和公共建筑单位面积能耗强度逐年变化

（2）公共建筑单位面积能耗强度持续增长，各类公共建筑终端用能需求（如空调、设备、照明等）的增长，是建筑能耗强度增长的主要原因，尤其是近年来许多城市新建的一些大体量并应用大规模集中系统的建筑，能耗强度大大高出同类建筑。

（3）城镇住宅户均能耗强度增长，这是由于生活热水、空调、家电等用能需求增加，夏热冬冷地区冬季供暖问题也引起了广泛的讨论；由于节能灯具的推广，住

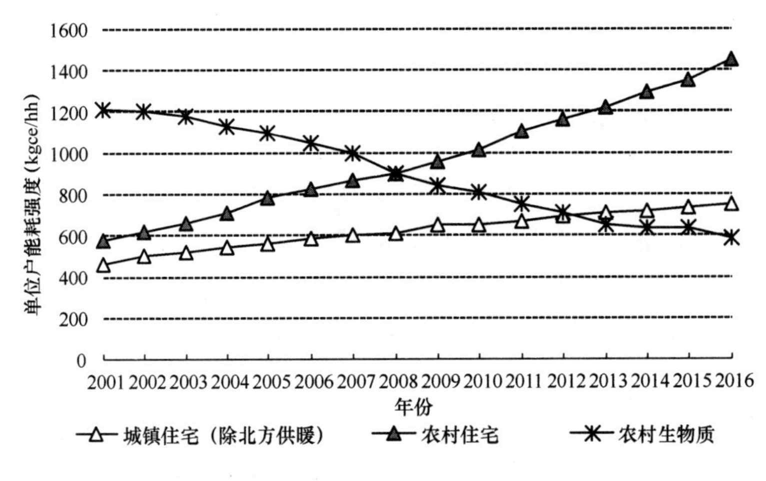

图 1-13 2001～2015 年住宅单位户能耗强度逐年变化

宅中照明能耗没有明显增长，炊事能耗强度也基本维持不变。

（4）农村住宅商品能耗增加的同时，生物质能使用量持续快速减少，在农村人口减少的情况下，农村住宅商品能耗总量大幅增加，全国平均的农村户均商品能耗已经与城镇住宅户均商品能水平一致，甚至有超过城镇的趋势，如图 1-13 所示。

下面对每一个用能分类的变化进行详细的分析。

（1）北方城镇供暖

2016 年北方城镇供暖能耗为 1.91 亿 tce，占建筑能耗的 21%。2001～2016 年，北方城镇建筑供暖面积从 50 亿 m^2 增长到 136 亿 m^2，增加了 1.5 倍多，而能耗总量增加不到 1 倍，能耗总量的增长明显低于建筑面积的增长，体现了节能工作取得的显著成绩——平均的单位面积供暖能耗从 2001 年的 23kgce/m^2，降低到 2016 年的 14kgce/m^2，降幅明显。

具体说来，能耗强度降低的主要原因包括建筑保温水平提高、高效热源方式占比提高和供热系统效率提高。

1）建筑围护结构保温水平的提高。近年来，住房和城乡建设部通过多种途径提高建筑保温水平，包括：建立覆盖不同气候区、不同建筑类型的建筑节能设计标准体系，从 2004 年底开始的节能专项审查工作，以及“十二五”期间开展的既有居住建筑节能改造。这三方面工作使得我国建筑的保温水平整体大大提高，起到了降低建筑实际需热量的作用。

2）高效热源方式占比迅速提高。各种供暖方式的效率不同，总体看来，高效的热电联产集中供暖、区域锅炉方式取代小型燃煤锅炉和户式分散小煤炉，使后者的比例迅速减少；各类热泵飞速发展，以燃气为能源的供暖方式比例增加。

3）供暖系统效率提高。近年来，特别是“十二五”期间开展的供暖系统节能增效改造，使得各种形式的集中供暖系统效率得以整体提高。

关于北方供暖能耗的具体现状、特点及节能理念方法详见《中国建筑节能年度发展研究报告 2015》中的相关章节。

（2）城镇住宅（不含北方供暖）

2016 年城镇住宅能耗（不含北方供暖）为 2.12 亿 tce，占建筑总商品能耗的 23%，其中电力消耗 4579 亿 kWh。2001～2016 年我国城镇住宅各终端用能途径的能耗总量增长近 2 倍。

2001～2016 年城镇人口总量增加了 74%，城镇住宅规模总量增加了 2 倍多。从用能的分项来看，炊事、家电和照明是中国城镇住宅除北方集中供暖外耗能比例最大的 3 个分项，由于我国已经采取了各项提升炊事燃烧效率、家电和照明效率的政策及相应的重点工程，所以这三项终端能耗的增长趋势已经得到了有效的控制，近年来的能耗总量年增长率均比较低。对于家用电器、照明和炊事能耗，最主要的节能方向是提高用能效率和尽量降低待机能耗，例如：节能灯的普及对于住宅照明节能的成效显著，对于家用电器中，有一些需要注意的：电视机、饮水机的待机会造成能量的大量浪费，应该提升生产标准，例如加强电视机机顶盒的可控性、提升饮水机的保温水平，避免待机的能耗大量浪费。对于一些会造成居民生活方式改变的电器，例如衣物烘干机等，不应该从政策层面给予鼓励或补贴，警惕这类高能耗电器的大量普及造成的能耗跃增。而另一方面，夏热冬冷地区冬季供暖、夏季空调以及生活热水能耗虽然目前所占比例不高，户均能耗均处于较低的水平，但增长速度十分快，夏热冬冷地区供暖的年平均增长率更是高达 50%以上，因此这三项终端用能的节能应该是我国城镇住宅下阶段节能的重点工作，方向应该是避免在住宅内大面积使用集中系统，提高目前分散式系统，同时提高各类分散式设备的能效标准，在室内服务水平提高的同时避免能耗的剧增，具体见《中国建筑节能年度发展研究报告 2017》的相关内容。

（3）公共建筑（不含北方供暖）

2016 年全国公共建筑面积约为 117 亿 m^2，其中农村公共建筑约为 13 亿 m^2。

公共建筑总能耗（不含北方供暖）为2.80亿tce，占建筑总能耗的31%，其中电力消耗为6896亿kWh。公共建筑总面积的增加、大体量公共建筑占比的增长，以及用能需求的增长等因素导致了公共建筑单位面积能耗从16.8kgce/m^2增长到23.9kgce/m^2，能耗强度增长迅速，同时能耗总量增幅显著。

我国城镇化快速发展促使了公共建筑面积大幅增长，2001年以来，公共建筑竣工面积接近80亿m^2，约占当前公共建筑保有量的79%，即3/4的公共建筑是在2001年后新建的。这一增长一方面是由于近年来大量商业办公楼、商业综合体等商业建筑的新建，另一方面是由于我国全面建设小康社会、提升公共服务的推进，相关基础设施需逐渐完善，公共服务性质的公共建筑，如学校、医院、体育场馆等的规模将有所增加。在公共建筑面积迅速增长的同时，大体量公共建筑占比也显著增长，这一部分建筑由于建筑体量和形式约束导致的空调、通风、照明和电梯等用能强度远高于普通公共建筑，这也是我国公共建筑能耗强度持续增长的重要原因。尽管我国公共建筑面积增长迅速，但我国目前的人均公共建筑面积约为美国的1/3，约为英国、法国、日本的50%～60%。从人均公共建筑面积上来看，我国商场、医院、学校的人均面积还相对较低。随着电子商务的快速发展，商场的规模很难继续增长，但医院、学校可能是下一阶段我国公共建筑面积增长的主要分项。关于我国公共建筑发展、能耗特点及节能理念和技术途径的讨论及详细数据详见本书后续章节。

（4）农村住宅

2016年农村住宅的商品能耗为2.23亿tce，占建筑总能耗的25%，其中电力消耗为2237亿kWh，此外，农村生物质能（秸秆、薪柴）的消耗约折合0.8亿tce。随着城镇化的发展，2001～2016年农村人口从8.0亿人减少到5.8亿人，而农村住房面积从人均26m^2/人增加到40m^2/人[1]，随着城镇化的逐步推进，农村住宅的规模已经基本稳定在230亿～240亿m^2。

随着农村电力普及率的提高、农村收入水平的提高，以及农村家电数量和使用率的增加，农村户均电耗呈快速增长趋势。同时，越来越多的生物质能被散煤和其他商品能源替代，这就导致农村生活用能中生物质能源的比例迅速下降。以家庭户

[1] 中国国家统计局，中国统计年鉴2014，中国统计出版社。

为单位来看农村住宅能耗的变化，户均总能耗没有明显的变化，但生物质能占总能耗的比例大幅下降，户均商品能耗从2001年至2016年增长了一倍多。

作为减少碳排放的重要技术措施，生物质以及可再生能源利用将在农村住宅建筑中发挥巨大作用。在《能源技术革命创新行动计划（2016—2030年）》中，提出将在农村开发生态能源农场，发展生物质能、能源作物等。在《生物质能发展“十三五”规划》中，明确了我国农村生物质用能的发展目标，“推进生物质成型燃料在农村炊事采暖中的应用”，并且将生物质能源建设成为农村经济发展的新型产业。同时，我国于2014年提出《关于实施光伏扶贫工程工作方案》，提出在农村发展光伏产业，作为脱贫的重要手段。如何充分利用农村地区各种可再生资源丰富的优势，通过整体的能源解决方案，在实现农村生活水平提高的同时不使商品能源消耗同步增长，加大农村非商品能利用率，既是我国农村住宅节能的关键，也是我国能源系统可持续发展的重要问题。

近年来随着我国东部地区的雾霾治理工作和清洁供暖工作的深入展开，北方各省市农村开始了冬季供暖煤改电、煤改气运动。各级政府和相关企业投入巨大资金增加农村供电容量、铺设燃气管网、改原来的小燃煤供暖为电力驱动的空气源热泵、电热或燃气炉。至2016年底，北京、天津、河北、山东等省市已经相继完成了近50万农户的燃煤炉改造。2017年北方农村地区煤改电、煤改气的推行力度进一步加大，农村地区的用电量和用气量出现了大幅增长，关于农村地区电和天然气的消耗量的数据正在统计调查中，将在《中国建筑节能年度发展研究报告2019》中进行发布和探讨。农村地区能源结构的调整将彻底改变目前农村的用能方式，促进农村的现代化进程。利用好这一机遇，科学规划，实现农村能源供给侧和消费侧的革命，建立以生物质能、可再生能源为主，电力为辅的新的农村生活用能系统，将对实现我国当前的能源革命起到重要作用。

1.3 中国建筑节能领域的新进展

1.3.1 生态文明观下的中国建筑节能工作的新路径

我国经济已由高速增长阶段转向高质量发展阶段，习近平总书记在中国共产党第十九次全国代表大会上指出，中国特色社会主义进入新时代。在新的时代，我国社会主要矛盾已经转化为人民日益增长的美好生活需要和不平衡不充分的发展之间的矛盾，我国社会发展的主要目标是既要创造更多物质财富和精神财富以满足人民日益增长的美好生活需要，也要提供更多优质生态产品以满足人民日益增长的优美生态环境需要。因此，“必须坚持节约优先、保护优先、自然恢复为主的方针，形成节约资源和保护环境的空间格局、产业结构、生产方式、生活方式，还自然以宁静、和谐、美丽”。

我国建筑领域也已经由大拆大建、高速增长阶段，逐渐过渡到高质量发展的新时代，我国建筑节能工作面临的主要矛盾也发生了变化。

我国的建筑节能工作从20世纪80年代在中国实行改革开放以后开始，建筑节能工作的开展伴随着我国快速城镇化的过程。这一阶段我国的建筑服务系统发展面临的主要矛盾是建筑和设备效率低，而且居住水平低，室内环境质量差。因此，建筑节能工作承担着提高建筑和系统性能，以及改善居住水平提升人民生活质量这一双重任务。建筑行业的快速发展和建筑服务系统的技术进步极大地提升了我国居民的居住水平。在这一阶段，建筑室内环境差、服务水平低，提高建筑和系统能效能够同时提升室内环境质量和服务水平，在保证相同的服务水平下与低效建筑系统相比，能够起到降低能耗的效果。

因此，在这一阶段，我国的建筑节能工作以追求能效提升为主要目标，我国陆续颁布了一系列的建筑围护结构节能设计标准，从“九五”计划对新建建筑提出“三步走”节能目标，即“节能30%”、“节能50%”、“节能65%”，现在部分城市已经率先提出了“节能75%”目标。同时，也通过财政激励措施鼓励高效的建筑用能系统。从建筑节能的措施上来讲，由于处于建筑节能工作的发展初期，各项政策措施以鼓励具体的技术做法为导向，例如建筑围护结构保温技术、地水源热泵技术、热电冷三联供技术等。以推广技术措施为重点的建筑节能工作，从“九五”期间开始，对于我国的建筑及服务系统发展起到了巨大的推动作用，极大地提升了我国建筑用能的效率和人民生活水平。例如中国北方地区的集中供暖制度始于20世纪50年代，北京第一热电厂于1957开始建设，从此逐渐开始建设集中供热的管网。改革开放初期我国的集中供热管网和供热能力还很低，建筑的围护结构保温性能也很差，因而北方建筑的集中供热室温水平比较低，很多集中供热的建筑室内温度达不到18℃。1960年对太原集中供热建筑室内温度的实测结果表明，43.4%的住宅冬季室内温度低于18℃，如图1-14所示。因此，这一阶段，我国建筑行业发展的主要目标是提高建筑室内的服务标准，提高供暖室温，保障人民的身体健康和正常工作生活。以推广建筑围护结构保温和高效热源设备的建筑节能工作在北方地区取得了显著的成果。集中供热管网的快速发展极大地提升了北方地区的冬季室温和舒适水平，明显地缓解了该地区因为低温所带来的卫生、健康问题。随着我国经济调整发展，人民的生活水平快速提升，目前北方地区大多数建筑的冬季室温都已经达到了18℃，部分建筑中甚至会出现过热的现象，温度高于21℃，不得不开窗通风来降温，如图1-15所示。与此同时，在北方地区新建建筑的标准不断提升以及既有建筑的节能改造下，北方建筑的围护结构性能大幅提升，北方供暖的单位面积能耗强度也大幅下降。

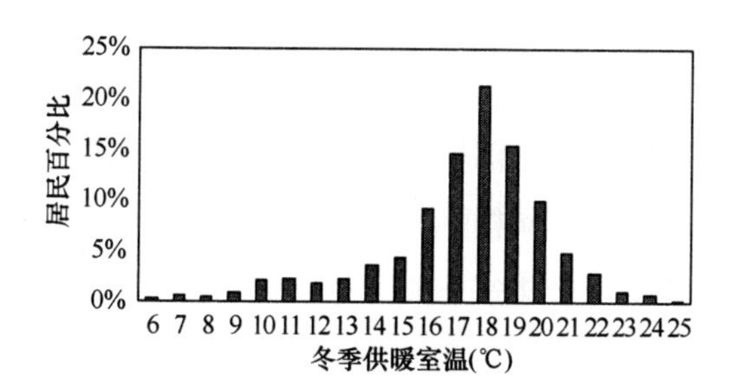

图1-14　1960年太原居住建筑集中供暖室内温度调查结果

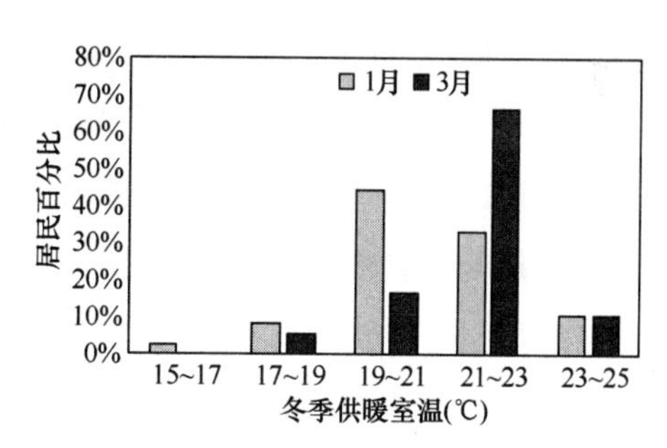

图1-15　严寒地区某住宅小区集中供暖室温实测结果

新时代，我国建筑节能工作面临的主要矛盾也逐渐发生了变化。“十三五”是我国建成小康社会的决胜阶段，在全面建设生态文明的历史新阶段，我国经济发展进入新常态，但随着工业化、城镇化进程的加快和消费结构的持续升级，我国能源需求刚性增长，资源环境问题成为制约我国经济社会发展的瓶颈，节能减排形势严峻、任务艰巨。尽管采取了一系列的建筑节能政策措施，但是伴随着快速城镇化和建筑服务水平快速提升的过程，我国的建筑运行能源消耗快速增长。从建筑能耗和服务水平的发展现状来看，目前我国已经实现了人民生活水平的大幅提升，解决了建筑中大部分的不舒适。我国建筑领域面临的主要矛盾已发生了变化，日益增长的建筑能耗和建筑领域化石能源能耗所带来的一系列能源、资源、环境问题成为我国建筑领域所面临的关键问题和主要矛盾。仍以北方供暖为例，北方城市的冬季室内环境已经达到舒适性要求，但冬季的化石能源消耗成为造成环境问题和空气污染的重要因素之一，日益严重的城市雾霾已经严重影响了经济社会发展和人民生活水平。

在这样的形势下，我国提出了能源总量和强度双控的目标，2017年1月国务院印发的《"十三五"节能减排综合工作方案》指出，到2020年，全国能源消费总量应控制在50亿tce以内。我国建筑领域节能工作的目标也应该是实现建筑领域运行能耗的总量和强度双控，建筑节能工作目标和发展方向也应该从提升建筑及系统能效、保障室内服务水平，转化成在实现建筑能耗总量控制目标的前提下进一步提升全社会的建筑服务水平，将能耗总量上限作为硬约束，在不超过能耗总量控制目标的前提下再进一步提升服务水平，这应该成为我国建筑节能工作在历史新阶段的控制目标。这样一来，建筑用能发展的首要约束和主要工作目标就不再是一味地提升建筑和系统的能效或者推广高效的技术措施，而应该是控制建筑能耗总量和能耗强度目标的实现。从这一根本目标出发，在工程实践中将实际的建筑运行能耗作为建筑是否节能唯一的评价依据，只有通过建筑节能技术和管理工作使实际的建筑运行能耗切实有所降低，才算真正达到了我们开展建筑节能工作的目的。

1.3.2 清洁供暖：解决我国社会主要矛盾的一个实践

党的十九大提出我国社会目前的主要矛盾是人民日益增长的美好生活需求和不平衡不充分的发展之间的矛盾，当前北方开展的清洁取暖重大工程正是源于对这一矛盾的深刻认识所提出的。

随着我国城镇化的飞速进展，北方城市建筑冬季供暖也有了显著改善。城市供暖的主要问题已经从二十年前的室温低、高投诉、热费上缴率低等民生问题转变成为目前的室内过热、高能耗和降低污染物排放等面向生态文明发展的新要求。而目前仍有接近人口50%的北方农村，冬季室内取暖却逐渐显现出多方面问题：尽管户均耗煤量已超过城市居民水平，但冬季室内温度大多在10～16℃之间，不足以满足室内舒适性的基本要求；大量分散的散煤低效燃烧导致冬季室内外空气质量恶化，并且还成为形成冬季北方大面积PM2.5的主要污染源之一。

据统计，尽管京津冀地区农村取暖散煤燃烧仅占当时这一地区燃煤总量的不到

25%，但其排放的粉尘和氮氧化合物却占这一地区由于燃煤排放的粉尘和氮氧化合物总量的60%以上。在农村实现清洁取暖，已成为广大农民对美好生活的重要诉求。改变农村的取暖方式，改善农村冬季室内外空气质量，是涉及“农村生活方式革命”（习近平：2016年12月21日中央财经领导小组会议讲话）的重大任务。

由此，我国开展清洁取暖重大工程的主要目的是：

（1）全面满足北方地区城乡建筑冬季供暖的要求，满足人民对美好生活的追求；

（2）大幅度降低冬季供暖燃烧形成的PM2.5相关污染物的排放，从而改善北方冬季雾霾现象；

（3）降低北方地区由于冬季城乡供暖导致的化石能源消耗总量和碳排放总量。

此外，随着我国产业结构的深度调整，工业用电在电力消费总量中的比例逐年降低，用电负荷侧的峰谷变化和不可调控性日益严重；而随着我国风电、光电的飞速发展，不确定性可再生电源在电源总量中的比例逐渐加大。这两个因素叠加，就使得由于北方电网缺少足够的灵活电源而出现大量的弃风弃光现象。2015年我国平均弃风率已达20%，其中甘肃、新疆、吉林等地弃风率超过30%。这些弃风现象都集中发生在冬季，与供热期间大量燃煤电厂转为热电联产运行方式，丧失了对电力的调峰能力密切相关。既然弃风现象与冬季供热相关，如何在清洁取暖中同时解决这一矛盾，实现热电协同，优化电、热、燃气构成的能源系统的运行，也成为清洁取暖工程中的又一任务。

一些部门针对上述问题提出的解决方案是大力发展直接电热型热源方式，在城市发展大型电热锅炉和巨型蓄热水罐，在农村发展蓄热式电暖气。利用这些电热装置在电力负荷低谷期把多余的电力转换为热量，不仅为当时的供热需求提供热源，还储存热量满足电力负荷高峰期供热的需求。这样做从局部看确实避免了使用燃煤燃气锅炉供热的污染物排放，又通过蓄热解决了电力供给侧和需求侧不同步的矛盾，似乎是实现清洁取暖的有效途径。

但是，通过直接电热方式把电转换为热，是典型的“高能低用”。我国目前70%的电力还是由燃煤火力发电产生，热电转换效率不足40%。电热直接转换的方式其转换效率只能为100%，这就表明约60%的能源在这两次转换中白白浪费掉。有些人认为电热方式使用的是风电、光电，而非火电，这样做可以避免弃风、弃光，是可再生能源的有效利用。这种提法并不成立。当我们使用所谓的风电光电生成热量的同时，同一电网上还有大量的燃煤火电厂在发电。怎么可以认为这些电热锅炉消耗的电就不是这些燃煤电厂所产生的呢？如果此时电力富余，为什么不能停掉部分燃煤电厂，用风电替代火电，从而减少燃煤消耗、减少污染物和碳的排放？因此，只要有燃煤电厂在发电，同一时刻的电热锅炉或电直热装置就应该认为是在使用煤电，是效率低、高排放的产热方式。

那么应该怎样高效地把电力转换为热量呢？目前至少有如下的成熟技术可供选择：

热电联产方式：与单纯的燃煤燃气电厂相比，输入等量燃料，热电联产运行输出的电力仅减少20%～30%，却可以在发电的同时得到几倍于所减少的发电量的热量。如果把输出的热量与减少的发电量之比定义为等效*COP*，则标准的抽凝式热电联产无论燃煤电厂还是燃气蒸汽联合循环的燃气电厂，其*COP*都可以达到5～6。同时，燃煤电厂的总热效率可达到80%以上，燃气蒸汽联合循环电厂的总效率也可达到75%以上。近年来提出的“吸收式循环”新流程（2012年获得国家发明二等奖），燃煤热电联产的等效*COP*可达到7.5，总的热效率达到93%，燃气蒸汽联合循环的热电联产的等效*COP*也可以接近7，总的热效率达到88%，当采用多种烟气潜热深度回收技术时，其总的热效率按照低位热值计算，还可以再提高10～14个百分点。这应该是目前其他的热电转换方式都很难获得的高效率，因此可以认为热电联产是具有能量利用效率最高的电-热转换方式。

地源热泵方式：对于埋深为100m左右的地下埋管，换热后的循环水一般在10～15℃之间，热泵的电—热转换效率为3～4。近年来我国西北地区研发成功2000～3000米深的地下埋管热泵系统，循环水出水温度可以达到20～30℃，从而其热—电转换效率*COP*可达4～5。

空气源热泵方式：当室外空气温度在0℃左右时，这种方式可以实现的电—热转换效率*COP*可达到3。近年来我国在此方向的技术进步迅速，通过新的压缩机技术、变频技术和新的系统形式，已经把空气源热泵的适用范围扩展到－20℃的低温环境。在－20℃下几种空气源热泵的*COP*已经可以达到2，制热量也可达到标称工况的70%以上。这就使得空气源热泵在绝大多数地区都可以作为高效的电—热转换方式，为建筑提供供暖热量。

工业余热及生物质：除了高效的电—热转换方式外，利用工业生产过程排出的低品位余热供热，也是清洁供暖的重要热源。我国目前钢铁、有色、化工、炼油、建材5大高能耗产业在北方冬季排放的热量足以承担北方城镇一半以上建筑冬季供暖的需求。如果仅利用其70%，也可以每年节约供暖用能1亿tce。目前在唐山迁西、内蒙古赤峰都有成功的工业余热供暖示范工程，每个工程供暖建筑面积都超过300万m^2。再有就是利用生物质能直接燃烧供热或制取生物质燃气作为供热热源。这在生物质资源丰富的内蒙古、东北等地区也有很多成功案例。

以上列举了清洁取暖的多种热源方式。怎样选择和组合上述方式，实现清洁和经济的供暖，并且实现热电协同，缓解目前冬季的弃风、弃光现象呢？这又取决于被供暖建筑的密集程度。

针对高密集度的城镇建筑：我国北方地区中等以上城市都已建成较完善的集中供热管网，其80%以上的建筑都可以与城市集中供热管网连接。这就使得这些地区可以充分利用目前的热电厂资源，通过热电联产的热电协同改造，增加北方电网的灵活性，在保障为建筑提供热量的同时，实现电力输出的灵活调节。

而针对低密集度的乡村建筑：集中供热网的投资高，运行效率低，因此应发展分散的供热方式。除了个别利用工业余热和生物质能的供热外，最现实、高的和可操作的方式就是分散的空气源热泵方式，这也是北京郊区经过多次反复后，最终作为清洁取暖方式而大量推广的主导方式。此外，热泵热风机还可以按照“需求侧响应”方式运行，在电力部门的统一协调下，通过互联网技术统一调度，在保证供暖需求的前提下，参与电力调峰，在实现农村清洁取暖，改善生活状况的同时，为破解电力系统的难题、缓解弃风弃光现象找到一条新的途径。

本章参考文献

[1] 王清流，孙天佑，贺天富等. 太原和大同地区冬季集中式采暖居室温度标准的研究[J]. 山西医科大学学报，1960(3)：121-135.

第 2 篇　公共建筑节能专题

第 2 章　公共建筑节能专题

2.1　公共建筑面积现状及发展趋势

2016 年，我国公共建筑与商业建筑总面积为 117.3 亿 m^2，人均指标为 8.5m^2/人。图 2-1 所示为自 2001 年以来我国公共建筑面积总量与人均面积的增长情况。在过去的十多年中，我国公共建筑总面积增长了近 3 倍，人均面积增长约 2.5 倍，是我国面积增长最快的分项。

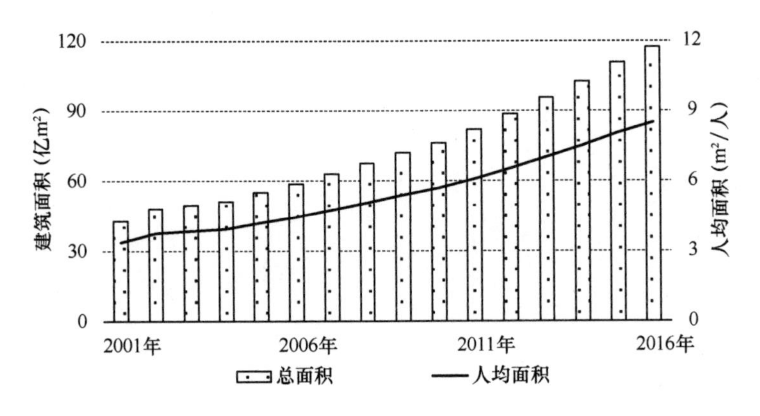

图 2-1　我国公共建筑面积增长情况（2001～2016 年）

从城乡差异来看，我国城镇、农村的人均公共面积分别增长了 100％与 50％；由于我国城镇化水平的持续提升，农村公共建筑总面积没有明显上涨，而城镇公共建筑则增加了 2 倍多，即所增加的公共建筑面积主要在城镇。

根据建筑功能的差别，可以将公共建筑分为政府办公、商业办公、酒店、商场、医院、学校、交通枢纽、体育场馆、影剧院等。各类公共建筑分别承担着居民生活与工作中的各种职能，其规模可以在一定程度上反映各区域不同领域的发展情况。在 CBEM 模型中，根据建筑的功能和能耗特征，将公共建筑分为了办公、酒店、商场、医院、学校与其他公共建筑共六类，其中前五类建筑的总面积占到我国总公共建筑面积的70%以上，其他类型的公共建筑包含了交通枢纽、文体设施等未纳入前五项的全部非住宅民用建筑。各类建筑的面积增长情况如图 2-2 所示。从图中可以看出，以上各类建筑的存量在过去十多年间都有了显著增加，这与我国政府职能的完善、居民生活水平的提升以及第三产业的发展相关。从增长的绝对量上看，办公建筑与商场增长最多，均为 20 亿 m^2；从增长速度来看，则是商场与学校最快，增长了约 5 倍。

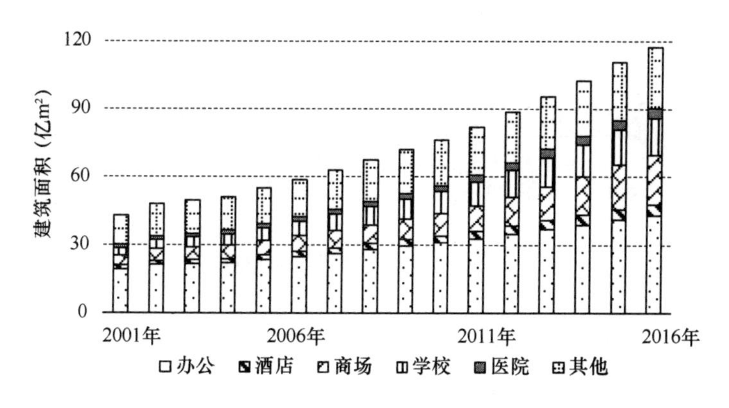

图 2-2 各类公共建筑的面积增长情况（2001～2016 年）

从不同地区来看，我国各省的公共建筑规模存在较大差别。考虑各地区经济分工的差别，一些与第三产业相关的建筑规模会存在差异，但对于医院、学校等以公共服务以主要职能的公共建筑来说，为了保证各个地区的基本公平，其人均建筑面积不应有极显著的差别。基于已有数据，可以发现我国不同地区的公共服务设施存在着一定的不均衡：比如，各省人均小学与初中面积，高可达到 0.6m^2/人，低则约为 0.2m^2/人❶；又比如，2015 年，上海每万人的公共图书馆面积为 173m^2/人，而河南仅为 57.9m^2/人，也相差了 3 倍❷。结合我国目前发展的主要矛盾，在下一阶段，保证公共服务在各地均衡、充分的发展将是公共建筑建设规划的重要出发点之一。

尽管我国公共建筑面积增长迅速，但与一些发达国家相比，我国人均建筑面积还相对处在低位，如图 2-3 所示。从图中可知，我国目前的人均公共建筑面积

❶ 此处的人均面积仅包括教学及辅助用房。此数据来源为教育部教育统计数据。

❷ 数据来源：国家统计局. 中国社会统计年鉴 2016. 北京：中国统计出版社.

约为美国的1/3，约为英国、法国、日本的50%～60%，但也有其他一些发展中国家，如印度、越南的建筑面积处在更低的水平。这一方面体现出全球建筑服务水平极大的不均衡性，另一方面也说明未来公共建筑可能还存在一定的发展空间。

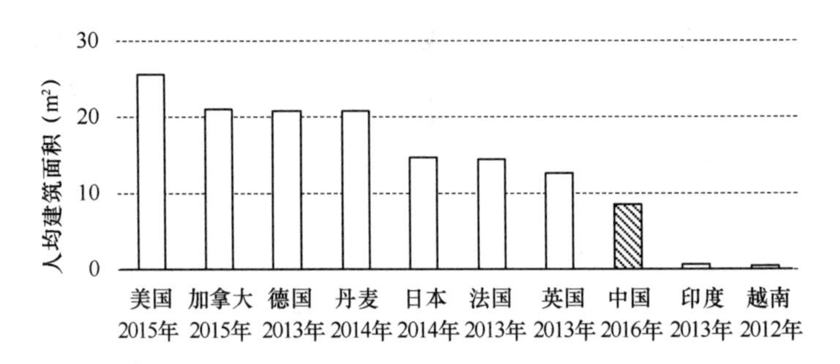

图2-3 中外人均公共建筑面积对比❶

图2-4所示为我国与其他国家部分不同类型公共建筑面积的比较。需要指出，各国对于不同建筑类型的定义都存在一定差异，且不同的经济发展模式、医疗服务模式等也会对建筑面积产生极大影响。因此其比较结果只能在一定程度上体现其主要差别，作为公共建筑发展方向的参考。

从图2-4中可得，我国人均办公建筑已经与一些发达国家接近，而商场、医院、学校的人均面积还相对较低。随着电子商务的快速发展，商场的规模很难继续增长，但医院、学校可能是下一阶段公共建筑面积增长的主要分项。

结合我国公共建筑现状、中外对比以及相关规划，可以对我国公共建筑面积的发展趋势进行分析与讨论，并规划到2035年我国公共建筑面积的整体情况。对于办公建筑，随着信息、金融等知识密集型产业的不断发展，在办公楼内工作的人口比例还会有所增加，即还存在一定的办公楼需求。但同时，我国一些城市已经出现了写字楼空置率高于10%的现象，有些城市办公楼空置率甚至高达50%❷；政府

❶ 数据来源：美国：DOE（2017）. ANNUAL ENERGY OUTLOOK 2017；加拿大：Natural Resources Canada（2017），Energy Use Data Handbook Tables；德国、丹麦、法国、英国：European Commission（2017），EU Buildings Database；日本：EDMC（2016）. Handbook of energy & economic statistics in Japan；印度：BEEP. Energy Efficiency in Commercial Buildings；越南：UNEP-NAMA. National Assessment Report on Building and Energy Sector Policies for Climate Mitigation（draft）。

❷ 数据来源：第一太平戴维斯（2017）. 2017中国写字楼市场.

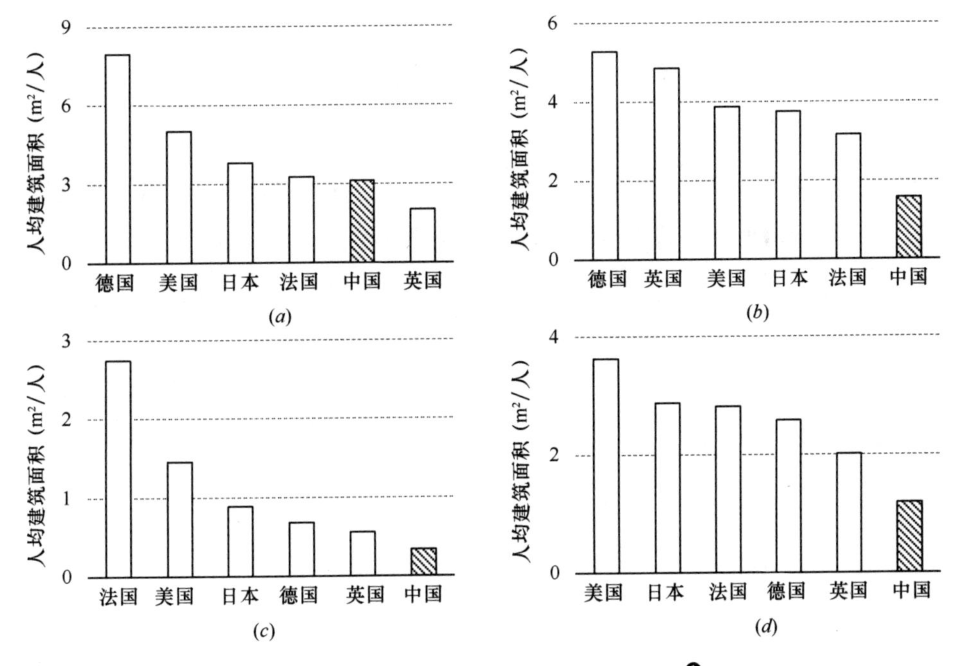

图 2-4 中外人均各类公共建筑面积对比[1]

(a) 办公；(b) 商场；(c) 医院；(d) 学校

相关文档对政府办公建筑的规模提出了较为严格的要求；且我国目前人均办公建筑面积已接近部分发达国家水平。因此，预计这一部分建筑会有小幅增长。对于酒店建筑，其规模需求受到旅游业发展的很大影响。根据旅游业十三五规划，到 2020 年，国内旅游人数将比 2015 年增加 60%[2]，对应的酒店建筑规模也会有所增长。与其他国家相比，我国人均商场面积较低。但近年来受到电子商务的冲击，我国传统形式销售的市场占比不断下降，这与其他国家有较大差别。据相关分析，2014 年，我国实体零售规模相当于美国的 80%，而网上零售则为美国的 150%以上[3]。因此，认为这一类建筑可能不会出现太大的增长。

随着医疗服务的不断提升，我国医院建筑也将迅速增加，尤其是在偏远地区的

[1] 图中德国、法国、英国、日本与中国的数据来源与时间与图 2-3 相同。美国 DOE 发布的 ANNUAL ENERGY OUTLOOK 公布逐年 11 类公共建筑的面积，但其分类与我国存在较大差别。而 DOE 的 CBECS 调研数据公布了 2012 年 52 类公共建筑的面积情况，因而可以进行口径相对接近的比较。且从 2012 年至 2015 年，美国公共建筑不论是人均规模还是各类的比例变化都在 5%左右或更低。故此处采用 2012 年调研数据进行分析。

[2] 数据来源：国务院．“十三五”旅游业发展规划，2016 年。

[3] 数据来源：德勤中国、中国连锁经营学会．中国零售力量 2015.

医疗卫生机构。且对比其他国家，我国医院建筑规模也相对较低。故医院建筑在下一阶段可能有大幅度的增长。与医院建筑类似，我国学校建筑也会随着教育的发展而增加，并且人均面积低于其他国家，预计我国学校建筑也会迅速增长。其他类建筑中包含了交通枢纽、文体建筑、社区活动场所等。这几类建筑都是我国目前以及下一阶段会迅速增加的建筑类型。预计这类建筑规模会迅速增加。

综上所述，我国2035年公共建筑面积的初步规划如表2-1所示。

公共建筑与商业建筑规模现状与规划[1] **表2-1**

公共建筑	2016年		规划	
	规模（亿 m^2）	人均面积（m^2/cap）	规模（亿 m^2）	人均面积（m^2/cap）
办公	43.1	3.1	50	3.4
酒店	4.9	0.4	8.8	0.6
商场	21.7	1.6	30.9	2.1
学校	16.3	1.2	35.3	2.4
医院	4.6	0.3	11.8	0.8
其他	26.8	1.9	42.6	2.8
总量	117	8.5	180	12.2

此外，我国目前城镇化的重点已经从普遍扩张性建设转移到对一些新区的高强度开发，新区的成立乃至于开发建设上升为国家战略。例如目前正在开发的雄安新区、北京通州副中心、西安西咸新区、郑州郑东新区、成都天府新区、深圳浅海自贸区、珠海横琴岛等，截至2017年12月，中国国家级新区总数共19个。这些新区都将兴建大量的公共建筑，应该按照什么思路建造这些新区的公共建筑，以实现未来的节能低碳和可持续发展，也是目前需要深入研究的大题目，在本书的第5.6节中对这些问题进行了一些探讨。

2.2 各类公共建筑能耗强度现状

2.2.1 主要类型公共建筑能耗现状

主要类型公共建筑指政府机关办公建筑、商业办公建筑、宾馆饭店建筑、商场

[1] 规划中2035年人口为14.7亿人。

建筑等量大面广的公共建筑，近年来通过能耗统计、能耗审计以及能耗监测平台等途径，已持续收集了大量的能耗数据。在前期对这些主要类型公共建筑能耗数据统计分析的基础上，2016 年颁布实施的《民用建筑能耗标准》GB/T 51161—2016，针对这些主要类型公共建筑能耗强度给出约束值和引导值，进一步促进了主要类型公共建筑的节能管理。

本节选取上海、深圳和青岛三个分别位于不同气候区的城市，根据上海市建筑能耗监测平台、深圳市建筑能耗管理系统、青岛市民用建筑能耗监管平台收集的数据，参考其官方发布的统计年报，对其主要类型公共建筑能耗强度发展变化作出分析。

（1）上海市

根据上海市住房和城乡建设管理委员会发布的 2014 年度、2015 年度、2016 年度《上海市国家机关办公建筑和大型公共建筑能耗监测及分析报告》数据进行整理，可得上海市国家机关办公建筑、办公建筑、宾馆饭店建筑、商场建筑、综合建筑在 2013 年、2014 年、2015 年、2016 年的能耗强度情况，如图 2-5 所示。

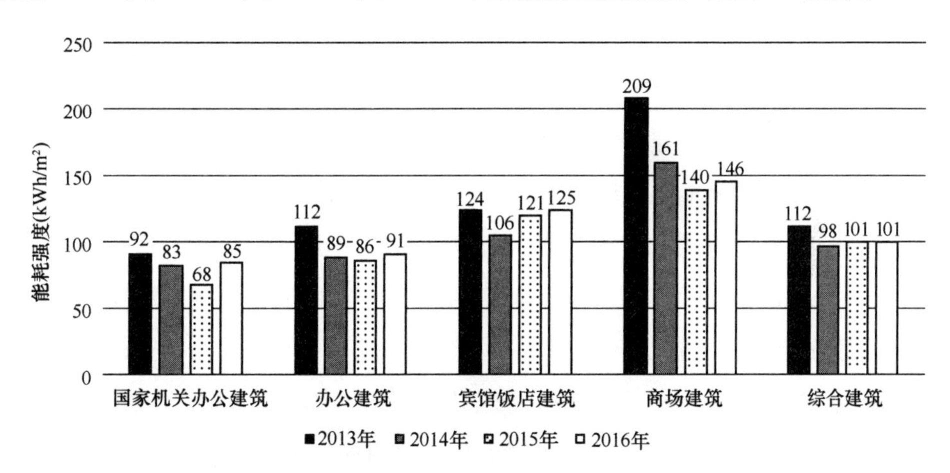

图 2-5　上海市常规类型公共建筑能耗强度（折合为电力）变化情况

可以看出，2013 年以来，上海市各类公共建筑能耗强度都出现了不同程度的下降，但在最近的一两年，能耗强度趋于稳定，甚至有小幅度增长。在报告中，上海市从天气条件、节能改造等方面分析了能耗变化的原因，例如 2014 年起，上海市先后完成 400 万 m^2 公共建筑节能改造，并且改造后的公共建筑都纳入能耗监测平台，因此相比于 2013 年，主要类型公共建筑能耗强度都有所下降。但 2016 年是上海市高温日最多的一年，高温日是2014年及2015年的近3倍，致使公共建筑总用电量有所增加。

（2）深圳市

根据深圳市建设科技促进中心、深圳市建筑科学研究院发布的2015年度、2016年度《深圳市公共建筑年度能耗分析报告》数据进行整理，可得深圳市办公建筑、宾馆饭店建筑、商场建筑、综合建筑在2015年、2016年的能耗强度情况，如图2-6所示。

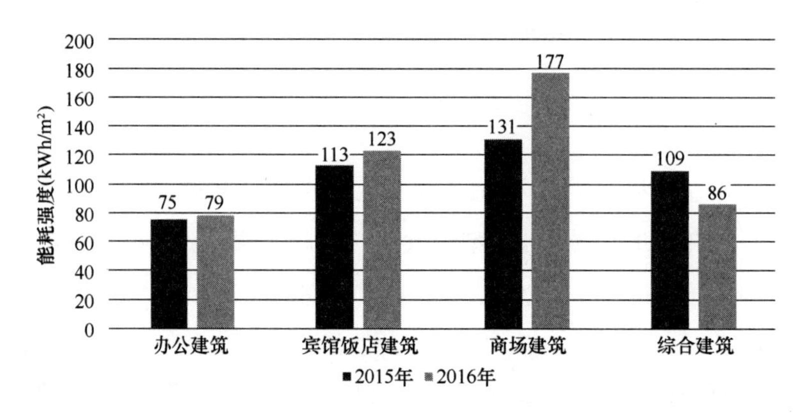

图2-6 深圳市主要类型公共建筑能耗强度（折合为电力）变化情况

可以看出，除了综合建筑之外，深圳市三类主要公共建筑的能耗强度都有小幅度上升，其中商场建筑能耗强度涨幅最大，具体原因在《深圳市公共建筑年度能耗分析报告2016》中并未给出详细说明。但这一报告给出了深圳市主要类型公共建筑主要分项电耗的比例，其中：办公建筑空调用电占29.68%，照明和插座用电占60.5%；商场建筑空调占比28.03%，商场建筑照明和插座占58.17%；宾馆饭店建筑空调用电占31.36%，照明和插座用电占51.21%；综合类建筑空调占32.16%；照明和插座占59.59%。可以看出，照明插座用电比例最大，占50%～60%，空调系统电耗比例占30%左右。

（3）青岛市

在青岛市2016年发布的《青岛市公共建筑能耗指标数据模型及能耗基准公式建立的研究》报告中，对于2015年青岛市主要类型公共建筑的能耗强度完成了详细的统计分析，对于主要类型公共建筑的平均能耗强度进行总结，如图2-7所示。

在报告中还对青岛市主要类型公共建筑分项电耗的现状进行了分析。可以看

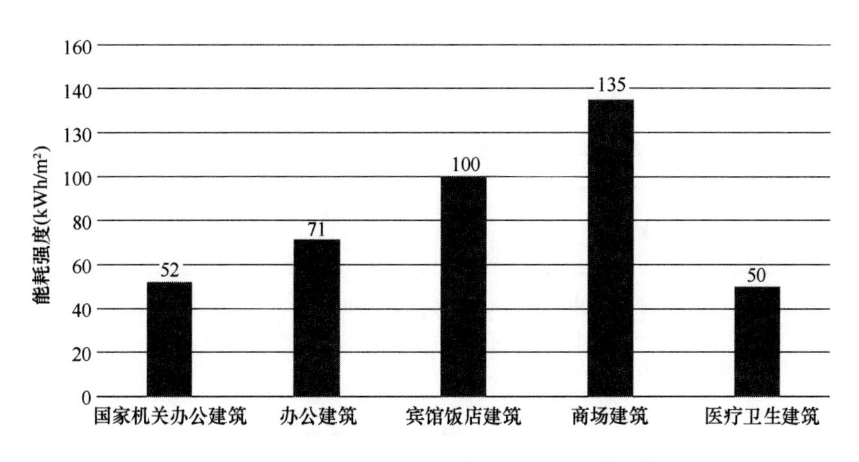

图 2-7　2015 年青岛市主要类型公共建筑能耗强度（折合为电力）

出，近年来各个城市根据能耗审计、能耗监测平台的数据，已能够初步掌握城市公共建筑能耗状况及发展变化趋势，但需要进一步深入分析，找到变化的原因。

（4）与《民用建筑能耗标准》对比

住房和城乡建设部在 2016 年发布了《民用建筑能耗标准》GB/T 51161—2016，其中对各气候区的办公建筑、宾馆饭店建筑、商场建筑的能耗指标做出了规范（具体数值见本书第 4.1 节）。

通过将上述 3 个城市能耗监测平台获取的建筑能耗数据，与《民用建筑能耗标准》的约束值进行比较，可以发现各地的办公建筑、商场建筑、宾馆饭店建筑的能耗强度平均值基本符合《民用建筑能耗标准》的约束值要求，部分城市的部分建筑类型的平均能耗强度甚至已低于约束值，接近引导值水平，公共建筑节能改造和节能管理初见成效。

2.2.2　大力发展的交通枢纽建筑能耗现状

近年来，随着基础设施建设的高速发展，地铁、机场、高铁站成为迅速增长的一类公共建筑，其能耗特点与上述主要类型公共建筑有所不同，值得关注。

（1）地铁

近年来，随着经济发展，我国城市轨道交通发展迅猛。据统计，截止到 2016 年底，我国共有 29 座城市开通运营轨道交通线路，共 130 条线路，2630 座车站，总里程 3849km，详见表 2-2。为扩大内需，国务院决定在多个城市兴建地铁，投资数万亿元，这将在国内掀起又一轮地铁建设高潮。据规划，全国地铁总里程未来将达到13385km，涉及79座城市。

2016年底中国城市轨道交通运营线路概况　　表2-2

区域	运营城市	运营线路（条）	运营里程（km）	车站数量（座）
华北	北京、天津	26	749.9	472
华东	上海、南京、苏州、无锡、杭州、宁波、淮安、福州、合肥、青岛、南昌	39	1285.7	842
华南	广东、深圳、佛山、东莞	21	639.2	418
华中	武汉、长沙、郑州	11	297.0	220
西北	西安	3	91.2	66
西南	重庆、成都、昆明、南宁	12	415.6	278
东北	沈阳、大连、哈尔滨、长春	18	370.6	334
合计	29	130	3849.0	2630

伴随着轨道交通的快速发展，其能耗问题日益凸显。2014年全国城市轨道交通总耗电量已经达到94亿度，仅上海一座城市就超过16亿度，北京市轨道交通线网2013年用电量也达14.4亿度。根据国家能源局发布的2014年全社会用电量统计数据，全社会用电量共55233亿度，其中第三产业用电量6660亿度。计算可知，2014年全国城市轨道交通用电量占全社会总用电量的1.7‰，占第三产业用电量的14‰。如果按目前的每公里平均能耗水平推算，未来全国城市轨道交通年用电量将达400亿度左右。

选取5座城市的地铁车站作为样本进行能耗研究，由于地铁车站受车站类型、列车编组数、冷源形式等因素的影响，以地下、非换乘、6节编组、设有独立冷源的车站作为标准站进行比较分析，选取的标准站样本信息如表2-3所示，各车站的全年能耗分布如图2-4所示。

各城市标准站样本信息　　表2-3

城市	线路	车站数量（座）
A	2号线、8号线、9号线、10号线	53
B	4号线、10号线、11号线	42
C	2号线、三北线	15
D	1号线、2号线	44
E	1号线、6号线	37

由图 2-8 可见，一座标准站的全年能耗平均值在 200 万度电左右。我们对地铁车站能耗与车站面积、车站客流量作出相关性分析，发现不同机电设计形式与运行模式的车站，相关性差异度较大。A 市的样本数据中体现出车站能耗与车站面积较强的相关性，而 D 市的样本数据显示出车站能耗与面积之间无显著相关性（见图 2-9）。5 座城市的标准站能耗与客流量的相关性均偏弱，如表 2-4 所示。表 2-4 中"—"表示该项未通过显著性检验（取显著性水平为 0.05，双侧检验）。除 C 市样本显示出总能耗与客流量的中等程度相关性以外，其他样本均显示很弱的相关性。因此，我们难以给出地铁车站能耗关于面积或客流量的能耗指标以普适性地反映能耗强度。

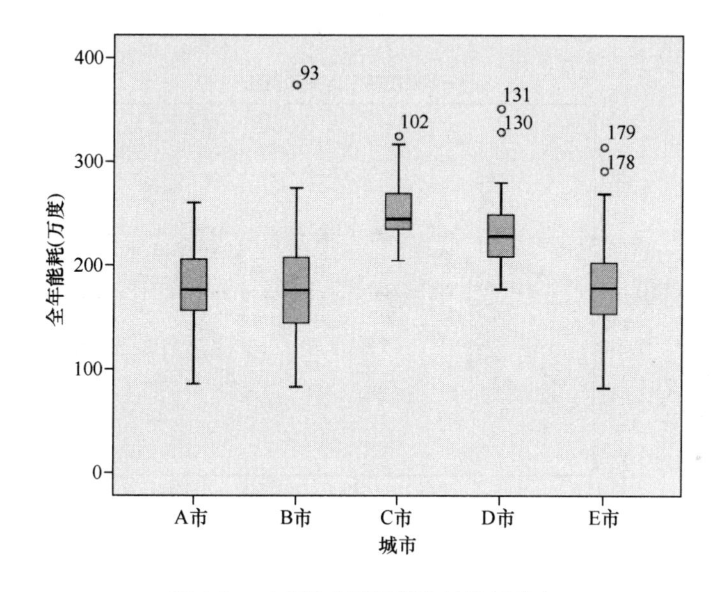

图 2-8　五座城市地下标准站能耗分布

各城市车站能耗与客流量相关系数　　**表 2-4**

客流量～能耗	基础能耗	变动能耗	总能耗
A 市	—	—	—
B 市	—	0.403	—
C 市	—	—	0.532
D 市	—	—	0.327
E 市	0.344	0.323	0.448

对典型线路各站的用能分项进行拆分，分析地铁车站的用能特征。由图 2-10

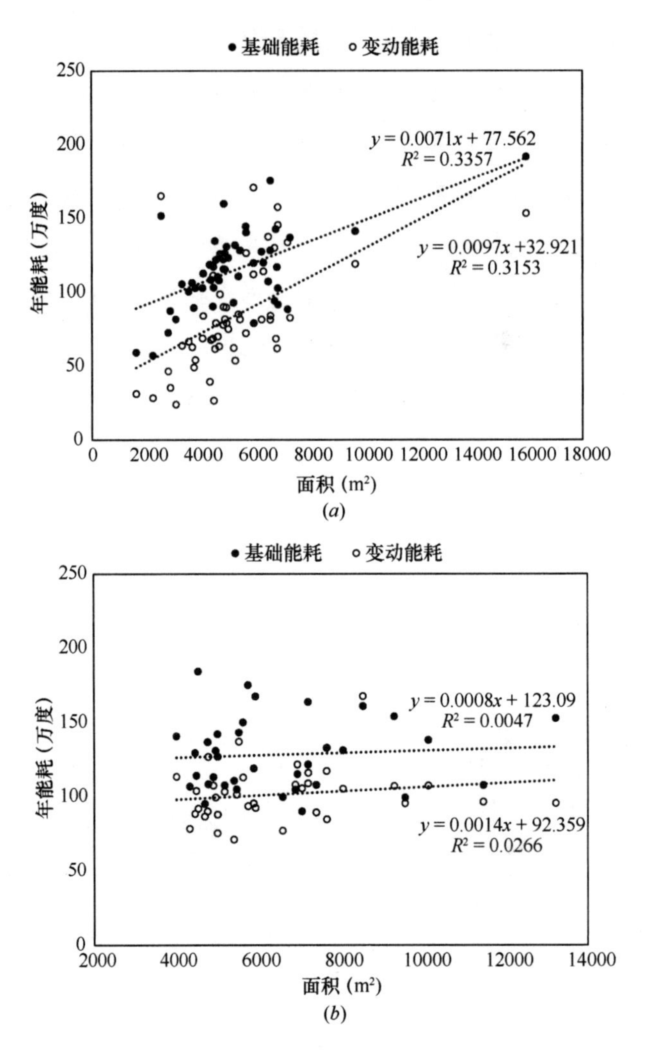

图 2-9 A市与D市车站能耗与面积的关系

(*a*) A市；(*b*) D市

可以看出，冷源耗电和照明耗电是地铁车站用能最大的两个分项，两者之和一般占地铁车站用能的一半以上。此外，风机耗电也是占比较大的一项，包括空调送风与室内外通风。

(2) 机场航站楼

随着经济社会的发展，我国民用航空业务量保持快速增加，民用机场的建设也随之步入高速时期。2016年，中国共有颁证运输机场218个，其中旅客吞吐量在1000万以上人次的机场数量为28个，100万～1000万人次的机场49个。在我国

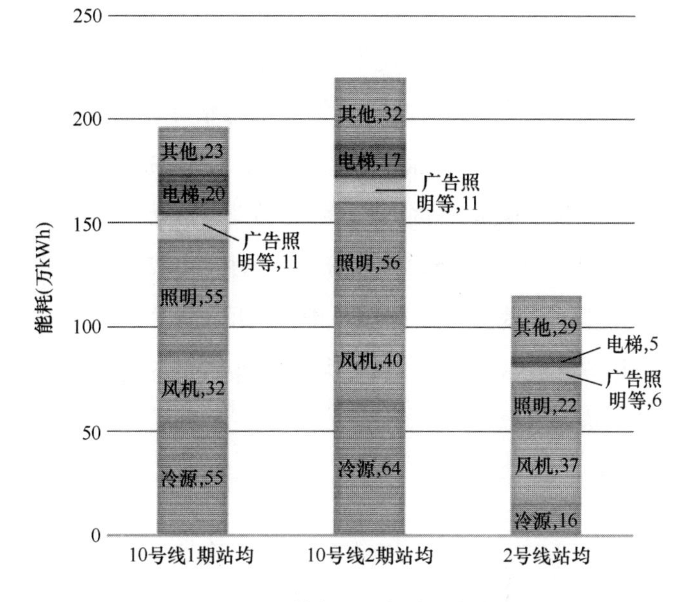

图 2-10 地铁车站用能分项年能耗

民用航空发展第十三个五年规划中，至 2020 年，我国将新建机场 44 个，续建机场 30 个，并且还有大量机场将进行改扩建或迁建（见图 2-11）。在建筑功能上，我国民航机场航站楼已经由功能单一的交通中转建筑逐渐发展为集交通中转、商业中心、贸易中心、城市门户等功能为一体的综合交通枢纽。

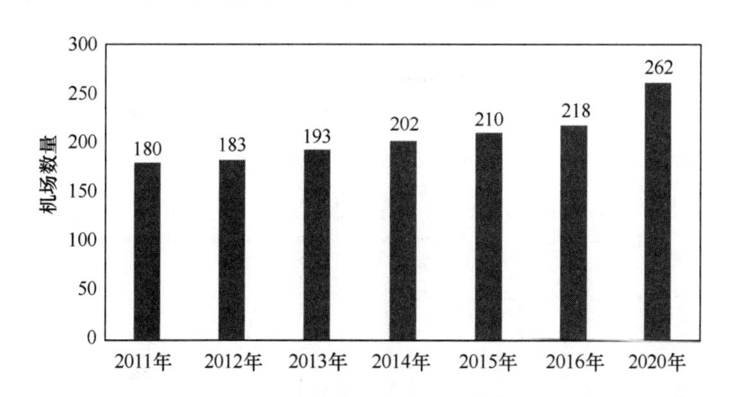

图 2-11 全国颁证运输机场历年数量及 2020 年预期值

2014 年，国内民航航站楼电耗约为 14.3 亿～15.2 亿 kWh，国内民航全机场电耗约为 31.4 亿～33.2 亿 kWh（包括其配套维修区、配套工作区、电动交通工具充电等）。根据十三五规划中对新投运机场的机场数量和建筑面积的预估，参考现阶段机场单位建筑面积的能耗量进行预算，至十三五末，民航机场航站楼电耗将达到22.0亿～23.4亿kWh，全机场电耗为51.2亿～54.2亿kWh。

通过对全国24座机场航站楼能耗数据的收集与整理，依照《民用机场航站楼能效评价指南》的划分方法，按照旅客吞吐量划分为甲类机场（年旅客吞吐量高于1000万人次的机场）和乙类机场（年旅客吞吐量为50万～1000万人次的机场），按照地理位置划分为Ⅰ类机场（严寒和寒冷地区的机场）和Ⅱ类机场（除严寒和寒冷地区之外的其他地区的机场），24座机场中包括甲类机场15座，乙类机场9座；Ⅰ类机场11座，Ⅱ类机场13座。24座机场航站楼按照全年旅客吞吐量排序，年总耗电量如图2-12所示。

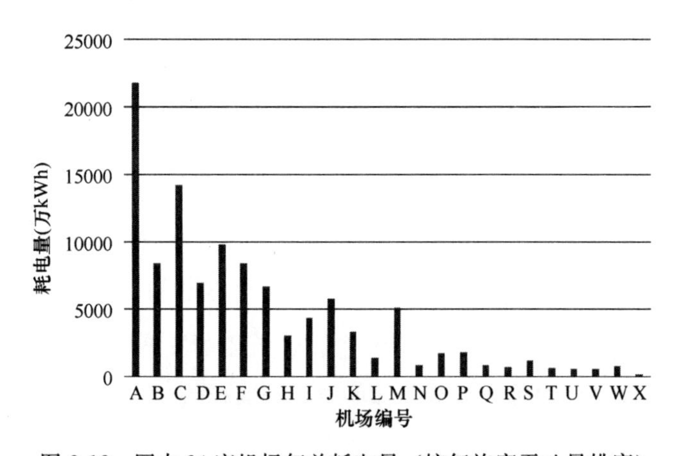

图2-12　国内24座机场年总耗电量（按年旅客吞吐量排序）

机场消耗能源的大小与机场体量有直接的关系，因此将每一座机场的年耗电量除以机场航站楼建筑面积（减去停车场面积），得到24座机场航站楼的单位面积年耗电量强度指标，如图2-13所示。调研机场的单位面积年耗电量平均值为

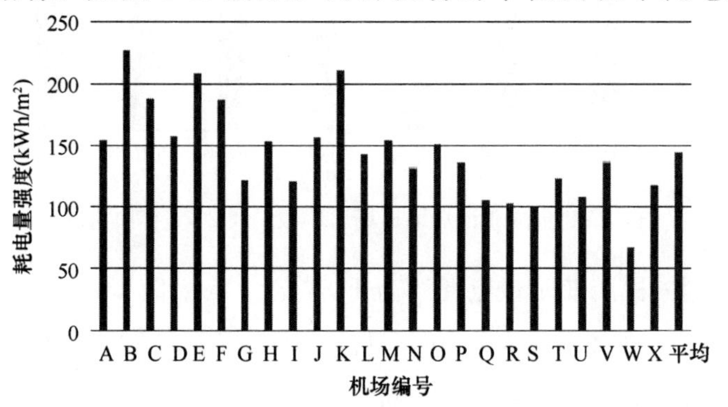

图2-13　国内24座机场单位面积年耗电量强度

144.3kWh/m^2，高于主要类型公共建筑能耗强度。

同时，对于机场能耗的考核中还有一个关键指标是单位旅客的能耗强度，这是因为机场的能耗与机场承载的旅客吞吐量有明显的正相关关系。对调研的 24 座机场数据进行分析，得到其单位旅客年耗电量指标如图 2-14 所示。

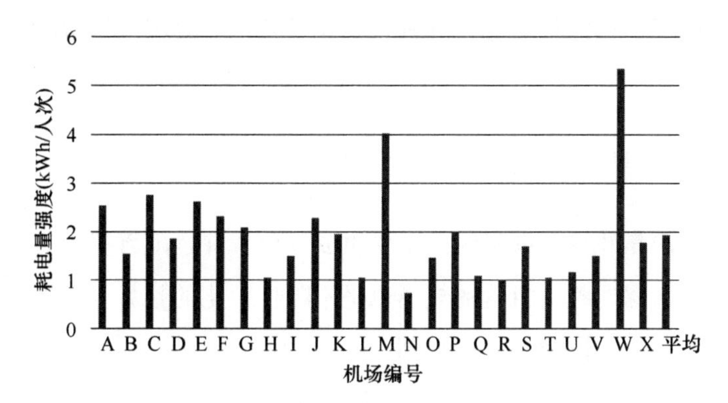

图 2-14 调研机场的单位旅客年耗电量

注：平均值为 1.93 kWh/人次。

这一指标与国外机场航站楼单位旅客耗电量相比，要更低一些。有学者对欧洲主要机场 2009 年和 2010 年单位旅客（PAX，是指机场出发，到达及中转旅客数量之和，与我国民航旅客吞吐量统计口径相同）能耗进行统计（见图 2-15），但由于

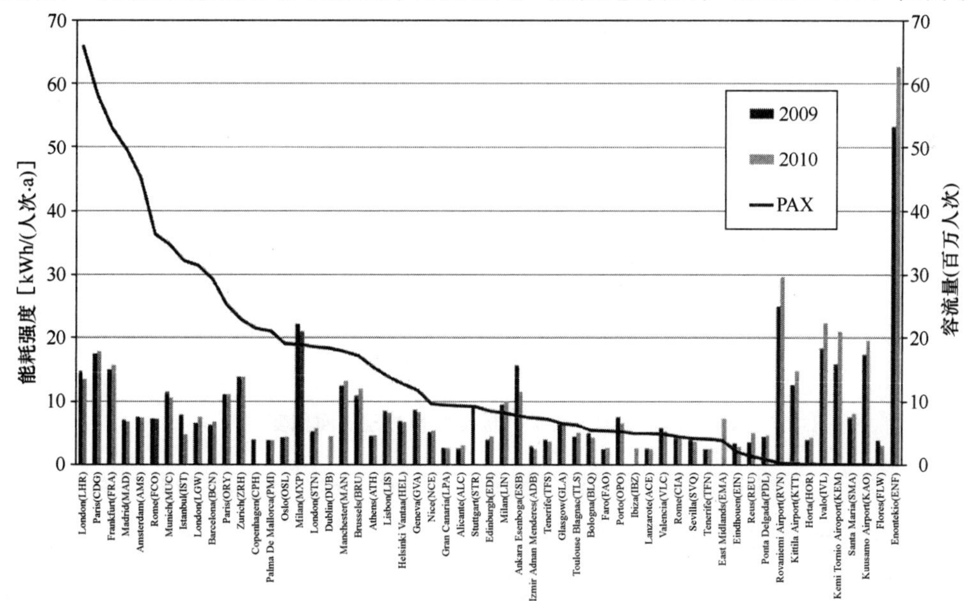

图 2-15 欧洲主要机场单位旅客年能耗强度及年客流量

其统计过程中没有将耗电量和供热量分开，而是加在一起给出，因此结果不能直接与图 2-14 的结果进行对比，但可以看出一些基本规律：一是大型机场和小型机场的单位旅客能耗强度都高；二是单位旅客平均能耗强度显著高于我国机场；三是单位旅客能耗强度与气候的相关性不大。加强我国机场航站楼能耗数据及能源管理，与国外同类型机场进行能耗对标，分析长处和短处，对我国民航机场节能管理必有借鉴意义。

2.2.3 教科文类建筑能耗强度与对比趋势

教科文类建筑是我国公共建筑的重要组成部分，并且随着我国对教育事业发展的重视程度不断加深，教育机构的规模也呈不断扩大化的趋势。根据教育部发布的《全国教育事业发展统计公报》，可得到 2011～2016 年我国各类型教育机构数量与校舍建筑面积，图 2-16、图 2-17 分别为我国中小学和高校的数量与校舍建筑面积的变化情况，可以看到，虽然中小学数量近年来逐年下降，但校舍的总建筑面积却依然保持着稳定增长；而高校的数量和建筑面积则在近年来基本保持着增长的态势。

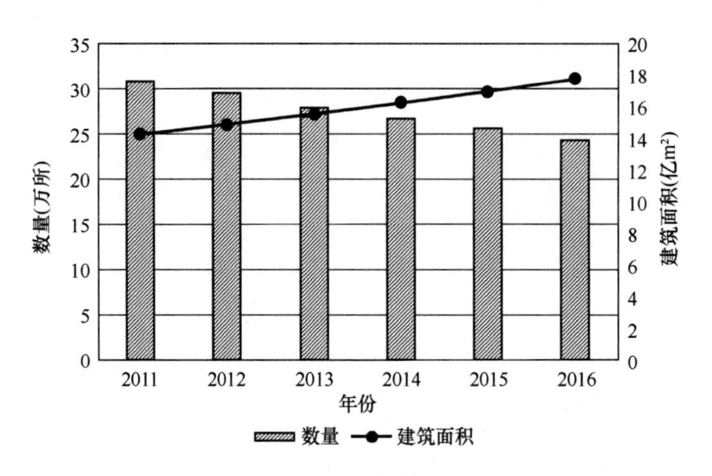

图 2-16 中国中小学数量与校舍总建筑面积变化

2016 年，全国中小学校舍总建筑面积为 17.8 亿 m^2，全国高校校舍总建筑面积为 9.3 亿 m^2，总数达 27.1 亿 m^2，约占我国公共建筑与商业建筑总面积的 23.2%，是我国公共建筑中的重要组成部分。根据国务院印发的《国家教育事业发展“十三五”规划》，至 2020 年全国中小学在校人数将达到 1.91 亿人，高校在学

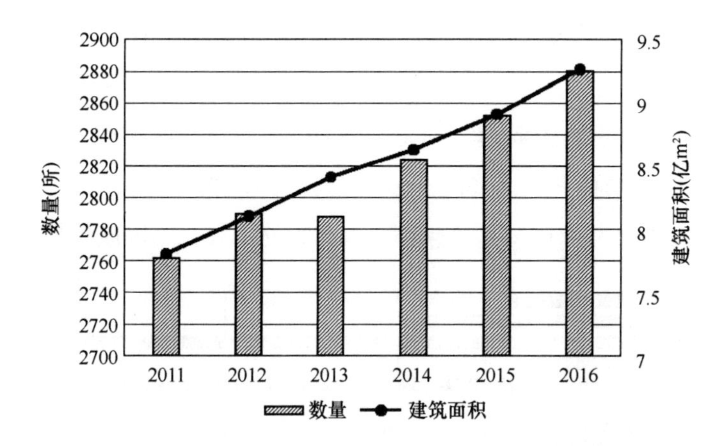

图 2-17 中国高校数量与校舍总建筑面积变化

总规模将达到 3850 万人。根据 2011～2016 年的生均校舍建筑面积增长率来估算，2020 年全国中小学建筑面积将达 23.6 亿 m^2，高校建筑面积将达 9.76 亿 m^2，总建筑面积相较于 2016 年还将上升 23.1%。教科文类建筑是公共建筑中不可忽视的一块，需要对其能耗情况予以重视，加强节能工作的开展。

相较于办公建筑、商场建筑、宾馆饭店建筑等主要类型公共建筑，教科文类建筑的建筑功能则极为综合，其能耗构成非常复杂。教科文类建筑如果再按照功能细分，又可分为行政办公楼、教学楼、图书馆、宿舍楼、食堂、体育场馆等，其由于相似的建筑功能与能耗特点又可分别归类进办公建筑（办公楼、教学楼、图书馆）、住宅建筑（宿舍楼）、饭店建筑（食堂）、体育建筑（体育场馆）等，这为教科文类建筑能耗强度的统计和对标，以及确定能耗限额造成了困难。

下文以高等院校和中小学两大类建筑为对象，分析其能源消耗的现状与未来发展可能趋势。由于教科文类建筑较为综合，常常包含不同类型的功能建筑，难以制定统一的能耗模型，也由于以往对于教科文类建筑能耗情况的重视程度不够，因而能耗监测平台对于教科文类建筑的监测数量不足，对其能耗数据掌握不充分。下文以国内发表的文献中所公开的教科文类建筑能耗数据作为主要分析基础。

（1）高等院校能耗现状

高等院校建筑在教科文类单体建筑中的数量占比最大，几乎占到了整个教育事业类公共建筑的 85%以上，而其能耗密度也相对偏高，是教科文类建筑中的耗能大户。据统计，我国高校在校生数量约占全国人口的 3%，而高校消耗能源约占社会总能耗的8%，高校大学生的生均能耗、水耗分别是全国居民人均能耗值的4倍和2倍。

根据高彪，谭洪卫，宋亚超等对夏热冬冷地区的13所高校的能耗调研发现，13所高校的平均生均能耗约为0.33 tce/（人·a），为全国人均能耗的2倍左右（见图2-18），其中最高的可达4倍之多。

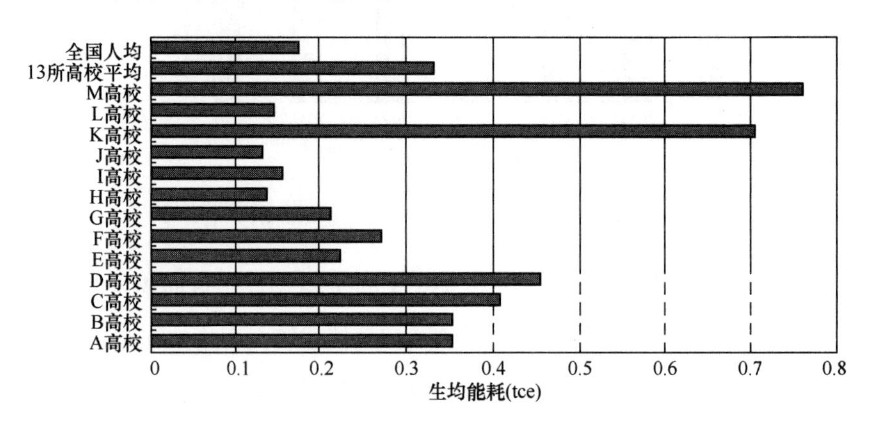

图2-18 夏热冬冷地区13所高校生均能耗

根据李家男2014年对全国已建立能耗监管平台的30所高校的调研结果，30所高校的单位建筑面积年电耗与人均电耗强度如图2-19所示，图中顺序按照单位建筑面积电耗从高到低排序。30所高校的单位建筑面积电耗强度的平均值为17.6kWh/（m^2·a），人均能耗强度的平均值为504.6kWh/（人·a）。

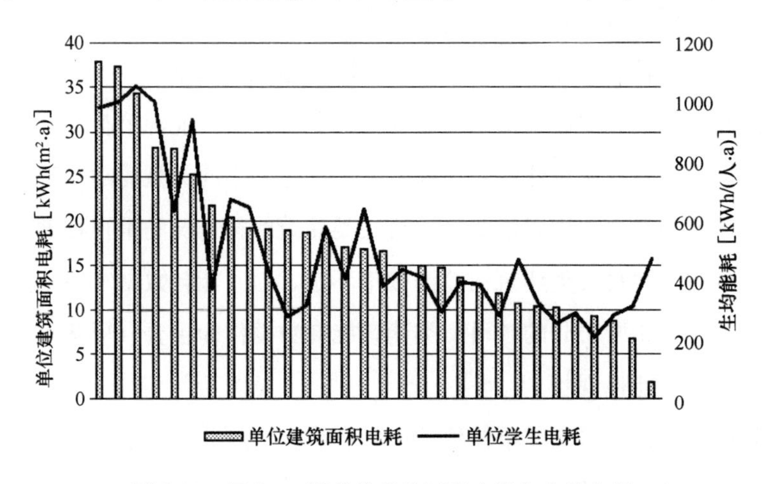

图2-19 国内30所高校单位面积电耗与生均电耗

同时，我国高校建设正处于快速发展的阶段，在这个过程中，在校生人数、校舍面积、承担科研任务、配套科研设施资产等规模持续扩大，用能总量也不可避免地呈不断增加的态势。以胡轩昂所调研的浙江省某高校 2002～2011 年用能要素变化情况为例，10 年间学生人数年均增长率为 0.83%，房产面积增长率为 10.71%，而总能耗折标准煤的增长率为 18.87%，总耗电量增长率为 17.95%（见表 2-5），在常规公共建筑中出现这样大幅度的能耗增长是非常少见的，这值得我们引起注意。

浙江省某高校 2002～2011 年用能要素年均增长率 **表 2-5**

	学生人数	房产面积	总能耗折标准煤	耗电量
年均增长率	0.83%	10.71%	18.87%	17.95%

（2）中小学能耗现状

宋丹丹等人对上海市 1400 余所中小学进行了基本调研，得到高中、初中、小学的校均年能耗，发现普通高中校平均能源消耗量要远高于初中和小学（见图 2-20）。

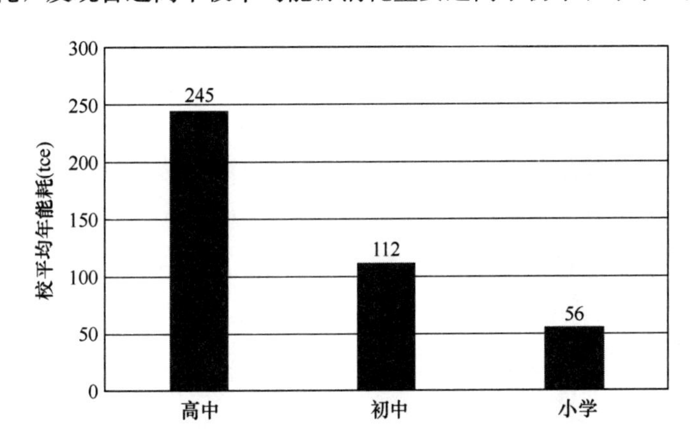

图 2-20　上海市中小学校平均年能耗

因此宋丹丹等人对上海市高中进行了更为详细的能耗调研，得到 2005 年与 2006 年上海市 207 所高中的生均能耗、单位建筑面积能耗、生均电耗、单位建筑面积电耗等。以 2006 年为例，上海市高中生均年能耗为 178kgce/(人・a)，单位建筑面积年能耗为 11.7kgce/(m^2・a)，生均年电耗为 354kWh/(人・a)，单位建筑面积年电耗为 23.3kWh/(m^2・a)。

喻凡等人对广东省 156 所中小学校的能耗与水资源消耗进行了数据调研，得出高中、初中、小学的年生均能源消耗量分别为 71.14kgce/人、33.06kgce/人、13.7kgce/人，小学、初中、高中的能耗水平逐级提升（见表 2-6）。

广东省中小学校生均能耗与水耗平均值 **表 2-6**

学校类型	年生均能源消耗量（kgce/人）	年生均水资源消耗量（m^3/人）
高级中学	71.14	57.55
初级中学	33.06	22.65
小学	13.7	10.8

沙雪娟等人对江苏省常州市的 13 所小学、15 所中学的能耗情况进行了调研，调研发现各学校的单位面积电耗平均值为 22 kWh/m^2，并也得出了中学单位面积电耗普遍高于小学的结论。

可以看出，我国对于中小学建筑能耗的调研相对较少，资料比较零散，不论是单位面积的能耗强度，还是生均能耗强度都比较离散，也未给出能耗合理性分析。

（3）与国外对比

据美国能源情报署（U.S. Energy Information Administration）发布的能耗数据，教育事业类公共建筑 2012 年与 2003 年调研得到的单位面积电耗平均值均为 11.0kWh/square foot，折合 118.4kWh/m^2。根据美国能源部（DOE）发布的数据作出学校能耗拆分，各用途能耗占比情况如图 2-21所示。

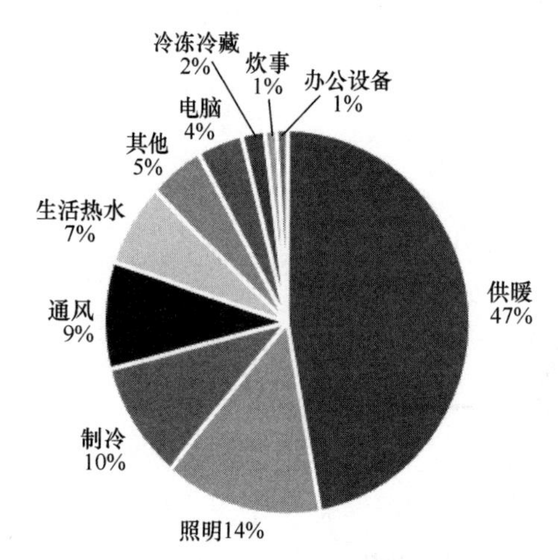

图 2-21 美国学校建筑用能拆分

Vincenc 等人调研了斯洛文尼亚 24 所老学校的能耗情况，其单位面积年电耗平均值为 16.0kWh/m^2，但需要的供热量非常高，单位面积年供热量平均值为 192.8kWh/m^2。M. Santamouris 等人调研了希腊 238 所学校，得到学校单位面积年能耗平均值为 93kWh/m^2，其中 72%的能耗用于供暖。Dascalaki 等人同样选取了希腊的 500 所学校展开调研，并得出供暖、电力和总能耗的单位面积平均值分别为 57kWh/m^2、12kWh/m^2 和 69kWh/m^2。Andreas 等人通过对卢森堡 68 所学校进行调研发现，采用被动房技术的学校用于供暖的年能耗平均值为 32kWh/m^2，而普通学校用于供暖的年能耗平均值为 113kWh/m^2。

综合来看，欧美国家教育类建筑普遍能耗密度偏高，其中有很大一部分用于供暖，这与欧美国家所处的地理位置、气候有关。但欧洲很多国家的非供暖电耗、比如照明等，也处在每平方米十几千瓦时的水平，相对较高。总体而言，我国教育类建筑能耗水平目前较欧美国家相对偏低。

2.3　公共建筑节能发展回顾与趋势

2.3.1　公共建筑节能十年发展回顾

2008 年，《民用建筑节能条例》和《公共机构节能条例》两个重要的国家建筑节能相关法规颁布实施，将公共建筑节能明确列为重点，有专门的条例规定了公共建筑的能耗调查、审计、统计等工作要求。在之前一年，住房城乡建设部、财政部开始推进《国家机关办公建筑与大型公共建筑节能监管体系》建设，逐步在全国开展对各类公共建筑能耗数据进行统计、审计、公示工作，试点建设能耗分项计量在线监测平台。十年弹指，公共建筑节能已经在中华大地生根发芽。回顾起来，有以下几点可喜的变化：

一是公共建筑节能“用数据说话”深入人心。十年前，除了个别高校研究小组之外，几乎没有什么公共建筑实际运行的能耗数据。十年后，全国 33 个省市建立的公共建筑能耗监测平台，定期开展公共建筑能耗统计、审计工作。虽然这些能耗数据的质量还不够好，数据还不能在大范围内公开，但是如前所示，上海、深圳等城市已经开始定期公布各类公共建筑能耗数据的具体信息。而且，一批地产集团、连锁经营超市，自己投资建立能耗监测平台，分析数据，以数据为抓手，促进集团内部各公共建筑运营管理者从“要我节能”到“我要节能”转变。

二是公共建筑节能按“生态文明”的要求发展，实现“总量控制”。十年前，以国家体育场、国家大剧院、中央电视台节目制作中心等为代表的一批由国外建筑师设计的“新”“奇”“特”公共建筑，成为城市的新地标，一时间新建公共建筑必须上玻璃幕墙、必须上变风量系统才够“档次”，新建大型公共建筑实际运行能耗远高于一般公共建筑。党的十八大以来，中央高度重视生态文明建设，将生态文明建设纳入“五位一体”总体布局，做出了一系列战略部署，特别是实施能源和水资源消耗、建设用地等总量和强度“双控”行动，既能节约能源资源，从源头上减少污染物和温室气体排放，也能倒逼经济发展方式转变，提高我国经济发展绿色水平。正是在这样的背景下，历经4年艰苦的编制工作，2016年《民用建筑能耗标准》颁布实施，这是我国第一次明确以实际运行的能源消耗量来约束建筑能耗。紧接着，各地、各行业纷纷出台类似的公共建筑能耗限额标准、用能指南等，以能源消耗总量控制目标反过来约束公共建筑的运行、设备和系统的调适以及设计，真正形成公共建筑节能全过程管理。

三是公共建筑在运行中实现真正的节能，极大地推进了公共建筑节能改造。在2007年开始建设国家机关和大型公共建筑节能监管体系，到建设一批公共建筑能耗监测平台，再到推进公共建筑节能改造示范城市建设，我国公共建筑节能不再“纸上谈兵”，也不再只谈“节能潜力”，而是通过完成一批公共建筑节能改造项目，实实在在地收获节能量，降低公共建筑运行能耗。公共建筑的业主或运行管理者，相信自己的建筑有20%甚至更高的节能潜力，不再观望和踯躅不前，而是主动寻求节能服务或自己动手开展节能工作。在《中国建筑节能年度发展研究报告2007年》的前言中，江亿院士曾指出，“建筑节能需要一场人民战争”，今天公共建筑节能的人民战争已经初步形成。特别是通过公共建筑节能改造的市场机制，培育了一批优秀的节能服务公司，活跃在各个城市、各个公共建筑。而一系列适用于不同气候、不同类型公共建筑的节能新技术、新产品，也不再停留在图纸上、脑海中，而是直接应用在工程实践中，通过检验、改进提升，极大地缩短了新技术、新产品的迭代时长，促进了科技的进步。

2.3.2 公共建筑节能面临新的转变

2017年，党的十九大胜利召开，宣示中国特色社会主义进入了新时代，我国社会主要矛盾已经转化，必须开启新的伟大征程。公共建筑节能也面临了新的转变，主要特点有：

一是公共建筑建设的重点领域出现变化。如前所示，随着我国城镇化不断发展，未来公共建筑仍有一定的发展空间，但重点不再是办公建筑、商场建筑和酒店建筑这三类主要类型公共建筑。以教育和医疗卫生为代表的与人民生活密切相关的公共服务设施，以及随着地铁、高铁、航空运输发展而建设的地铁站、高铁站、机场航站楼等交通建筑，以及大规模的国家级或省级新区集中建设，将会在今后5～10年内得到快速发展，这对公共建筑节能，及区域能源清洁高效综合供应提出了新的要求。

二是公共建筑室内环境的需求出现变化。一方面空调和供暖系统在公共建筑中比较普及之后，人们更多的关心室内空气质量，那么用什么方式满足人们对室内环境质量的需求？是将公共建筑完全封闭起来、用过滤器和机械通风来满足需求，耗费大量风机电耗和新风加热或冷却能耗，还是在室外空气质量良好时保持开窗自然通风，室外空气污染时再利用高效率、低风机电耗的机械通风方式。另一方面，以中小学校园建筑为代表的教育建筑室内环境营造出现两极分化趋势，一部分重点学校、国际学校安装热泵系统、加装全新风系统和恒温恒湿中央空调系统，初投资高、实际运行能耗也高；另一部分偏远地区农村校舍仍缺乏起码的冬季供暖设施，加上围护结构性能很差，学习生活条件仍非常艰苦。在公共建筑室内环境需求上，也体现了当前人民日益增长的美好生活需要和不平衡不充分的发展之间的矛盾。

三是国家对加强生态文明建设、落实绿色发展理念有了新的要求。党的十九大报告明确提出，建设生态文明是中华民族永续发展的千年大计。从现在到2020年必须坚决打好决胜小康三大攻坚战，减能耗，控污染。作为建筑节能重点领域的公共建筑，如何强化能耗总量和强度“双控”，鼓励进一步节能和提升能效，保障公共建筑合理用能，坚决限制过度用能，需要新的更加科学和严格的措施，仅仅做到“设计节能”远远不够，需要通过立项、设计、招投标采购、安装施工、调适验收的全过程管理，使得公共建筑运行能耗达到控制目标的要求。

2.3.3　公共建筑节能未来的发展

公共建筑系统复杂，影响最终运行能耗的因素很多，很难通过某一项或几项节能技术的突破就彻底解决公共建筑节能问题。本报告第6章探讨了几项公共建筑节能关键技术，第8章分享了应用各种节能技术大幅度降低运行能耗的公共建筑节能最佳实践案例，这些技术和最佳实践案例，都会对公共建筑未来的发展产生影响。除此之外，笔者认为公共建筑节能结合数字化技术和物联网技术，未来在以下几个方面将会有新的发展和应用，并使公共建筑节能工作不仅是定量化，而且更精准，从而在降低能耗和提高服务水平上出现更大的进步。

一是公共建筑能耗相关信息多维度数据智能应用。信息技术、物联网技术以及传感器技术的发展，使得公共建筑能耗相关的数据和信息将更加丰富。特别是随着公共建筑及其机电能源系统的运行，会在多个系统产生大量的数据。如何充分利用这些数据，借鉴其他行业和领域的先进数据分析技术，从多个维度获取影响公共建筑能耗的信息，通过数据分析，精确找到公共建筑中能源的需求和服务对象，并且通过系统控制调节，利用已有的机电能源系统，如暖通空调系统、照明系统、电梯、送排风系统等，准确匹配这些需求，大幅度提升传统机电能源系统的效率。

二是建立公共建筑节能全过程管理数字化信用体系，从设计、招投标和采购、安装施工、调适验收到运行调节的各个环节，利用数字化技术将设计档案、招投标技术文件、安装过程、调适和交付阶段实测结果、投入使用后的实际运行性能等，以及其对应的责任人和企业相关信息，包括其姓名，身份证、职业证书等，全部建立数字化档案库，加速工程建设质量的闭环管理，并且使信用信息可查询，这样的信用制度是我国工程建设转型升级必不可少的条件，推动公共建筑节能全过程管理能广泛实施。

三是利用运行能耗数据、安装调适数据资料以及设计图纸等数字化资料，通过人工智能等技术手段开展机器学习，逐步实现公共建筑智能设计、智能安装、智能运行调控。特别是针对量大面广的中小型公共建筑，利用数字化技术结合围护结构预制、机电系统预制等，实现个性定制与模块化预制相结合，极大降低中小型公共建筑的设计建造成本的同时，保证其质量和能耗达到设定目标。

本章参考文献

[1] 喻凡，闫军威，陈城，梁艳辉．夏热冬暖地区中小学能耗数据分析[J]．建筑节能，2017，45(03)：97-101+110.

[2] 李家男．山东建筑大学公共建筑能耗分析与策略[D]．济南：山东建筑大学，2015.

[3] 沙雪娟，朱红莉，蒋莉华．常州中小学校能效现状与节能改造措施[J]．电力需求侧管理，2014，16(06)：36-38.

[4] 胡轩昂．浙江省某高校建筑能耗评价指标及其能耗分析研究[D]．杭州：浙江大学，2014.

[5] 高彪，谭洪卫，宋亚超．高校校园建筑用能现状及存在问题分析——以长三角地区某综合型大学为例[J]. 建筑节能，2011，39(02)：41-44.

[6] 谭洪卫，徐钰琳，胡承益，陈小龙．全球气候变化应对与我国高校校园建筑节能监管[J]. 建筑热能通风空调，2010，29(01)：36-40.

[7] 宋丹丹，马宪国，王立慷．上海市中小学用能分析[J]. 上海节能，2008(05)：21-24.

[8] Department of Energy US，advanced energy retrofit guide-K 12 schools. Guide；2013.

[9] Vincenc Butala，Peter Novak，Energy consumption and potential energy savings in old school buildings，Energy and Buildings，1999，29(3)：241-246.

[10] M. Santamouris，C. A. Balaras，E. Dascalaki，A. Argiriou，A. Gaglia，Energy consumption and the potential for energy conservation in school buildings in Hellas，Energy，1994，19(6)：653-660.

[11] Dascalaki EG，Sermpetzoglou VG. Energy performance and indoor environmental quality in Hellenic schools. Energy Build，2011，43：718-27.

[12] Andreas Thewes，Stefan Maas，Frank Scholzen，Danièle Waldmann，Arno Zürbes，Field study on the energy consumption of school buildings in Luxembourg，Energy and Buildings，2014，68(A)：460-470.

第3章　公共建筑发展理念

3.1　标准规范中的室内环境参数要求

我国目前公共建筑已经从20世纪的大多数不满足基本需求的状况转化为基本可以满足社会发展与人民生活提高的需求，但不充分、不均衡的发展问题突出，部分建筑用能过高，由于建筑运行导致的碳排放和直接与间接的大气污染问题成为亟待解决的主要问题。这样，公共建筑室内环境营造的重点就从如何营造更舒适的室内环境转化为在满足室内环境基本需求的前提下，如何降低能耗，减少直接和间接的污染物排放这样的新问题。这样，正确认识、合理界定在新的历史时期室内环境的营造或调控需求就尤为重要，这将有助于深刻认识我国现阶段公共建筑发展现状，并基于此构建出适应我国发展需求、建设生态文明和美丽中国的公共建筑室内环境营造方式。

公共建筑室内环境控制系统的任务是提供舒适、健康的室内环境，这也是人民对美好生活的重要需求。室内环境通常包含声环境、光环境、热（湿）环境、空气品质等方面，各项指标参数通常有一定的规范或标准要求。例如，办公建筑室内允许的噪声级通常在40～45dB（《民用建筑隔声设计规范》GB 50118—2010）、办公建筑（办公室、会议室等）的室内采光标准值通常不低于450～600lx（《建筑采光设计标准》GB 50033—2013），通过合理的隔声设计、采光设计，可以满足不同场合的噪声、采光需求。

热湿环境参数是室内环境营造过程及通风空调系统需要满足的重要指标，我国对舒适性空调的室内参数做出了具体的规定GB 50189—2015。类似地，《民用建筑供暖通风与空气调节设计规范》GB 50736—2012中也给出了应用空调系统时室内推荐的温湿度参数值，图3-1给出了上述设计参数在焓湿图上的表示。从图中室内设计参数的变化范围来看，为满足人员舒适性要求，供冷、供热工况下建筑内温湿度参数通常仅在一定的范围内变化。公共建筑类型众多，例如办公建筑、商场建筑、宾馆建筑、医疗建筑、教育建筑、交通场站建筑、体育建筑、展览建筑等，很难在一部室内环境参数标准中涵盖所有类型的公共建筑。各类公共建筑中的室内环境参数具有一定的共性，又存在一定的差异。

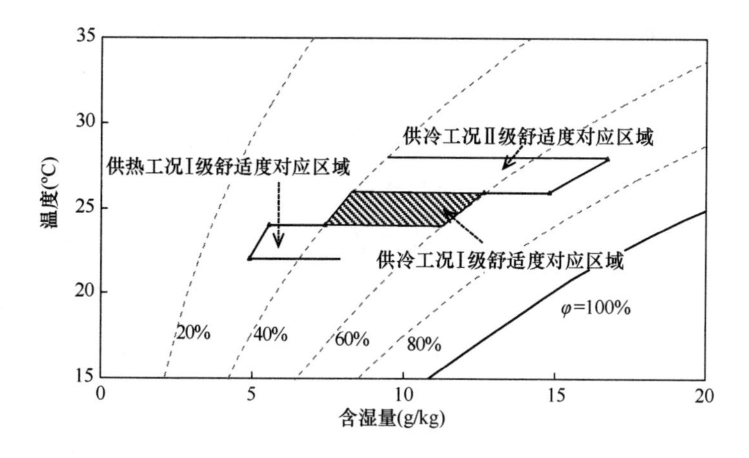

图 3-1 室内设计参数在焓湿图上的表示（GB 50736）

对于室内空气品质或空气质量相关的参数，《室内空气质量标准》GB 18883—2016 给出了室内主要污染物浓度的控制水平，为控制室内污染物、创造良好的室内空气质量提供了基础。另一方面，送入新鲜空气是排除室内污染物、满足人员健康需求等的重要手段，国内外相关标准中均对人员新风量给出了一定的规定或推荐值，并随不同的历史时期而有所差异。2004 年至今版本的 ASHRAE standard 62.1 中，给出的办公建筑办公区域的新风量标准均为 30.6m^3/(h·人)(设计人员密度约为 20m^2/人)，世界上主要国家办公建筑室内新风量标准也多在 9～50m^3/(h·人)的大范围变化。当节能被高度重视时，人均新风量标准曾被降低到 9m^3/(h·人)，而当人的舒适和健康被关注时，新风标准在一些国家提高到 50m^3/(h·人)，甚至还要更高。我国办公建筑中通常选取的人员新风量标准多在 30m^3/(h·人)，其他不同类型的公共建筑、不同功能区域中选取的人员新风量也通常在 20～40m^3/(h·人)。由于大多种室内污染物是由人体散发，其散发量大致与人呼吸散发的 CO_2 成正比，所以通常都取 CO_2 为参照指标，控制了室内 CO_2 浓度，就认为控制了室内散发的各类污染物浓度。为了同时考虑稀释人员活动引起的其他污染物和气味，许多国家都要求把 CO_2 的浓度控制在 1000ppm，世界卫生组织建议的上限则为

2500ppm，我国对不同场合 CO_2 浓度的限值也通常在1000～1500ppm。对于以人群活动为主的公共建筑，可根据 CO_2 浓度的变化来反映建筑物内的人员等 CO_2 产生源的状况，并根据其状况来反映室内新鲜空气量是否满足需求。

表3-1给出了环境 CO_2 浓度为400ppm与500ppm情况下，维持室内 CO_2 浓度在1000ppm时排除人体产生 CO_2 所需要的新鲜空气量。从满足排除人员产生的污染物或 CO_2 等需求来看，当室外新鲜空气 CO_2 浓度为400～500ppm，室内 CO_2 浓度水平约为1000ppm时，室内外 CO_2 浓度差为500～600ppm，对于普通办公室（静坐或极轻劳动），人员需求的新风量也大致在30m³/(h·人)左右，这是当前民用建筑设计标准规范中将规定的人员新风量通常选取为20～30m³/(h·人)的重要依据。尽管建筑暖通空调系统设计中可依据人员新风量指标进行设计，但在实际系统运行中，很难直接给出实际人均新风量的状况，也很难通过测试总的新风量、总的人数等直接反映建筑内的人均新风量是否满足需求，过于强调人员新风量的概念或指标很难与实际运行状况、实际系统调控相适应。而 CO_2 浓度则可作为反映室内新鲜空气量是否满足要求的重要参照物，通过监测室内 CO_2 浓度水平，将室内 CO_2 浓度控制在一定的范围，是更有效、更直接的室内环境控制指标。

人体在不同状态的 CO_2 呼出量与排除 CO_2 所需新风量　　表3-1

劳动强度	新陈代谢率	CO_2 排放量 [m³/(h·人)]	需求新鲜空气量① [m³/(h·人)]	需求新鲜空气量② [m³/(h·人)]
静坐	0.0	0.013	22.3	26.0
极轻劳动	0.8	0.022	37.7	44.0
轻劳动	1.5	0.030	51.5	60.0
中等劳动	3.0	0.046	78.8	92.0
重劳动	5.5	0.074	126.8	148.0

① 环境中 CO_2 浓度为400ppm，室内外 CO_2 浓度差为600ppm；
② 环境中 CO_2 浓度为500ppm，室内外 CO_2 浓度差为500ppm。

CO_2 浓度是反映室内空气质量或空气新鲜程度及室内空气受室外新鲜空气影响程度的重要指标，当前对众多公共建筑室内 CO_2 浓度调研测试的结果表明，对于不同类型的公共建筑、不同使用功能的房间，在室内 CO_2 浓度方面存在显著差异。以某地铁车站公共区域的 CO_2 浓度实测结果为例，图3-2（*a*）给出了车站内站厅、站台层连续两天的 CO_2 浓度变化情况。可以看出在室外 CO_2 浓度较为稳定（311～385ppm）的情况下，该车站公共区域 CO_2 浓度在460～628ppm之间，远低于地铁设计规范中 1500ppm 的限值；站厅的 CO_2 浓度略高于站台的 CO_2 浓度水平。尽管受到客流变化等因素的影响，一天内车站站厅、站台的 CO_2 浓度变化范围仍小于 200ppm。图 3-2（*b*）给出了某航站值机大厅不同区域 CO_2 浓度分布情况，可以看出不同区域的测试结果表明除安检区域附近测点（F3－C-3）CO_2 浓度达到 680pm，其余测点浓度均在 600ppm 以下，尤其在 a 行其浓度与室外浓度 411ppm 相近。

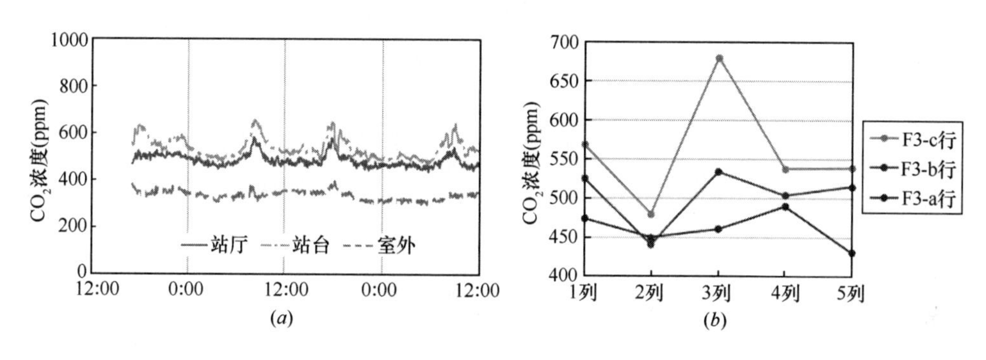

图 3-2 典型交通场站建筑中 CO_2 浓度实测结果

（*a*）某地铁车站；（*b*）航站楼值机大厅

而众多的办公建筑测试结果表明，即便不开启机械新风系统，由于建筑渗透风的影响，办公室内的 CO_2 浓度通常也仅在 700～800ppm，很少有超过 1000ppm 的情况。图 3-3 给出了西安某办公楼不同季节典型房间日均室内 CO_2 浓度的变化情况[1]，可以看出不同房间内的 CO_2 浓度均处于较低水平，多在 500～800ppm 的范围内变化，这也表明此类场所的 CO_2 浓度远低于 1000ppm 的水平，其室内新鲜空气量也要大于实际人员需求的量。

而对于一些会议室、学校教室等，实际调查显示其 CO_2 浓度水平随使用时间的增加而显著升高，在人员刚进入时，会议室或教室内的 CO_2 浓度与室外差异不大，仅为 500ppm 以下；随着会议室、教室内人员活动（会议或课程进行），室内 CO_2 浓度显著升高，在会议结束或课程结束时的室内 CO_2 浓度可以显著高于 1000ppm，甚至超过 2000ppm。例如，王锋青等[2]的实际测试结果表明，大型、中

❶ 朱帅帅．西安市某办公建筑室内空气品质调研与分析［D］．西安：西安建筑科技大学，2016.23.

❷ 王锋青等．浙江师范大学教室 CO_2 体积分数测量结果分析［J］，中国学校卫生，2005，26（6）：447-448.

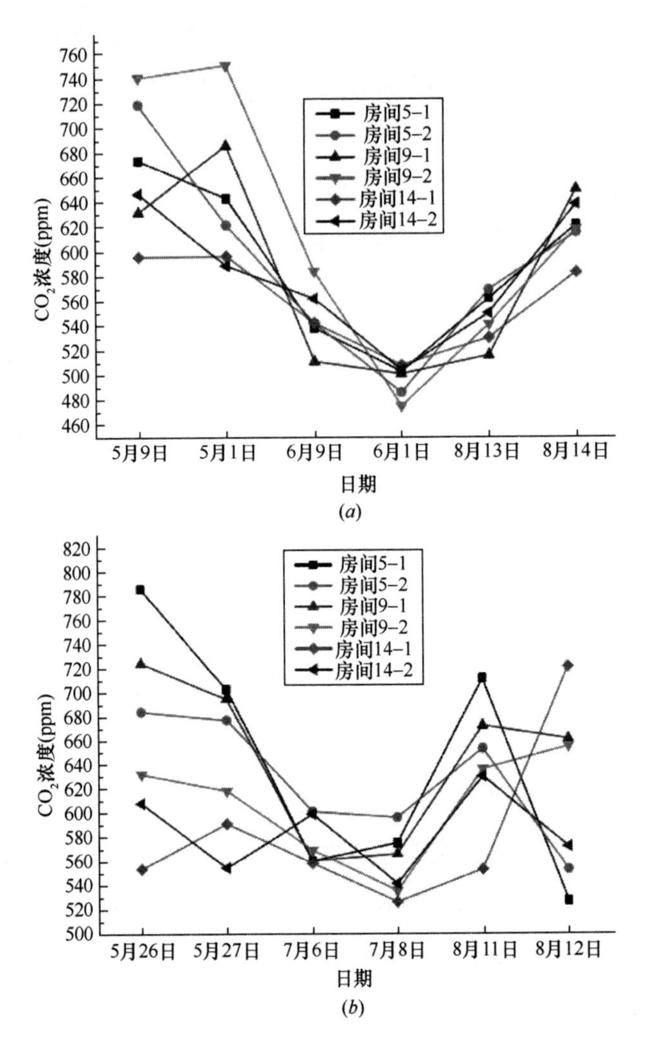

图 3-3 西安某两座办公建筑 CO_2 浓度实测结果

(*a*) 办公建筑 A；(*b*) 办公建筑 B

等教室内在使用前的 CO_2 浓度与室外区别不大（约 460ppm），而在使用情况下高峰时的 CO_2 浓度水平可超过 3000ppm，小型教室的 CO_2 浓度峰值也可达到 1600ppm。这些测试结果表明，在此类场所的 CO_2 浓度水平因人员密集、新鲜空气量短时间内无法满足需求而呈现显著的升高趋势，在使用阶段对这类场所进行合理、有效的通风措施或手段就成为改善其室内环境和空气状况的重要途径。

过高或过低的室内 CO_2 浓度水平都不是营造适宜室内环境的合理需求。从现有实际场所的 CO_2 浓度水平测试结果来看，目前不同建筑内的 CO_2 浓度主要出现三种状况：一种是 CO_2 浓度低于 600ppm，接近室外环境中的 CO_2 浓度水平；一种是处在 600～1200ppm 之间，与室外环境 CO_2 浓度存在一定差异；还有一种是 CO_2 浓度超过 1200ppm，甚至可达到 2000ppm 以上，与室外 CO_2 浓度差达到 700～1000ppm 甚至更高。从这些调查结果可以进一步分析其原因。对于正常运行或使用中的建筑，CO_2 浓度水平越低，表明该环境与室外环境间的差异越小，因而 CO_2 浓度水平低于 600ppm 的第一种情况中通常存在过量的“有效新风量”，所提供的新风量远大于实际的人员需求量。这种情况出现的原因，可能是由于室内人员过少（产生 CO_2 的源少），更主要的原因则是通过渗透新风、机械新风等多个渠道进入室内的新鲜空气量过大，远大于实际室内的人员需求新鲜空气量，从而导致室内 CO_2 浓度处于较低水平。除了春秋季节等过渡季、希望建筑内能有良好的自然通风外，夏季、冬季这样大的室外通风换气就会造成巨大的冷热负荷，例如在一些夏热冬冷地区航站楼中[1]，冬季由于渗透风导致的热负荷在空调系统总供热量中所占比例超过 50%甚至更高，因而此时应当寻求措施降低此类场合的新鲜空气量、提高其室内 CO_2 浓度。对于最后一种室内 CO_2 浓度超过 1200ppm 甚至更高的情形，则属于通风不畅或通风量难以在短时间内应对室内众多人员的新风量需求，影响了室内环境，应该采取措施增加室内外通风换气量。只有将室内 CO_2 浓度维持在适宜的范围，才能实现较为合理的室内环境营造目标，既保证较为适宜的室内环境质量，又不会导致过多的冷量或热量消耗，这也是在建筑能耗目标约束的基础上建立合理的室内环境营造系统需要重点考虑的问题。这样，在常见的公共建筑中，将 CO_2 浓度水平维持在 800～1200ppm，并将此作为室内环境控制的重要目标，既能保证人员对室内环境参数、对新鲜空气的需求，又能有效避免引入过量新鲜空气带来的损失，并对其他室内环境参数调控（如温度）、冷热量需求等产生积极作用。

人们对建筑环境舒适、健康的向往，绝不是对越来越严苛的室内环境参数、越来越窄的室内温湿度范围等的向往，也不是将室内 CO_2 浓度水平降低至接近室外、新鲜空气量远大于实际人员需求的向往。因此，不应该以营造严苛或满足狭窄的室内环境参数要求作为公共建筑室内环境控制或营造的目标。在效果导向、用能上限约束的目标指引下，室内环境的需求应当在满足基本需求的基础上允许一定范围的

---

[1] 夏热冬冷地区某航站楼室内环境测试报告．清华大学建筑节能研究中心，2017.

波动，这既满足人的健康舒适需要，也符合生态文明建设的发展要求。

3.2 室内环境监测评估应考察CO_2浓度

从当前公共建筑室内环境状况及空调系统实际运行状况来看，除了保证适宜的温湿度水平外，部分公共建筑室内CO_2浓度水平较低，表明建筑室内存在过量的新鲜空气（超过实际人员需求）。室外新风进入建筑室内的路径可以通过机械方式（集中或分散的新风机组、机械通风风机等）送入，也可以经由建筑围护结构、室内外连通开口、门窗缝隙等方式渗入。渗透风对公共建筑室内环境具有显著影响，目前部分公共建筑由于室内外渗风导致了十分显著的冬季热负荷和夏季冷负荷，成为供暖空调系统负荷大、能耗高的主要原因；尤其是在冬季工况下，受到室外风速增强、室内垂直方向热压作用增强等作用，冬季渗透风导致的热量消耗在很多建筑供热量中占到显著比例，成为影响冬季室内热环境的最主要因素。例如，北京某高级商业综合体[1]冬季室内渗透风严重，由于大门频繁开启、多处存在缝隙等问题使得室内实际CO_2浓度水平较低，通常处于600～800ppm，冬季由于渗透风导致的耗热量占到总供热量的绝大部分；通过采取有效措施降低渗透风等的影响，使得实际耗热量大幅降低，单位面积的冬季采暖耗气量降低至1.5Nm^3/m^2（约合0.05GJ/m^2），供暖能耗水平大幅降低，甚至接近实现供暖“零能耗”。在很多地铁车站中，实际站厅、站台的CO_2浓度水平仅在600～700ppm，显著低于设计规范中1500ppm的限值，部分车站的实测新风量（包含机械风量、出入口渗透风量等）可达到人均200m^3/h甚至更高，远大于实际人员需求；由于渗透风、机械新风等导致的空调负荷占到地铁车站夏季耗冷量的50%以上。在很多大型机场航站楼中，实际测试得到的值机大厅冬季、夏季CO_2浓度水平仅在600～700ppm，接近室外浓度水平；候机大厅的CO_2浓度水平稍高，通常也仅在700～800ppm，冬季某机场即便不开启机械新风，由于门口等渗透风影响导致的人均新风量仍可达到130m^3/h以上；由于渗透风影响导致的耗热量占到冬季空调系统实际供热量的比例可达到50%～70%甚至更高。

---

[1] 北京某高级商业综合体室内环境与能耗分析报告．清华大学建筑节能研究中心，2016.

另一方面，尽管实际现状是很多公共建筑中的渗透风量较大、对室内环境的影响显著、新鲜空气量远高于实际人员需求，但很多项目仍坚持设置很大的机械新风系统。这种现状既是受到设计规范、标准的制约，又反映出对当前实际建筑、对实际系统认识的不足。在很多实际公共建筑中，由于设计了很大的新风系统，而实际人员数量、使用功能等发生变化后，新风系统的实际运行与设计初衷出现根本性变化。例如某政府部门办公楼，新风机组全天开启时，室内 CO_2 浓度水平仅在 600ppm 左右；之后将新风机组每天仅运行 1h，办公室内的 CO_2 浓度水平也仅在 600～800ppm 之间变动，减少新风机组的开启时间也成为其降低建筑运行能耗的有效措施。也有很多建筑，尽管设计了机械新风系统，但实际中却很少运行，而室内实际 CO_2 浓度水平也并未出现超过 1000ppm 的情况。例如很多机场航站楼、办公楼中，冬季新风系统并不运行，室内 CO_2 浓度水平仍能维持在较低的水平。这也表明由于实际渗透风等的影响，室内新鲜空气量仍是能够满足人员需求的。因此，实际公共建筑的新风系统，往往存在这种大而无当的现状，不开启、少开启新风系统反而成为一些公共建筑节能的重要措施。究其原因，就是尽管开启新风机组后能够保证此种“可识别的新风量”达标，却并未对室内环境的营造产生根本性改变（例如 CO_2 浓度水平仅是由不开启机械新风时的 800ppm 左右降低至 600～700ppm），反而使得实际空调系统的耗冷/耗热量大幅增加。

这些实际测试结果也表明，很多公共建筑的新鲜空气量远远大于实际人员的需求，过大的新风量导致室内 CO_2 浓度水平偏低，也导致建筑供暖空调系统的耗冷量、耗热量大幅增加。若能通过有效的手段或措施，有效降低此类建筑中的新鲜空气量，改变当前其过多新风量的现状，将新鲜空气量调整或控制到合理的水平（通常为满足人员的健康需求），就有可能在保障其室内环境水平的基础上有效降低其实际供暖空调系统能耗。为了这一目标的实现，就必须科学、合理地认清当前公共建筑中的新鲜空气量水平，因此，如何识别“有效风量”（有效的新鲜空气量）成为建筑室内环境营造及运行调控过程中的重要任务。

我们追求的是“有效新风”，而不是“可识别新风”。不论经由门窗缝隙、出入口开启等由室外环境渗入建筑内的渗透风还是经由机械通风机或空气处理机组等主动式方式送入室内的室外空气，均是新风，均是能够有效影响室内环境的室外新鲜空气，也都能作为满足人员对新风需求的新鲜空气来源，均是能够发挥作用的“有效新风”。目前卫生防疫部门等坚持考核可识别新风量达标，也就是考核可直接测量的机械新风风量来作为建筑新风量是否满足需求的依据，这也是构成很多建筑中新风过量的一个原因。当前只认可机械新风或这种“可识别的新风”，无法考虑实际建筑的渗透风状况的影响，并不符合从实际出发、实事求是地营造建筑室内环境的根本目标，更不符合当前生态文明建设的发展要求。

既然保证新风的目的是为了有效排除室内人员等污染源所释放的污染物，为什么不直接监测室内CO_2浓度来考察室内人员等污染源产生的污染物排除状况或空气新鲜程度状况？如同排热、排湿，其目的是为了保证室内适宜的温湿度水平，尽管暖通空调系统设计时需要计算热负荷、湿负荷，但在工程运行时一定是检查室内温度、湿度是否达标，而不是去检查供冷量、供热量是否达标。温度、湿度是最直接、最方便的可测量、可控制的室内环境指标，而负荷、供冷热量等参数并非最直接或最方便的作用于室内环境的指标。因而空气质量或新风也应该同样处理，保证适量新风的目的是为了保障室内人员健康需求、保证室内空气新鲜程度和空气质量等的需求，实际工程运行时很难通过仅测量“可识别新风”（机械新风量）来全面反映室内的新鲜空气量或空气质量状况，而通过监测室内CO_2浓度水平，则可直接作为室内空气质量或空气新鲜程度是否达标的重要标志。以前CO_2的现场实时测量成本高、仪器可靠性差，这就限制了将CO_2作为直接控制管理目标参数的可操作性。现在CO_2传感器已经与温湿度测量无显著差别，所以应该适应新的变化，把现场CO_2实测值与温湿度并列，作为运行管理和评价室内环境控制结果的主要参数之一。重视、强调CO_2浓度水平而非人均新风量指标，能够更真实地反映室内环境状况，能够更科学地指导暖通空调系统设计，也有助于更方便地实现系统运行、调控。将室内CO_2浓度而非人均新风量作为刻画室内环境状况的重要指标，是真正从实际需求出发、实事求是地营造室内适宜环境的重要体现。

CO_2浓度水平是反映室内环境状况的重要指标，过高过低都不好。图3－4给出了室内CO_2浓度水平与人均新鲜空气量之间的关系（人员极轻活动、室外浓度400ppm），可以看出人均新鲜空气量约在30m^3/h时室内的CO_2浓度水平约在1000ppm；CO_2浓度越低，CO_2浓度每变化100ppm对应的新风量越大。对于正常运行或使用中的建筑，室内CO_2浓度较低（例如仅600～700ppm），表明此时室内空气与室外空气之间的CO_2浓度差异很小（仅为100～200ppm），此时建筑内的新鲜空气量远大于实际人员的需求，应当采取措施降低进入室内的新鲜空气量（可通过减少机械风量或关闭室内外连通接口等方式降低渗透风量）；当室内 CO_2 浓度超过 1200ppm 时，室内空气与室外空气之间的 CO_2 浓度差在 700ppm 以上，此时建筑内的新鲜空气量则不能满足人员的需求，应当适当加大建筑内的新鲜空气量。这样，与室内温度、湿度的控制类似，室内 CO_2 浓度也应当控制在合理的范围内，过低表明存在过量的有效新风量，在夏季、冬季带来巨大的空调处理负荷；过高则表明室内新鲜空气量不足，无法有效排除室内人员等产生的 CO_2 等。对于一般情况，新风量的多少直接与处理和输送新风的能耗成正比，而对于稀释室内污染物的能力，则与新风量呈非线性关系。从图 3-4 中可以看出，当人均新风量从 10m^3/(h・人)增加到 30m^3/(h・人)，室内污染程度下降到原来的一半，而从 40m^3/(h・人)涨到 60m^3/(h・人)，室内污染程度仅有很小的改善。所以在室内 CO_2 偏高时，增加通风量可以有效低改善室内空气质量，而付出的代价并不太大；反之当室内 CO_2 浓度很低时，进一步加大新风量对室内空气质量并不能带来太大的改善，但付出的能耗代价很大。所以建筑室内 CO_2 浓度应该控制在 800～1200ppm 之间，可以有效避免上述浓度过高或过低存在的不足，保障室内环境处于适宜的范围，同时也避免新风带来的过大的能源消耗。所以 CO_2 应当作为建筑室内环境系统设计、运行调控过程中的重要依据。

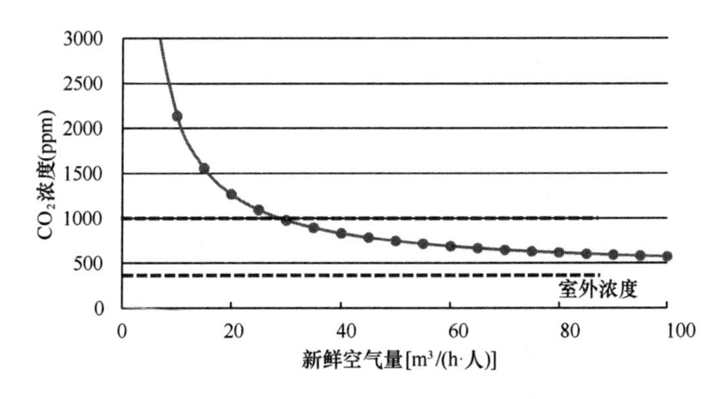

图 3-4　室内 CO_2 浓度与人均新鲜空气量的关系

图 3-5 列出了建筑室内环境营造或控制过程中常见的可测量、可调节的参数指标，主要包含上述提及的温度、湿度、CO_2 浓度三种，建筑室内环境营造过程的目标是将这些重要指标控制在适宜的范围内。这些指标过高或过低均不好，夏季温度

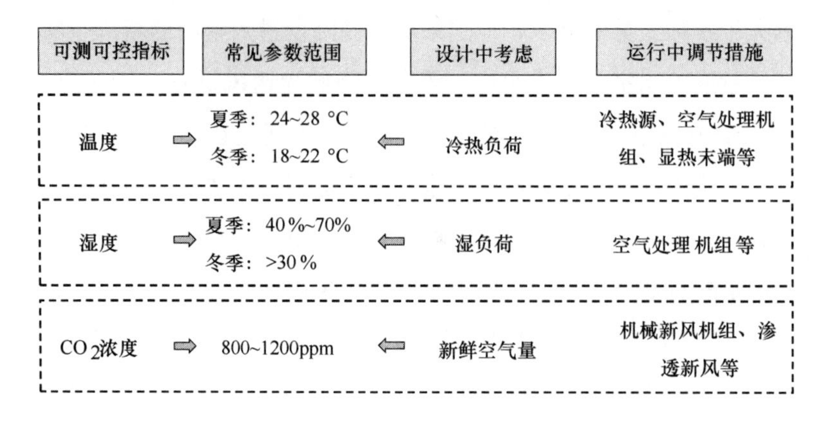

图 3-5 室内环境监测与运行中考虑的主要指标

过高、湿度过高均会显著影响人的舒适，CO_2浓度过高则表明室内空气质量或新鲜程度不佳；夏季温度过低、湿度过低则会导致空调系统的耗冷量显著增加，CO_2浓度过低则表明新鲜空气量超过了实际人员需求，也会给空调系统带来不必要的耗冷量或耗热量。为了实现上述控制目标，在系统设计过程中需要考虑冷热负荷、湿负荷、可向建筑室内提供的新鲜空气量（根据人员数量确定需求、机械新风量和渗透风量等共同承担）等。而在实际系统运行中，则是依照对温度、湿度、CO_2浓度这些可测量的直接指标来进行室内环境参数的调节、控制，利用调节显热末端装置、冷热源设备等来满足温度控制的要求，利用调节除湿或加湿的空气处理机组来实现对室内湿度的调节，利用监测得到的室内CO_2浓度水平来对新鲜空气量进行必要的调节，对机械新风、渗透风采取可能的调节措施来将室内CO_2浓度维持在800～1200ppm的范围内。这种对实际室内环境参数进行直接测量、调控的方式，也与本书第3.3节中指出的应分别满足室内环境参数控制或营造需求的原则相一致。

因此，建议在建筑室内环境控制系统设计、运行中都以CO_2浓度为目标，将CO_2浓度作为与温度、湿度控制同等重要的控制指标，注意在系统设计、运行中使其保持在合理的范围内，既不能太高、也不应太低。根据要求的CO_2浓度水平、室内人员等可能释放的量，计算出要求的新风换气量，完成系统设计；在运行中直接考察CO_2浓度，而不是机械新风的通风量。若监测室内的CO_2浓度低于800ppm，就应当通过减少机械新风量、减少通过建筑围护结构渗透入室内的新鲜空气等方式来进行调节；当监测到室内CO_2浓度高于1200ppm时，应当通过增加机械新风量或适当加大经由围护结构开口进入室内新鲜空气量的方式来进行调节。这样，对于室内环境控制或营造过程，将温度、湿度、CO_2浓度作为重要的可测、可控的参数或指标，能够更有效地满足室内环境的营造需求，不再单纯或片面地强调新风量或机械新风风量，而通过这些可测、可控的指标参数来反映室内环境的实际状况，反映出实际室内的新鲜空气量是否满足人员等的需求，并由此更科学、合理地营造室内环境。

需要指出的是，将CO_2浓度作为重要的室内环境指标、将其浓度控制在一定的合理范围内进行系统设计时，人员新风量标准与当前标准规范中规定的指标相近；在实际系统运行调控中，依据监测CO_2浓度可对机械新风系统进行较为便捷的运行调控，但对由于自然渗透、经由围护结构缝隙等渗入的新鲜空气量，仍需要进一步的研究和分析，对如何降低或增加自然渗透风量的方式也需要进一步的剖析。以CO_2作为室内环境状况的重要标志物，仍需要在很多方面开展进一步的深入研究，例如CO_2在室内环境的分布规律如何，在普通办公室、在高大空间建筑中的CO_2分布或均匀性状况如何，人员走动或活动导致室内CO_2的扩散规律会发生什么变化，实际系统设计及运行中如何考虑渗透风的影响，室外渗透风进入室内后的流动路径及影响范围有多大，不同季节、不同时间或不同运行使用状况下的渗透风作用规律如何，渗透风与机械新风系统如何实现统一考虑等。针对上述问题开展进一步研究、深入分析，有助于真正从实际状况出发来认清建筑的实际需求，有助于阐明建筑新风问题及洁净度控制等的机理、建立对室内环境营造过程的根本认识和方法论，并从实际需求出发设计、运行、监测、调控相应的系统，指导当前和今后公共建筑环境营造或控制的发展。

3.3 多参数多手段各自独立控制

从室内环境营造或调控需求出发，如何构建适宜系统结构、选取什么样的技术手段或措施、如何更好地适应生态文明建设和可持续发展战略的需求，是公共建筑室内环境营造过程中需要重点关注的问题。室内环境营造需求通常包含声环境、光环境、热（湿）环境、空气品质等多个方面，不同需求的技术解决方案不同，应采用不同的路径分别满足，不应追求将不同的需求耦合在一起共同解决。以满足室内温湿度或热湿环境的营造需求为例，传统空调方式通常通过冷凝除湿方法统一调控室内温湿度，通常难以同时满足室内温度、湿度的调节需求，如果借助再热等手段，将造成冷热抵消和能量浪费；传统空调方式利用统一冷源来同时满足降温与除湿需求，限制了空调系统能效水平的提高。温湿度独立控制空调系统（或称温湿度独立调节空调系统）则是从分别满足室内温度、湿度调节需求出发的一种新型空调理念或空调方式，利用不同手段分别实现建筑温度、湿度调节，能够更好地满足建筑热湿环境调节需求：湿度控制系统利用干燥送风排出室内余湿，温度控制系统需求冷源温度从传统空调系统的7℃提高到17℃左右，为直接利用自然冷源提供了条件，即使采用机械制冷方式，由于需求冷水温度的提高也可大幅提高机组性能水平。目前这一新型空调方式已在我国不同地区、不同类型的公共建筑中得到了较好的推广应用，并被证明是未来公共建筑空调方式的重要发展方向。

从温湿度独立控制的空调理念出发，室内环境控制可以发展出各参数独立控制的思路和解决方案。图3-6给出了影响建筑环境的主要室内热源、湿源、污染源及室内外之间的相互关系。从空气净化、温度、湿度的不同要求来看，如何有效保证室内温度 T_r、湿度 d_r、可吸入颗粒物以及作为室内化学污染标志物的 CO_2 浓度 c_r 等指标处于适宜的范围，是室内环境营造过程的主要任务。针对不同的源和不同的任务需求，可以采用不同的解决思路：

图3-6 室内热湿源、污染源与室外间的关系

（1）温度控制：该过程实质是热量搬运的过程。建筑热源包括人员、设备、灯光、进入室内的太阳辐射热量、围护结构传热等，冬季供热的原因实际是补充由于围护结构散热或渗透风等热量散失造成的热量不足。依照各类热源的特点，夏季空

调可以采用不同的处理方式来应对，利用辐射、自然对流或强迫对流等换热方式都可以实现热量的搬运或排除。温湿度独立控制空调理念下，采用高温冷源应对室内热量搬运过程，是提高温度控制过程或热量搬运过程能效的重要途径；更进一步地，室内热源的温度品位不同，理论上可以利用不同品位的冷源来满足热量搬运、温度控制的任务，目前已有学者提出利用围护结构传热等热量的品位特点、采用冷却塔冷却水等排热方式来实现更高的排热效率。

（2）湿度控制：该过程的实现需要通过不同含湿量水平的空气之间的扩散作用。夏季空调需要向室内送入干燥的空气、排除室内湿源产生的水分，冬季则由于空气中的含湿量过低而存在加湿需求。通过一定的空气处理装置，可以将空气处理到冬夏需求的送风状态，满足湿度控制的需求。

（3）室内化学污染物控制——CO_2、VOC 等：这些污染源都来自于室内，目前尚没有有效的手段对其净化消除。可行的途径就是通过室内外的通风换气，由室外空气将其稀释。也就是室内化学污染物的控制主要依靠室内外通风换气的方式实现。

（4）室内可吸入颗粒物控制——粉尘、PM2.5 等：颗粒、粉尘等污染物可来自室外（如 PM2.5 超标），也可能由室内产生。过滤是去除这类污染物最有效的方式。目前有两种方式进行过滤：对室内空气循环过滤，也就是所谓房间空气净化器；通过新风系统对新风进行过滤。当设置独立的新风机或新风处理装置时，尽管可以对送入室内的新风进行有效净化过滤，向室内送入净化了的干净空气，但是室外空气并不是仅通过机械新风系统进入室内，建筑中还存在其他的室内外通道，实际建筑还存在大量非组织的渗透风。这些渗透风同样可以从室外将粉尘带入室内，而安装在新风系统中的过滤器就无法对这些粉尘进行过滤、处理。因此，仅依靠新风过滤并不能获得消除 PM2.5 的良好效果。并且，新风系统通过过滤降低新风中的 PM2.5 等含量，但所去除的污染物都累积在新风处理装置中。由于新风过滤器不可能每天都清洗，非污染天气时室外的干净空气经过过滤器，就会造成二次污染。由此造成“室外高污染时室内低污染，室外无污染时室内还是低污染”。而通过设置室内独立的净化器的方式，可以根据室内净化的需要，选择过滤风量，从而对室内实现快速净化。当室外干净室内也没有污染时，则不需要过滤，也就不存在二次污染。并且，即便室外颗粒或粉尘、PM2.5 浓度较高的空气进入室内，其中的较大颗粒、粉尘等会由于重力作用自动附着在室内表面，可通过清扫等措施有效应对，它们不会成为室内循环式净化器的负荷，而如果是完全依靠对新风的过滤，这些就会成为新风过滤器的主要负荷。并且，室内循环式净化器也可以捕捉室内产生的粉尘、颗粒物等，从而保证室内 PM2.5 浓度处于适宜的水平。室内过滤器仅能过滤室内颗粒（可能来自室外，也可能是室内产生），不对温湿度和化学污染控制有任何影响。

这样，通过对不同室内环境参数或不同控制目标的分析，可以发现对室内温度、湿度、空气质量（CO_2等室内源）、颗粒物等环境参数的控制，由于其来源及性质不同，或可选取不同的处理方式，不应当将温湿度控制耦合或将不同来源的污染物控制简单耦合，而应当采取不同的方式分别应对：1）针对温度控制通过降温或加热的方式；2）针对湿度控制采用相应的加湿或除湿方式；3）对于室内源产生的 VOC、CO_2等则只能通过引入室外低浓度的新鲜空气置换；4）对于颗粒物等的污染物则可通过设置室内循环净化器的方式来实现。这样，对不同的室内环境控制目标，采用不同的处理方式分别满足需求，有助于更好地满足室内环境控制需求。

通过分别满足室内环境中温度、湿度、洁净度的控制需求，有助于实现更好的室内环境控制效果，避免由于互相耦合、统一调控导致的不足。以电子工业洁净厂房为例，其工艺生产环境对室内温度、湿度、洁净度等具有十分严苛的要求，对参数保障的控制要求也远高于通常的公共建筑，而温度、湿度、洁净度控制所需求的风量又存在显著差异，通常为满足高级别净化需求的经过高效过滤器的循环风量（几十次甚至上百次的换气次数）要远大于温湿度控制所需的风量水平（通常仅为一两次或几次的换气次数）。工艺过程产生有害气体，只能靠与室外的换气排除，有一定的新排风需求；室内同时还有尘源，这就需要靠自循环净化过滤去除；由于要求超净，对颗粒物要求非常高，就要很大的风量，所以应该是自循环满足这一要求，而不是全新风。目前此类场合通常采用新风处理机组（MAU）＋干盘管（DCC）＋风机过滤单元（FFU）的环境控制系统形式，即通过 MAU 来对送入洁净厂房的新风进行处理，根据新风全年变化等配置不同处理措施，保证有足够排风排除工艺过程产生的有害气体；利用 DCC 来处理室内显热负荷，采用中温冷水（约 14℃）来满足室内温度控制需求；利用 FFU 对室内循环空气进行过滤处理，排除工艺生产过程中产生的污染物等，满足室内洁净度的需求。因而，电子洁净厂房的环境控制系统就应当是一种从温度、湿度、洁净度等分别调控出发的系统解决方式。

普通公共建筑对于室内环境参数控制并没有工业建筑洁净厂房中的严苛，但仍可以广泛应用相似的室内环境控制理念，即对室内温湿度、洁净度等分别进行调控，不同的处理过程各司其职，分别满足不同方面的室内环境营造需求。以地铁车站为例，现有系统多将温湿度控制、机械新风输送和净化过滤处理等统一进行考虑，设置复杂的新排风路径及空气处理装置，系统复杂程度高、运行模式多，而实际运行中又通常存在经由出入口的渗透新风量过大、新风负荷占空调系统负荷比例过高等不足，室内 CO_2 浓度水平通常仅在 500～700ppm，仅在人员高峰期超过 800ppm。因而现有的环控系统解决方案并不能与降低地铁车站环控能耗的需求相适应，若能将地铁车站内的温湿度调控、室内空气净化等各种需求分别进行调控，将出入口渗透风与解决车站内新风需求相结合，通过监测 CO_2 浓度等来进行新鲜空气量的运行调节，利用单独的自循环式空气净化处理装置等满足车站的净化需求，利用空气处理机组来满足温湿度调控需求，就有可能形成新的地铁车站环控系统模式，实现更合理的室内环境调控效果并大幅降低其环控系统能耗。

3.4 使用者是被动接受服务还是主动参与

室内环境调控除了满足基本的室内声光热环境和空气品质的参数要求外，还应当充分满足使用者或用户的调节需求。民用建筑与工业建筑最大的区别是为使用者服务而不是为生产工艺服务，使用者自身具有一定的调节自身所处环境参数、满足自身需求的主观能动性，提供和维持这种自行调节的功能非常重要。实际上，公共建筑实际的运行效果，包括能耗水平、室内环境效果、空气质量都取决于建筑、建筑服务系统和建筑的使用者。这三者共同作用、相互影响的结果最终决定建筑实际的性能。这里所谓建筑物的使用者指建筑物最终的服务对象。如办公建筑，使用者即使用办公室的办公人员，而并非建筑运行管理者或维护管理建筑物服务系统的运行操作者。那么，是应该由使用者还是由建筑物的运行管理者（对于全自动化的“智能建筑”来说是自动控制系统）决定建筑的运行状态，从而确定建筑物的实际性能呢？这是如何营造建筑环境这一主题下的又一个重要问题。

以办公建筑为例，实际建筑环境的调控状态是建筑运行管理者和使用者双方博弈的结果。一个极端是全自动化的“中央管理”系统，完全由自动控制系统或中央管理者操控管理建筑服务系统的每一个环节，例如灯光调控、窗和窗帘的开闭、空调系统、通排风系统等。使用者无需参与其中的任何活动，也不需要调整任何设定值，可完全被动地享受系统所提供的服务。这实际上是很多“智能”建筑所追求的目标；另一个极端则是完全由使用者操控管理室内状态，自行对灯光、窗和窗帘、空调、通排风装置进行开、关及调整，这往往被认为无智能，落后的建筑。当然，实际的办公建筑，往往处于这两种极端状态之间，是管理者与使用者共同操控或者成相互博弈的结果。那么，从营造生态文明、人性化的建筑环境出发，使用者与建筑服务系统之间的“人—机界面”应该是什么样的呢?

对于以满足工艺要求为主要目标的生产、科研性质的建筑环境，服务对象是生产和科研过程，使用者是这一过程的附属者，因此建筑环境的操控就完全是为满足工艺过程的要求，就应该是“中央调控”方式，在满足工艺参数的前提下优化运行，实现节能。然而，以建筑的使用者为服务对象、以满足使用者要求为最终目的的民用建筑却很不相同。每个人对环境温度、通风情况、照明、阳光等的需要都不相同。即使是同一个人，当处在不同状态时，对环境的需要也会有很大的不同。当然，使用者并不苛刻，对各项环境指标都有可容忍范围。那么怎样把建筑环境状况调整到每个人都容忍的范围内，并尽可能使最多的使用者感到舒适满意呢？这就是智能建筑的中央调控方式所努力争取的目标。然而，由于使用者个体之间的差异，由于一位使用者在不同状态下对环境需求的差异，也由于中央调控系统与使用者之间沟通渠道与方式的局限性，协调的结果往往使系统处在“过量供应、过量服务”状态：夏天温度过低、冬季温度过高、新风只能依靠新风系统而不可开窗、遮蔽全部太阳直射光，等等。这样可以使得建筑使用者基本满意，或者通过一段时间的“训练”后逐渐适应，但其建筑方式不可能是基于自然环境的建筑模式、建筑服务系统也只能是集中供应系统，不可能分散式，更谈不上自然通风优先的保障室内空气质量模式，其结果就是高能耗。这就是为什么在美国、日本、中国的多座高档次办公大楼中调查得到的结果：智能程度越高，实际能耗越高[1][2]。

---

❶王福林，毛焯．实现智能建筑节能功效的技术措施探讨．智能建筑，2012，54-58.

❷ 张帆，李德英，姜子炎．楼控系统现状分析和解决方法探讨．智能建筑，2011，10：44-47.

实现建筑系统与终端使用者沟通的渠道一般为“需求设定值”。例如使用者通过改变温控器上的室温设定值来表述他对室温调节的要求。然而，大多数建筑的实际使用者并没有对舒适温度范围和室温设定值意义的专业知识，一座楼里会出现室温设定值分布在18～30℃的大范围。自动控制系统真的按照这样的设定值对各个建筑空间进行温度调控，就必然出现大量的冷热抵消、效率低下，也不可能实施什么利用室外环境的节能调节。面对这样的普遍现象，有些建筑或者尝试统一设定值、取消使用者自由调节的权利，或者把设定值可以调节的范围限制在一个很小的范围（例如22～25℃之间）。但这样取消或削弱末端使用者的调控权力实质上也就中断或弱化了服务系统与被服务对象之间的沟通，这又怎么能提供最好的服务呢？

实际上使用者对室内环境的需求并非是对单一参数的要求。温度、湿度、自然通风状况、室内气流场、太阳照射情况、噪声水平等多种因素综合相互作用影响。并且这种多因素对舒适与适应性的相互影响程度还因人而异，是一种辩证的综合影响。目前很难通过人工智能的方法识别、理解使用者对诸多环境因素的综合感觉，因此只能是机械地对各环境参数分别调控。这也极大地制约了中央调控方式充分利用自然环境条件实现节能的舒适调节的可能性。

什么是使用者的真正需求？对国内外办公建筑组织的多个问卷调查研究中，得到一致的结论是：使用者认为最好的服务系统是可以自行对室内各种环境状态（如温度、照明、遮阳、通风等）进行有效的调控。如果使用者能够开窗通风、拉开或拉上窗帘、自由开关灯、调控供暖空调装置给室内升温和降温，改变室内通风状况、平衡噪声与通风量等，使用者成为调控室内状况的主人，也就不会抱怨，而是对服务感到满意。面对诸多调控手段，尽管智能系统难以做出正确判断和选择，但对任何一个普通的使用者来说却很容易。当室外出现雾霾或高温高湿的桑拿天气，使用者一定会关闭门窗；而当室外春风和煦时，开窗通风一定是必然选择。这些对人来说极简单的判断和操作，对智能系统却不易实现。这就是在试图满足分布在一定范围内的需求时，集中的智能控制与需求者的自行控制间的巨大区别。那么怎样最好地满足使用者的自行可调的需求？就需要建筑、系统和调控的三方面协同配合：

（1）建筑应为性能可调的建筑：开窗后可以获得良好的自然通风，关闭后可以保证良好的气密性；需要遮阳时可以完全阻挡太阳光射入，而喜欢阳光时又可以得到满意的阳光照射；需要时可以使使用者感觉到与自然界的直接联系，不需要时又可以让使用者避开与外界的联系从而感到安全、安静。

（2）服务系统应为独立可调的系统：可以在使用者的指令下，对室内温度、湿度、照明状况，通风状况、室内空气自净器状况进行调节，满足不同时间的不同需要。

（3）使用者对建筑和服务系统的调节，可以是最传统的操作（例如人工开窗、人工调整窗帘），也可以通过各种开关按键调动末端执行器去实现调节操作。在办公室工作的人不会因为需要起身开窗或启停空调器而抱怨或觉得建筑物的服务水平低下。反之，那些所谓的智能调节反而经常是给使用者一个无思想准备的突然干扰，或者在需要调节时迟迟不动，引起使用者抱怨。科学技术发展把人类从繁重的体力劳动和危害健康的劳动环境中解放出来，使得工作成为享受生活的一部分，但并不是取消人的任何活动，取消建筑使用者为调控自身所在环境所需要的一切简单操作。

（4）此时，智能化节能系统可以起到什么作用呢？应该是协助性地弥补使用者可能疏忽的环节，避免不合理的能源消耗。例如，当识别出室内有一段时间无人，判断出办公室已经下班停用时，关掉照明、空调等用能设备；测出室内依靠自然采光获得的照度已经可以达到使用者开灯之后的室内采光水平时，关闭照明；判断出如果关闭空调供暖装置室温也可以维持舒适水平时，尝试关闭空调供暖装置；判断出室外环境恶化时，提醒使用者关窗，等等。也就是，各类调节由使用者主导，智能化系统辅助。智能化系统不主动启动任何耗能装置，只是在使用者由于遗忘而未关停时关闭不该开的装置。这样，既给予使用者以主人的地位，又尽可能避免由于遗忘造成的设备该关未关而出现的能源浪费。这样的智能化才真有可能实现进一步的节能！

国内外近二十年来都有不少公共建筑（尤其是办公建筑）能耗状况的调查，发现同功能办公建筑实际能耗相差悬殊的主要原因之一正是使用者行为的不同。而这种不同在很大程度上又是由于建筑与系统的调控模式给使用者不同程度的可操作空间所造成。对于相同的环境，与不具备调控能力的使用者相比，具有调控能力的使用者对环境的满意度更高。具有调控能力的使用者对环境的承受范围更广，不具有调控能力的使用者对环境的要求更为苛刻。这为平衡室内环境与建筑节能问题提供了新的思路。通过改变调控理念，给予使用者更大的调控力，同时再通过各种方式的文化影响去营造人人讲绿色、人人讲节能的文化气氛，才有可能实现最大限度的建筑节能，实现未来建筑用能目标。

表 3-2 给出两种不同的室内环境营造理念和由此产生的具体做法及结果。考虑到生态文明的发展原则，就不能追求人类极端的舒适，而应在资源和环境容量容许的上限下适当地发展，在对资源与环境的影响不超过上限的条件下通过技术创新尽可能营造健康舒适的居住与生活环境。这样一来，是否要质疑这种营造现代的人工环境的理念与做法，并且在我们传统的基于自然环境的基本原则下，依靠现代科学技术进一步认识室内环境变化规律及人真正的健康与舒适需求，从而发展出更多的创新方式、创新技术去创造更好的人类活动空间呢？

两种营造和维持室内环境的理念、做法、与效果　　表 3-2

	营造人工环境	营造与室外和谐的环境
基本原则	完全依靠机械系统营造和维持要求的人工环境	主要依靠与外界自然环境相通来营造室内环境，只是在极端条件下才依靠机械系统
对建筑的要求	尽可能与外环境隔绝，避免外环境的干扰：高气密性、高保温隔热，挡住直射自然光	室内外之间的通道可以根据需要进行调节：既可自然通风又可以实现良好的气密性；既可以通过围护结构散热又可以使围护结构良好保温；既可以避免阳光直射又可以获得良好的天然采光
室内环境参数	温湿度、CO_2，新风量、照度等都维持在要求的设定值周围	根据室外状况在一定范围内波动，室外热时室内温度也适当高一些，室外冷时室内温度也有所降低，室外空气干净适宜则新风量加大，室外污染或极冷极热则减少新风
谁调整和维持室内环境	运行管理人员或自动控制系统，尽可能避免建筑使用者的参与	使用者起主导作用（开/闭窗，开/关灯，开/停空调等），管理人员和自控系统起辅助作用
提供服务的模式	机械系统全时间、全空间运行，24h 全天候提供服务	“部分时间、部分空间”维持室内环境，也就是只有当室内有人并且通过自然方式得到的室内环境超出容许范围，才开启机械系统
运行能耗	高能耗，单位面积照明、通风、空调用电量可达 100kWh/m^2	低能耗，大多数情况下单位面积照明、通风、空调能耗不超过 30kWh/m^2

3.5 室内环境营造方式是集中还是分散

在实际建筑中，面对多个房间或多个末端时，建筑热湿环境营造过程可采用集中方式或分散方式，如图 3-7 所示。集中方式通常采用统一的冷/热源设备，利用集中输送和分配系统来将空气、冷/热水等媒介输送至各用户处的末端设备，从而实现不同用户的室内热湿环境控制。分散方式则采用分散设置的冷/热源设备，通过各自的输送设备将空气、冷/热水等输送至相应的末端用户处，分别满足不同用户需求。

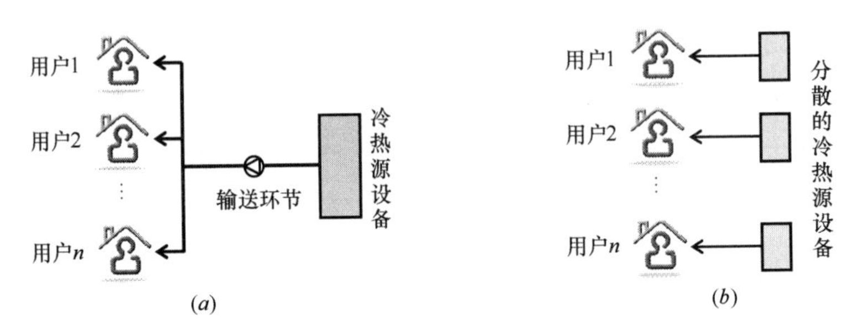

图 3-7 建筑热湿环境营造过程中的分散与集中系统形式

(a) 集中式；(b) 分散式

长期以来一直争论不休的话题之一就是在建筑设备服务系统上是采用集中方式还是分散方式？针对集中系统方式与分散系统方式，从不同的出发点和认识视角可以对比两种方式的各自优势。主张集中方式优于分散方式者给出的主要原因包括：集中方式规模大，效率高；由于"同时使用系数"的效益，集中方式可以减少装机总容量，降低投资；集中方式节省设备空间，并由于集中管理可提高运行管理水平。主张分散方式的理由则包括：便于自由调节用量，可灵活应对 5%、10%的低使用率情况从而避免过量供应；可灵活应对不同品位参数的需求，分散供应避免了能量品质浪费；节省输送管道，减少输配能耗。

那么，问题的实质是什么？集中与分散这两种不同理念在各类建筑服务系统中是否有共性的东西？

还是先看一批实际案例：

(1) 办公室空调，全空气变风量方式、风机盘管+新风方式、分体空调三种方式在其他条件相同时其能耗比例大约是 3∶2∶1，而办公室人员感觉的空调效果差别不大。变风量方式即使某个房间没人，空调系统仍然运行，而风机盘管、分体空调方式在无人时都能单独关闭；晚上个别房间加班时，变风量系统、风机盘管系统都需要开启整个系统，而分体空调却可以随意地单独开启。

（2）集中式生活热水系统总的运行能耗一般是末端消耗热水量所需要的加热量的 3～4 倍，因为大部分热量都损失在循环管道散热和循环泵上了，末端使用强度越低，集中生活热水的系统的整体效率就越低。

（3）在河南某地区水源热泵作为热源的集中供热系统，单位建筑面积耗热量为分散方式供暖的 3 倍多；而把末端改为单独可关断的方式，并按照实际开启时间收取热费时，实际热耗就与分散方式无差别，但此时集中式水源热泵的系统 *COP* 却下降到不足原来的 40％[1]。

（4）大开间敞开式办公室的照明采用全室统一开关时，白天照明基本上处于开的状态，而类似的人群分至一人或两人一间的独立办公室时，白天平均照明开启率不到 50％。办公室额定人数越多，灯管照明处于全开状态的频率就越高。

（5）新风供应系统：分室的单独新风换气，风机扬程不超过 100Pa；小规模新风系统（10 个房间），风机扬程在 400Pa 左右；大规模新风系统（一座大楼），风机扬程可高达 1000Pa。如果提供同样的新风量，则大型集中新风系统的风机能耗就是小规模系统的 2～3 倍，是分室方式的 10 倍！同时，大型系统经常出现末端新风不匀，某些房间新风量严重不足；而小型系统很少出现，单独的分室方式则不存在新风不足之说！在每天实际运行时间上，大系统或者日开启时间很短，或不计能耗长期运行耗电严重；而小系统此类问题却很少。

（6）很多医院建筑中，常设置一套集中的蒸汽锅炉同时提供用于器械清洗消毒和洗衣烘干的高温蒸汽、各用水点的生活热水或冬季供暖供水。通过汽—水换热器将高品位蒸汽转换成低品位热水供给用水点，蒸汽锅炉可利用的能源品位大幅降低。实际上医院仅在部分环节必须使用蒸汽来满足用热需求，大部分生活热水等需求则可利用热泵、太阳能热水等作为技术解决途径。但正是由于采用了统一的集中

---

[1] Xin Zhou, Da Yan, Guangwei Deng. Influence of occupant behaviour on the efficiency of a district cooling system. BS2013-13th Conference of International Building Performance Simulation Association, P1739-1745, August 25th-28th, 2013, Chambery, France.

式系统方式，才使得必须按照最高品位的需求来设置集中的蒸汽系统。若能根据不同的用热状况和品位需求，就可以设置不同的设备装置来满足相应的用热需求。

既然集中式如上面各案例，出现这样多的问题，那么为什么还有很大的势力在提倡集中呢？大体上有如下一些理由：

（1）如同工业生产过程，规模越大，集中程度越高，效率就高吗？工业生产过程确是如此，能源的生产与转换过程如煤、油、气、电的生产也是如此。但是建筑不是生产，而是为建筑的使用者也就是分布在建筑中不同区域的人提供服务。使用者的需求在参数、数量、空间、时间上的变化都很大，集中统一的供应很难满足不同个体的需要，结果往往就只能统一按照最高的需求标准供应，这就是为什么美国、我国香港地区的中央空调办公室内夏季总是偏冷、我国北方地区冬季的集中供热房间很多总是偏热的原因，这也就造成晚上几个人加班需要开启整个楼的空调，敞开式办公只要有一个人觉得暗就要把灯全打开。这种过量供给所造成的能源浪费实际上要远大于集中方式效率高所减少的能源消耗。而且，规模化生产，就一定是全负荷投入才能实现高效，而建筑物内的服务系统，由于末端需求的分散变化特性，对于集中方式来说，只有很少的时间会出现满负荷状态，绝大多数时间是工作在部分负荷下甚至极低比例的负荷下。这种低负荷比例往往不是由于各个末端负荷降低所造成，而是部分末端关断所引起。这样，集中系统在低负荷比例下就出现效率低下。反之分散方式只是关断了不用的末端，使用的末端负荷率并不低，效率也就不会降低。以河南某热泵系统末端风机盘管风机的实际开启状况及冷热源运行状况为例，其系统冷热源绝大时间都运行在不足20～50％的负荷区间，末端总的同时使用率很低。大多数情况下末端开启使用时，对单个末端来说其负荷率都在70％以上，是瞬间同时开启的数量过低才导致系统总的负荷率偏低，系统规模越大，出现小负荷状态的比例越高。这样，系统越是分散，各个独立系统运行期间平均的负荷率就越高（因为不用的时候可完全关闭），从而使得系统的实际效率与设计工况效率差别不大；而系统越集中，由于同时使用率低造成整体负荷过低导致系统效率远离设计工况。这样，面对末端整体很低的同时使用状况，大规模集中系统就面对两种选择：放开末端，无论其需要与否，全面供应；这就和目前北方的集中供热一样，系统效率可能很高，但加大了末端供应，总的能耗更高。末端严格控制，这就导致由于系统总的使用率过低而整体效率很低。这样，建筑服务系统就不再如工业生产过程那样系统越大效率越高，而转变为系统规模越大整体效率越低；而分散的方式由于其末端调节关闭的灵活性反而实际能耗在大多数情况下低于集中方式。系统规模越大，出现个别要求高参数的末端的概率就越高，为了满足这些个别高参数需求系统所要提供的运行参数就会导致在大多数低需求末端造成过量供应或“高质低用”；系统规模越大，出现很低的同时使用率的概率就越高，这又导致系统整体低效运行。与工业生产过程大规模同一参数批量生产的高效过程不同，正是这种末端需求参数的不一致性和时间上的不一致性造成系统越集中实际效率反而越低。

(2)“系统越集中，越容易维护管理”吗？实际上运行管理包括两方面任务：设备的维护、管理、维修；系统的调节运行。前者保证系统中各个装置安全可靠运行，出现故障及时修复和更换；后者则是根据需求侧的各种变化及时调整系统运行状态，以便高效地提供最好的服务。集中式系统，设备容量大，数量少，可以安排专门的技术人员保障设备运行；而分散式系统设备数量多，有可能故障率高，保障设备运行难度大。这可能是主张采用集中系统的又一个重要原因。但实际上，随着技术的进步，单台设备可靠性和自动控制水平有了长足的改善。目前散布在千家万户的大量家电设备如空调、彩电、冰箱、灯具的故障率都远远低于集中式系统中的大型设备。各类建筑中使用的分散式装置的平均无故障运行时间都已经超过几千至上万小时。而这类设备的故障处理就是简单地更换，完全可以在不影响其他设备正常运行的条件下在短时间完成。相反，集中式的大型设备相对故障率高，出现故障时影响范围会很大，在多数情况下大型设备出现故障时难以整体更换，现场维修需要的时间要长。由此，从易维护、易维修的需要看，系统越分散反而越有优势，集中不如分散！再来看运行调节的要求，集中式系统除了要保证各台设备正常运行外，调整输配系统，使其按照末端需求的变化改变循环水量、循环风量、新风量的分配，调整冷热源设备使其不断适应末端需求的变化，都是集中式系统运行调节的重要任务。系统越大，调节越复杂。目前国内大型建筑中出现的大量运行调节问题主要集中在这些调节任务上。可以认为至今国内很少找到运行调节非常出色的大型集中式空调系统。反之，分散方式的运行调节就非常简单。只要根据末端需求“开”和“关”，或者进行量的相应调节即可，不存在各类输送系统在分配方面所要求的调节。目前的自动控制技术完全胜任各种分散式的控制调节需要，绝大多数分散系统的运行实践也表明其在运行调节上的优势。如此说来，“集中式系统易于运行维护管理”是否就不再成立？随着信息技术的发展，通过数字通信技术直接对分布在各处的装置进行直接管理、调节的“分布式”系统方式已经逐渐成为系统发展的主流，“物联网”、“传感器网络”等21世纪正在兴起的技术使得对分散的分布系统管理和调节可行、可靠和低成本。从维护管理运行调节这一角度看，越来越趋于分散而不是趋于集中才是建筑服务系统未来的发展趋势。

（3）“许多新技术只适合集中式系统，发展集中式系统是新技术发展的需要”吗？确实，如冰蓄冷、水蓄冷方式，只有在大型集中式系统中才适合。水源热泵、地源热泵方式也需要系统有一定的规模。采用分布式能源技术的热电冷三联供更需要足够大的集中式系统与之配合。如果这些新的高效节能技术能够通过其优异的性能所实现的节能效果补偿掉集中式系统导致的能耗增加，采用集中式系统以实现最终的节能目标，当然无可非议。然而如果由于采用大规模集中式系统所增加的能耗高于这些新技术获得的节能量，最终使得实际的能源消耗总量增加，那么为什么还要为了使用新技术而选择集中式呢？实际案例的调查分析表明，对于办公楼性质的公共建筑，如果采用分体空调，其峰值用电甚至并不比采用冰蓄冷系统中央空调时各级循环水泵、风机的用电量高。这样与分散方式比，带有冰蓄冷的中央空调对用电高峰的缓解作用也并不比分散系统强。采用楼宇式电冷联产，发电部分的燃气一电力转换效率也就是40%，相比于大型燃气一蒸汽联合循环纯发电电厂的55%的燃气一电力转换效率，相差15%的产电率。而电冷联产用其余热同时产生的冷量最多也只为输入燃气能量的45%，按照目前的离心制冷机效率，这只需要不到9%的电力就可以产生，而冷电联产却为了这些冷量减少发电15%，因此在能量转换与充分利用上并非高效。如此状况为了用这样的“新技术”而转向大型、巨型集中式系统显然就没有太多道理了。当然，有些公共建筑由于其本身性质就不可能采用分散式，例如大型机场、车站建筑，大型公共场馆等，建筑形式与功能决定其必须采用集中的服务系统。这时，相应地选用一些支持集中式系统的新技术，如冰蓄冷、水蓄冷等，无可非议。实际上，并非新的节能高效技术都面向集中方式，为了适应分散的服务方式与特点，这些年来也陆续产生出不少面向分散方式的新技术、新产品。典型的成功案例是VRF多联机空调。它就是把分体空调扩充到一拖多，既保持了分体空调分散可独立可调的特点，又减少了室外机数量，解决了分体空调室外机不宜布置的困难。近年来这种一拖多方式的 VRF 系统在中国、日本的办公建筑中得到广泛应用，在欧洲也开始被接受，成为在办公建筑替代常规中央空调的一种有效措施，就是一个很好的例证。类似，大开间办公建筑照明目前已经出现可以实现对每一盏灯进行分别调控的数字式照明控制。通过新技术支持分散独立可调的理念，取得了很大成功。

建筑环境营造过程的形式是选取为分散式还是集中式，对系统的运行能耗具有重要影响。大量实际工程案例表明，面对众多需求不一致的末端时，采用单一的集中系统同时为这些末端提供服务所消耗的能源，远高于采用众多分散式方式各自独立时的能源消耗。典型的案例就是采用集中空调系统的住宅实际空调运行能耗要远高于采用分散空调方式。出现这种情况的原因在于，多个相对独立的需求放在一起，这些需求在每个瞬间存在差异性，集中系统方式为满足末端差异性的需求而付出了相应的调节“代价”，分散式系统则可较好地适应不同末端需求时的调节变化。系统中存在多个末端时，需求的变化包含两个层面：一是“质”的同步性，一是“量”的同步性。前者是从系统所需冷热源品位（温度 T 或温差 ΔT）角度出发对末端需求变化的分析，后者则是从所需冷热量 Q 视角出发的认识。当各个末端的需求不同步、变化不一致时，集中系统就必须同时满足末端的这种不一致需求。

（1）对“质”的不同需求：例如几个末端需要低温（如 7℃）冷水，其余末端只需要 10℃以上的冷水，集中式系统就只能“就低不就高”，统一提供 7℃冷水，难以使制冷机通过提高水温而提升效率。

（2）对“量”的不同需求：当 90％的末端都工作在 5％负荷以下，而仅有 1～2 个末端需要提供 100％的负荷时，集中式系统的调节就很困难，出现调节不充分而造成“过量供应”，或者为了有效的调节而付出很大的风机、水泵能耗。

所以当多个末端负荷极不一致的变化时，分散式系统往往比集中式系统更易于满足末端需求的不同，而避免过量供应。当末端的需求严重不同步时，能效高等集中式的优点就会被末端巨大差异性造成的能耗损失抵消，这就出现了一些使用情况下集中式的实际能耗远高于分散式这种现象。

“集中还是分散”的争论实际反映的是对民用建筑服务系统特点的不同认识和对其系统模式未来发展方向的不同认识。也涉及从生态文明的发展模式出发，如何营造人类居住、生活和工作空间的问题。与工业生产不同，民用建筑的设备服务系统的服务对象是众多不同需求的建筑使用者。系统的规模越大，服务对象的需求范围也就越大，出现极端的需求与群体的平均需求间的差异就越大。面对这些极端的个体需求，通常有三个办法：1）依靠好的调节技术，对末端进行独立调节，以满足不同的个体需求。此时有可能解决群体需求差异大的问题，可以同时满足不同需求，但在大多数情况下导致系统整体效率下降，能源利用效率降低。2）按照个别极端的需求对群体进行供应，如仅一个人需要空调时，全楼全开；夏季按照温度要求最低的个体对全楼进行空调，冬季按照温度要求最高的个体对全楼进行供暖。这样的结果导致过量供应，技术上容易实现，一般情况下也不会遭到非议，但能源消耗却大幅度增加。这实际上是我国北方集中供热系统的现实状况，也是美国多数校园建筑的通风、空调和照明现状。3）不管个别极端需求，按照群体的平均需要供应和服务，这就导致有一部分使用者的需求不能得到满足（如晚上加班无空调，需要较低温度时温度降不下来，每天只在固定时间段供应生活热水等），这是我国一些采用集中式系统的办公建筑的现状。这样使得能耗不是很高，但服务质量就显得低下。这大致是为什么我国很多采用集中式系统方式的办公建筑实际能耗低于同样功能的美国办公建筑的原因之一，同时也是很多在这样的办公建筑中使用者抱怨多，认为我们的公共建筑水平低于美国办公建筑的原因。

集中系统形式和分散系统形式的选择，取决于不同的需求。工业生产过程中由于面对大规模复制的生产对象，更偏向于大规模的“集中”方式带来的高效率、低能耗，因而多采用集中的系统形式。建筑服务系统的服务对象是针对差异性很大的单个服务对象，多个相对独立的需求放在一起，这些需求在每个瞬间存在差异性，因而不适用于工业生产的模式。分散系统形式和集中系统形式应对需求特征的处理方式各有不同，分散的系统形式是通过分散方式，各自满足“质”与“量”的需求；集中的系统形式通过一定的调节和分配措施来完成不同末端对“质”与“量”的需求。在不同末端需求差异显著、变化不一致时，集中系统会由于调节分配方式导致一定的损失。如图3-8所示，集中系统中可选取的调节方式通常包括阀门、再热、三通阀

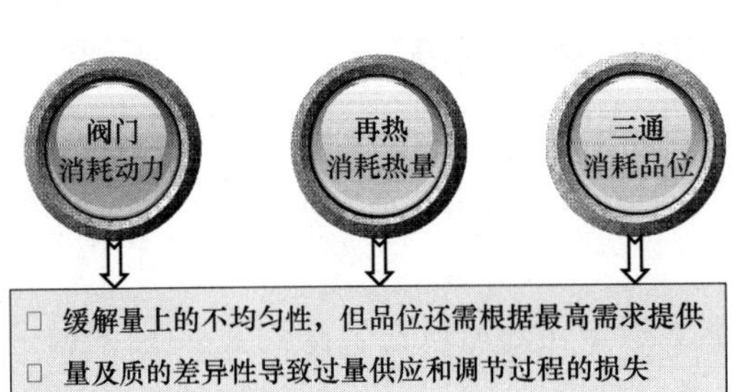

图3-8　集中系统不同调节方式带来的影响

等，但采用调节措施时需要付出相应的“代价”，例如减小阀门开度会增大管路阻力/压降，消耗了动力；再热方式则会增加处理过程的热量传递量，消耗了热量；利用三通阀旁通方式调节时，则会带来掺混火积耗散，消耗了品位。

我国目前正处在城市化建设高峰期，飞速增长的经济状况、飞速提高的生活水平以及飞速增加的购买力很容易形成一种“暴富文化”，“土豪文化”。从这种文化出发，觉得前面第二类照顾极端需求的方式才是“高质量”，“高服务水平”。一段时间某些建筑号称要“与国际接轨”，要达到“国际最高水平”的内在追求也往往促成前面的第二类状况。觉得一进门厅就感到凉快一定比到了房间了才凉快好，24h 连续运行的空调一定比每天运行 15h 的水平高，冬季室温 25℃、夏季室温 20℃的建筑要比冬季室温 20℃、夏季室温 25℃的建筑档次高。按照这样的标准攀比，集中式系统自然远比分散式更符合要求。这是偏爱集中方式，推动集中方式的文化原因。但是这种“土豪文化”与生态文明的理念格格不入。按照这种标准，即使充分采用各种节能技术、节能装置，也几乎无法在预定的公共建筑用能总量上限以下实现完全满足需求的正常运行。公共建筑用能上限是根据我国未来可以得到的能源使用量规划得到，也是从用能公平的原则出发对未来用能水平的规划。要实现这一标准，不出现用能超限，同时又满足绝大多数建筑使用者的需求，集中方式可能是一条很难实现其能耗目标的艰难之路，而分散方式则是完全可行易于实现之路。

因此，“集中”与“分散”并非对立，而是一个连续变化的过程，是“需求”与“供应”的博弈过程。通过对各种情况下末端需求变化的同步性程度的衡量，判断是否可以采用集中式系统以及集中式与分散式在系统用能上存在的差异。当多个末端需求显著不同时，集中进行建筑热湿环境营造的方式会造成显著的调节不均、增加冷热量损失和不必要的火积耗散，此时宜采用分散的采集方式满足各自需求。

3.6 建筑节能是措施导向还是效果导向

公共建筑的节能工作在我国已经有 30 多年的历史。30 年多年来，随着我国城镇化的飞速发展，在中央和地方建设主管部门的引领下，通过相关各界的积极努力和创造性工作，我国公共建筑在数量和质量上都有了巨大的发展变化，节能工作也有了质的飞跃。

在20世纪80年代和90年代，我国公共建筑面临的主要问题还是数量不足，服务水平偏下，不能满足社会发展和人民生活水平提高对公共建筑数量和质量的不断提高的要求。由于当时还处于城镇化发展的初期，建设大型现代化公共建筑和商业建筑的经验尚不充足，营造充分满足使用者各种需求的室内环境的营造技术也未能充分掌握，很多技术需要从发达国家引进、消化、和吸收。学习国外经验，是当时设计建造大型公共建筑的主要途径。大型玻璃幕墙技术、空调冷冻水二级泵方式、压力无关型变风量系统等很多现在大量应用在公共建筑中的技术都是当时作为先进技术从发达国家引进的。与此同时，为了保证建设质量，也为了使建筑达到基本的建筑节能要求，从90年代起，我国组织多方面技术专家，开始编制公共建筑各种设计标准，也包括建筑节能标准。1993年我国颁布第一部民用建筑节能标准GB 50176—93，开始对不同气候区的围护结构保温性能、窗墙比做出全面规定。这一标准第一次向建筑界说明要实现建筑节能该“怎么办”的问题，使我国的建筑节能工作从科学研究领域开始走向大规模工程应用。2005年进一步针对公共建筑颁布了具体的《公共建筑节能设计标准》GB 50189—2005，它对规范我国公共建筑节能工作起到巨大作用。标准中详细规定了公共建筑围护结构、机电设备、机电系统形式与参数等与建筑节能密切相关部分的具体设计方法。如围护结构的保温隔热性能、窗墙比、外窗的遮阳透过性能、空调冷机能效、水系统、风系统形式和主要参数等。按照这些标准要求去设计、施工，可以保证建筑相关的服务质量达到基本要求，建筑和机电系统的用能特性也能够达到基本要求。在这些标准的引导和约束下，也在我国建筑领域相关各业工程技术人员的努力下，十多年来我国的公共建筑水平实现了质的提高，室内热湿环境、光环境等已由20世纪80年代的大多数不满足基本要求的状况发展到大多数已与发达国家公共建筑状况差别不大，能够满足使用者的基本需求这样的新的水平。尽管目前还不断有室内空气质量不满足要求等报道，但这往往已经不是设计不当的原因，更多的是由于建筑实际的使用方式和运行模式等多方面原因所导致。而另一方面，尽管公共建筑节能标准得到全面贯彻落实，公共建筑的实际运行能耗却并没有出现明显降低。除少量在设计上有突出创新、在管理又非常到位的公共建筑外，相当多的新建筑运行能耗高于具有同样功能的老建筑，甚至可以总结出“建造年代越晚，实际运行能耗越高”的现象。

总结近三十年的这一发展过程，可以认为我国公共建筑建造和运行管理已经逐步进入到一个新阶段。我国公共建筑的整体状态已经从“建造质量不高、服务水平低下”，发展到“建造水平较高，服务质量基本满足要求”的新状态；主要矛盾也就从“服务水平偏低、不满足发展的需求”转为“服务水平不均衡、某些建筑的过量供应导致能耗过高”。当年为了解决建造质量不高，服务水平低下的问题，需要严格规范建筑和机电系统的各个环节的具体做法，从而保证基本的建筑质量和服务水平。进入新时期以来，在这些标准和规范的约束与引导之下，我国公共建筑水平有了大幅度提高。这时，如何把建筑做得更好，或者说进一步的努力方向应是什么？以往的节能标准约束的是保温水平和机电系统的能效指标，照着这条路线继续前进，进一步提高保温水平，进一步提高系统能效，是不是就可以继续提高建筑的服务水平，并且使能耗降低呢？大量的实际案例和深入分析表明，朝这个方向的继续努力，往往会过度地追求建筑的服务质量，其结果往往会从目前的“部分时间、部分空间”运行模式发展的“全时间、全空间”；从目前以依靠自然环境条件调节室内环境为主，极端情况下靠机械系统解决问题的思路逐渐过渡到尽可能地隔绝室内空间与室外的联系，更多地依靠机械系统营造室内环境理念；从目前的室内环境随自然环境和人的需要而变化的波动状态逐渐过渡到恒温恒湿、恒室外空气供应量的恒定状态，由此也最终导致实际用能量的逐渐增加。这一现象已经在近年来一线城市许多新建的大型公共建筑中陆续出现。这是由于当建筑质量和室内环境基本满足要求之后，建筑的实际运行能耗往往就更由建筑的使用模式、运行调节方式所决定，而只追求进一步改善围护结构和提高系统能效，伴之而来的往往是改变原来的使用模式和运行调节方式，追求更高的“服务水平”，这就导致实际能耗的上涨。

因此，在这种情况下，由于主要矛盾的这一变化，建筑节能工作的思路就应做相应的变化，从“措施控制”逐渐转移到“效果导向”，建筑保温、机电系统能效确实有可能对进一步提高建筑服务水平，降低能耗起作用，但是大量实际工程案例表明，在很多场合下如果在进一步改善建筑与机电系统的同时也改变了建筑的使用模式和运行管理方式，这样做的结果很有可能最终导致实际运行能耗大幅度增加。因此，应该把主要的关注点从进一步采用哪些节能措施逐渐转移到最终效果上，也就是追求最终运行的实际用能量的降低，实现以降低实际用能量为主要目标的“效果导向”。

当建筑及机电系统达到基本要求后，公共建筑实际的运行能耗与建筑的使用模式和调节运行方式密切相关。例如空调系统每天 24 小时连续运行还是仅在上班期间运行？对于短期没有人的空间，是关断其空调、照明，还是使这些无人空间的空调照明持续运行？办公建筑是根据每个人的需要调节室内温湿度环境和照明状况，还是以要求最高的个体（冬季要求温度最高者，夏季要求温度最低者）统一调整到同样的温湿度和照度状况，导致大多数房间冬季过热、夏季过冷？为了实现各个空间可分别调控和启停，满足个体的不同需求的管理模式，空调、照明系统的形式就要能够实现分散的、各自独立的启停和调控；而要真正降低能耗，又需要这些分散的启停与调控不是以高能耗的冷热抵消、由阀门抵消风机水泵功耗等高耗能方式实现，而是通过巧妙的系统结构设计，创新的末端调节方式实现。是否可以分散可调，怎样实现末端分散可调，将导致的实际用能差别可高达30%～50%，而这又很难从建筑围护结构的保温水平和机电系统能效上辨识。也就是说，仅规范能效，很难保证不出现由于使用模式和运行调节方式的不同导致的高能耗。更为有效的应该是直接约束运行能耗的“效果导向”约束方式。

由“措施约束”到“效果导向”这一转变是基于我国公共建筑基本状况的变化而提出。10～20年前，我国还很少能够得到公共建筑的实际运行用能数据，极少的公共建筑能够提供其各类机电系统的实际能耗状况。没有每一座建筑清晰的用能状况监测数据，不可能依靠用能数据来评价和考核其节能效果；没有广泛的用能数据基础，也不可能确定作为以用能数据为导向的基础的用能量基础参考值。所以在20世纪90年代通过各种标准规范了系统形式，规定了设备的基本要求，对保障系统性能，提高建筑服务水平，都具有非常重要的作用。而现在的情况就完全不同了。从2006年开始，国家投入大量资金建设公共建筑用能的实时监控平台，并开展了多次公共建筑的用能审计工作。已经清楚地掌握大多数建筑的实际运行能耗数据，包括实时的动态用能数据和静态的全年或分季节的各类分项用能数据。怎样用好这些能耗数据，怎样通过这些数据具体判断各座建筑的用能水平和节能工作效果，已成为各个建筑的管理者和地方政府建筑节能工作的主管部门的迫切需求。用能耗数据说话，由效果导向不再是自上而下的要求，而逐渐成为自下而上的普遍需求。经过20年大规模的建筑节能工作，各地也都觉得有必要具体检验一下建筑节能工作的效果，用实际用能数据来检验，应该是最直接和根本的检验。

那么怎样由实际的建筑运行用能数据来评估建筑节能效果呢？有两种分析建筑运行用能数据的方法。

一种是所谓“历史法”，也就是根据所评估建筑历史上逐年的用能情况，看其逐年的变化情况。如果用能量下降，即可认为产生了节能效果。由于实际的建筑用能还与气候条件、建筑的使用状况（如人员密度等）有关，所以从这一方法出发，还提出由当年气候状况和建筑被利用的状况对用能数据进行修正的修正方法。这一方法考察评估某一座建筑经过节能改造和运行管理方式的改善是否节能时非常有效，因为这是实实在在用能量的节约。但是，用其比较不同建筑的建筑节能效果，就出现很大问题。用每座建筑每年实际用能的下降量绝对值或百分比来考察不同建筑的节能效果，就导致原本能耗高、节能空间大的建筑可以有很大的节能量；而原本能效很高、用能本来就不高的建筑不可能持续地每年降低用能量，所以就不再有节能效果。按照这样的模式去对公共建筑节能进行全面管理，就很容易出现“鞭打快牛”的现象，甚至导致一些建筑要有意保持一定水平的用能量以便为以后的节能留下空间。此外，这种方法对新建建筑设计无任何约束，评估新建建筑是否节能就只能是措施导向，考察所采用的节能措施的数量，而无法顾及其实际效果。这样，新建项目中罗列节能措施、运行时用历史法判断节能效果，这样一套节能管理体系，随着建筑节能工作的逐渐深入，就陆续暴露出各种问题。

第一种方法就是所谓 Benchmark 的方法。这就是根据对大量建筑实际运行的能耗状况，得到不同地区不同功能建筑实际用能的分布，再从这一分布出发确定每个地区每类功能建筑的用能基准值。以这一基准值为基础，作为新建建筑设计时的用能目标，评估既有建筑是节能还是费能，比较不同建筑的用能状况，规范建筑节能工作。这样，就实现了新建建筑设计与既有建筑运行管理节能目标的统一，不同建筑之间节能目标的统一，使得统一的建筑节能目标能够在建筑设计、运行和改造的全生命周期过程中全面落实。这就使建筑节能工作能够从措施导向真正转为效果导向。由于不同年份的气候状况不同以及建筑的实际使用状况不同（人员密度、加班程度等）用能量会有所不同，所以需要根据这两个因素对实际用能量进行修正，然后再根据用能基准值进行评估。这就是用基准值衡量，从效果导向的建筑节能工作思路。基准值从何而来？2016 年 10 月正式实施的《民用建筑能耗标准》（GB/T 51161—2016）规范了对办公建筑、商场以及旅馆酒店等公共建筑的用能约束值和目标值，这就为实行以效果导向的公共建筑节能打下基础。一年多来，各地方政府、相关企业都开始利用这个标准提供的能耗基准值，结合当地的实际情况，尝试采用这样的绝对值方法替代以前的历史数据方法，对既有建筑节能状况进行评估和管理，取得了一定的成果。但是以效果导向更重要的是统一以用能数据作为设计、验收、横向对比评估等各项相关工作的统一目标，从而使建筑节能工作真正从措施导向转为效果导向。

例如，在建筑机电方案的确定中，就经常出现很多争论，这时问题的核心就集中在应该看能效还是看最终的能耗。

目前在一些新建新区项目中，又在争论是采用区域供冷还是分散冷源？区域供冷的主张者往往捧出高能效的招牌，冷机 *COP* 可以到 7，冷站的综合 *EER* 可以到 5，系统具有分散冷源不可达到的能源转换效率。然而如果考察实际用能量呢？由于区域供冷方式很难妥善解决末端各个建筑需求不一致时的调节问题，系统绝大多数时间运行在部分负荷下，并且由于调节和经营的问题还往往使末端实际的用冷量有所增加。从目前投入运行的区域供冷工程看，几乎找不到一个系统的实际用电量低于分散系统。如同目前大多数采用集中空调的办公楼，在会议室、老板办公室等房间总会发现还安装着分体空调，这是为了满足不同时段或不同负荷密度时的需要，缓解集中系统的提供能力与末端需求的矛盾，减少部分负荷时的高能耗现象。一座办公建筑尚且如此，一个区域的供需关系的不匹配更为严重。这时，设备的能效就要让位于灵活的调节能力，能效与实际能耗的矛盾就越发突显。

现在一些地区开始在办公建筑中推广“被动房”。要求按照被动房标准，加强保温，避免冷桥，并做到高气密性。实践表明，除了东北、内蒙古等极严寒地区，过渡季依靠自然通风排热降温是缩短空调运行时间，靠自然环境营造室内环境的有效途径。而高气密性往往与自然通风相矛盾，其结果往往导致实际用电量增加。这样，是不顾当地气候特点，一味地推广被动房各项措施，还是以实际的运行能耗为目标，因地制宜，就成为争论焦点。

如何看待排风热回收则是另一个典型问题。当室内外温差很大时，排风显热回收可以有效降低处理新风的冷热量；当室内外焓差很大时，排风全热回收可以获得更好的效果。但是，热回收系统需要双风机、热回收装置由于风系统压降增加所以要消耗更多的风机功率。而由于热回收的效果与室内外温差或焓差成正比，所以只有在室内外温差或焓差足够大时，增加的风机耗电小于回收热量等效的电量，才可真正节能。反之，入不敷出。尤其在过渡季，引入室外新风本可以用来排热，而其被热回收之后却失去了排热功能，增加了对空调的需求，结果导致实际用电量的增加。这样，在我国长江流域，全年室内外温差和焓差都不大，这种排风热回收装置就很难产生节能效果。不考虑最终效果，只是把排风热回收作为通用的节能措施，到处推广，就会南辕北辙，不仅不能产生节能效果，还将导致实际用能量的增加。

这样看来，对各类节能措施，做深入的运行过程性能分析，不是看其“节能量”有多大，而是分析预测其实际的运行能耗，再按照目前已经有的用能基准值这把尺子去衡量，才有可能实现以实际用能量为目标的效果导向。

《民用建筑节能标准》给出了部分类型公共建筑的用能基准值，但对于现在正在大规模建设的几类建筑：学校、医院以及机场、高铁站和地铁车站这些功能、环境条件都很不同于常规公共建筑的建筑，尚未给出用能基准值。而这些类型的建筑目前正值建设高潮，大规模、大范围对其进行能耗特点的深入调查分析，尽快给出它们的用能基准值，应是当前公共建筑节能工作的重点，也是建筑节能工作从措施导向转为效果导向这一过程目前重点要解决的问题。

3.7 从生态文明角度看室内环境营造

长期以来，公共建筑的设计、建造都遵循“以需求标准为约束条件，以成本和能耗最低为目标函数”的原则。首先提出建筑的需求标准，在满足这一标准的前提下，努力实现成本最低、运行能耗最低的建筑和系统设计。然而，对于建筑提供的服务水平标准，包括各种建筑环境参数如室内温湿度范围、新风量、照度等，都很难给出严格的界限，属柔性标准。例如，什么是室内温度的舒适范围？是20～25℃之间，19～26℃之间，还是18～27℃之间？曾有过旅游旅馆标准，对不同的星级给出不同的室内温度范围，似乎星级越高，室内温度允许的变化范围就越小。更有一些房地产开发项目打出“恒温、恒湿、恒氧”的招牌，似乎人类最合适的室内温度环境就应该恒定在某个温度参数上。日本东北大学吉野博（H. Yoshino）教授统计观测了二十年来日本住宅冬季室内温度的变化趋势（见图3-9）[1]，结果表

---

[1] Ken-ichi Hasegawa, Hiroshi Yoshino, et al. Regional characteristics transition of winter thermal performance and occupants' behavior of detached houses in Tohoku city area for 20 years. Journal of Environmental Engineering (Transactions of AIJ), 2005, 70 (593): 33-40.

明随着其经济发展、生活水平提高，日本住宅冬季室内温度水平不断提高，二十年间北海道（札幌）冬季平均室温提高了 2～6℃。亦有研究表明，美国办公建筑夏季室温三十年间降低了 5～7℃。那么什么样的数值是满足人的基本需要（最低需求)？或者从室内人员的基本安全保障出发，这些涉及服务水平的标准应该是什么呢？显然，可以给出的参数范围远远低于目前的大多数相关标准。

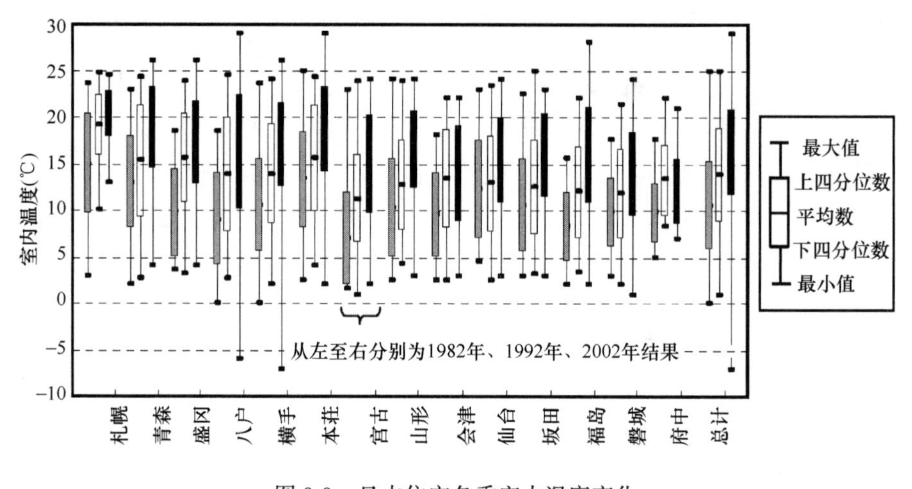

图 3-9 日本住宅冬季室内温度变化

再来看室内温度要求。按照室内人员安全保障所要求的室内温度范围是 12～31℃（见《工业企业设计卫生标准》GBZ 1—2015），这显然远远低于目前的各种室内温度需求标准。那么，从这个 12～31℃的劳动保护安全标准到 22～23℃之间的不同室内温度要求，显然是一种舒适度要求，大量的关于是 23℃舒适还是 24℃更舒适的研究与争论只是在讨论如何营造更舒适或最舒适的室内环境。假设室内越接近恒温人就越舒适，建筑物提供的水平就越高（实际上近年来的大量研究表明这一假设并不成立，变动的室温和可以调节的室温环境可能更适合人的需求），但为此需要消耗的能源也越多，那么我们是否就一定要使得室温必须满足这种“最舒适”的标准要求呢？从工业文明的原则出发，这是无可非议的，不断满足人的日益提高的需求，是驱动工业文明的动力，也是促进技术进步与创新的原因。但这样带来的另一个结果，则是要求的服务标准越来越高，相应的能源消耗量也越来越大（除了极少数特例，技术创新使能耗降低）。这是为什么近百年来发达国家技术水平不断提高的同时，人均建筑能耗仍然持续上升的原因。

然而从生态文明发展模式来看，这种“以服务水平标准为约束条件，以成本和能耗为目标函数”的模式并不适宜。我们追求的是人类的发展与可持续的自然资源与环境间的平衡，这样就不能以某种服务水平作为必须满足的约束条件，进而不断提高这种服务水平标准不断增加对自然资源的消耗。按照生态文明的发展模式，对于这类“灰色的”柔性标准，就不应该作为约束条件，而应该把自然资源和环境影响的上限作为刚性的约束条件，不得逾越，反过来将建筑物可以提供的服务水平作为目标函数，通过技术的发展和创新，在不超过自然资源和环境影响的约束条件下，尽可能提高建筑物的服务水平，为使用者提供最好的服务。

看起来只是把“约束条件”与“目标函数”的对象做了交换，但其结果大不相同。随着我国对外开放程度的提高和经济水平的提高，室内环境标准也在不断提高。与此同时，为了实现节能减排的大目标，也陆续发展建立了一批“具体怎么做”的建筑节能标准，图 3-10 列出了改革开放以来我国相继制定颁布的与公共建筑服务水平及公共建筑节能设计相关的标准。这些关于节能的标准只能指导如何在满足需求（服务水平）的条件下提高用能效率，相对实现节能。当服务水平的标准也就是“需求”不断提高时，即使在这些指导性规范的指导下，提高了用能效率，但其结果还是很难抑制实际用能量的持续增长。这就是为什么近二十年来尽管我国各项建筑节能标准规范的执行力度逐渐强化，新建公共建筑项目实施建筑节能规范的比例越来越大，但公共建筑除供暖外的实际能耗却持续增长，并且按照年代统计，竣工期越晚的建筑，平均状况统计得到的能耗越高。这就是“经济增长—需求增加—技术水平提高—用能效率提高—实际用能量也增长”的过程。工业文明阶段

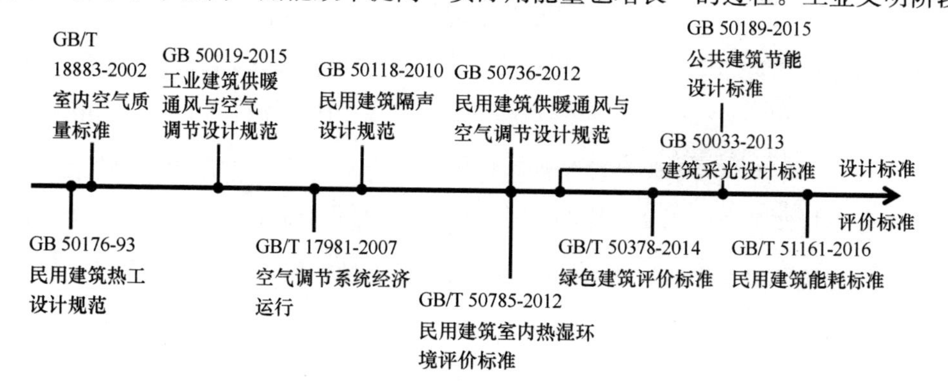

图 3-10 公共建筑服务水平及节能设计相关的标准

的发展实际就是这样一个过程，西方发达国家建筑能耗与经济发展技术进步同步增长的过程也是这样的过程。

尽管对环境过热或过冷都会影响工作效率这一结论无异议，但至今仍无法回答“到底什么样的环境参数能实现最高的工作效率”。在空调环境下，并非室内温度越低或者温度波动范围越小，工作效率就越高。而且，建筑节能并不意味着室内环境品质和人员工作效率的降低。反之，大量实际案例表明，如果能够从建筑使用者根本的需求出发，优先采用自然通风等被动式技术，实现“天人合一”、“亲近自然”，不但不会影响人员工作效率，甚至可以在改善室内环境和降低建筑能耗的同时还能提高工作效率。

十九大报告指出“倡导简约适度、绿色低碳的生活方式”，生态文明发展模式就是要在给定的对自然资源与环境影响上限的约束下实现我国经济社会的绿色发展和可持续发展、建设美丽中国。公共建筑节能就应该同样实行总量控制，先确定用能总量的上限，以这一上限为“天花板”，通过创新的技术，精细的实施，卓越的管理，使得在不超过用能总量上限的前提下，提供高水平的服务，营造舒适的室内环境。由此，除了那些关于安全的刚性需求标准外，就应该取消那些关于服务水平、室内环境的“灰色”柔性标准（或者代之以满足安全和健康基本要求的最低标准，并且这些标准应该不再随经济发展而改变），绝不应该以追求满足室内苛刻的各项环境参数指标来作为公共建筑室内环境控制系统或方式的发展目标，反过来以用能上限、碳排放上限、对环境影响的上限等作为刚性的约束条件，也就是严格的限制约束标准。这样建筑节能相关的标准体系结构就由原有的“规定必须满足的需求与服务水平标准，指导性的如何实现建筑节能的技术规范”，改为“规定不得逾越的用能总量和对环境影响，指导性的如何改善室内环境提高服务水平的技术规范”。已正式颁布实施的《民用建筑能耗标准》GB/T 51161—2016中给出了我国主要气候区、主要建筑类型的建筑能耗标准，包含不同类型建筑的能耗约束值和引导值，这是按照上述思路转变我国建筑节能工作着眼点的重要一步，也是按照新的思路开展建筑节能工作的重要基础。按照这样的新的思路一步步走下去，一定会使我国建筑节能工作产生真的成效。

第 4 章　公共建筑用能计量与管理

4.1　《民用建筑能耗标准》的颁布与实施

4.1.1　《民用建筑能耗标准》的编制与颁布

从 2012 年起开始编制的《民用建筑能耗标准》（以下简称《标准》）历时 4 年，终于在 2016 年 12 月 1 日开始实施。这一标准作为建筑节能标准体系中的目标层级国家标准，是以实际的建筑能耗数据为基础，制定符合当前我国国情的建筑运行过程中实际能耗指标限值，以强化对建筑终端用能的控制与引导。这一标准也是我国建筑节能工作在“过程节能”的基础上进一步完善，通过确定建筑能耗指标指引与规范建筑实际运行与管理，达到降低建筑物的实际运行能耗的最终目的，实现“结果节能”。

对于公共建筑而言，这一标准的作用体现在三个方面：

一是对于既有公共建筑，《标准》给出评价其用能水平的方法。当公共实际用能量高于本标准给出的用能约束值时，说明该建筑用能偏高，需要进行节能改造；当实际用能量位于约束值和目标值之间时，说明该建筑用能状况处于正常水平；当实际用能量低于目标值时，说明该建筑真正实现了建筑节能。

二是实施公共建筑用能限额管理，或建筑碳交易时，《标准》给出的用能数值可以作为用能限额及排碳数量的基准线参考值，通过限额管理和碳交易的手段，促进公共建筑节能。相关内容详见本书第 4.4 节。

三是对于新建公共建筑，本标准是建筑节能的目标，应用来规范和约束设计、建造和运行管理的全过程，即公共建筑全过程节能管理的出发点和落脚点。依据本标准给出具体建筑物的用能上限，应作为新建公共建筑规划时的用能目标值，由投资建设者向社会承诺。在规划、设计的各个环节，都应该对用能状况进行评估，保证未来建筑和系统运行后的实际用能不超过这一上限。同样，在验收和调适过程中，也要根据设备和系统安装的实际情况，预测实际未来投入使用后的能耗，并要求这一能耗不超过这一用能上限。在建筑投入正式运行后，通过能源管理系统和能耗监管平台长期自动采集能耗数据，并将实际能耗与当初承诺的用能上限进行对比，确保能耗值始终低于用能上限，从而实现公共建筑用能全过程管理、总量控制的要求。相关内容详见本书第7章。

4.1.2 《民用建筑能耗标准》中公共建筑用能指标的确定

（1）指标的形式

如第1章所述，考虑到我国南北地区冬季供暖方式的差别、城乡建筑形式和生活方式的差别，以及居住建筑和公共建筑人员活动及用能设备的差别，我国建筑用能可以分为北方城镇供暖用能、城镇住宅用能（不包括北方地区的供暖）、公共建筑用能（不包括北方地区的供暖），以及农村住宅用能四类。在《民用建筑能耗标准》中，公共建筑泛指除了工业生产用房以外的所有非住宅建筑，其能耗包括除了北方地区的供暖能耗外，建筑内由于各种活动而产生的能耗，包括空调、照明、插座、电梯、炊事、各种服务设施，以及夏热冬冷地区城镇公共建筑的冬季供暖能耗。公共建筑使用的商品能源种类是电力、燃气、燃油和燃煤等，能耗指标以单位面积年能耗的形式给出。《标准》明确规定不同能源形式统一折算为用电量，这是因为绝大多数公共建筑的主要用能是电力（北方供暖用能不计算在公共建筑用能之中），除电力外，公共建筑可能的用能就是燃气，再就是采用区域供冷时接收到外界的冷量。燃气可以按照燃气的平均发电能力转换为电力（每立方米天然气应折合5kWh电力），而区域供冷的冷量则可以根据能源站实际耗电与产冷量之比，把冷量换算为电力。这样，公共建筑以单位建筑面积综合电耗作为指标。

（2）主要的特点

《标准》中“公共建筑非供暖能耗”作为第5章，有以下几个主要特点：

一是根据公共建筑能耗的差异性，将全国分为4个气候分区，即严寒及寒冷地区、夏热冬冷地区、夏热冬暖地区与温和地区，以各气候分区代表城市的能耗数据为依据编制公共建筑能耗指标。

二是公共建筑分为办公建筑、商场建筑以及宾馆酒店建筑。其中，办公建筑再细分为国家机关办公建筑与非国家机关办公建筑，商场建筑再细分为百货店、购物中心、大型超市、餐饮店与一般商铺，宾馆酒店建筑再细分为三星级及以下、四星级与五星级。分别按上述细分类确定能耗指标。

三是针对每一细分类公共建筑，根据其是否能充分利用自然通风将其分为A类与B类。其中，本标准所指的A类公共建筑是指在过渡季节可以通过开启外窗等方式，利用自然通风，达到室内温度舒适要求，从而减少空调系统开启运行的时间，进而减少能源消耗的公共建筑。而本标准所指的B类公共建筑是指因建筑功能限制（如博物馆、影剧院等特殊功能建筑以及展览馆、体育馆等超大空间建筑）或建筑物所在周边环境的制约（如噪声严重区域等）或已建成的既有公共建筑，在过渡季节，很难通过开启外窗等方式利用自然通风，而需常年依靠通风、空调系统等机械方式，以达到室内温度舒适要求的公共建筑。

因此，要求各级地方建筑节能主管部门应根据公共建筑的所属气候区、建筑功能及A/B类型进行针对性的能耗管理。新建公共建筑一般按A类公共建筑进行能耗管理，应严格控制B类公共建筑的数量；既有公共建筑应根据其实际情况，先确定其A/B类型后，再按对应的类型公共建筑进行能耗管理。

此外，当公共建筑实际使用强度偏离标准使用强度时，可依据修正公式对公共建筑能耗指标实测值进行修正，得到能耗指标修正值，再与标准给出的约束值和引导值进行比较。办公建筑可依据年使用时间与人均建筑面积，宾馆酒店建筑可依据入住率与客房区建筑面积比例，商场建筑可依据使用时间等进行修正，具体的修正公式在《标准》第5.2.1～5.2.5条给出。除了使用时间和人员密度外，《标准》不允许根据室温、通风换气量等使用情况对用能实测值进行修正。因为这些因素并非建筑实用功能的不同，而属于所谓“服务标准的提升”，而从全社会公平这一原则出发，它们不应属于应该修正范围。

（3）确定指标值的基础工作

在确定公共建筑能耗指标的约束值和引导值的具体数值时，编制组专家以北京、上海、深圳与广州等作为严寒及寒冷地区、夏热冬冷地区与夏热冬暖地区的代表城市，以上述城市历年开展的建筑能耗统计、能源审计数据为基础进行分析。采用的主要方法为排序法，具体做法是先将该类型公共建筑能耗强度指标（即单位面积能耗）按从大到小顺序进行排列。通过测算，当公共建筑的能耗强度维持在当前强度的平均值时，基本能实现我国在2020年将建筑能耗总量控制在11亿tce的目标，故取每一类型公共建筑的平均值作为约束值，而取下4分位能耗值作为引导值。其中，各省市公共建筑能耗统计的建筑物数量如表4-1所示，基本涵盖我国绝大部分省、自治区和直辖市。

省（市、区）建筑能耗统计信息汇总表 **表4-1**

序号	行政区划	公共建筑数量（栋）	序号	行政区划	公共建筑数量（栋）
1	北京	701	16	湖北	430
2	天津	698	17	湖南	896
3	河北	778	18	广东	2222
4	山西	96	19	广西	246
5	内蒙古	52	20	海南	419
6	辽宁	16	21	重庆	925
7	吉林	556	22	四川	861
8	黑龙江	5	23	贵州	36
9	上海	5658	24	云南	858
10	江苏	1011	25	陕西	648
11	浙江	638	26	甘肃	713
12	安徽	34	27	青海	357
13	福建	963	28	宁夏	4
14	山东	2288	29	新疆	574
15	河南	1368	合计		24051

此外，依据《国家机关办公建筑和大型公共建筑能源审计导则》，各地于2008年陆续开展建筑能源审计工作。本标准制定主要依据的公共建筑能耗审计的数据如下：北京30栋、上海710栋、广东省1636栋、深圳559栋与陕西省84栋，共计3019栋。需要说明的是，在数据基础方面，温和地区的公共建筑能耗审计数据仍较为缺乏，编制组专家通过先对少量样本数据的分析，再根据温和地区办公建筑（通常无空调能耗）的实际用能特点，采用技术测算法进行合理的测算，并将测算结果与温和地区典型建筑进行对比修正，最终确定了温和地区办公建筑能耗指标的约束值与引导值。

（4）公共建筑能耗管理的范围

《标准》中规定了公共建筑能耗管理的范围，具体为：

“不同地区公共建筑非供暖能耗指标取值应符合下列规定：

1 严寒与寒冷地区，公共建筑非供暖能耗指标应包含建筑空调、通风、照明、生活热水、电梯、办公设备以及建筑内供暖系统的热水循环泵电耗、供暖用的风机电耗等建筑所使用的所有能耗。其供暖能耗应符合本标准第6章相关规定。

2 非严寒与寒冷地区，公共建筑非供暖能耗指标应包含建筑所使用的所有能耗。

3 公共建筑内集中设置的高能耗密度的信息机房、厨房炊事等特定功能的用能不应计入公共建筑非供暖能耗中。”

需要说明的是：

(1)《标准》中对公共建筑能耗管理是“全部能耗管理”(Total Energy Use Management)，这与国际建筑节能领域的最新发展相吻合，既包括传统建筑节能管理所关注的暖通空调、照明、生活热水等，也包括与使用者相关的办公设备的用能管理。

(2) 考虑到公共建筑实际用能的情况，《标准》中对于公共建筑内集中设置、能耗较高的一些特定功能用能，建议在总的能耗中减掉这部分能耗，得到该建筑的能耗指标实测值，再与《标准》给出的能耗指标约束值或引导值进行比较，这样更加客观和公平。

(3) 关于公共建筑中的供能系统能耗，《标准》考虑到我国集中供热的实际情况，对于位于严寒和寒冷地区的公共建筑，其供暖能耗（热源能耗、楼外管网输配能耗）等按《标准》第6章相关规定进行管理，但其楼内供暖用的热水循环泵电耗、风机电耗等，应计入该公共建筑能耗，按《标准》本章的相关规定进行管理；对于除严寒和寒冷地区之外的公共建筑，其供暖所消耗的热源能耗、水泵风机电耗等都应计入该公共建筑的能耗，按《标准》本章的相关规定管理。

4.1.3 《民用建筑能耗标准》中公共建筑用能指标的主要取值

(1) 办公建筑

《标准》中将办公建筑细分为党政机关办公建筑和商业办公建筑，按A类和B类，分别给出严寒和寒冷地区、夏热冬冷地区、夏热冬暖地区、以及温和地区相对应的能耗指标约束值和引导值，如表 4-2 所示。

办公建筑能耗指标的约束值和引导值［单位：kWh/(m² · a)］ **表 4-2**

建筑分类		严寒和寒冷地区		夏热冬冷地区		夏热冬暖地区		温和地区	
		约束值	引导值	约束值	引导值	约束值	引导值	约束值	引导值
A类	党政机关办公建筑	55	45	70	55	65	50	50	40
	商业办公建筑	65	55	85	70	80	65	65	50
B类	党政机关办公建筑	70	50	90	65	80	60	60	45
	商业办公建筑	80	60	110	80	100	75	70	55

（2）宾馆酒店建筑

《标准》中将宾馆酒店建筑细分为五星级建筑、四星级、三星级及以下 3 个级别宾馆酒店建筑，并按 A 类和 B 类分别给出严寒和寒冷地区、夏热冬冷地区、夏热冬暖地区以及温和地区相对应的能耗指标约束值和引导值，如表 4-3 所示。对于未申请星级评定或“摘星”的宾馆酒店建筑，建议参照《标准》相对应的宾馆酒店建筑级别的能耗指标约束值和引导值进行管理。

宾馆酒店建筑能耗指标的约束值和引导值［单位：kWh/(m² · a)］ **表 4-3**

建筑分类		严寒和寒冷地区		夏热冬冷地区		夏热冬暖地区		温和地区	
		约束值	引导值	约束值	引导值	约束值	引导值	约束值	引导值
A类	三星级及以下	70	50	110	90	100	80	55	45
	四星级	85	65	135	115	120	100	65	55
	五星级	100	80	160	135	130	110	80	60
B类	三星级及以下	100	70	160	120	150	110	60	50
	四星级	120	85	200	150	190	140	75	60
	五星级	150	110	240	180	220	160	95	75

（3）商场建筑

商场建筑功能较多，细分较复杂。《标准》中将 A 类商场建筑细分为一般百货店、一般购物中心、一般超市、餐饮店、一般商铺建筑 5 类，将 B 类商场建筑细分为大型百货店、大型购物中心和大型超市 3 类，分别给出严寒和寒冷地区、夏热冬冷地区、夏热冬暖地区以及温和地区相对应的能耗指标约束值和引导值，如表 4-4 所示。

商场建筑能耗指标的约束值和引导值 [单位：kWh/（m²·a）] **表 4-4**

建筑分类		严寒和寒冷地区		夏热冬冷地区		夏热冬暖地区		温和地区	
		约束值	引导值	约束值	引导值	约束值	引导值	约束值	引导值
A类	一般百货店	80	60	130	110	120	100	80	65
	一般购物中心	80	60	130	110	120	100	80	65
	一般超市	110	90	150	120	135	105	85	70
	餐饮店	60	45	90	70	85	65	55	40
	一般商铺	55	40	90	70	85	65	55	40
B类	大型百货店	140	100	200	170	245	190	90	70
	大型购物中心	175	135	260	210	300	245	90	70
	大型超市	170	120	225	180	290	240	100	80

（4）不同类型公共建筑停车场

《标准》中还考虑到部分公共建筑中含有停车场，并且停车场面积计入建筑面积（如地下停车场、专属停车楼等），因此给出办公建筑、宾馆酒店建筑和商场建筑停车场能耗的约束值和引导值。停车场的通风电耗、照明电耗等应满足《标准》的要求，如表 4-5 所示。

机动车停车库能耗指标的约束值和引导值 [单位：kWh/(m²·a)] **表 4-5**

功能分类	约束值	引导值
办公建筑	9	6
宾馆酒店建筑	15	11
商场建筑	12	8

（5）综合性公共建筑

考虑到实际工程中部分公共建筑为多功能的综合性公共建筑，同一座建筑物中同时包括办公部分和宾馆酒店部分，或者商场部分和办公部分，或者多个功能的组合，因此《标准》中做出如下规定：

同一建筑中存在办公、宾馆酒店、商场、停车库的综合性公共建筑，其能耗指标约束值和引导值，应按《民用建筑能耗标准》表 5.2.1 至表 5.2.4 所规定的各功能类型建筑能耗指标的约束值和引导值与对应功能建筑面积比例进行加权平均计算确定。

（6）公共建筑由外部供冷或供热时能耗指标实测值的计算方法

实际工程中，公共建筑由建筑物外的冷源通过室外管网供冷，或者是除严寒和寒冷地区之外的公共建筑由建筑物外的热源通过室外管网供热，如不把这部分能耗计入该公共建筑，则该公共建筑的能耗指标实测值将明显降低，将形成管理的漏洞。为此，《标准》中做出如下规定，堵住这一可能的管理漏洞。

“公共建筑由外部集中供冷系统提供冷量，应根据集中供冷系统实际能耗状况和向该建筑物的实际供冷量计算得到冷量折合的电或燃气消耗量，计入该公共建筑能耗指标实测值。

非严寒寒冷地区公共建筑由外部集中供暖系统提供热量时，应根据本标准第6.2.2条的规定，计算得到燃气或标煤消耗量，按供电煤耗法折算为电计入该公共建筑能耗指标实测值。”

特别需要说明的是，由于《标准》最终排版印刷问题，公式（5.2.6）和公式（5.2.7）中 C_{ge} 的取值，应按第6章6.2.2条中 c_e 的取值，对于天然气应取0.2 Nm^3/kWh，5.0 kWh/Nm^3。

4.1.4 《民用建筑能耗标准》中公共建筑用能指标的修正方法

（1）修正的原则

由于公共建筑实际使用情况千差万别，非常复杂，在《标准》执行过程中如何因地制宜、量体裁衣地进行修正，成为本《标准》执行者和使用者非常关注的问题。《标准》编制组在公共建筑能耗指标修正方法的研究确定过程中，主要遵循了两个原则：

一是修正能耗指标的“实测值”，再与“约束值”或“引导值”进行比较和管理；而不修正能耗指标的“约束值”或“引导值”，各地建设主管部门或节能主管部门可以在本《标准》的基础上，根据当地实际经济、气候、城镇化的具体情况，制订适合本地区的公共建筑能耗指标“约束值”和“引导值”，原则上“约束值”和“引导值”的具体数值，不应大于本《标准》对应气候区、对应公共建筑类型的“约束值”和“引导值”的具体数值。

二是根据公共建筑的实际使用强度进行修正，如公共建筑实际全年使用小时数、宾馆酒店实际全年平均入住率、商场建筑实际全年营业小时数等，当实际使用强度明显高于《标准》给出的实际使用强度时，公共建筑的业主或委托管理者可以向当地建筑节能主管部门申请修正。对于部分公共建筑疏于管理导致夏季实际室内温度过低，或冬季实际室内温度过高，或者追求所谓“奢侈”或“过度舒适”而导致过高能耗，本《标准》不予修正。

（2）公共建筑的使用强度

研究表明，公共建筑能耗强度的高低受实际使用强度的影响，使用强度主要是指运行时间、人员密度和用能设备密度等的统称。

其中，办公建筑的使用时间和使用人数是影响其能耗的主要因素。因此，《标准》规定办公建筑能耗指标可根据建筑的实际使用时间和实际使用人数进行修正。其中，使用时间以年使用时间为修正参数，单位为h/a；使用人数以人均建筑面积为修正参数，单位为m^2/人。

宾馆酒店建筑的入住率和客房区面积比例是影响其能耗的主要因素。因此，《标准》规定宾馆酒店建筑能耗指标可根据建筑的入住率和客房区面积比例进行修正。

对于商场建筑，使用时间是影响其能耗的主要因素。值得注意的是，人们通常认为客流量的大小对商场用能影响显著，但从实际的用能数据分析结果来看，这二者之间相关性小。主要原因：在商场的实际运行中，主要用能设备的运行受客流量影响小，如照明用能，无论客流量多少，其运行是基本一致的。而通常认为受客流量影响大的空调能耗，其实商场在实际运行时新风的供应并非严格按照客流量的大小线性调节，而是按照通常的模式供应，若不考虑新风的影响，客流量的影响则主要是通过人体散热散湿来影响空调负荷，但这一影响程度极其有限。因此，《标准》规定商场建筑能耗指标可根据建筑的使用时间进行修正。

《标准》给出了“标准使用强度”，如下所示：

（1）办公建筑：年使用时间T_0=2500h/a，人均建筑面积S_0=10.0m^2/人；

（2）宾馆酒店建筑：年平均客房入住率H_0=50%，客房区建筑面积占总建筑面积比例R_0=70%；

（3）超市建筑：年使用时间T_0=5500h/a；

（4）百货/购物中心建筑：年使用时间T_0=4570h/a；

（5）一般商铺：年使用时间T_0=5000h/a。

上述标准使用强度数值是根据北京、上海、深圳等地开展的建筑能耗统计、能源审计以及能耗监测所取得的公共建筑运行的基础数据，经统计分析后确定的。

（3）根据实际使用强度对能耗实测值进行修正

当公共建筑的实际使用强度与上述标准使用强度存在差异时，可根据《标准》的相关规定对其能耗指标实测值进行修正，再以修正后的数值与《标准》规定的公共建筑能耗指标约束值或引导值进行比较。

需要说明的是，《标准》中给出的能耗指标数值是最小值，当实际使用强度低于标准规定时，不应进行修正；只有实际使用强度高于标准时，才需要按照标准中的规定进行修订。例如，当办公建筑中人均建筑面积很大（例如，20m²/人），或者公共建筑使用时间较短时，不应进行修正。

4.1.5 地方标准和行业标准的编制

《民用建筑能耗标准》是以实际的建筑能耗数据为基础，希望得到全面落实后，能够指导地方（省、市、县）开展本地区的建筑能耗总量控制工作。特别是在公共建筑节能领域，近年来，随着各地建筑能耗统计报送、建筑能耗监测、建筑能耗审计工作等的相继开展，各个城市和地区逐步具有了数据收集的基础，纷纷开始探索建筑能耗限额管理的方法，深圳、上海、北京等地先后根据自身特点开展了相关研究（见表4-6），以试行标准、用能指南或指导文件等不同形式发布了各类公共建筑限额或用能指导各具特色，积累了宝贵的经验。

各地方出台的公共建筑能耗限额相关标准和用能指南　　表4-6

城市	所属气候分区	用能限制对象	限额方法	发布的标准、指南、文件名称	发布时间
上海	夏热冬冷	办公建筑	按照建筑规模和空调系统形式给出了具体限额值	市级机关办公建筑合理用能指南	2011年6月15日
		旅游饭店	按照星级给出了具体限额值	星级饭店建筑合理用能指南	2011年12月15日
		商场	按照不同类型给出了具体限额值	大型商业建筑合理用能指南	2011年12月31日
南京	夏热冬冷	商场、超市、行政机关、宾馆饭店、普通高等院校	宾馆按星级，学校按学生规模、其他按不同限额指标给出了具体限额值	南京市主要耗能产品和设备能耗限额和准入指标（2012版）	2012年9月13日

续表

城市	所属气候分区	用能限制对象	限额方法	发布的标准、指南、文件名称	发布时间
深圳	夏热冬暖	办公建筑	按照政府办公和商业办公建筑分别给出了具体限额值	深圳市办公建筑能耗限额标准（试行）	2013年1月20日
		旅游饭店	按照星级给出了具体限额值	深圳市旅游饭店建筑能耗限额标准（试行）	2013年1月20日
		商场	按照不同类型给出了具体限额值	深圳市商场建筑能耗限额标准（试行）	2013年1月20日
北京	寒冷	单位建筑面积在3000m^{2}以上（含）且公共建筑面积占该单体建筑总面积50%以上（含）且公共建筑	年度电耗限额指标＝前5年用电量均值×（1－降低率）（运行未满5年按已有年度计算），2014年和2015年基础降低率分别为6%和12%，能耗最低前5%的降低率为0，能耗最高前5%的降低率为基础降低率乘以1.2系数，其他为基础降低率	关于印发北京市公共建筑能耗限额和极差价格工作方案（试行）的通知（京政办函［2013］43号）	2013年5月28日
广东	夏热冬暖	年综合能耗超过500吨标煤的宾馆和商场	旅馆饭店按照星级、商场按照普通商场和家具建材商场分别给出了具体限额值	广东省宾馆和商场能耗限额（试行）	2013年12月13日

此外，对于机场航站楼、大型超市、医院、学校等特定功能的公共建筑，其直管部门，如国家民航局、商务部、国家卫计委、教育部等，也都在分别制定相应的能耗标准。

例如，《民用机场航站楼能效评价指南》MH/T 5112—2016 规定了民用机场能效评价的一般原则、机场航站楼总体能耗指标计算方法及约束值和引导值、机场航站楼能源系统能效指标计算方法及约束值和引导值等。这一标准适用于已经投入使用的、设计或实际年旅客吞吐量不低于50万人次民航机场航站楼和配套冷热能源系统运行能耗、能效的管理，以及新建设计年旅客吞吐量不低于50万人次的民航机场航站楼和配套能源系统。这一标准编制过程中，收集了24家民用机场航站楼及其能源站的实际运行能耗数据。民用机场行业内部习惯将机场分为干线机场和支线机场，两者之间无论在航站楼规模、建筑形式还是能源管理、航班次数方面都存在很大的差异。干线机场往往大面积使用玻璃结构，一般具有高大开阔的空间，航班十分忙碌，航站楼几乎全天24小时运行；而支线机场的建筑形式一般比较老旧，规模不大，有些小机场航班次数有限，在没有航班的时候会停止运行。综合考虑用能特点以及影响因素，将全国的民用机场航站楼分为4类：按照旅客吞吐量划分为甲类与乙类：甲类，年旅客吞吐量高于1000万人次；乙类，年旅客吞吐量50万～1000万人次。按照所属气候分区划分Ⅰ类与Ⅱ类：Ⅰ类，严寒和寒冷地区；Ⅱ类，除严寒和寒冷地区之外的其他地区。基于调研数据，编制组分别计算两类总体指标：单位面积年能耗与单位吞吐量能耗。其中，“电耗”是指航站楼自身用电量，不包括能源站的能耗。而“能耗”则是航站楼用能加上能源站的用能。如果能源站除了向航站楼供冷供热外还向周边工作区、家属区供能，则应该将能源站所消耗的电力或燃料，按照能源站实际向各个建筑物供能量比例，折算计入机场航站楼能耗。机场各类能耗强度指标约束值和引导值按旅客吞吐量规模和所属气候区给出，如本书附录所示。

4.2 公共建筑能耗监测平台发展现状

4.2.1 省级公共建筑节能监测平台建设概况

针对我国大型公共建筑的节能减排工作，财政部、住房城乡建设部等在“十一五”期间便已相继出台了一系列大型公共建筑节能监管的导则、规范、标准及方案。2007年，住房城乡建设部、财政部按照《国务院关于印发节能减排综合性工作方案的通知》的要求，开始在北京、天津、深圳等试点城市推行建筑能耗监测体系的建设，并于2013年逐步扩大到全国33个省市开展建筑能耗监测体系的建设。

2008年，住房城乡建设部主导编制并印发了《国家机关办公建筑和大型公共建筑能耗监测系统分项能耗数据采集技术导则》（以下省略“国际机关办公建筑和大型公共建筑能耗监测系统”）、《分项能耗数据传输技术导则》、《数据中心建设与维护技术导则》、《楼宇分项计量设计安装技术导则》、《建设、验收与运行管理规范》等一系列技术导则与规范，用以指导各地能耗监测系统的建设。2011年，住房城乡建设部印发了《国家机关办公建筑和大型公共建筑能耗监测系统数据上报规范》，用以规范各省（市）级监测系统数据上传的内容、格式和通信协议，保证数据的统一性、完整性和准确性，2017 年住房城乡建设部修订完成了《省级公共建筑能耗监测系统数据上报规范》，进一步规范了数据上报的内容和要求，并给出了示例。

截至 2016 年年底，北京市、上海市、重庆市、天津市、深圳市、江苏省、山东省和安徽省 8 个省市的公共建筑能耗监测平台已通过国家验收，实施监测建筑数量达到 1.1 万余栋，监测计量点超过 11 万个。33 个省市的共公共建筑能耗监测平台的建设情况如图 4-1 所示。

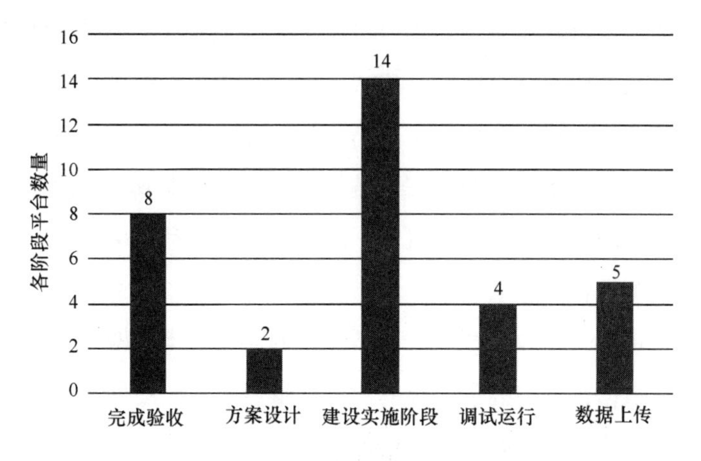

图 4-1 2016 年年底省级动态监测平台建设情况

4.2.2 节能型校园、医院监管体系建设概况

2008 年，住房城乡建设部联合教育部、财政部共同启动了节约型校园的建设工作。同年住房城乡建设部、教育部联合发布了《关于推进节约型校园建设 进一步加强高等学校节能节水工作的意见》，旨在加强节能节水工作，推进高等学校节约型校园建设。至 2015 年，共有 8 批 233 所节约型校园建设示范项目获批，其中包括 86 所中央直属高校。截至 2016 年年底，中央直属高校已完成验收 58 所，地方高校验收百余所，233 所高校已基本完成节能监管平台建设任务。

2014 年，住房城乡建设部将节约型公共机构建设示范范围扩大到医院、科研院所领域，启动了 44 所节约型医院建设试点。截至 2016 年年底，全部医院试点均完成监管体系方案设计，并进入建设实施阶段。

4.2.3 省级公共建筑节能监测平台建设存在的不足

过去的十年，我国已在 33 个省市建立了机关办公建筑和大型公共建筑能耗监测平台，累计监测建筑已达万余栋，形成了海量能耗数据资源，初步建立了建筑节能信息化管理体系。但总体看，建筑节能信息化管理体系仍存在许多不足，这些不足致使建筑能耗数据未充分发挥出其优势及价值，形成数据应用的瓶颈。将各地公共建筑监测平台普遍存在的共性问题总结如下：

（1）缺乏对信息的标准化描述与集成管理

目前公共建筑机电能源系统及主要设备尚未形成通用的标准化信息描述方法，导致现有建筑能耗数据及其系统数据格式各异，存储与管理方式各异，不同系统的信息无法有效融合，形成一个个信息孤岛，数据之间无法充分共享和利用，且系统扩展性、承载力不足，难以应对未来日益增长的大数据提取与应用需求。

（2）缺乏完善的数据质量保障机制，降低了数据可利用率

现有能耗监测平台普遍缺乏整体的数据安全架构、全数据链中数据安全访问、安全传输、安全审计及防攻击技术，且普遍存在丢数、数据错误等数据质量问题，缺乏数据采集、数据传输与处理过程的数据质量保障的软硬件技术及数据质量自动诊断与修复方法，这极大地降低了数据的准确度与可利用率。

（3）对于数据的处理及分析方法缺乏统一规范性

目前各地公共建筑节能监测平台对建筑的总能耗指标的评价方法较为统一，但缺乏统一的对分项用能系统的能耗特性、用能系统能效的评价方法，对数据挖掘与分析的力度还非常不够，对建筑能源系统实际运行的提升工作缺乏有效指导性。

（4）公共建筑能耗监测模型仍需优化

目前传统能耗监测模型以耗电量为主要采集对象，对于建筑耗冷量、耗热量、耗燃气量等其他主要能耗种类缺乏统一的监测，且现有对耗电量的监测模型中部分监测分项与实际电路电表情况相背离，部分监测分项安装成本较高而数据利用性不强，性价比低。这些问题的出现均对能耗模型的顶层设计提出了进一步优化的要求。

4.2.4 公共建筑节能监测平台的研究发展方向

公共建筑节能监测平台的作用在于通过建筑能源消耗数据及其他相关信息的采集，掌握评估建筑用能现状，诊断用能问题并指导建筑未来节能运行。目前平台的发展已经获得了海量数据的收集与留存，但由于数据种类不够全面、数据准确度存疑和数据应用性欠佳等问题的存在，对于数据的挖掘与应用仍非常不够，平台的建设与平台上留存的数据难以发挥出应有的价值，这也使得多地平台由于不知如何用数据而疏于维护管理数据，使得数据质量进一步下降，进入数据更加不能应用的恶性循环。虽然各地平台接入监测的建筑数量不断增长，但离理想的平台建设状态尚有很长一段路要走，在这个过程中，完成能耗信息标准化描述是数据应用的基石，完善数据质量保障技术与保障机制是数据可用的前提，而深入研究数据的处理分析方法并统一推广，并在此研究基础上进一步优化现有能耗模型，才能利用好采集数据的价值。

另一方面，一些市级公共建筑能耗监测平台、集团能耗监测平台近年来取得长足发展。实现数据采集安全可靠、数据存储互联共享、数据模型规范统一、数据应用全面深入，最大限度挖掘建筑能耗大数据的价值，从而全面提升建筑信息化管理水平，使得各地平台建设工作起到理想的成效。

在下一阶段，省市级公共建筑能耗监测平台努力提升的方向包括以下几个方面：

（1）研究建筑及其机电系统标准化大数据的集成管理技术，建立标准化的公共建筑能耗大数据的数据库及系统。

（2）研究能耗监测平台多层次数据安全及质量保障技术，成果将形成从数据采集、传输、分析、应用全过程多层次安全保障技术，以及包含平台总体监测精度、传感器传输质量和公网传输质量等保障技术及异常数据自动诊断和修复技术。

（3）研究基于数据挖掘技术的建筑能效评价方法，成果形成包含总能效及分项能效评价的公共建筑运行能效评价方法，运行能效评价模型定期动态更新的方法。

（4）研究建筑实时运行能耗变化预测及用能诊断技术，建立多层级用能诊断分析数据库等。

核心的方向就是要让省市级公共建筑能耗监测平台的数据“活”起来，真正推动公共建筑节能。

4.3　城市能耗监测平台发展状况

4.3.1　上海市建筑能耗监测平台概况

上海市建筑能耗监测平台一期于2012年建成，二期于2014年建成。截至2016年12月31日，累计1501栋公共建筑完成用能分项计量装置的安装并实现与能耗监测平台的数据联网，覆盖建筑面积6572.2万m^2。其中国家机关办公建筑182栋，占监测总量的12.1%，覆盖建筑面积约368.5万m^2；大型公共建筑1319栋，占监测总量的87.9%，覆盖建筑面积约6203.7万m^2。按建筑功能分类统计情况如表4-7所示。

上海市能耗监测平台各建筑类型监测数量　　表4-7

序号	建筑类型	数量（栋）	数量占比（%）	面积（m^2）
1	国家机关办公建筑	182	12.1	3684983
2	办公建筑	497	33.1	21891554
3	旅游饭店建筑	197	13.1	8412169
4	商场建筑	226	15.1	12803583
5	综合建筑	172	11.5	11080422
6	医疗卫生建筑	105	7.0	3368932
7	教育建筑	50	3.3	1855715
8	文化建筑	24	1.6	848840
9	体育建筑	20	1.3	710058
10	其他建筑	28	1.9	1066100
总计		1501	100.0	65722356

注：其他建筑类型包含交通运输类建筑、酒店式公寓等。

平台接入的监测数据目前只包含建筑设备的电耗，不包括水耗、冷热量等数据。建筑分项监测模型参考《上海市公共建筑用能监测系统工程规范（2012版）》，监测级别到二级分项，分项模型如图4-2所示。

上海市的部分城区已建设完毕区级建筑能耗监测平台，并与市级平台数据完成了对接。一般而言，区级监测平台接入监测数据分项更详细，能源类别更多，包括水耗、冷热量、燃气量等。黄浦区是全市首个实现与市级平台数据对接的区级建筑能耗监测平台，目前接入楼宇数量超过230栋，在全市率先试点开展水、燃气在线监测，并进行需求侧响应调度管理试点，目前已完成多栋楼宇试点，实现多次在线

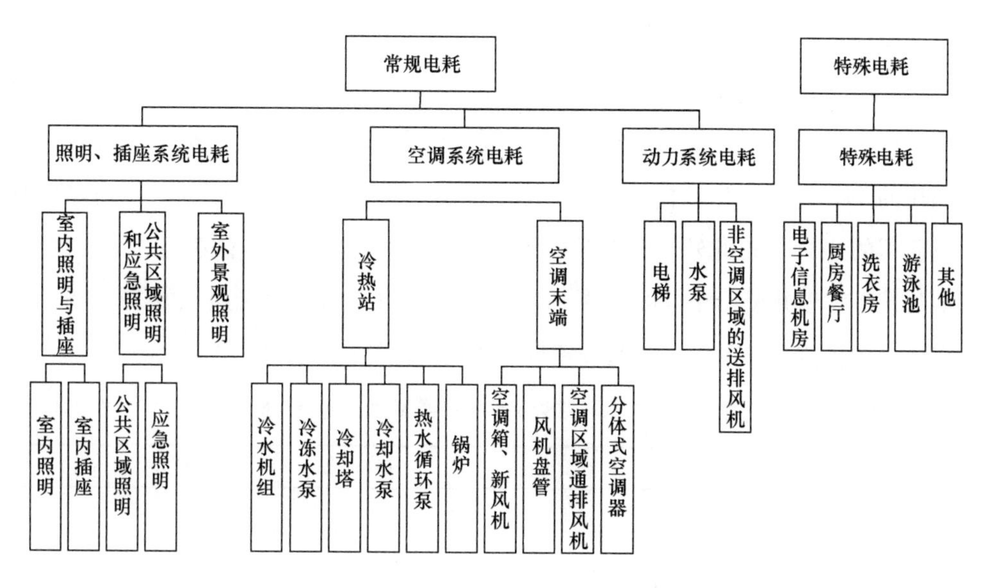

图 4-2　上海市能耗监测平台监测分项模型

调峰。此外，浦东新区、虹桥商务区等也已完成区级能耗监测平台建设，其他城区也在积极推进平台建设中。

4.3.2　深圳市建筑能耗管理系统概况

深圳市建筑能耗管理系统的接入建筑包括监测建筑、统计建筑、审计建筑 3 大类。截至 2017 年年底，平台监测建筑共接入 568 栋，总面积达 2391 万 m^2。在监测的 568 栋建筑中，排除 34 栋建筑已停用能耗监测系统外，共有 514 栋建筑至今仍保持数据上传，在线率达 96%。

截至 2017 年年底，共将 18220 栋完成自然年内消耗能源总量统计建筑的能耗量与建筑面积等数据接入至平台，覆盖建筑总面积达 6937 万 m^2；共将 758 栋完成建筑能耗审计建筑的自然年内能耗总量、建筑面积等数据上传至平台内，覆盖建筑总面积达 2986 万 m^2。

平台监测的分类能耗主要包括用电量和集中供冷量，监测的分项能耗主要包括空调用电、照明插座用电、动力用电和特殊用电。

4.3.3　青岛市民用建筑能耗监管平台概况

青岛市建筑能耗监管平台定位于民用建筑，即除公共建筑外还包括了一批住宅建筑的能耗计量与监测。截至2017年年底，平台共接入民用建筑699栋，覆盖建筑面积985.9万m^2。其中办公建筑118栋，覆盖建筑面积约279.7万m^2，占总监测建筑面积的28.4%；商场建筑27栋，覆盖建筑面积约138.1万m^2，占总监测建筑面积的14.0%；文化教育建筑371栋，覆盖建筑面积约350.3万m^2，占总监测建筑面积的35.5%；此外，宾馆饭店建筑、医疗卫生建筑、体育建筑、综合建筑、其他建筑等类型共覆盖建筑面积约217.7万m^2，占总监测建筑面积的22.1%。青岛市建筑能耗监管平台接入建筑按建筑功能分类统计情况如表4-8所示。

青岛市建筑能耗监管平台不同类型建筑监测数量 **表4-8**

序号	建筑类型	数量（栋）	面积（m^2）	电表数量（块）
1	办公建筑	118	2797321	3332
2	商场建筑	27	1381498	1025
3	宾馆饭店建筑	72	679733	788
4	文化教育建筑	371	3502654	1822
5	医疗卫生建筑	12	309107	588
6	体育建筑	13	137961	406
7	综合建筑	17	697493	677
8	其他建筑	69	353109	551
总计		699	9858876	9189

注：其他建筑类型主要包含住宅建筑，数据中心等。

平台监测的能源种类包括电耗、水耗，部分建筑还包括冷热量，其电耗监测所遵循的分项模型如图4-3所示。

4.3.4 城市建筑能耗监测平台数据应用现状分析

城市建筑能耗监测平台对于数据的采集接受住房城乡建设部发布的技术导则的指导，因而能耗数据模型基本一致，但是各平台对于数据的分析与应用模块则各有差别，同时平台之间也互相学习借鉴，形成了一些各平台所共有的基本分析功能。现对各平台共有的基本数据应用功能以及个别平台拥有的特殊数据应用功能整理如下：

（1）能耗数据基础应用

1）用能强度指标计算

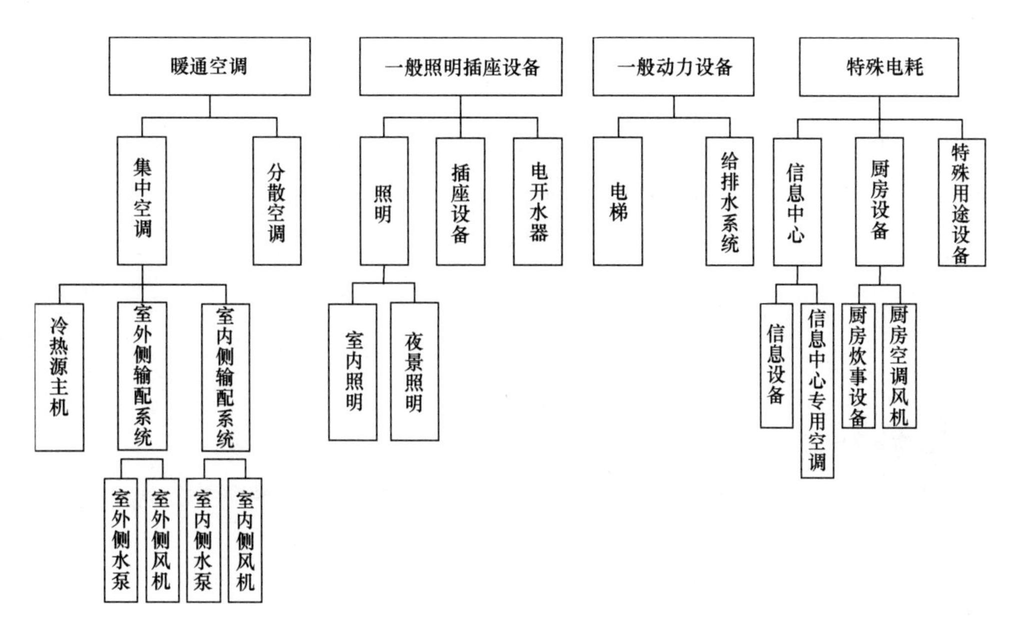

图 4-3 青岛市民用建筑能耗监管平台监测分项模型

用能强度一般为单位面积建筑能耗，时间颗粒度可能为月或年，如上海市平台对接入平台的各类型建筑的逐月用电强度会发布平均值报告，并将年能耗强度与国家标准进行对标分析。部分平台还会计算出主要分项能耗的单位面积指标。平台会对能耗指标进行逐年的纵向同比，以及建筑与建筑之间、分项与分项之间的横向环比（见图 4-4）。

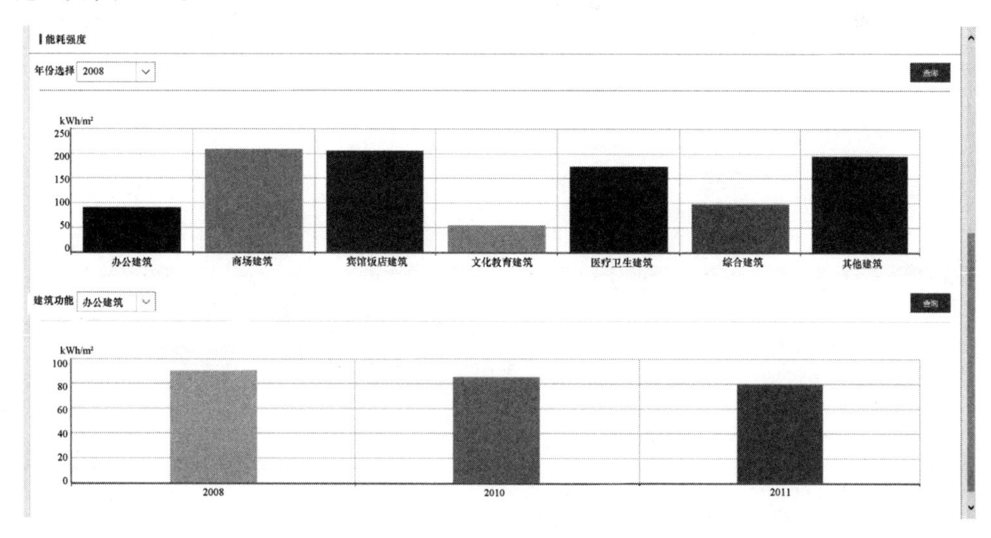

图 4-4 深圳市平台建筑能耗同比与环比比较

2）各建筑能耗指标排名

计算出各建筑的单位面积能耗之后，对平台内所有监测建筑进行能耗指标排名，部分平台支持按不同建筑功能进行分类排名（见图 4-5）。通过此种方法可以快速发现平台监测建筑中能耗不合理的建筑。

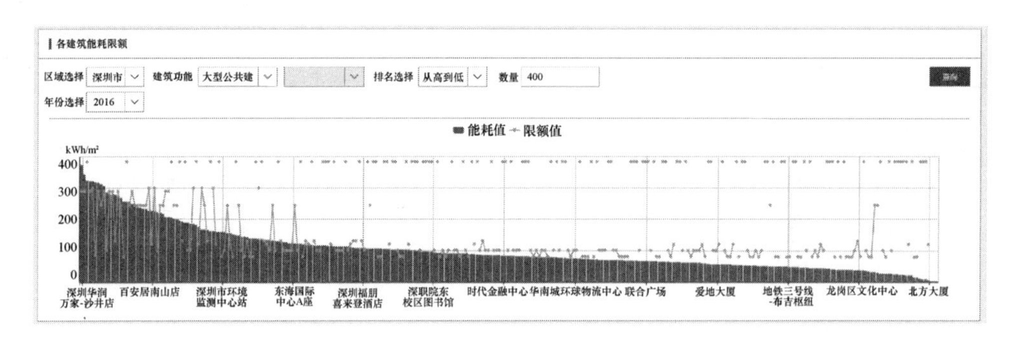

图 4-5 深圳市平台建筑能耗指标排名

3）各能耗分项、各监测支路的用能情况查询功能

平台将建筑内各支路采集的能耗数据计算并入能耗模型的各分项节点中，用户登录平台即可以查看所有监测建筑任一分项的能耗历史变化（见图 4-6），从而作为分析建筑用能状况的参考，进而发现建筑存在的用能问题。用户也可直接查看各用能支路的原始数据。

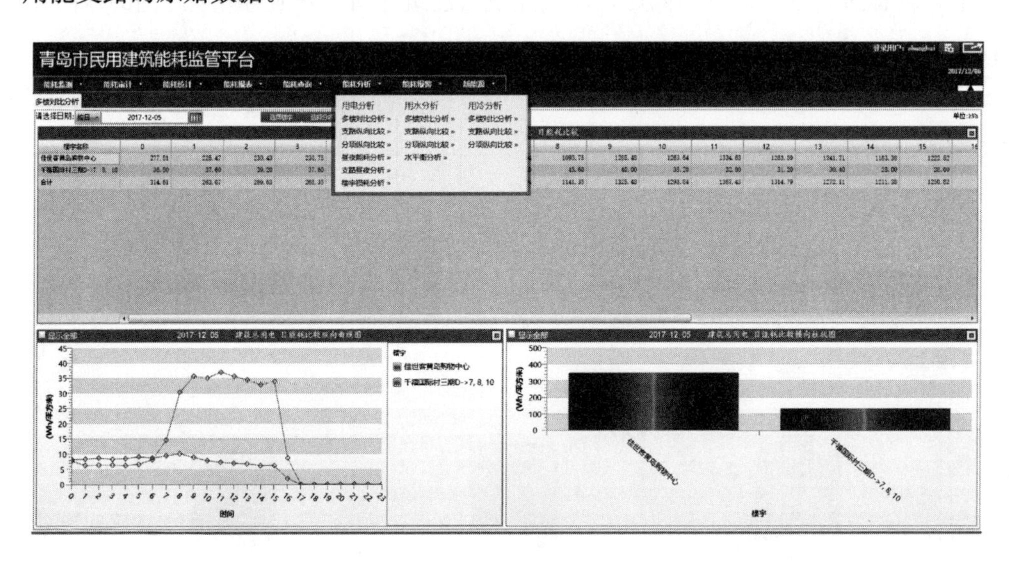

图 4-6 青岛市平台建筑分项能耗与支路能耗查询与比较

4）发布本市年建筑用能分析报告

上海市、深圳市每年都会基于平台监测的用能数据，发布当年度的建筑用能分析报告，依据报告中的各类型建筑用能强度，可参考制定当地的能耗限额。如上海市已在建筑能耗监测平台采集数据的基础上完成 8 本建筑合理用能指南的编制工作。

（2）能耗数据分析应用

1）峰谷平电耗量统计

上海市能耗监测平台对于采集的耗电数据根据电价峰谷平时段进行分类统计，得到平台内监测建筑的峰谷平电耗量统计，可以帮助建筑用能的需求侧管理，进行适当地削峰填谷尝试。

2）建筑昼夜间用电对比分析

青岛市民用建筑能耗监管平台内开发有建筑昼夜间用电对比分析的功能，可以衡量建筑昼夜用电量的差异，管理人员可根据建筑类型与实际建筑运行情况，判断其昼夜差异是否合理，是否存在夜间不合理用电。

（3）小结

市级平台从规模与控制成本的角度考虑，多数只监测电这一种能源种类，且建筑的固定信息录入不完整，因而多数平台只可以得出单位建筑面积总用电或分项用电等能耗指标，在此基础上做分析总会受到局限。现有平台的分析功能缺乏对建筑信息的补充完善，缺乏对能耗数据的进一步深挖，多数时候只能为人工分析提供数据依据，而无法形成平台内置的、有效的分析手段。

4.4　逐步发展出的地产集团建筑能耗监管平台

4.4.1　A 集团能源管理系统

（1）集团能源管理系统概况

该管理系统至 2017 年年底共接入集团位于北京、上海共计 21 个项目的能耗数据，大部分项目都在 2015 年 7 月份上线，目前已经运营两年有余。

能源管理系统涉及的计量类型包括水、电、冷量、温度。目前 21 个项目电量计量点位总计 13561 个，水量计量点位 30 个，冷量计量点位 100 个，温度计量点位 512 个。能耗计量所遵循的分项能耗模型如图 4-7 所示。

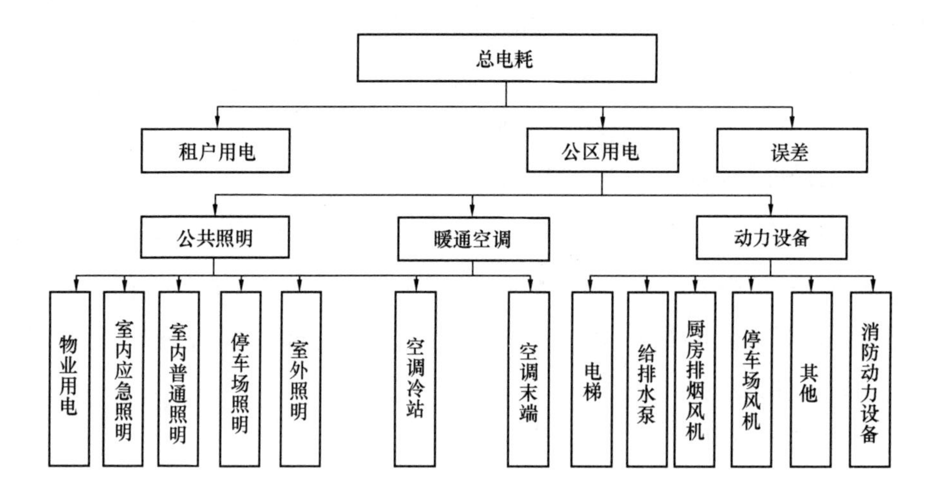

图 4-7 A 集团能耗监管系统分项能耗模型

(2) 能源管理系统功能介绍

根据客户需求，能源管理系统共推出针对集团总部的中心版和针对单个建筑的项目版两个版本，中心版更有利于集团对于所有项目的集中管理，而项目版对能耗的反映情况则更为详细。

1) 中心版功能

集团的主要目的是管控各项目，所以通过制定指标比如对比国家标准，对比历史公共区均值以及同比去年这些指标的方法来对各项目进行排名，从而提高各项目节能积极性。目前这些指标在能耗概况页中通过内置算法已经可以自动计算出。其中对比国家标准、对比公共区均值如图 4-8 所示。此界面在项目版能耗概况中也有显示，通过项目间的排名对比让项目更好地了解自己和其他项目到底差在哪里，也让项目更主动地降低能耗。

为了保证自动数据的准确性，且当现场数据采集硬件发生问题时，物业能更好地配合售后人员的工作，因此平台还增加各项目月数据质量指标排名，月数据质量指标主要由高低压误差、租户电耗误差、总分计算误差 3 个参数根据不同权重计算得出，平台显示图如图 4-9 所示。

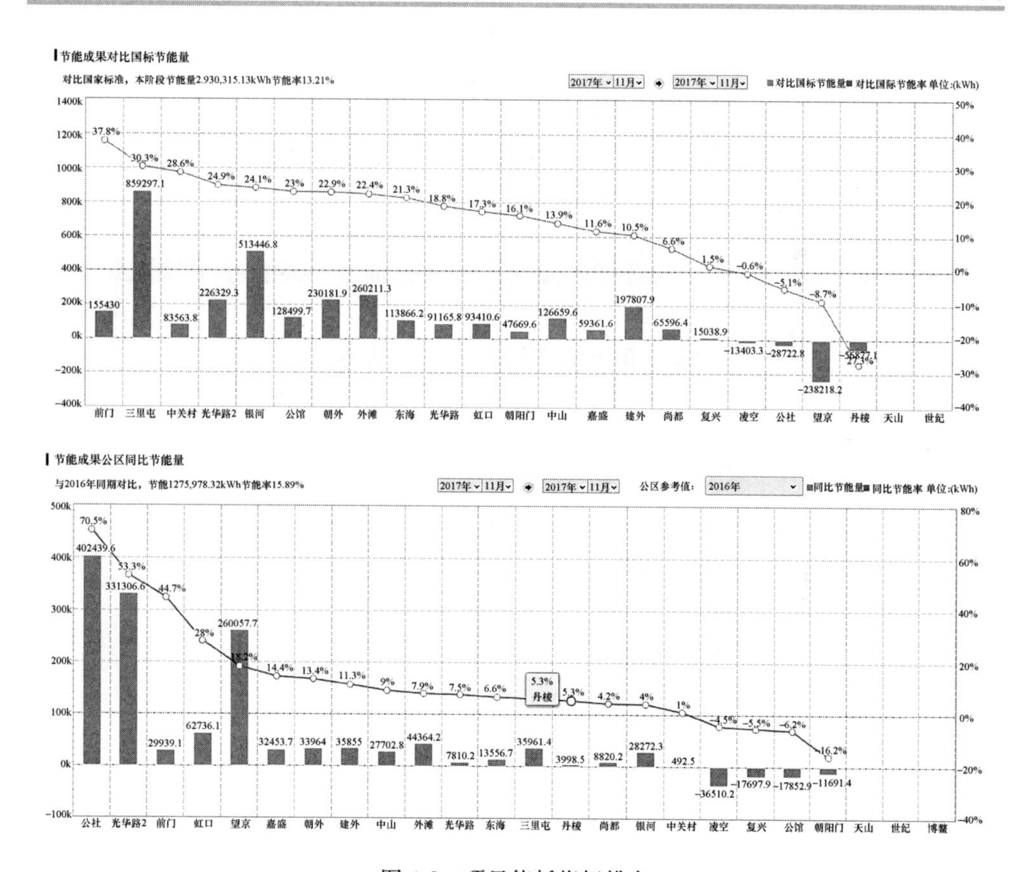

图 4-8　项目能耗指标排名

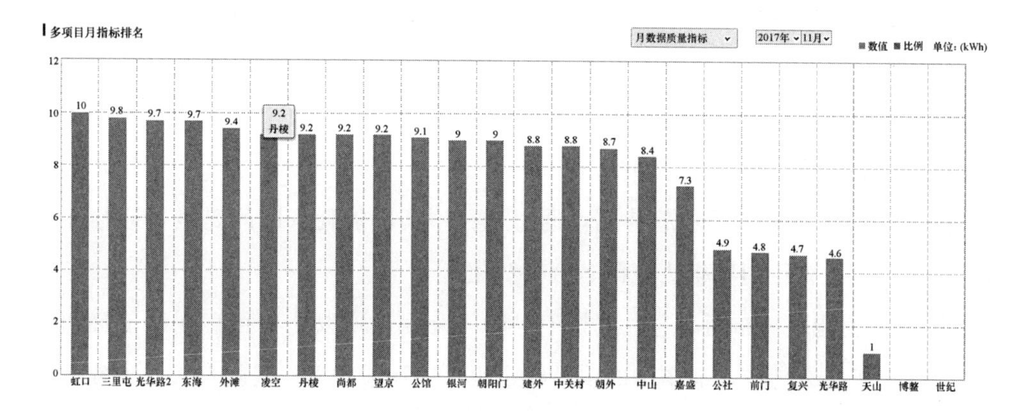

图 4-9　项目数据质量指标排名

为了能更好地管控各项目的运行情况，平台还内置了报警模块，目前报警主要分为配电报警、环境报警、故障报警、能耗异常用电报警，每项报警都有不同的报警逻辑，从安全、室内环境、能耗、数据4个方面为考量，再结合专业运维人员的现场工作，充分发挥能源管理系统的功能，帮助各项目在节能的同时不影响室内品质，而且也让集团了解到哪个项目问题最多，可以重点关注此项目，重点解决问题。报警页面如图4-10所示。

图4-10　平台报警模块页面

2）项目版功能

对于项目本身来说，重要的是保持数据质量良好，在不影响室内品质的前提下，降低自身运行能耗，提高每月的排名。而项目版的能耗概况中也增加了能耗同比、能耗占比功能，可以让物业更直观地了解能耗主要用在了什么地方，与去年同期相比是否有变化。具体功能图如下：

图4-11主要为建筑能耗趋势图，通过选择不同的能耗和时间跨度，让物业更直观地了解到与去年同期相比能耗是否有变化。

图4-12为能耗分布图，通过选择不同时间跨度，可以让项目直观地了解到能耗主要用在了什么地方，而图中的误差显示也可以让项目第一眼就直接看到数据是否存在问题。

3）数据挖掘

通过能源管理系统数据查询和能耗分析功能，结合能耗报警机制可以让项目简单地分析问题，而深入的数据挖掘则由节能顾问来完成。

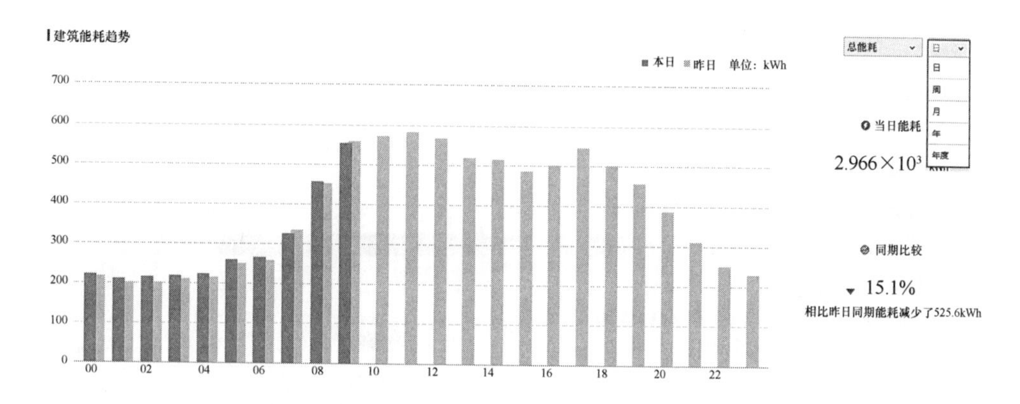

图 4-11 能耗趋势逐日同比

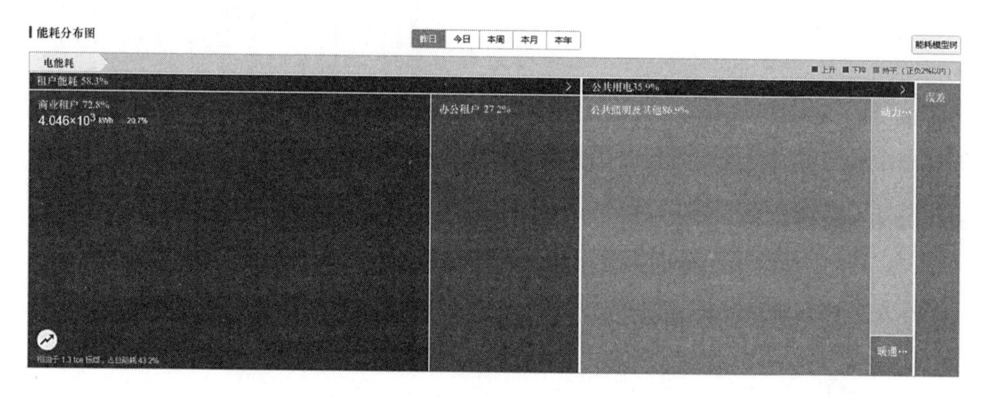

图 4-12 能耗分布图

节能顾问通过平台采集上来的数据结合自身专业知识进行全面的节能诊断分析，每月定期形成能耗分析报告，并召开节能例会，通过现场和物业反馈沟通，帮助物业消除能耗异常，降低公区能耗。部分节能实例如图 4-13 所示。

（3）能源管理系统实施效益

该能源管理系统为 A 集团提供了良好的集团项目能源管理评价手段与考核平台。通过科学的评价标准制定、准确的数据采集，以及内置的算法自动导出，将考核指标展示在平台上，每月定期更新排名，便于集团对各项目的管理，也带动了各项目节能的积极性。集团可对于每次排名靠后的项目重点关注，重点帮扶，提升集团整体能源管理水平。

2015年1月公区LED照明改造

- □ **通过数据分析发现问题**
  - 照明能耗占公区用电比例50%以上，能耗占比较高
- □ **通过现场调研发现问题**
  - 室内公共区域照明灯具多为T5\T8节能灯，可更换为更节能的LED照明灯具
- □ **现场整改**
  - 保证现有照度需求不变的前提下，将公共区照明进行LED灯具改造，仍然遵循《照明管理规定》控制照明运行时间
- □ **节能效果实测检验**
  - 实现月节能量3.8万kWh

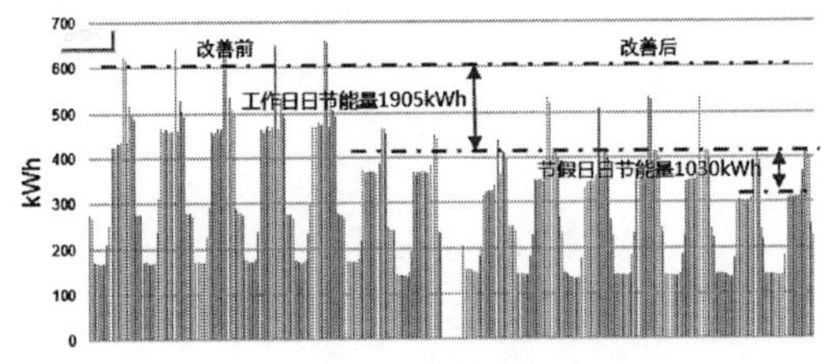

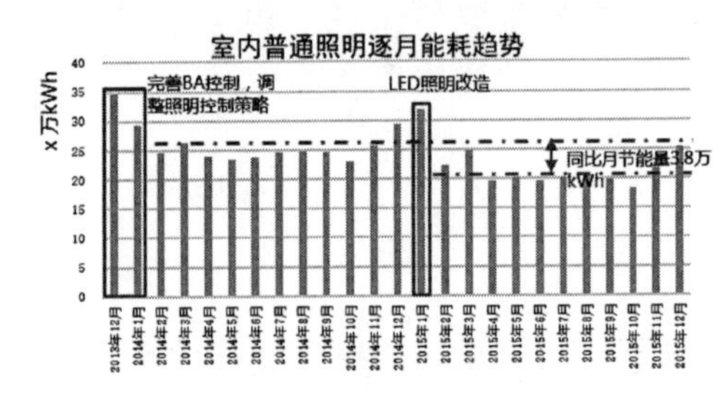

2015年8月地下消防排风机/排风机节能

- □ **通过数据分析发现问题**
  - 服务于地下车库的地下消防排风机耗电较大
- □ **通过分析发现问题原因**
  - 1、双用风机（普通排风与消防排风共用）
  - 2、定频运转
  - 3、运行时间较长
  - 实际有需求，但处于供过于求状态
- □ **问题整改**
  - 在满足环境要求的前提下，逐步优化运行时间
- □ **节能效果实测检验**
  - 累计日节能量2340kWh

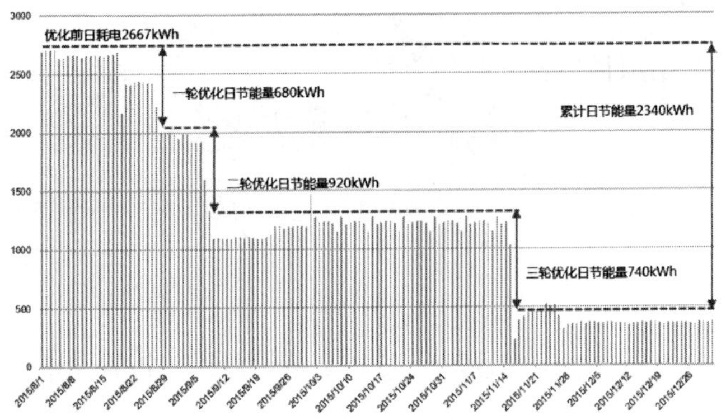

图 4-13　通过平台数据节能实例

对于各项目物业而言，能源管理系统以详细、专业的数据采集与数据分析功能，为管理人员提供了发现项目用能问题、寻找解决问题方法的辅助工具，帮助管理人员不断提升本项目能源管理水平，提高指标考核排名。

4.4.2　B 集团能源管理系统

(1) 集团能源管理系统概况

B 集团能源管理系统自 2017 年开始陆续上线集团持有的商业项目，至今已上

线项目21个，项目所在地包括北京、深圳、重庆、浙江、辽宁、广西、河南、安徽、山东、河南、西安等地。能源管理系统的监测能耗类型包括电量、冷热量等，此外包括温湿度、CO_2 浓度等室内环境信息。每一个项目平均监测点位数量在500～700个之间，根据项目规模有所变化。

出于对项目不同的管理需要，该能源管理系统分为集团版与项目版两个版本。在集团版页面中，也可以方便地通过点选项目直接进入关注项目的项目版页面。

（2）能源管理系统功能介绍

1）集团版功能介绍

集团版能源管理系统的主要用途在于掌握集团旗下各项目运行的关键指标，评估用能水平与室内环境质量，发现用能与环境问题并督促项目运行人员加以改进。因此，集团版能管系统的主要功能包括分区域（东北、华北、华东、华西、华中、华南等）查看项目不同时间跨度下的用能指标，并与项目上报值、专家推荐引导值作出比较；查看各项目冷站效率，并作出项目排名；查看各项目环境质量达标率，并作出项目排名。通过这些功能，集团管理者可以快速了解各项目的用能概况，并发现用能水平较高、能效较低、环境质量较差的项目，督促其改进。上述指标还可纳入集团的整体绩效考评体系之中。同时，在集团版中还可查看各项目能耗指标与空调能效指标的趋势与同比。

2）项目版功能介绍

在集团版界面中如果对某一项目更关注，即可直接点击进入该项目的项目版界面。因此，项目版反映出了商业项目能耗、室内环境相关的更多信息。在项目版能源管理系统中，用户可以对项目总能耗、详细分项能耗及其指标进行查询，并查询其趋势、同比以及环比。

项目版中还可以显示空调系统详细能效比的趋势与同比（见图4-14），包括冷水机组运行效率、冷却塔散热效率、冷却水输送系数、冷冻水输送系数、冷站能效比、空调末端能效比等。空调系统耗电是建筑耗电中占比非常重要的一项，在相同的冷量需求下，空调系统能效比越高则越节能。通过细致的能效比分析，可以帮助运行人员快速发现需要改进的环节，有的放矢地采取节能措施。

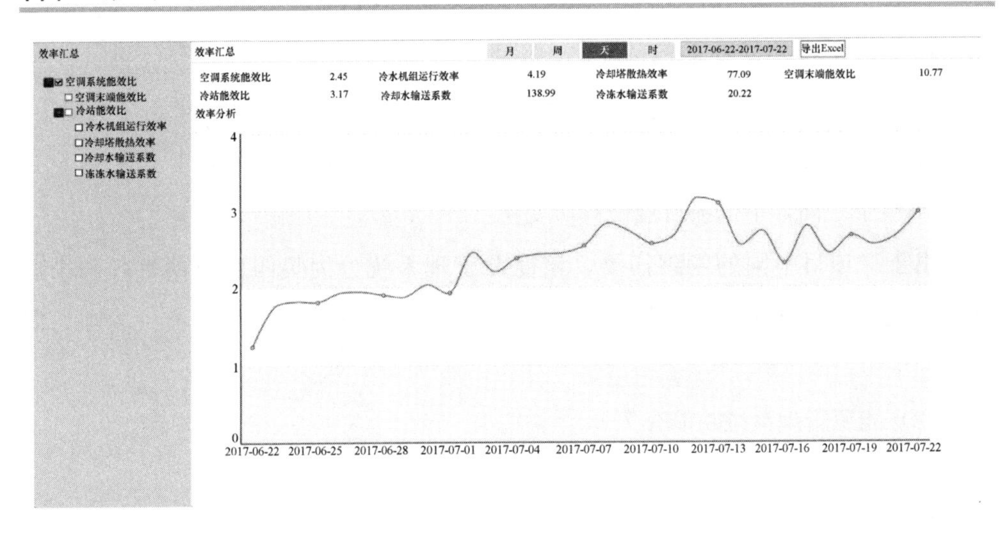

图4-14 空调系统能效比趋势与同比

4.4.3 C集团某商业项目能源管理系统

（1）能源管理系统概况

该能源管理系统于C集团某商业项目中开发应用（见图4-15），能源管理系统整体框架分为三部分：

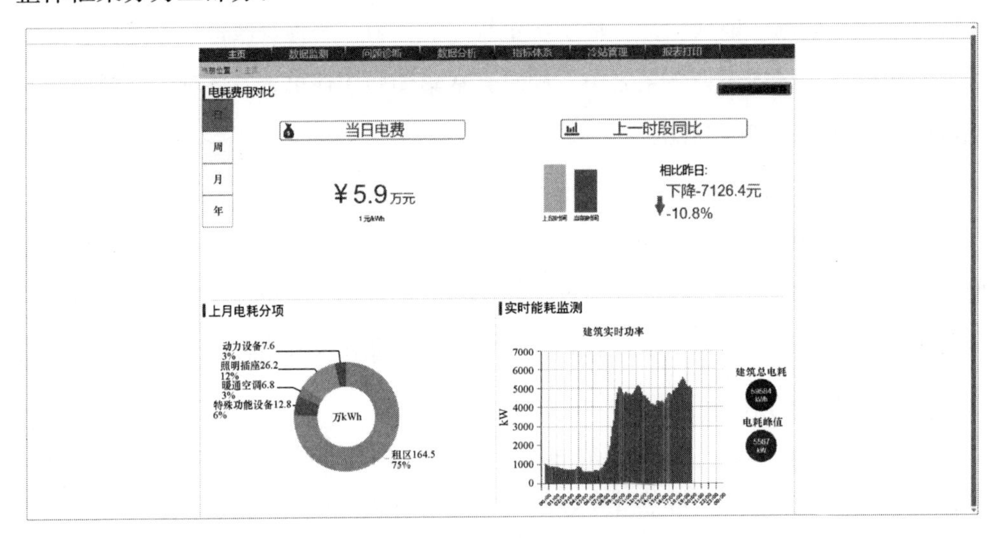

图4-15 C集团某商业项目能源管理系统首页

底层为数据采集，安装有电表、压力传感器、温度传感器、流量计等传感器，共计780块有余；

中间层为节能应用，即建筑服务器及软件应用；

顶层为高层管理者提供决策，包括集团节能平台及专家节能诊断服务等。

（2）数据应用及功能

该能源管理系统依照建筑能耗评价体系与空调系统能效评价体系，提供了一套能耗指标与一套空调系统能效指标，能耗指标以年为时间单位，可展示往年的单位面积年能耗，也可展示监测至今的逐 12 月滑动累计电耗（见图 4-16）；能效指标可以以多个时间间隔为单位，可由用户自行选择，能效指标体系如图 4-17 所示。

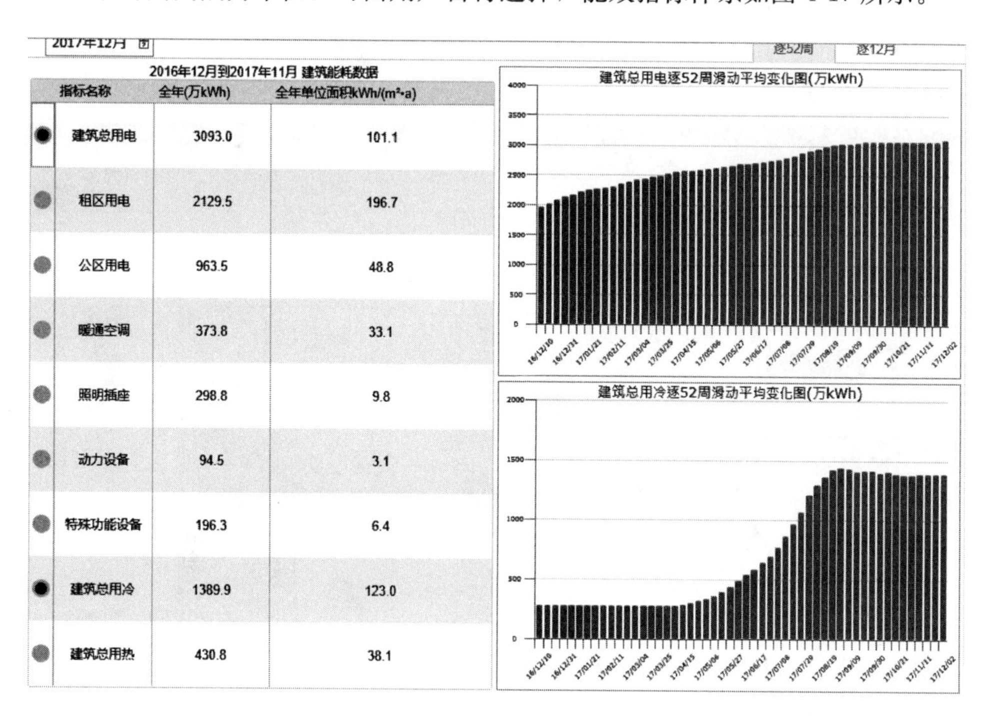

图 4-16 能源管理系统分项能耗查询页面

平台应用功能分为 4 大模块，主要包括数据监测功能、数据查询功能、问题诊断功能、数据导出功能（见图 4-18）。

数据监测功能主要监测项包括建筑分项能耗、空调系统能耗、环境场数据，并对各重要指标进行对比。

数据查询功能提供建筑电量、建筑冷量、建筑热量、环境数据 4 大数据类型的数据分析服务（见图 4-18），同时针对项目的业态组成与实际需求，拓展租户分区电耗、租户业态电耗两个模块。

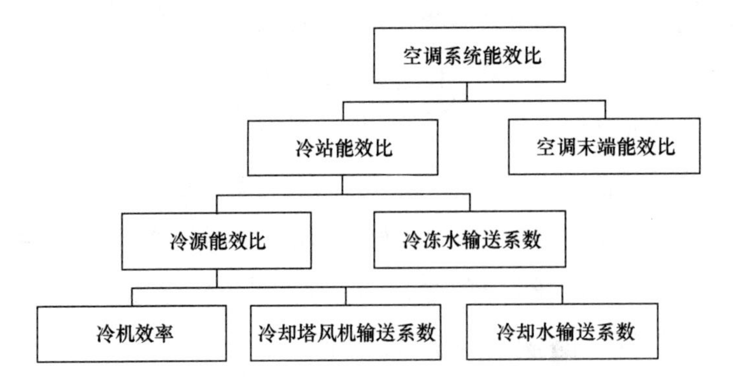

图 4-17 空调系统能效指标体系

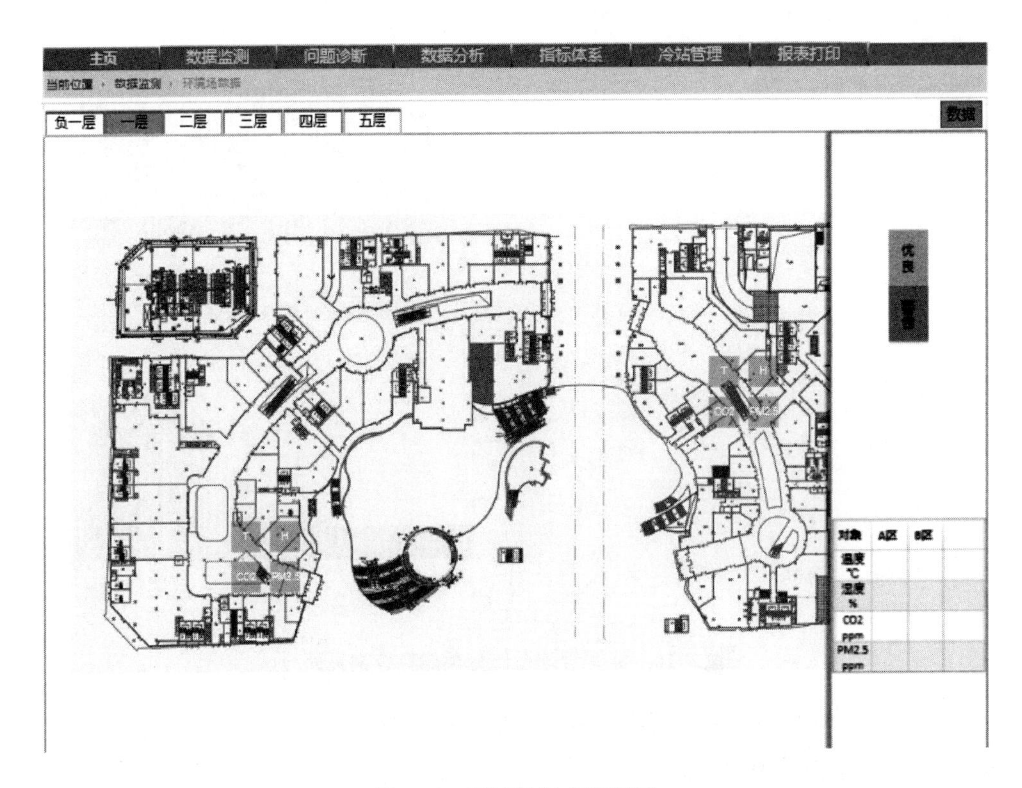

图 4-18 环境数据查询页面

同时，数据查询功能内还整合了冷站管理功能，显示冷站实时监测数据方便运行人员管理，并依照能效指标体系与冷站性能评价体系，提供了冷机效率、冷机趋近温度、水系统压差、水泵运行点、水泵效率、冷却塔效率等全面的冷站运行指标查询，方便运行人员深度了解冷站运行状态并进行合理调节（见图 4-19）。

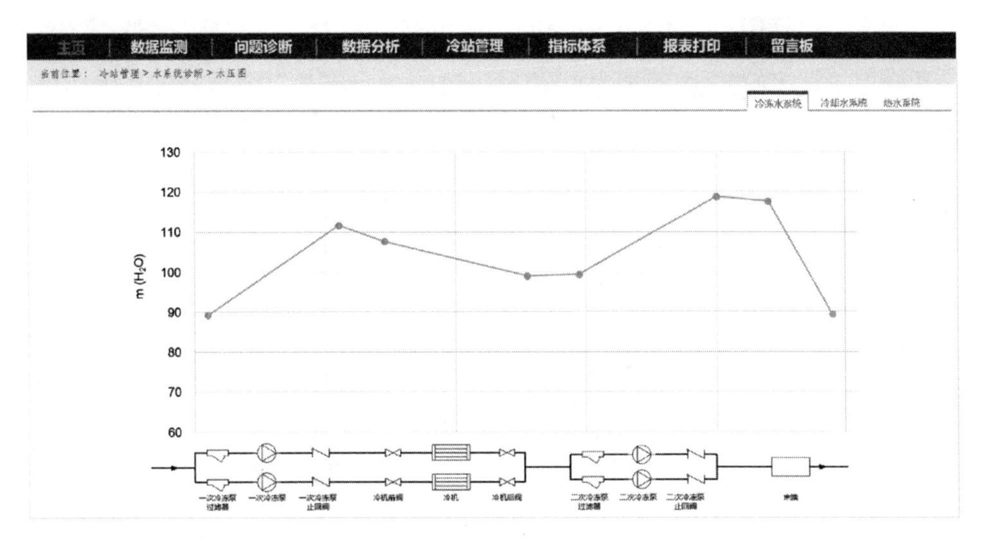

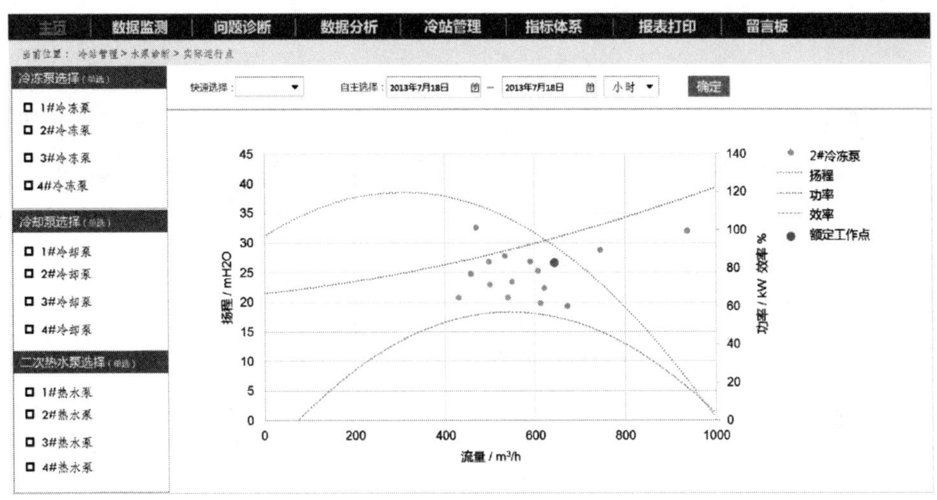

图 4-19 冷站水系统运行状态查询页面

问题诊断功能分为能耗问题诊断和能效问题诊断。能耗问题诊断主要是通过分项指标对比查看电耗水平位置；能效问题诊断能显示暖通空调系统具体问题。该模块将基于数据分析出的问题以最简洁的可视化形式展现出来，引起管理人员的重视，并且还能引导用户分析问题出现的原因并给出简单解决建议（见图 4-20）。同时，问题诊断的良好应用需要基于后台问题库的不断改善，管理者可根据实际运行的条件，对问题库及数据分析的算法逻辑进行更新。

对于上述关键能耗与能效指标，在能耗管理系统中均可以与多个对象进行环比

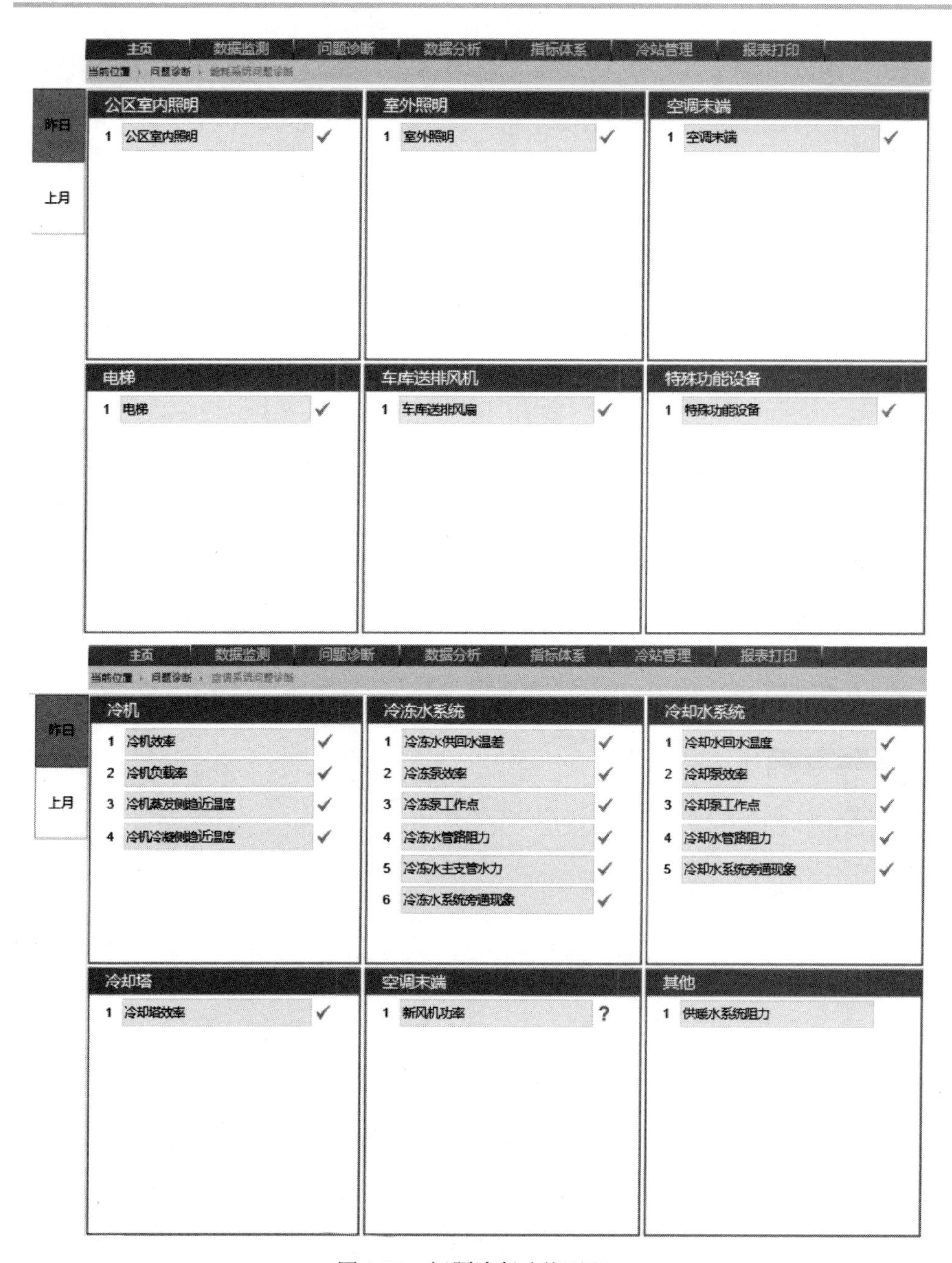

图4-20　问题诊断功能页面

和在多个时间段下进行同比（见图4-21和图4-22），以此帮助管理人员横向比较能耗能效的管理重点，同时分析其纵向变化趋势。

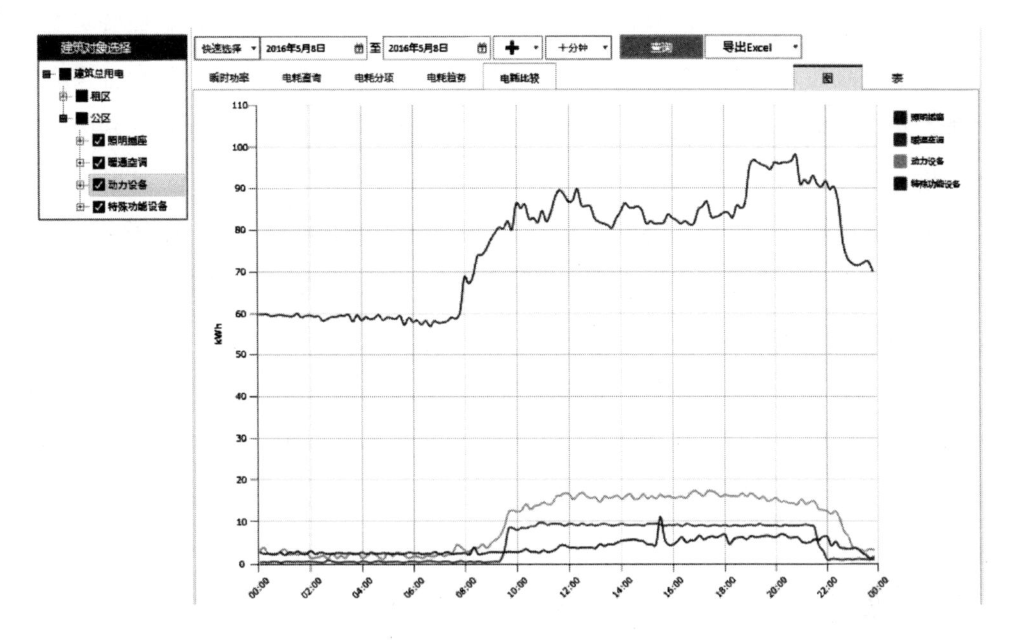

图 4-21 各设备电耗环比

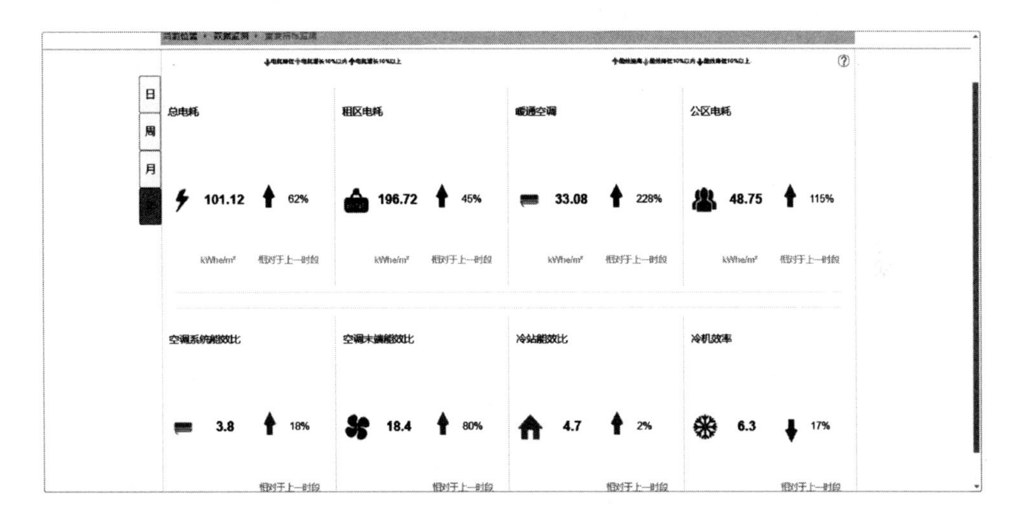

图 4-22 关键指标纵向同比

4.4.4 集团建筑能耗监管平台小结

华润、中粮、SOHO 中国、万达商业地产、万科等地产集团，以及大润发、家乐福、华润万家等连锁经营企业，目前逐渐都开发和建设了适合自己集团项目业态和管理需求的集团建筑能源管理平台。可以看出，这些集团建筑能耗监管平台无论从监测类别还是平台功能均较市级平台更丰富。集团建筑能耗监管平台普遍监测的能源种类除电之外还包括建筑的耗冷量与耗热量，此外还会监测建筑冷站内的关键温度、流量、水压，以及建筑室内的温湿度、CO_2浓度、PM2.5浓度等环境参数，从而集能耗监管、冷站运行监管、环境场监管三种功能于一体。基于丰富的数据，平台可以拥有更加丰富的功能，比如冷站运行问题诊断、建筑用能系统能效评价、室内环境场分析等。

与市级平台对本市监测建筑的能耗指标进行排名相类似，集团平台也会对集团内监测建筑的能耗指标进行排名，并且会对排名靠后或不达标的建筑的管理者进行问责，令其在规定期限内作出改善并与其绩效挂钩。同时，集团平台对于数据的质量要求非常严格，部分平台也会对建筑的数据质量进行排名，不合格者同样借助于集团的问责机制督促其进行改正。这些做法对于市级平台而言有一定的参考意义。

同时注意到，集团平台相对于市级平台的现有优势更多的是在于成本的投入以及集团已有的权责机制。建筑信息的标准化统一表述，能耗数据质量保障技术，数据挖掘算法，与物联网、人员空间定位等新技术的结合，是能耗监测平台未来发展所要攻克的难关，是实现建筑能耗大数据充分应用的必要途径。

4.5 我国建筑部门控排工作与碳排放的核算配额方法

近年来，由温室气体排放所造成的全球气候变化形势严峻，为应对气候变化，国际上进行多轮气候谈判，并于2015年所达成的《巴黎协定》中提出了控制全球温度升高不超过2℃的目标。这意味着到2050年全球温室气体的排放总量下降50％左右。在应对气候变化方面，中国也展现了大国的担当，在提交的2030自主行动目标中承诺了2030年碳排放达到峰值，单位GDP排放比2005年下降60％～65％。这使得碳排放成为除能耗之外，我国社会发展过程中需要重视的又一约束。

能源消费的总量控制是生态文明发展的必要措施，在建筑节能工作中，能耗控制的思路逐渐从原来单纯关注节能技术运用的路径控制模式，转变为控制实际用能量的总量控制模式。2016 年 4 月《民用建筑能耗标准》的正式发布，给出了我国建筑能耗总量控制的目标与指导。而对于碳排放的控制也应该按照这种总量控制的思路，基于目前以能耗为基础所开展的建筑节能管理工作，同样需要基于碳排放开展建筑相关的低碳管理工作。

4.5.1 建筑部门控排工作的进展

目前世界上主要有两套碳排放量控制的政策工具：一是对低碳技术创新提供支持，这对应于能耗控制手段中路径控制的思路；二是实行碳排放定价，利用市场的手段控制碳排放总量，对应总量控制的思路。

近年来，碳排放定价政策在世界范围内发展迅速，根据世界银行发布的 2017 年碳价现状与趋势报告，2017 年全球已有 42 个国家及 25 个地区实施或者计划实施碳定价体系（包括碳交易市场和碳税）。

我国在《国民经济和社会发展“十二五”规划纲要》中明确提出要“逐步建立碳排放权交易市场”。2013 年选定了北京、深圳、上海、天津、重庆、湖北、广东 7 个地区作为碳交易市场机制建设的试点地区。并于 2017 年印发《全国碳排放权交易市场建设方案（发电行业）》，于 2017 年 12 月 19 日启动全国碳排放权交易体系。

目前国际上实行碳交易体系的地区如欧盟、瑞士、新西兰等地在交易体系中涵盖的行业多为生产领域行业，而没有涉及消费领域的建筑用能部门。以欧盟碳排放交易体系为例，其所涵盖的产业如表 4-9 所示，其中绝大多数均为生产行业，消费领域仅商业航空被纳入碳排放交易体系。

欧盟碳排放交易体系纳入行业 **表 4-9**

能源生产行业	发电、供热
能源密集型工业	炼油、钢铁，以及生产铁、铝、金属、水泥、石灰、玻璃、陶瓷、纸浆、纸张、纸板、酸和大批量有机化学品的工业
商业航空	商业航空

我国所实施的全国碳排放权交易体系，目前正处于起步阶段，仅纳入了发电行业。但在 2013 年起启动的碳交易试点中，7 省市根据各自的实际情况确定了不同的碳市场实施方案，各省市试点所涵盖的部门类型如表 4-10 所示。7 省市中，北

京与上海在碳交易试点中纳入了建筑部门运行相关的碳排放。

我国各碳交易试点地区涵盖部门类型 **表 4-10**

	能源部门	制造业部门	建筑部门（其他服务业企业）	交通部门
北京	√	√	√	√
上海	√	√	√	√
广东	√	√		
深圳	√	√		
湖北	√	√		
天津	√	√		
重庆		√		

在北京市出台的《北京市二氧化碳排放核算和报告指南》中“其他服务业企业（单位）排放核算和报告”章节给出了北京市辖区内有提供服务业产品和服务活动的服务业企业或单位的碳排放核算方法，其中就包括了建筑部门。北京在2013年纳入了221家建筑部门企业，2016年市场扩容时纳入建筑运行碳排放控制的企业扩增至492家，占到了北京控排企业数的50％。

上海市在2012年出台的《上海市旅游饭店、商场、房地产业及金融业办公建筑温室气体排放核算与报告方法》中将建筑部门纳入碳排放交易体系，上海在2013年纳入了42家建筑部门企业，占到上海控排单位总数的11％。

总体而言，我国在碳排放控制尤其是建筑部门的控排方面做了大量工作与尝试，这对于今后不断完善控排体系，持续推进控排工作，在世界上展现中国在抑制气候变化领域的大国担当打下了良好的基础。

4.5.2 建筑部门现行的碳排放核算与配额政策

合理的碳排放责任核算方法以及配额分配方法是碳交易政策的基础，责任核算与配额分配要与我国的低碳发展路径相契合，做到准确限制高碳行为促进低碳行动，本节将对目前我国建筑领域的碳排放责任的核算与配额分配方法进行简要的汇总整理。

（1）北京市建筑部门碳排放核算及配额政策

1）碳排放核算

北京市对建筑部门的碳排放核算方法的规定在《北京市企业（单位）二氧化碳排放核算和报告指南》中第七部分“其他服务业企业（单位）排放核算和报告”中做出，其中将碳排放分为直接排放和间接排放，对于边界划定的具体规定如下：“其他服务业企业（单位）二氧化碳排放核算边界包括其在本市行政辖区内固定设施的二氧化碳直接排放和本市行政辖区内固定设施电力消耗的二氧化碳间接排放”。

所以，在碳排放核算方面，按照北京市规定，建筑部门所承担的碳排放责任为直接碳排放和所使用的电力在发电过程中所产生的碳排放。

2）配额核定

对于碳排放配额的核定方法，在《北京市排放权交易试点配额核定方法》中对于各个部门统一作出，其中将企业（单位）的二氧化碳配额总量划分为既有设施配额、新增设施配额以及配额调整量3部分，计算公式为：

企业(单位)碳配额总量＝既有设施配额＋新增设施配额＋配额调整量

其中建筑部门的既有设施二氧化碳配额核定方法采用了“基于历史排放总量的配额核定方法”，即企业或单位当年的二氧化碳配额按照其历史排放量确定，再利用控排系数逐年限制配额量，其中控排系数是一个逐年下降的值，根据逐年的减碳计划来确定，配额核定的计算公式如下：

既有设施二氧化碳配额＝历史年碳排放平均值×控排系数

而对于新增设施则是采用行业的二氧化碳排放强度先进值进行核定：

新增设施二氧化碳配额＝行业碳排放强度先进值×活动水平

所以，北京建筑部门的碳排放核算中计入了直接碳排放和电力的间接碳排放，而配额方法主要是使用了历史强度下降法来确定。

（2）上海市建筑部门碳排放核算及配额政策

1）碳排放核算

上海市对建筑部门碳排放核算方法的规定是在《上海市旅游饭店、商场、房地产业及金融业办公建筑温室气体排放核算与报告方法》中做出，其中同样是部门温室气体排放总量分为直接排放和间接排放，对于边界划定的具体规定如表4-11所示。

上海市建筑部门排放边界划定及示例 **表4-11**

排放类型	排放示例
直接排放	锅炉等设备燃烧天然气、柴油等化石燃料产生的排放
间接排放	使用外购的电力、热力导致的排放

2）配额核定

在《上海市2017年碳排放配额分配方案》中，对商场、宾馆、商务办公、机场等建筑部门，上海市采用历史排放法对单位的碳配额进行核定，其计算公式为：

企业年度基础碳配额＝历史排放基数

其中历史排放基数取前三年的碳排放量平均值。

所以，上海建筑部门碳排放核算计入的是直接碳排放和电力与热力的间接碳排放，而配额方法同样使用了历史强度下降法来确定。

4.5.3 现有碳排放核算与配额政策存在的问题与改进建议

（1）碳排放核算方法的问题及改进建议

1）热的核算边界问题

目前，北京的碳排放核算政策只计入了建筑部门的直接碳排放以及用电的间接碳排放，而没有计入用热的间接碳排放，这会导致集中供热用于与使用其他供热方式的用户在核算上产生不公平的问题。

例如有两个同类型建筑，其中一个使用集中热网供热，而另一个采用自备锅炉供热，那么在北京目前的碳排放核算规则下，使用集中热网供热的建筑的总碳排放中就不包含由于消耗热量所造成的碳排放，而使用自备锅炉供热的建筑，锅炉产生的直接碳排放需要计入建筑的总碳排放中，这其中就包含了消耗热量造成的碳排放。那么比较这二者，用热的核算边界就产生了差异，核算数据就不具备可比较性，并且会变相鼓励责任外包。

下面以两个案例来说明这一问题

案例一：有北京的两所普通高等院校A，B，其中高校A主校区使用6台燃气锅炉供热，分校区通过市政热网供热。高校B全部使用市政热网供热，2016年两所高校的用能情况如表4-12所示。

两所高校用能情况对比 表 4-12

高校	建筑面积（万 m^2）	用电量（MWh）	天然气用量（万 Nm^3）		外购热力（TJ）
			供热	其他	
高校 A	25.1	11330	208.4	26.1	6.4
高校 B	64.2	37750	0	89.4	372

取天然气的低位发热量为 389.3GJ/万 Nm^3，按照目前北京的标准，电力消耗的间接排放因子采用 0.604$kgCO_2$/kWh，天然气的间接排放因子采用 55.5$kgCO_2$/GJ，计算得到两所高校单位面积的用电量、耗热量以及碳排放量如表 4-13 所示。

两所高校单位面积用电、耗热以及碳排放量对比 表 4-13

	单位面积用电量（kWh/m^2）	单位面积供热耗热量（GJ/m^2）	单位面积碳排放量（$kgCO_2/m^2$）
高校 A	45.1	0.35	47.4
高校 B	58.8	0.58	38.5

高校 A 无论是单位面积用电量还是单位面积耗热量均明显小于高校 B，但是根据现行计算方法所得到的单位面积碳排放量却要高于高校 B，这就是由于二者对于热量的核算边界不一致所造成的。

案例二：某公司从 2011 年起将锅炉房外包给供热管理公司运行，供热碳排放不再计入总碳排放中，导致其从 2012 年起未采取任何低碳改造措施的情况下，总碳排放量降低 70%以上，成功实现了“低碳”。

可见，北京现行的碳排放核算方法无法准确判断建筑的低碳与否，并且可能会产生责任外包等一系列的问题，这样一来，就不能做到准确地鼓励低碳的单位并且惩罚高碳的单位，与我国的低碳目标与低碳发展路径存在偏差，需要进一步的优化与调整。

2）电与热的多重核算问题

目前，北京与上海现行的碳排放核算体系均同时纳入了发电供热企业与消费环节的服务类企业单位。

这样，在碳排放核算的过程中对供电供热企业的直接碳排放进行了核算，同时计入电与热的消耗者所产生的间接碳排放，所以对于电与热，这种核算方式实际上造成了双重核算，使得整个区域或者国家所核算出的碳排放总量与实际产生的碳排放不相符。

多重核算的问题实际也存在于其他城市的碳排放核算规则之中，天津、广东、深圳、重庆、湖北的碳排放核算虽未纳入消费环节的服务类企业单位，但是在钢铁、水泥等重点排放行业的碳排放核算规则中也规定了要计入电力或者热力的间接碳排放，这样一来就无法通过碳排放的核算来准确获得实际产生的碳排放量，不利于对碳排放进行总量控制。

3）对于碳排放核算方法的建议

总的来看，碳排放核算环节所存在的热力核算的边界问题以及电力与热力的多重核算问题，本质上都是由于生产与消费两个环节碳排放责任分配不清所导致的。热力的核算边界问题，正是由于北京的核算方法，没有合理分配集中供热过程中热力生产部门与热力消费部门的碳排放责任，使得使用集中供热的建筑免于承担了热力使用的间接碳排放责任，才造成了原本高能耗的建筑被核算为“低碳”以及责任外包的问题。电与热碳排放的多重核算，也是由于没有合理分摊生产者与消费者之间的碳排放责任，仅仅将其简单地计算了两次所造成的。

在向低碳发展转型的过程中，生产环节应当提高生产效率，降低产品生产的单位碳排放；而消费环节应当提高资源的利用效率，减少能源或产品的消耗量。所以，碳排放的核算方法也应当与上述低碳发展的路径相契合，合理准确分配生产与消费两侧所应承担的碳排放责任，并且避免多重核算的问题，保证核算出的碳排放与实际碳排放总量相一致。

基于以上原则，对于电力的碳排放核算，应当根据全国平均的发电碳排放给出电力的碳排放基准值（tCO_2/kWh），电力生产与消耗部门的碳排放责任如下：

电力生产部门的碳排放责任＝直接碳排放－供电量×电力碳排放基准值

电力消耗部门用电的碳排放责任＝用电量×电力碳排放基准值

对于热力，由于其生产在不同地区以及气候条件下差异极大，并且热力的输送范围较小，没有跨区域输送的问题。所以热力的核算可在输送范围内，以城市为单位进行。对于每个城市，对其热网上的各个热源进行核算，统计供热量之和以及排碳量之和，计算得到该城市热力的碳排放基准值如下：

城市A热力碳排放基准值＝城市A各热源碳排放总量/城市A各热源总供热量

热力生产与消耗部门的碳排放责任分摊如下：

热力生产部门的碳排放责任＝直接碳排放－供热量×热力碳排放基准值

热力消耗部门用热的碳排放责任＝耗热量×热力碳排放基准值

对于直接碳排放，仍沿用目前的方法，使用燃料的排放因子进行折算。

综上所述，建筑部门运行阶段的碳排放责任核算方法如下：

建筑运行阶段碳排放＝直接碳排放＋耗热量×热力碳排放基准值

＋耗电量×电力碳排放基准值

下面基于案例一以北京为例进行举例说明：

统计 2016 年北京碳交易市场所涵盖的 11 家发电企业以及 57 家热力生产企业的发电供热情况如表 4-14 所示。

北京市发电供热企业供电、供热量及碳排放量　　表 4-14

	供电量（万 kWh）	供热量（万 kWh）	直接碳排放（tCO_2）
电力企业总计	3211669	2010222	17935112
热力企业总计	0	2048722	5459169

其中对于热电联产企业使用㶲分担法（参考 GB/T 51161—2016 附录）对所输出的电力和热量分摊其碳排放量，电力的㶲系数为 1144℃下热量的㶲系数为 0.312，分摊得到电力企业发电供热各自的碳排放量如表 4-15 所示。

北京市发电企业发电碳排放及供热碳排放量　　表 4-15

电力企业总碳排放（tCO_2）	发电碳排放（tCO_2）	供热碳排放（tCO_2）
17935112	15004895	2930217

可得到北京市电力与热力企业总的供热量，以及供热的碳排放量，如表 4-16 所示。

北京市电力热力企业总供热量及供热碳排放量　　表 4-16

	供热量（万 kWh）	供热碳排放（tCO_2）
电力企业总计	2010222	2930217
热力企业总计	2048722	5459169
合计	4058944	8389386

由此计算得到北京市供热的碳排放基准值为57.4kgCO_2/GJ。

基于基准值对企业的碳排放责任进行核算，可以得到，北京热电联产电厂平均发电碳排放0.558kgCO_2/kWh，远低于全国发电平均碳排放0.7kgCO_2/kWh；北京热电联产电厂平均供热碳排放42kgCO_2/GJ，远低于热力企业燃气锅炉产热的平均碳排放76.4kgCO_2/GJ。这都是由于热电联产充分利用了电厂余热，提高了用能效率，从而大大降低了其产品的碳排放量。如果按照基准值方法对上述电力企业和非热电联产的热力企业的碳排放责任进行核算，就会得到，北京的热电联产电厂由于发电和生产热量的单位产品碳排放都低于基准值，所以其总的碳排放责任为－122.47万tCO_2，也就是其实际排放的二氧化碳低于生产的产品所对应全国平均水平的碳排放量，所以其负数的碳排放责任可以在碳市场出售；而利用燃气锅炉产热的热力企业的碳排放量超过基准值，需要在碳市场上购买碳排放配额。

基于上述计算得到的供热碳排放基准值，两所高校碳排放量的核算结果变化如表4-17所示。

不同核算方法下两高校单位面积碳排放量对比（单位：kgCO_2/m^2） **表4-17**

	原核算方法	基准值法
高校A	47.4	48.9
高校B	38.5	71.8

计入用热的间接碳排放后，高校B的单位面积碳排放量大幅上涨。对于责任外包的问题，由于计入了热量的间接碳排放，也无法再通过外包供热业务的方式来实现大幅的“减排”。

综上所述，基准值核算法根据生产者与消费者在减碳过程中所起到的作用，对碳排放责任进行了合理的划分。生产部门仅对电与热的单位碳排放负责，所以就以行业平均为基准，高于基准的要承担责任需要购买配额，低于基准的就会产生“盈余”可以出售配额，以此来惩罚高碳鼓励低碳，促进低碳生产。消耗部门仅能对电与热的用量负责，所以要基于其用量，使用统一的基准值对用热用电的碳排放责任进行核算。这样，就同时在生产和消费两个环节促进了低碳发展，并且可以保证核算得到的碳排放总量与实际碳排放相等。

（2）碳配额方法的问题及改进建议

目前北京、上海两地建筑部门的碳指标分配均使用历史强度下降法，这种方法的缺点较为明显，会造成“鞭打快牛”的问题。也就是说历史上排放量大的企业反而会分配到更多的配额，历史上排放强度小的企业会分配到更少的配额，这实际上是对高碳排放的一种变相鼓励，减弱企业减排的意愿，与我国的低碳路径相违背。

同样是总量控制的思路，借鉴《民用建筑能耗标准》中给定建筑能耗引导值与约束值的方法，建筑部门的碳配额分配可以基于单位面积给定不同类建筑单位面积碳排放的基准值，然后基于基准值，根据建筑类别和建筑面积给出碳排放配额，公式如下：

建筑 A 碳排放配额＝建筑 A 单位面积碳排放基准值 ×建筑 A 总建筑面积

《民用建筑能耗标准》对于约束值的条文说明中指出“当实行建筑用能限额管理或建筑碳交易时，本标准给出的约束值可以作为用能限额及排放数量的基准线参考值”。所以，建筑部门碳指标的具体值可参照《民用建筑能耗标准》给出。下面以北京为例，参照能耗标准给出各类公共建筑碳排放的基准值。

《民用建筑能耗标准》中对于各类公共建筑分别给出了非供暖能耗的约束值以及供暖能耗的约束值，对两部分能耗进行折算相加，就可以得到公共建筑总能耗的约束值。同理，电力排放因子按照北京市目前的标准取 0.604kgCO_2/kWh，热力排放因子参考本节前文的计算取 57.4kgCO_2/GJ，则可对两部分的能耗约束值进行折算，得到北京各类公共建筑单位面积碳排放基准值如表 4-18 所示。

北京各类公共建筑单位面积碳排放基准值 **表 4-18**

<table>
<tr><th colspan="2">建筑类型</th><th>非供暖能耗约束值[kWh/(m^2·a)]</th><th>建筑耗热量指标约束值[GJ/(m^2·a)]</th><th>非供暖碳排放基准值[kgCO_2/(m^2·a)]</th><th>供暖碳排放基准值[kgCO_2/(m^2·a)]</th><th>总碳排放基准值[kgCO_2/(m^2·a)]</th></tr>
<tr><td rowspan="4">办公建筑</td><td>A类 党政机关</td><td>55</td><td rowspan="4">0.26</td><td>33.22</td><td rowspan="4">14.92</td><td>48.14</td></tr>
<tr><td>A类 商业办公</td><td>65</td><td>39.26</td><td>54.18</td></tr>
<tr><td>B类 党政机关</td><td>70</td><td>42.28</td><td>57.20</td></tr>
<tr><td>B类 商业办公</td><td>80</td><td>48.32</td><td>63.24</td></tr>
</table>

续表

<table>
<tr><th colspan="2">建筑类型</th><th>非供暖能耗约束值[kWh/(m² · a)]</th><th>建筑耗热量指标约束值[GJ/(m² · a)]</th><th>非供暖碳排放基准值[kgCO₂/(m² · a)]</th><th>供暖碳排放基准值[kgCO₂/(m² · a)]</th><th>总碳排放基准值[kgCO₂/(m² · a)]</th></tr>
<tr><td rowspan="6">旅馆建筑</td><td>A类三星级及以下</td><td>70</td><td rowspan="13">0.26</td><td>42.28</td><td rowspan="13">14.92</td><td>57.20</td></tr>
<tr><td>A类四星级</td><td>85</td><td>51.34</td><td>66.26</td></tr>
<tr><td>A类五星级</td><td>100</td><td>60.40</td><td>75.32</td></tr>
<tr><td>B类三星级及以下</td><td>100</td><td>60.40</td><td>75.32</td></tr>
<tr><td>B类四星级</td><td>120</td><td>72.48</td><td>87.40</td></tr>
<tr><td>B类五星级</td><td>150</td><td>90.60</td><td>105.52</td></tr>
<tr><td rowspan="7">商场建筑</td><td>A类一般百货店</td><td>80</td><td>48.32</td><td>63.24</td></tr>
<tr><td>A类一般购物中心</td><td>80</td><td>48.32</td><td>63.24</td></tr>
<tr><td>A类一般超市</td><td>110</td><td>66.44</td><td>81.36</td></tr>
<tr><td>A类餐饮店</td><td>60</td><td>36.24</td><td>51.16</td></tr>
<tr><td>A类一般商铺</td><td>55</td><td>33.22</td><td>48.14</td></tr>
<tr><td>B类大型百货店</td><td>140</td><td>84.56</td><td>99.48</td></tr>
<tr><td>B类大型购物中心</td><td>175</td><td>105.70</td><td>120.62</td></tr>
<tr><td></td><td>B类大型超市</td><td>170</td><td></td><td>102.68</td><td></td><td>117.60</td></tr>
</table>

注：其中 A 类与 B 类参照《民用建筑能耗标准》中的分类方法。我国公共建筑能耗特征存在明显的二元分布，A 类公共建筑为体量相对较小、单位面积能耗相对较低的公共建筑；B 类公共建筑为体量较大、单位面积能耗较高的公共建筑。

参照以上的做法与思路，可给出全国各地区的建筑碳排放配额基准值，通过这种方法可以更为合理地分配配额，使得低碳建筑能够通过降低单位面积碳排放量来使得配额出现盈余，通过出售配额而得利，而高碳企业由于单位面积的碳排放量高，需要购买配额。目前能耗标准中尚未给出学校能耗标准，如果参照 A 类党政机关办公建筑，48.14$kgCO_2/m^2$，则上述高校 A 恰好达标，而高校 B 则严重超标，需要购买碳配额。

第5章　我国新建公共建筑的发展方向、趋势

5.1　机场航站楼等高大空间交通枢纽

随着社会经济的发展，人们越来越多地选择民用航空作为交通出行方式。因此机场航站楼成为城市化基础设施建设的重要环节。民航“十三五”发展规划在“十二五”的基础上提出了更高的要求，我国将在十三五期间续建、新建74座机场，届时民用机场总数将达到260个左右。同时，对于机场能耗的调研结果显示，国内机场航站楼平均电耗约为177kWh/m^2，几乎达到现有节能标准对于商业办公楼能耗要求的两倍。在目前国内机场的各项能耗中，供暖空调系统的能耗占到机场建筑运行能耗的40%～70%。因此，在如今航站楼建设快速发展的大背景下，亟待总结机场航站楼的建筑能耗情况并提出相应的节能设计与运行策略，在保证室内环境的同时降低建筑运行能耗。

根据机场的年旅客吞吐量或货物运输吞吐量，可以将民用机场划分为不同的等级，包含大型、中型、小型等主要类型。机场的类型又与航站楼的规模及其设施直接相关，大型机场（例如国内多座枢纽机场）的航站楼面积通常很大，可达到30万～60万m^{2}甚至更大，并且通常包含多座航站楼，建筑体量大，供暖空调系统也相对复杂。中型机场（例如部分干线机场）的航站楼面积通常也在几万到十万平方米，而小型机场的航站楼面积通常可仅在几千平方米，同一座小型公共建筑的体量相当。从不同规模机场航站楼的建筑体量来看，较小型航站楼的建筑面积较小，通常可采用较为简单的供暖空调系统；大中型的航站楼建筑体量较大，建筑供暖空调能耗较高，本节仅针对这些体量大、系统复杂的大型航站楼设计、运行节能开展分析讨论。

5.1.1 机场航站楼建筑特点

航站楼中办票大厅、候机厅、到达厅等属于典型的高大空间，其建筑跨度大、高度高，单个建筑室内空间的面积达到1万m^2以上，建筑高度超过10m。在这样的高大空间场所，室内人员一般只在近地面处（<2m高度）活动，空调系统的任务即是保证人员活动区的温湿度需求。

出于视野和采光需求，高大空间的围护结构采用较多的透明材料，如玻璃幕墙、采光顶等（见图5-1）。较大面积透明围护结构材料的使用，使得高大空间建筑与普通公共建筑相比，在室内热源方面具有如下特点：

(a)

(b)

图5-1 航站楼透明围护结构

(a) 候机厅围护结构1；(b) 候机厅围护结构2

(1) 地板表面太阳辐射强：夏季，透过透光围护结构照射到地板表面的太阳辐射量较大。如图5-2所示，当室外太阳辐射强度为500～750W/m^2时，地板表面实测的太阳辐射强度为120～170 W/m^2。

(2) 围护结构壁面温度高：夏季围护结构的内表面温度也较高，尤其是天窗、玻璃幕墙的表面温度。航站楼围护结构表面温度分布情况如图5-3所示。在室外太阳辐射和高温气候的影响下，外墙内表面温度超过30℃，屋顶内侧温度达到32℃，而透明玻璃和天窗的内表面温度可达35～45℃。

(3) 仅近地面高度的空间存在空调需求：航站楼内高大空间区域较多，但高大空间内人员活动区域一般仅在距离地面2m高度以内的范围，高于2m的区域一般无人员活动。因此，从节约空调耗冷/热量的角度考虑，在实现人员活动区域（距地面2m以内）热舒适要求的同时，减少空调供冷/热量在空间上部区域（距地面2m以上）的消耗，这种部分空间的空调方式能从源头上减少空调负荷，降低空调系统运行能耗。

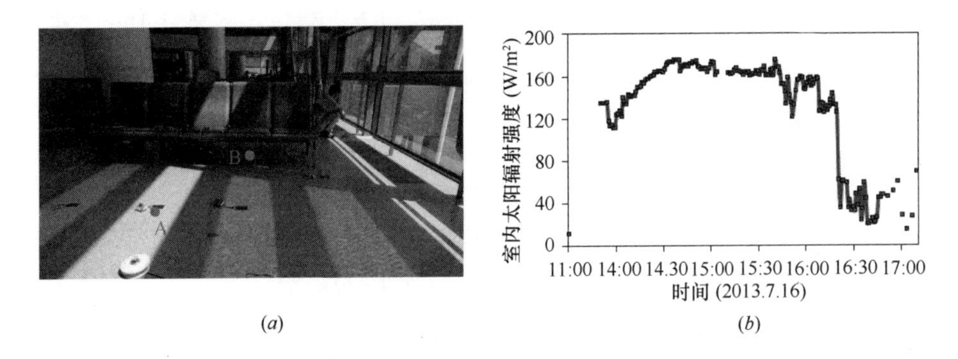

图5-2 室内地面太阳辐射强度（某航站楼候机厅实测）

（a）地面太阳辐射；（b）地面太阳辐射强度

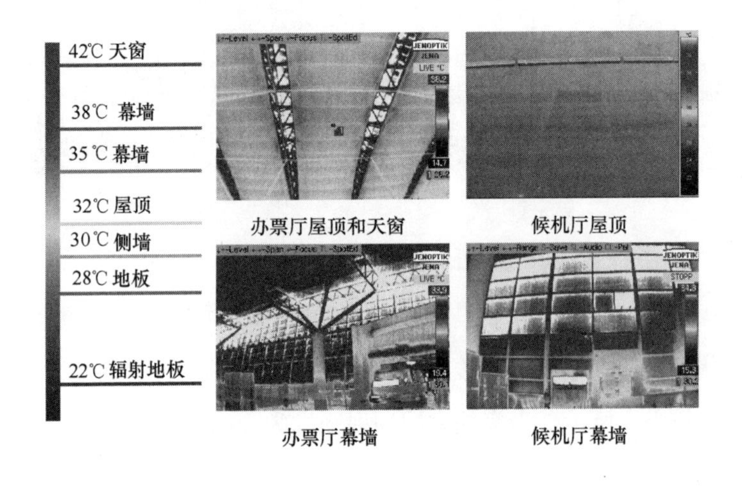

图5-3 围护结构内表面温度（某航站楼实测）

5.1.2 机场航站楼暖通系统实测反馈出的问题

（1）航站楼局部末端需求与能源站供给冷热量的差异

航站楼的能源系统设计通常采用区域集中供冷供热的方案，即设置独立于航站楼之外的能源站并通过输配管网将冷、热、电等能源输送到航站楼等其余周边建筑。航站楼常见设计的供冷负荷为70～170W/m^2，供热负荷常见设计为0～

110W/m²，而实际运行发现尖峰供冷量（按照总面积计算的平均值）往往仅在40～100W/m²，尖峰供热量（按照总面积计算的平均值）往往仅在20～60W/m²。由此可见，由于航站楼内各区域同时使用系数的影响，实际供冷供热总量往往小于满负荷设计值。

国内机场航站楼装机负荷与实际尖峰负荷调研 **表 5-1**

	单位	航站楼 A	航站楼 B	航站楼 C	航站楼 D
装机冷负荷	W/m²	145	—	109	137
实际尖峰冷负荷	W/m²	54.4	—	56.3	55.4
装机热负荷	W/m²	—	65	149.2	149.2
实际尖峰热负荷	W/m²	—	42	46.6	61.6
装机冷量冗余量	—	167%	—	94%	147%
装机热量冗余量	—	—	55%	220%	142%

如表 5-1 所示，通过对部分国内骨干枢纽机场航站楼调研实测发现，空调冷热源装机负荷与实际运行过程中出现的尖峰负荷有巨大差别，航站楼能源站装机冗余量超过一倍以上的非常常见，这说明在设计阶段对航站楼冷热负荷设计指标的选定往往偏大。这是因为航站楼局部末端消耗量之和与能源站实际供给冷热量之间存在巨大差异。如图 5-4 所示，采用辐射地板时，由于瞬时受到太阳辐射照射等因素影响，使得瞬时地板侧部分表面的供冷量可达 160W/m²以上，而系统能源站源侧的单位面积供冷量则仅为 55W/m²；类似地，值机大厅空调末端的瞬时冷负荷需求也可达到 150W/m²以上，而此时源侧的单位面积供冷量仍仅为 50W/m²；供热工况下上述末端瞬时值与系统总平均值之间也存在显著差异。因而，从实际测试结果来看，局部末端的瞬时冷量需求可以是源侧供给侧的 3 倍以上，这表明由于末端不同区域的瞬间负荷非常不均匀，某些局部需要的冷量可以是系统平均值的 3 倍以上；而从整个系统的总冷量来看，其为不同区域、不同末端之间的累加值，局部区域的瞬时负荷或冷量需求值与系统总的冷量平均值之间存在显著差异。

究其原因，航站楼体量大、功能多、人员活动流程明确，实际空调末端的尖峰负荷出现时间相差很大，各个区域、不同末端并不会同时达到冷热需求的峰值，同时使用系数（不同时发生系数）对系统有着重要作用，例如出港高峰往往出现在早6：00～8：00 期间，而此时到港航班少、到港和行李提取区域人员密度低；太阳

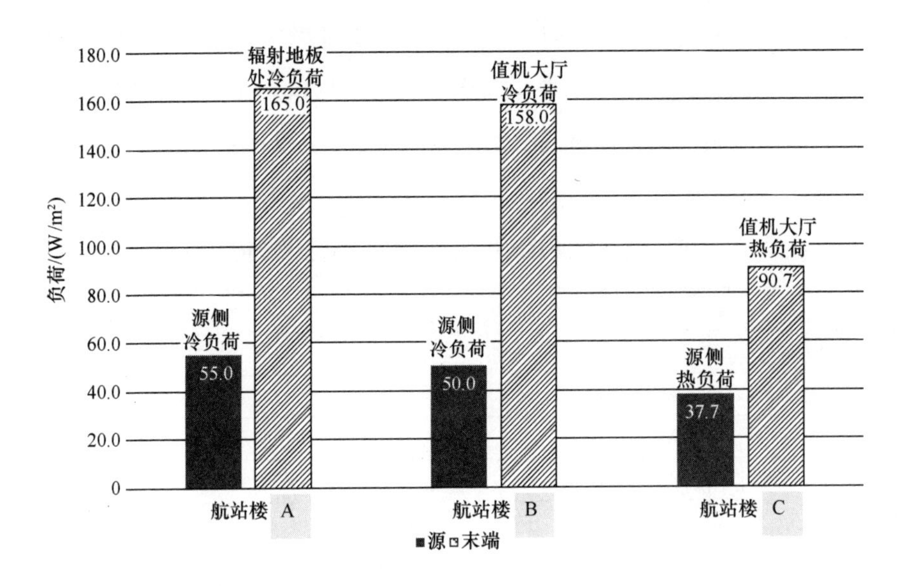

图 5-4 三座航站楼源侧负荷与末端负荷差异比较

辐射和室外气温的高峰出现在下午，此时值机区域的人员密度比早高峰降低很多；夜间到港和行李提取区域人员密度大，但值机区域人民密度已非常低，等等。因此，末端空调设备考虑的是末端不同区域内可能出现的最不利工况，末端容量在选取时会考虑天气、航班延误等导致该区域内人数众多、需求达到尖峰时的使用状况，末端容量选取尽可能选大，能够更好地保障或应对实际可能出现的各种运行状况；而冷热源系统的容量则应重视同时使用系数的影响，不应当简单地将末端最大负荷或最不利工况下的容量累加得出，冷热源的总量通常可以显著小于末端的总容量。分析这种末端设备使用情况及需求的变化规律，研究实际冷热源总量需求与不同末端之间的关系，有助于进一步揭示航站楼暖通空调系统中末端同时使用率、不同时发生系数等定量指标，也是在航站楼暖通空调系统精细化设计、优化实际运行管理中需要进一步深入研究的问题。

(2) 全空气系统带来的风机能耗等问题

在机场航站楼等高大空间中，出于视野和采光的要求常常会大面积采用轻薄透光的玻璃幕墙作为围护结构，太阳辐射将会直接影响室内环境并使得围护结构温度较高，同时由于航站楼内人员密度高并且各类设备灯光发热量大，在机场航站楼高大空间中呈现多种类热源并存并且品位各不相同的情况。目前常采用的空调末端形式为全空气喷口送风的方式，其局限有：由于气流组织的限制喷口控制的区域多为4～6m高度，而人员仅仅在2m以内活动，因此造成了供热供冷的浪费；在冬季，喷口送出的热空气将会直接上浮，难以满足将人员活动区温度需求，同时送出的热风增加了大空间热压通风的驱动力，加剧了通过出入口及围护结构缝隙的渗透风，造成大量供热量的浪费；全空气输送冷热量的风机能耗巨大，一般风机压头为400～1200Pa，实测空调箱的冷量输配系数（输配单位冷量消耗的风机电耗）为4.8～20.8，其数值与冷水机组能效比（*COP*）数值相近，其能耗约占空调系统总能耗的35%～45%，由此可见在实际运行中空调箱风机的能耗量甚至会与冷水机组能耗相当。

如果改善末端形式，结合辐射地板等形式以水代替风作为末端的冷热量输配媒介，可以有效降低末端电耗，同时降低空调整体电耗。从国内寒冷地区某机场两座航站楼的实测结果可以发现（见表5-2），采用传统风系统的航站楼T无论从末端电耗还是总空调电耗上均高于采用辐射地板形式的航站楼T*。

某机场两座航站楼空调电耗对比 **表5-2**

航站楼	T	T*
所处气候区	寒冷地区	寒冷地区
系统形式	全空气系统	辐射地板+置换通风
单位建筑面积末端电耗（kWh/m²）	21.5	11.9
单位建筑面积冷站电耗（kWh/m²）	47.5	33.6
单位建筑面积总空调电耗（kWh/m²）	69.0	45.5

（3）建筑渗透风的影响

机场航站楼高大空间建筑室内净高度可达到10～30m，而人员活动区域往往仅在2m以内；同时在该类大空间建筑中经常存在跨层连通的空间，使得垂直连通的空间高度甚至可高达近40m。由于该类交通枢纽人员流动频繁，同时近年来出于安全保障考虑大面积推行“安检前置”，使得建筑的出入门通常出于常开状态。

在此类不同高度多开口的高大连通空间中，热压作用显著，由此造成的渗透风严重影响航站楼室内环境与空调能耗。尤其在冬季，一方面室内外温差往往高于夏季，从而使得热压驱动力更大，另一方面由于送风空调系统的作用，空气被加热后在大空间中上浮并通过顶部天窗或者缝隙流向室外，由此造成在大空间低处室外低温空气通过开启大门直接流入人员活动区域。图5-5给出了某航站楼值机大厅的冬季垂直温度分布情况，冬季由于渗风加上机械送风导致室外空气从下部进入室内，使人员活动区温度低，且冷风吹风感强。在某些气流组织不好的场合，加大热风风量就加大了对出入口室外风的引射，从而使人员活动区温度更低。所以必须改变气流组织，或者改变末端方式才能改善人员活动区舒适度，并降低能耗。

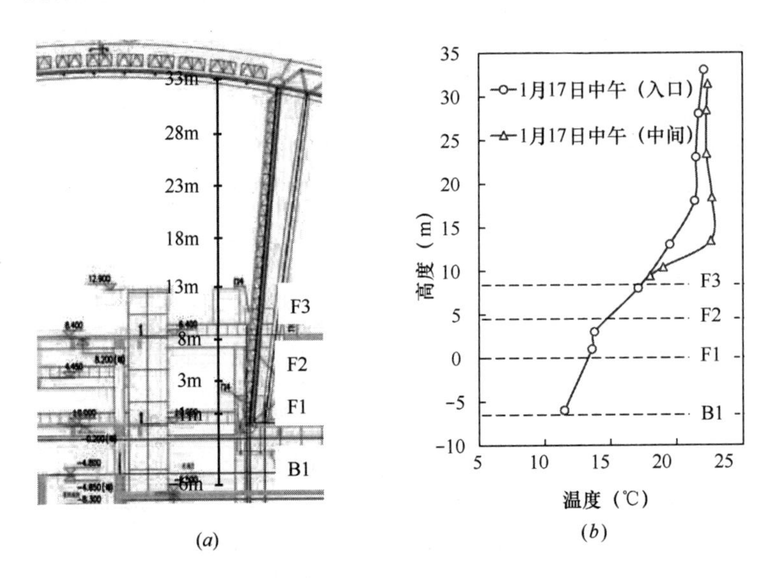

(*a*) (*b*)

图5-5 某航站楼值机大厅垂直温度分布（冬季）

(*a*) 测点布置；(*b*) 地面太阳辐射强度

在我国夏热冬冷地区某机场航站楼值机大厅的冬季测试中，空调箱中的新风阀均处于关闭状态，发现值机大厅的渗透风风量在白天空调开启阶段可达到69.8万m^3/h（换气次数为0.67h^{-1}），夜间空调关闭阶段可达到32.3万m^3/h（换气次数为0.31h^{-1}）；而在夏季测试中，渗透风相较冬季有所减弱，空调箱中的新风阀开度为0～15%，值机大厅的渗透风风量在白天空调开启阶段可达到42.0万m^3/h（换气次数为0.40h^{-1}），夜间空调关闭阶段可达到24.8万m^3/h（换气次数为0.24h^{-1}）。由于渗透风本质上为室外新风，若将此渗透风量折合成为单位旅客渗透风量，冬季在全天内最小值为144m^3/(h·人)，夏季在全天内最小值为48m^3/(h·人)，而在设计中值机大厅平均新风量指标为23 m^3/(h·人)，局部新风量最大为30 m^3/(h·人)。由此可见机场航站楼大空间渗透风量巨大，已经能够充分满足人员的新风需求。同时，在冬夏季由于巨大的渗风量构成巨大的冷热负荷。因此应尽可能减少渗透风量，从而改善室内热环境，降低空调能耗。

（4）关于航站楼的总人数

在室内人员方面，机场航站楼等高大空间交通枢纽与一般公共建筑有显著不同。在交通枢纽中，人员密度非常高，同时室内人员呈现出显著的有向流动模式，在机场场站楼中，为“进入—值机—安检（海关）—候机—登机”。在建筑室内环境营造过程中，室内人员作为服务对象，一方面决定了室内环境需求（温湿度、新风量等），一方面自身也是室内热源需要通过空调系统处理，因此基于人员流动特性的空调系统设计运行将会更好地满足人员需求并实现最大限度降低能耗。

如图 5-6 所示，对比 6 个机场航站楼的人员密度设计参数和实际调研得到的最大人员密度参数，可以发现各航站楼设计的人员密度数量相近，同时也与实际调研结果相符；通过机场的旅客信息数据和视频监控可以调研计算得到各个大厅的实际在室人数（见图 5-7 所示），然而实际在室人数的峰值却远远小于将各区域人员密度加权平均得到的总和，在机场达到额定吞吐量的年份，值机大厅和候机大厅的实际在室人数的峰值分别为其根据人员密度计算得到加权平均值的 61％和 72％。由此可见，局部区域的实际人员密度的确可以达到设计水平，然而由于室内各区域不可能在同一时间达到满员，因此实际人数和满员人员之间存在一定量的差距。这也使得集中空调系统供给的冷热量和新风量会显著小于满员设计的工况。

（5）关于三联供系统的讨论

分布式冷热电联供技术的应用近年来在我国得到了大力推广，各地机场航站楼中也不乏采用冷热电联供技术的应用试点。然而在实际运行中发现，有大部分国内试点的运行效果不太理想，节能性不显著，经济效益差，甚至出现了停置搁用或根本无法运行的情况。基于此种现象，关于三联供系统是否适用于机场航站楼应用的讨论是非常有必要的。此处以国内寒冷地区某机场航站楼电、冷、热的实际运行能源消耗数据为基础，评价冷热电联供系统应用于机场航站楼的能源供应的适宜性。

分析该航站楼冷热电能量消耗的特征，如图 5-8 所示，航站楼对热量、冷量的需求随季节的波动性较大，而电力需求全年基本稳定，造成全年需求的热电比、冷电比波动幅度较大，而改变输出热电比、冷电比必然会造成冷热电联供系统的运行效率、经济效益与节能性发生改变，因此这无疑造成了系统运行策略与使用效率方面上的困难。

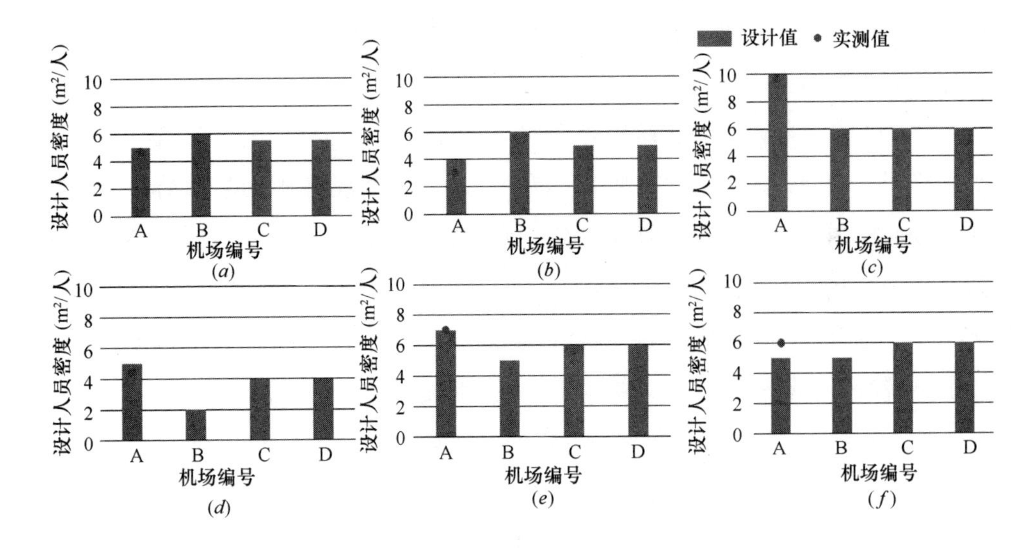

图 5-6　不同机场航站楼各区域人员密度对比

（a）值机；（b）候机；（c）安检；（d）餐厅；（e）商店；（f）办公

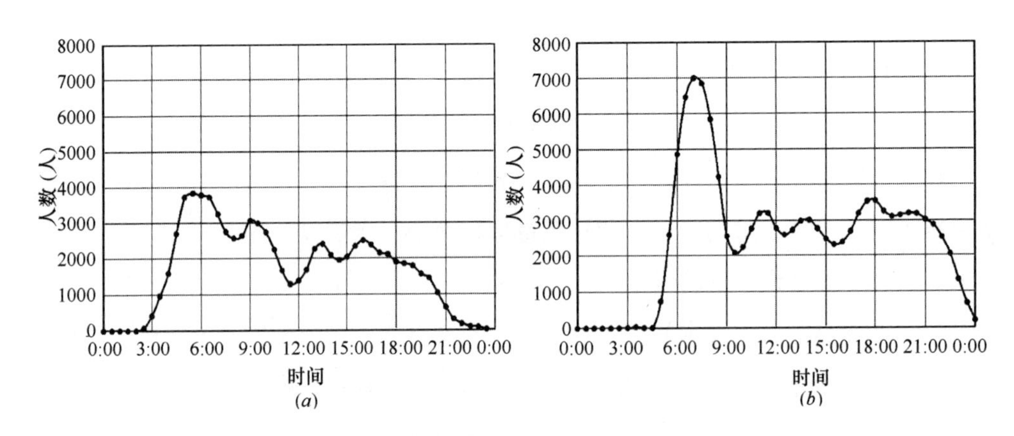

图 5-7　某航站楼值机大厅与候机大厅一日逐时人数

（a）值机大厅；（b）候机大厅

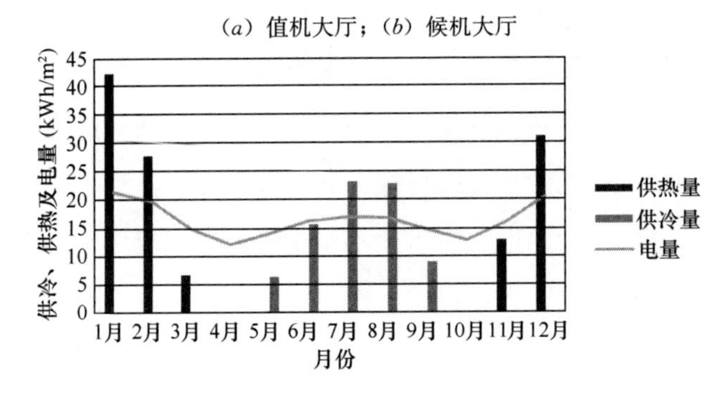

图 5-8　某航站楼全年逐月供热量、供冷量、电量

不仅仅在季节上存在这样的冷热电量比例的波动性，在一天之内需求量的比例也可能发生改变。以某个夏季典型日（2016 年 7 月 15 日）和某个冬季典型日（2016 年 12 月 23 日）为例，其需求电量、冷量、热量的逐时变化以及冷电比、热电比如图 5-9 和图 5-10 所示。可以看到，冷电比在一天以内可以从 0 变化至 1.6，热电比在一天内的变化则相对较稳定。

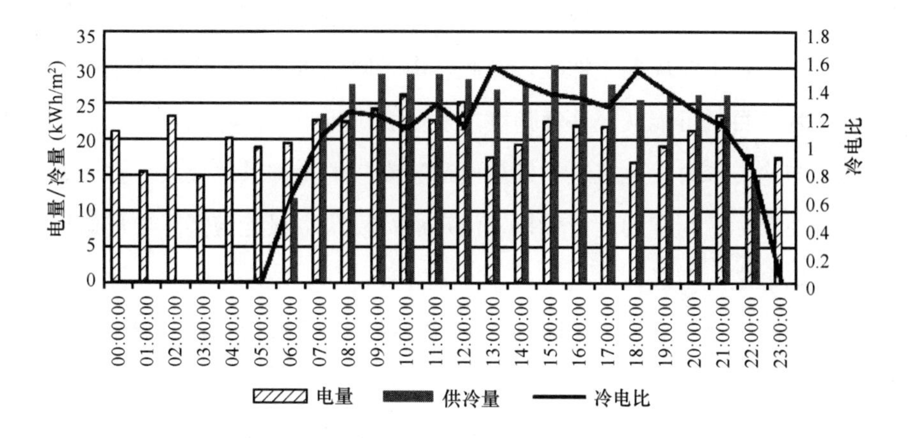

图 5-9 夏季典型日逐时需求冷量、电量

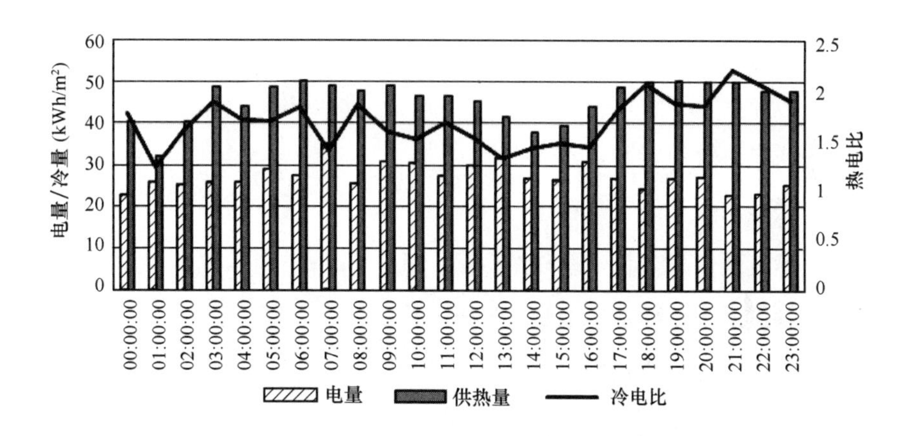

图 5-10 冬季典型日逐时需求热量、电量

以能源消耗数据为基础，可以建立模型模拟冷热电联供技术应用于该航站楼后的节能效果。首先需要对冷热电联供系统的边界条件进行设定。联供系统的原动机组发电效率、系统一次能源利用效率根据实测案例的较优值分别取作 40%，80%，烟气型吸收机的平均制冷 *COP* 取为 0.8，并根据全年逐时电力负荷波动情况对联

供系统容量进行合理设定。

关于模型中联供系统的运行策略，研究者们一般较为推崇“以热定电”的运行模式，因为在此种运行模式下，燃气发电机组的烟气余热可以得到充分的回收利用，联供机组的一次能源利用效率得到显著提高。但在实际工程中若“以热定电”运行，则意味着过渡季完全不开机，初寒、末寒、初热、末热期少开机，联供机组全年运行时长大大缩短，经济效益较“以电定热”运行模式大大减少，联供机组昂贵的初投资无法在生命周期中回收。因此，由于联供机组纯发电模式依然有经济效益，实际工程项目只可能从经济性角度出发让联供机组“以电定热”运行，在建筑没有热需求与冷需求时发电机组的排热便通过专门的冷却系统散出。本模型为了论证联供系统在实际应用中的运行效果，设定运行模式也只能与实际项目运行方式一致，采用“以电定热”运行。

选用全年运行节能率作为对联供系统运行效果的评价指标，节能率将联供系统全年消耗的燃料与用燃气电厂、燃气锅炉、水冷式电制冷机分别供应同样的电量、热量、冷量所消耗的燃料作比较，如果联供系统消耗的燃料更少，则节能率为正。节能率的计算公式如下：

$$\gamma = 1 - \frac{B \times Q_L}{\dfrac{3.6W}{\eta_{e0}} + \dfrac{Q_1}{\eta_0} + \dfrac{Q_2}{\eta_{e0} \times COP_0}}$$

式中 γ——联供系统节能率，%；

B——联供系统年燃气总耗量，Nm^3；

Q_L——燃气低位发热量，取作35.88，MJ/Nm^3；

W——联供系统年净输出电量，kWh；

Q_1——联供系统年余热供热总量，MJ；

Q_2——联供系统年余热制冷总量，MJ；

η_{e0}——常规供电方式的平均供电效率，%，本模型中选择燃气电厂进行对比，取55%；

η_0——常规供热方式的燃气锅炉平均热效率，%，本模型中取90%；

COP_0——常规制冷方式的电制冷平均性能系数，本模型中取4.5。

通过模型模拟，联供系统应用在该航站楼中全年发电量为126.9kWh/m^2，年供热量为 45.6kWh/m²，年供冷量为 36.6kWh/m²，天然气消耗量为 31.8kWh/m²，计算出全年节能率为－7.1％。也即意味着，如果采用常规分别供能的系统，所消耗的一次能源要少于联供系统，即冷热电联供系统供应同样多的冷热电，消耗更多的一次能源。由于电冷热需求随月份变化明显，将逐月的运行节能率进行计算，结果如图 5-11 所示。可以看出，逐月节能率只有在供热量较高的 1 月、2 月、12 月为正，在没有冷需求也没有热需求的 4 月、10 月节能率最低，甚至接近－40％，在只有供冷需求的夏季，节能率也低于－10％。由此可见，该模型计算节能率为负的原因主要有两个：一是在冷热需求不高甚至不存在的时间段里，由于联供系统的发电效率远低于燃气发电厂的发电效率 55％，导致节能率过低；二是由于利用余热通过吸收机制冷的效率对比于电制冷机组的 *COP*(4.5) 仍然较低，在制取相同量的电与冷时电网＋电制冷机组的消耗燃料也要远少于联供系统。因此，联供系统在纯发电、发电＋制冷两种工况下均较分供系统更不节能。

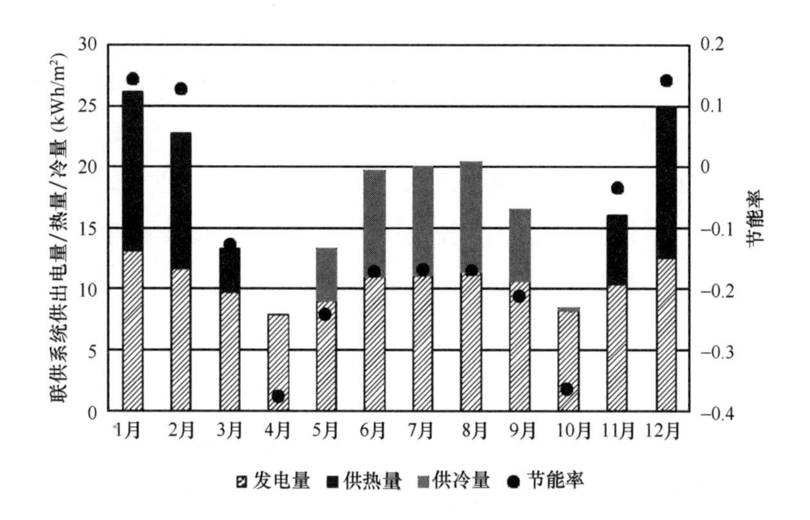

图 5-11　联供系统逐月发电量、供热量、供冷量与节能率比较

回归到建筑需求本身，机场航站楼的负荷需求特性决定了它不像宾馆饭店建筑、医疗卫生建筑等具有全年稳定的生活热水需求，也即没有全年普遍存在的热需求。由于不存在热需求时联供系统相对于分供系统不具有节能性，因此联供系统应用于机场航站楼的节能性差。

本讨论以寒冷地区某机场航站楼的全年电冷热需求量为例，不同机场的电冷热需求比例必然有差异，但需求的基本特性不会改变。整体而言，机场航站楼的负荷需求特性不利于冷热电联供技术的高比例应用。只有全年有稳定的热负荷时，热电联供才有可能节能并在经济上合算。即使那样，也要适当减小联供系统的容量，使其承担基础热负荷。同时还要对联供系统的设备效率进行严格把关，理论上原动机发电效率高于42%是节能率扭亏为赢的必要前提，且系统一次能源利用效率越高则节能率越高，联供系统运行的效益也越高。

5.1.3　节能途径分析

机场航站楼类建筑能耗巨大，其中空调系统能耗占比最高。此类交通枢纽具有空间高大、空间连通复杂、开口众多、围护结构透光轻薄、人员密集、室内热源众多等特点。因此有必要综合考虑该类大空间自身特点，结合创新的节能技术，采用新的系统形式与运行方案，从而实现大幅度降低这类空间的空调能耗并保障室内环境。

（1）减少冬夏季渗透风，并根据旅客流动特征进行新风调节

实地测试发现，由于机场航站楼及高铁客站通常为高大空间建筑，空间通透且不同楼层之间连通复杂；同时近年来机场通常前置安检环节，于是连续的客流造成外门常开，以上两点使得该类建筑渗透风量巨大。通常热压通风的特点体现显著，即冬季室外空气从低楼层人员活动区流入，从顶部天窗、马道等通道流出；夏季室外空气从顶部天窗、马道等通道流入，从低楼层人员活动区流出；过渡季由于垂直温度梯度不显著，热压作用不显著，不同高度门窗均可能有空气的流入和流出。因此，造成大量的空调供冷供热量被渗透风带走，严重影响室内环境的舒适性，以上现象在冬季尤为严重。依据空气流动特点，建议采用以下方式减少无组织渗透风：1）应该结合安检前置的功能需求在外门上合理设置门斗和自动门，增加渗透风流动路径和阻力环节；2）在非自然通风工况关闭顶部天窗、马道等通道，并在施工环节尽量减少围护结构连接的缝隙；3）在室内空间中尽量减少跨层的连通空间，阻断跨层流动的空气。

同时在大量渗透风的影响下，目前机场站楼室内各区域CO_2浓度一直处于较低水平，因此在减少渗透风的同时可以根据实际情况减少或者关闭外区新风机组或者空调箱中的新风阀，对于人员密集区域（如安检区域和海关区域）根据实际需求适当开启。另一方面，目前机场的航班排布呈显著明显的“早高峰”特征（见图5-

4)，因此可以利用机场中已有的人员数据信息（如安检通过人数、登机人数以及历史航班情况）预先估计机场各个大厅内的实时在室人数，根据在室人数情况实现对不同区域空调供给量的调节，最终以室内CO_2浓度、温湿度状况作为保障指标来检验调节结果。

（2）基于大空间环境特征的全空气系统气流组织优化

目前针对机场航站楼及高铁客站的节能设计与运行通常将更多的注意力集中在冷热源上，例如提升冷机、水泵和冷却塔的效率，采用热泵系统替代燃气锅炉等。然而由于该类建筑通常为高大空间建筑，室内非均匀环境使得冷热量传递和空气流动情况复杂，因此应更多从室内环境营造出发，着眼于室内冷热量的实际需求和与之匹配的空调末端形式。

目前机场站楼及高铁客站的空调末端通常采用喷口送风形式。在夏季，由于供给的冷空气密度较大，因此有利于供给到人员活动区域；然而在冬季，由于供给的热空气密度较小，由喷口送出后将会在大空间内上浮，一方面难以保障人员活动区域的环境，另一方面热空气上浮造成的垂直温度梯度将会加剧大空间中的热压作用，从而使得冬季渗透风更为严重，直接影响人员活动区域的热舒适性。因此，针对全空气系统末端，为了保证冬季的供暖效果，一方面可以考虑调整送风形式，尽可能将热风送到人员活动区区域；另一方面可以采用高层空间回风的方式利用顶层较高温度的空气，同时降低冬季高大空间室内的垂直温度梯度，减少热压通风的驱动力。

（3）新型空调末端形式：辐射地板＋分布式送风

目前机场航站楼及高铁客站通常采用喷口送风的分层空调系统，控制地面以上4～6m区域的空间。综合考虑全空气系统控制区域较大、加剧渗透风影响和末端能耗高等因素，基于辐射地板和分布式送风可以构建出新型的温湿度独立控制空调系统（见图5-7)，实现高大空间建筑内良好的空气分层效果，并将太阳辐射等短波辐射负荷分开处理，通过地板直接接收太阳辐射，避免这些热量进入室内空气中。

在这种新型室内环境营造系统中，末端装置由辐射地板和分布式送风装置组成，分布式送风装置分为上下两个部分，上部为干式风机盘管，供冷时利用15～18℃的高温冷水，下部为新风送风口，负责将处理后的干燥新风送入室内，满足人员对新风的需求。同时，由于干燥的空气由下部送风口送入室内，可以保证在辐射地板表面空气的含湿量相对较低，有效降低辐射地板夏季结露的风险。在该系统中，夏季利用经过除湿处理后的干燥新风来带走室内全部湿负荷、实现湿度控制；在温度控制方面，综合考虑辐射地板的供冷能力和较大的热惯性，将辐射地板和干式风机盘管相配合，利用温度较高的冷水来实现室内温度控制，同时能够直接带走太阳辐射负荷。在辐射地板和分布式送风末端的作用下，整个高大空间的室内环境被分为了三个部分：最底部人员活动区为与辐射地板表面相近的低湿度空调区域，辐射地板与分布式送风末端仅负责调节空间高度约 2m 以内的热湿环境；沿高度方向往上依次为中等湿度的空调区域和高湿度的非空调区域，有效实现了室内热湿环境的分层控制。冬季供热时利用 30～40℃的低温冷水，以辐射地暖为主补充盘管制热送风，局部人员密度高的区域补充新风，实现减缓室内温度分层，避免常规喷口送风方式存在的热空气上浮、近地面处温度偏低等不足，改善室内环境营造效果（见图 5-12）。

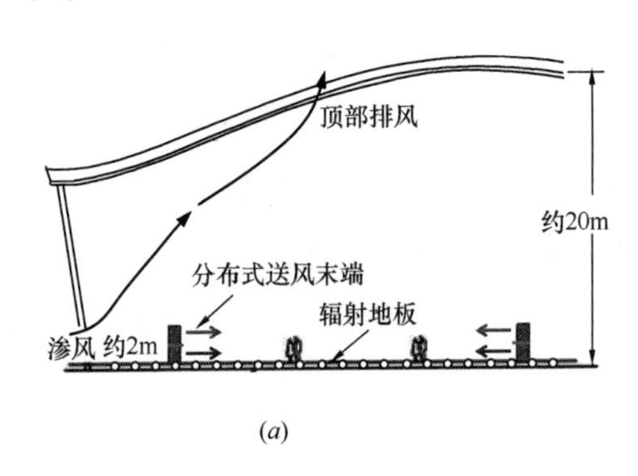

(a)

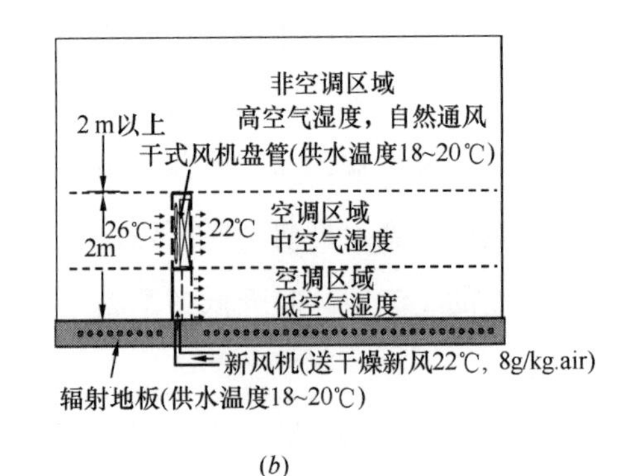

(b)

图 5-12 高大空间新型热湿环境营造方案

(a) 基于辐射地板的空调方式；(b) 辐射地板和分布式送风装置（夏季）

(4) 航站楼冷热源系统：适当分散还是全部集中

通过客流调研可以发现，在机场航站楼内空调的需求在空间和时间上存在显著的差异。在空间上，现在大型机场航站楼通常设计成出发和到达分流的模式，在出发楼层旅客通常会长时间停留，同时人员密度较高，在到达楼层旅客停留时间较短，同时人员密度比较小；在时间上，目前机场航站楼的出发航班排布一般为“早高峰”模式，即造成出发的航班数量较大，其余运营时间航班排布量较少且数量相对均匀，而在夜间通常大部分区域关闭而仅有部分区域仍开放服务旅客。由于机场航站楼内空调的需求在空间和时间上的巨大差异，将各部分合并成一个集中冷热源系统并采用统一的输配系统容易造成集中系统常年处于部分负荷状态下运行，容易造成系统效率低下。因此，可以根据实际情况将航站楼的冷热源系统适当拆分，针对安检内每条候机指廊分别设置各自的冷热源系统，并与安检外大厅的冷热源系统拆分开来，根据航站楼内实际的使用需求实现室内环境的部分时间、部分空间控制，在减少供冷供热量的同时提高系统运行效率。

5.2 地 铁 建 筑

5.2.1 地铁车站建设与能耗概况

随着城市人口迅速上升，地面交通压力急剧增加，地面交通造成的占地面积过大和污染问题已经严重制约了城市的进一步发展。从能源环境、安全舒适等各方面考虑，为了解决城市客运问题，大规模发展城市轨道交通系统，尤其是地铁系统已经成为各国的交通发展趋势。自 1863 年 1 月在英国伦敦开通世界第一条地铁线路以来，城市轨道交通的发展已有 150 余年的历史。目前，已有 50 多个国家的 330 余座城市修建了轨道交通，其线路总长度达数万公里，为城市客运交通和经济发展做出了重要贡献。我国的地铁建设始于 1969 年北京地铁 1 号线。1984 年，天津建成了中国的第二条地铁线路。随后，上海和广州在 19 世纪 90 年代也建成并运营了轨道交通线路。近年来，随着经济发展，我国城市轨道交通发展迅猛。

在地铁用能体系中，列车牵引、车站动力照明是最主要的两个用能分项。而车站动力照明能耗中，通风空调（环控）系统所占比例最大。一些研究指出，北方地区牵引、环控能耗分别占地铁总能耗的 1/2 和 1/3，而南方地区环控能耗占总能耗的 1/2 左右。除了通过列车灵活编组、制动能量回收等方式节省列车牵引能耗以外，地铁站内的环控、照明、电梯等系统在实际运营中具有较大节能空间，并已逐渐成为业内的共识。因此，城市轨道交通节能工作的一项重点在于车站节能，尤其是环控系统节能。在我国 2016 年颁布实施的《民用建筑评价标准》GB/T 51161—2016 中，规定了不同气候区、典型类型公共建筑的能耗指标参考值，并考虑人员密度、工作时间等关键因素给出了相应的能耗修正公式。但该标准并未涉及地铁站这类特殊的建筑，这也体现出目前业界对于地铁站能耗的认知尚存在不足。

5.2.2 地铁站能耗现状与用能特征

（1）调研样本

为尽可能全面了解我国地铁站能耗现状，在相关地铁运营单位的大力支持下，2015～2016年选取5座轨道交通规模较大的城市（记为城市A～E）进行地铁站能耗数据调研，涉及寒冷地区、夏热冬冷地区、夏热冬暖地区等共21条线路、500余座地铁站的基础数据，如表5-3所示。

所调研各地铁线路的基本信息 表5-3

城市	气候区	车站样本数	线路编号	车站类型	列车编组	环控系统制式（地下站）
A	寒冷	123	2	地下	6节B车	风、冷独立式
			6	地下	8节B车	集成闭式
			8	地下、高架	6节B车	屏蔽门
			9	地下	6节B车	集成闭式
			10	地下	6节B车	集成闭式
			F	高架	6节B车	—
B	夏热冬冷	144	2	地下、高架	8节A车	闭式
			4	地下	6节A车	屏蔽门
			6	高架、地下	4节C车	屏蔽门
			10	地下	6节A车	屏蔽门
			11	地下、高架	6节A车	屏蔽门
C	夏热冬暖	72	2	地下	6节A车	屏蔽门
			3	地下	6节B车	
			6	地下、高架	4节L车	
			8	地下	6节A车	
D	夏热冬暖	59	1	地下、高架	6节A车	屏蔽门
			2	地下		
E	夏热冬冷	120	1	地下、高架	6节B车	屏蔽门

（2）调研城市地铁站能耗（动力照明）现状

对于地铁站动力照明能耗，由于所调研的线路车站均未安装能耗分项计量监测系统，故只能获取逐月总能耗抄表数据。在横向对比不同车站用能时，应统一将外接商业用电剔除，仅考虑地铁站自身运营用电。在能耗评价方面，采用单位建筑面积能耗数据进行各市间的对比分析，5 市的情况如图 5-13 所示。地铁站根据所处位置大致分为地下车站和高架车站，调研结果显示多数地下车站的能耗约为 100 万～300 万度电/a，多数高架车站小于 100 万度电/a，在能耗评价时应分别考虑。换乘站规模较大、设备较多，其能耗通常略高于非换乘站，在分析评价中也应单独考虑。

车站能耗影响因素众多，根据统计分析可初步得出以下特征：1）环控系统制式对车站能耗影响较大，在 A 市线路中采用屏蔽门系统的车站能耗低于采用非屏蔽门（集成闭式）系统的车站。2）气候条件对车站能耗影响较大，如图 5-13 所示，对于同类车站（地下、非换乘、屏蔽门车站），位于夏热冬暖地区的 C 市、D 市因供冷季长而能耗最高，位于夏热冬冷地区的 B 市、E 市次之，位于寒冷地区的 A 市能耗最低。3）列车编组数会影响车站面积、设备容量、列车发热量等，间接影响车站能耗，一般编组数越大车站能耗越高。4）关键设备运行模式会直接影响车站能耗，例如 C 市地铁站因轨行区排热风机（U/O 风机）常年开启而导致其基础能耗明显高于 U/O 风机常年关闭的 D 市。5）同一地区、同一类型的车站中，车站面积对能耗影响相对较大，客流量对能耗影响较小。

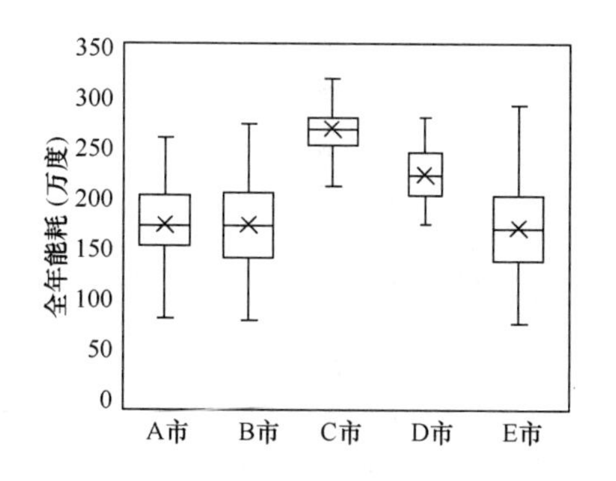

图 5-13　5 市同类型（地下、非换乘、屏蔽门车站）车站全年能耗分布

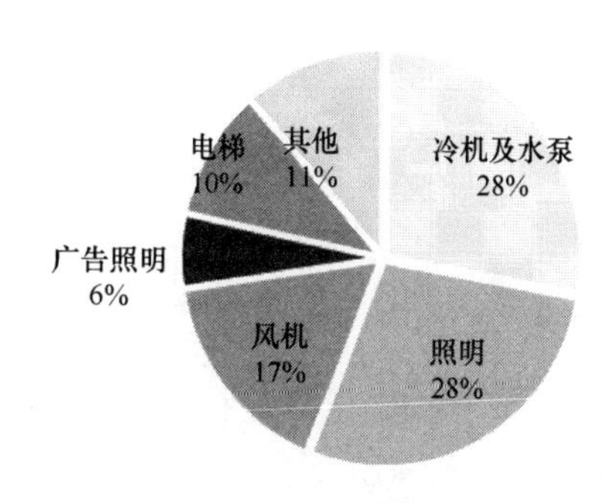

图 5-14　A 市某线路全年分项能耗

A 市某线路各地铁车站的全年能耗进行拆分如图 5-14 所示，其中，环控系统（冷源＋风机）占到地铁站动力照明能耗总量的 45%，照明能耗占到总能耗的

28%，以上两项能耗作为地铁车站的能耗大头，约占总能耗的3/4。广告照明、电梯能耗分别占到总能耗的6%和10%。从分项能耗的拆分结果来看，环控系统作为此间能源的最大消费项，其系统的运行现状及节能措施的探索需要进一步分析。

5.2.3 关键用能系统设计形式与运行现状

(1) 地铁站环控系统构成及运行模式

通常，地铁环空系统由水系统（冷源系统）、大系统、小系统、隧道通风系统等几方面构成：1）水系统（冷源系统）：目前我国绝大多数车站采用传统的水冷式冷水系统，包括冷机、冷冻泵、冷却泵、冷却塔等。2）大系统：即公共区域的风系统，通常为车站两端对称布置的一次回风全空气系统，新风道中设有小新风机、新风阀以调节新风量并切换运行模式。非屏蔽门系统中，大系统同时负责车站公区与隧道的环控；屏蔽门系统中，大系统仅负责车站公区的环控。3）小系统：即办公设备区的风系统，包括一次回风空气处理机组，新风机组、通风或消防用的送/排风机、多联机VRF、少量分体空调等。4）隧道通风系统：包括机械/事故风机(TVF)、活塞风井、轨顶/站台底排热风系统（U/O）等。通常，屏蔽门系统设有活塞风井、U/O风机，而闭式系统不专门设置。

一般而言，大系统工作时间与地铁运营时间基本同步（如6：30～23：00）；小系统则需每天24h常开；隧道TVF通常保持关闭，仅在事故工况、定期维保、夜间通风时开启。以典型的屏蔽门系统为例进行阐述，如图5-15所示（由于车站两端系统结构对称，图中仅展示其中一端），全年来看，大系统的运行主要包含两种模式：1）供冷季采用小新风模式，车站两端大系统的小新风机及其阀门（D3）开启以提供足量新风，全新风阀（D4）关闭，回风阀（D1）打开，同时排风阀（D2）关闭以维持公共区域正压；冷源开启，用以带走室内余热及新风机引入的室外新风热

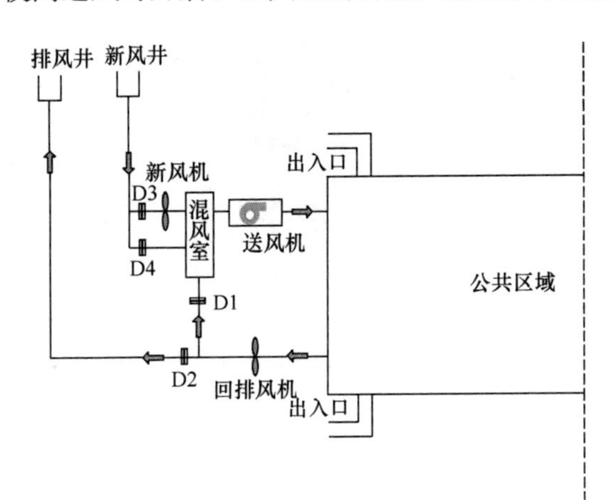

图5-15 典型屏蔽门制式的大系统原理图

量。此模式旨在满足人员需求新风供给的前提下，减少热湿新风的过量引入，从而降低空调能耗。2）通风季采用全新风模式，冷源关闭，大系统回风阀（D1）关闭，小新风机及其阀门（D3）关闭，全新风阀（D4）与排风阀（D2）开启，即同时对车站进行机械送风与排风，以强化通风换气，带走站内余热。随着外温降低，机械送、排风机的运行频率可适当降低。

（2）公共区通风现状

即便是设有屏蔽门的车站，仍存在明显的站内活塞渗风现象。为分析活塞渗风对环控的影响，首先需要认识到两点：无论是从出入口渗入的室外新风，还是通过送风机从室外机械引入的新风，都应被视为有效新风；车站环控系统的主要功能是提供新鲜空气、排除多余热量，以维持站内环境的舒适。在提供新鲜空气方面，全年各季节皆需要向站内引入足够人员需求的新风，以及时带走人员产生的CO_2等物质。在这一方面，除了大系统风机引入的机械新风外，出入口渗入的新风也可承担同样的功能，因而合理利用渗入新风则可节省风机电耗。在通风季，除了大系统风机引入的机械新风外，出入口渗入的新风也可承担同样的排热功能，因而合理利用渗入新风则可节省风机电耗。但在供冷季，过多的出入口渗入新风，无疑会增加空调负荷。

图 5-16 展示了某车站在 4 天测试期间的逐时实测新风量（包括渗入新风量、机械新风量）及估算出的人员需求新风量。可以看出前三种工况下，仅渗入新风量便已超出人员新风需求量，若同时考虑渗入新风与机械新风，则总的有效新风量远

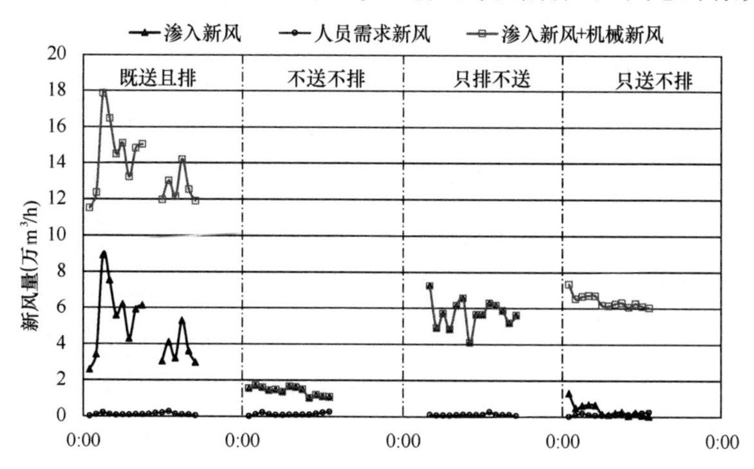

图 5-16 E 市典型站 4 种工况下新风逐时需求量与供给量

远大于人员需求量。即便是在不送不排工况下，仅靠活塞效应从出入口引入的新风，也足以满足人员新风需求。若忽略该站实际客流量大小，根据实测风量经计算可知，在不送不排工况下，该站渗入新风量可以满足约1.2万人次/h（进、出站分别0.6万人次/h）客流的人员新风需求。

若从站内实际CO_2浓度变化的角度来看，测试数据显示公共区域CO_2浓度始终保持在700ppm以内，远低于地铁站设计规范中规定的1500ppm上限值（GB 50157—2013），甚至已优于普通建筑中人员长期停留所要求的室内CO_2浓度标准。综合考虑新风的供求对比、站内CO_2浓度实际变化情况，上述4种工况下总新风量不仅均能满足人员新风需求，而且远远超出实际需求。因此，为满足该站人员新风需求，其实只需利用这种被动式的出入口渗风即可，并不需要开启大系统风机提供机械新风。

类似的结果在A、B、C、D、E市的不同地铁车站、不同季节均可测得，即便在开启机械新风的模式下，仍有大量的出入口渗透风进入车站。实际车站的CO_2浓度水平通常较低，远低于设计规范中的1500ppm限值水平。过多的新鲜空气量是当前地铁车站的普遍现状，绝大部分时间段远高于实际人员需求，也成为车站耗冷量的重要组成部分，在很多车站中由于新风（机械新风和渗透新风）消耗的冷量占总供冷量的比例超过50%。因此，从满足人员需求出发，应进一步针对地铁车站的特点，根据实际需求引入适宜的新鲜空气量，避免过多地引入新风。

（3）轨行区排热效果

轨顶/轨底排热风机（简称U/O风机）设置的目的是为了及时排走列车空调冷凝器、车载制动电阻散发的热量。U/O系统对车站能耗具有重大影响，而既有研究中缺乏对U/O系统实际运行效果的了解，导致目前各地铁公司对U/O风机的运行模式存在极大差别：一些城市全年开启，一些在空调季开启，另一些则基本保持关闭，这也构成了各城市地铁站实际能耗差异的原因之一。

实测数据表明，轨底“排热”实为排冷，适得其反：对轨底排风的实测结果表明，各末端吸入的热空气在向外流动的过程中会相互掺混，包括各吸入口之间的掺混，以及轨顶、轨底风道之间的掺混，并且热空气流动过程中被风道沿程吸热降温，从而导致真正排出系统时的空气温度较低、波动较小；即便假设不存在沿程降温，轨底末端吸入口的空气温度也仍明显低于室外温度，因而轨底“排热”无效；

另一方面，轨顶温度虽然略高于轨底，但也仅在部分时段（早、晚）高于室外温度，此时轨顶排热方才有效，但考虑到隧道内活塞风的持续流动，正常运营工况下列车停站时段内轨顶仍有一定的气流，关闭轨顶排热风机后并不会出现轨顶的持续过热，也不会影响列车冷凝器的正常运行。因此，目前的轨底、轨顶混合“排热”有效性也十分有限；针对轨顶的排热仅在部分时段（早、晚）有效，但并非高效排热，也非唯一的排热手段。

（4）空调冷源运行效率

空调冷源是地铁车站动力照明能耗的重要组成部分，为了解目前地铁站冷源实际运行效率现状，2016 年供冷季对 5 座城市 40 余座典型车站进行了现场测试，得到的冷机 *COP* 实测值如图 5-17 所示。从图中可以看出，多数冷机 *COP* 处于 3～5 之间，若考虑冷冻、冷却水泵、冷却塔耗电后，制冷站 *EER*＜3.5。当前，我国大多数地铁车站大系统和小系统共用冷源，而大、小系统的运行时间和冷量需求存在差异。在供冷季典型日的运行过程中，出现大系统和小系统负荷峰值叠加的时段有限，而在供冷初期和末期，大系统和小系统的整体冷负荷水平更低，再加上部分地铁车站的设计冷负荷偏大，这些导致冷源长期处于低负荷运行，这是造成大量地铁车站冷源实际运行效率偏低的主要原因。

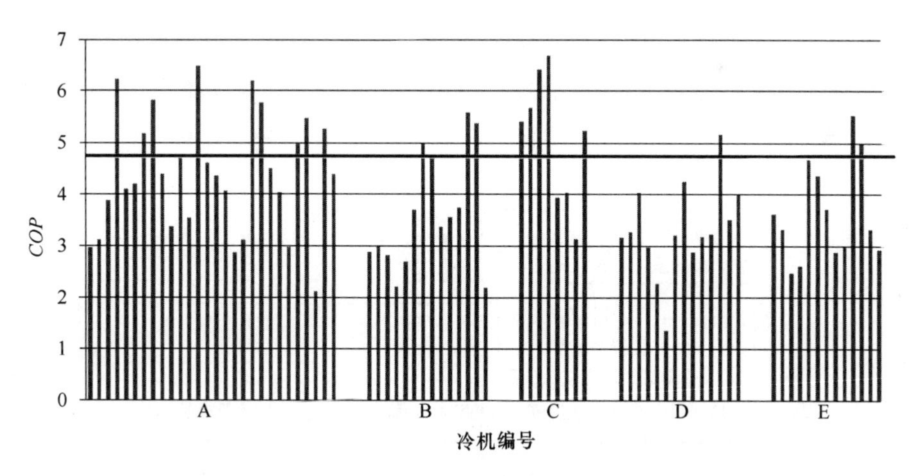

图 5-17　夏季典型工况各地铁车站冷机 *COP* 实测值

5.2.4 地铁车站节能途径

地铁车站是重要的城市基础设施，当前处于飞速建设和高速发展时期，如何更好地满足车站环控需求、促进地铁车站高效合理运行并降低其运行能耗，是在设计、运行地铁车站中需要重点关注的问题。通风空调系统通常是地铁车站能耗的最重要组成部分，这类空间大多数区域目前多采用复杂的通风空调系统形式、系统运行模式众多，甚至沿袭普通公共建筑的设计思路，未充分考虑地铁车站的使用特点和功能特点，也并未充分考虑不同区域的不同需求，导致地铁车站实际能耗水平高，车站公共区单位面积的建筑能耗显著高于普通公共建筑，具有很大的节能潜力。从地铁车站实际环境营造和控制调节的实际需求出发，应当采取切实有效的措施，采用创新的系统形式、设计方案、处理设备及运行模式，大幅度降低这类特殊类型空间的建筑能耗。从当前地铁车站环控需求及实际系统运行现状来看，实现地铁车站节能的主要指导原则包含以下方面。

（1）大小分开，各司其职

地铁车站大、小系统的环境控制需求差异显著，图5-18汇总了地铁车站小系统、大系统的主要区域及环控需求，可以看出小系统中包含人员活动情况与普通办公房间类似的休息室、会议室等，人员活动状况与办公房间类似，其环控需求也与普通办公建筑相同，应当按照办公室房间标准进行控制或保障；而对于以设备发热为主、几乎没有人员的通信机房等房间，其环控需求以排出热量为主，但需要系统24h连续运行；对于冷水机房、环控机房等场合则几乎仅供人员巡检作业需求，环控要求最低。大系统中站厅层、站台层又有不同的功能特点，站台层仅用于乘客上下车及等候过程的短暂停留，而站厅层除了旅客进站通过的功能外，还包含较多的

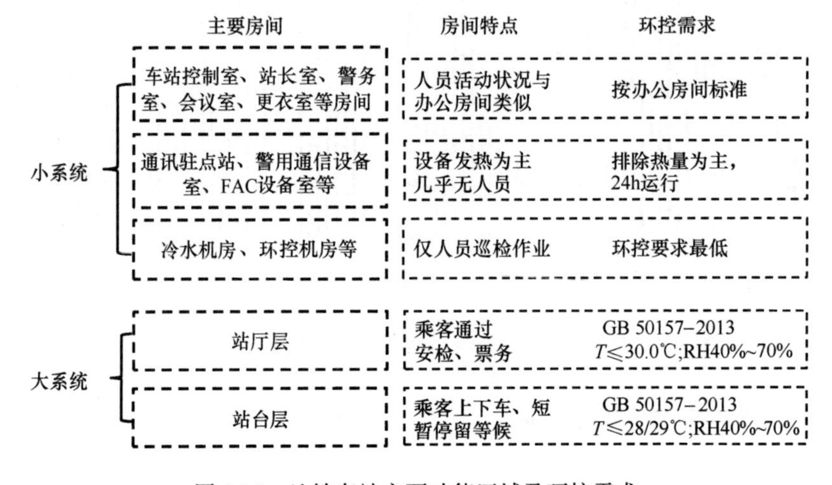

图5-18　地铁车站主要功能区域及环控需求

车站工作人员活动，如安检、票务等功能。对大系统而言，大系统运行时间通常与地铁站运营时间保持一致（如6：30～23：00），地铁设计规范中规定的CO_2浓度应控制不高于1500ppm，供冷季温度不高于30℃，相对湿度维持在40%～70%。

从上述大小系统的功能及使用特点来看，不同房间、不同区域存在显著的差异；对于地铁车站的体量及规模来看，普通地铁车站的公共区面积、小系统面积通常在几千平方米的尺度，并非必须采用集中的环控系统或冷源设备方式。冷源是地铁站动力照明能耗的重要组成部分，从本书第3章针对室内环境营造方式选用集中还是分散形式来看，对于这种不同功能需求、不同使用特点、不同处理任务的场合，采用统一的集中方式、共用冷源等，会出现显著的不协调、不均衡。当前我国大量地铁车站大系统与小系统共用冷源，而从实际小系统运行时间更长、大小系统需求不一致来看，两者共用冷源的处理方式会使得冷水机组在较多时间运行在较低的负荷率下，效率很低。

因此，根据大、小系统的不同环控需求、运行时间，宜将其分开，采用不同的冷源、环控方式。大系统和小系统分别设置冷源，独立解决各自需求。对小系统而言，采用分散式的空调系统及冷源方式已成为小系统通风空调系统设计的共识。小系统的建筑规模通常仅在一两千平方米，人员长期停留的区域也同办公房间的环控需求相一致，这样的建筑规模和使用特点决定了采用多联式空调机组（VRF）等形式是十分合适的室内环控系统解决方式，以满足不同类型房间的不同调控需求。VRF机组可灵活的适应小系统内不同房间的使用需求，并可促进人员行为节能（随走随关、随用随开）。相近功能的小系统房间可共用一套VRF机组，而整个小系统可用多套VRF机组来满足需求。小系统的新风需求则可通过单独的新风处理机组来满足，对于有人员较长时间停留的房间，通过监测房间内的CO_2浓度控制新风机组的运行情况，与现在很多地铁车站小系统采用集中空气处理机组，对新风、温湿度等进行统一处理的方式存在显著差异。这样，大、小系统分开调节、控制，能够更好地适应地铁车站的实际特点，切实从实际状况出发满足各自需求，各司其职，避免过多耦合、统一或集中调控导致的效率低下、众口难调的弊端。

（2）直接蒸发，创新末端

地铁车站公共区（大系统）主要包含站厅、站台两部分，对于普通的地铁车站，大系统的建筑规模通常也仅在4000～6000m^2，需求保障的建筑体量约是小系统的2倍。目前的多数地铁车站，大系统采用的空调系统形式多是沿用公共建筑中全空气系统的方式，即由冷水机组等制取的冷水经由输送水泵送至空气处理机组AHU，大系统的回风（还可有部分机械新风）经由AHU中的表冷器处理后再经风道送回至大系统的各处末端送风口，冷量经由冷水机组→冷冻水泵及冷冻水管网→AHU→送风口等多个环节，每个环节都要调控，导致系统复杂、效率受限。这样的系统本质上就有问题，必须彻底地创新和改变。冷冻水系统的作用是通过水循环把冷源处的冷量送到各个末端，并通过对各个末端冷水循环量的调节、借助阀门等实现这些末端之间冷量的分配调节。然而对于地铁车站的大系统来说，它一般仅有车站两侧的两个AHU末端，而且这两个末端又同时服务于一个连通的大空间，所以并不需要分配两个末端的冷量，也完全无必要由冷冻水系统对其进行分配、设置复杂的阀门等调节设备。因此，完全可以取消冷冻水系统，把制冷压缩机直接与AHU末端结合在一起，利用制冷剂的直接膨胀蒸发来实现对空气的处理、满足冷量需求。这种取消冷冻水循环、制冷剂直接蒸发的方式，除了减少换热环节、减少水泵、阀门等复杂的系统调节措施外，还有助于提高蒸发温度（例如从5℃左右的蒸发温度提高到约9℃），有助于改善制冷循环的能效。因此对大系统而言，取消冷水输送环节、改善冷源调节性能、采用直膨式空气处理机组是重要的发展方向，这种方式将制冷循环与空调箱处理过程有效结合（见图5-19），利用制冷循环蒸发器直接对空气进行处理，取消冷冻水泵及管路、调节阀门、节省环控系统占地，大大降低了系统复杂程度，有助于实现节约初投资、节约占地、节约运行能耗等多赢局面。

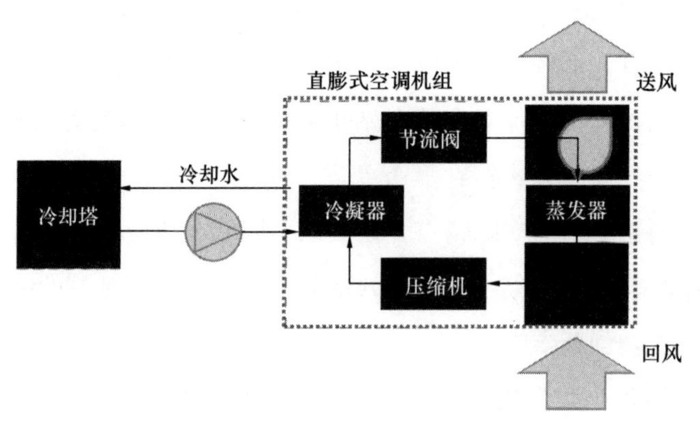

图5-19　地铁车站大系统直膨式处理机组

对于地铁车站直膨式空调机组，其技术开发难点在于选取合适的制冷压缩机、解决蒸发器侧分液问题及可能存在的回油问题等。从地铁车站大系统负荷变化特性来看，大系统负荷变化主要受室外新风参数（出入口渗透风等）、室内人员数量变化的影响，需要制冷系统蒸发侧冷量随之变化，但蒸发温度可保持不变；冷凝侧通常采用冷却塔排热，冷却水温、冷凝温度也随室外条件改变，蒸发、冷凝侧的变化使得需求侧制冷循环的压缩比、制冷量均发生显著变化。从制冷压缩机的工作特性来看，螺杆机工作的压缩比特性并不能适应这种实际需求的变化，在部分负荷、部分冷量需求状况下存在过压缩现象，与实际需求不匹配；而离心式压缩机、采用变频措施则可较好地适应这种压缩比变化、冷量输出变化的运行需求。因此，对于地铁车站的直膨式空气处理机组，应当采用离心式压缩机而非螺杆式压缩机。对于蒸发器侧分液问题，通过采用多路电子膨胀阀、分为多组制冷剂蒸发等方式可以得到有效解决。而从地铁车站的实际冷量需求来看，300～500kW 的冷量范围很难选取普通离心式压缩机来驱动制冷循环；而磁悬浮离心式压缩机则可完美地适应这种运行工况需求和冷量需求，并且完全不存在回油问题，是最适合地铁车站直膨式空调机组的压缩机方式。目前已有不少厂家开发出采用磁悬浮压缩机方式的地铁车站直膨式空气处理机组，为从根本上改变地铁环控系统格局提供了重要技术途径。

地铁车站采用直接蒸发式的空调机组后，实际运行中可采用定送风温度、调节送风风机转速（变频控制送风量）的方式来进行调节，适应车站内负荷变化时的调节需求，相应的控制调节模式变为：通过调节制冷系统，把送风温度维持在约 18℃；通过调节风机转速，把大厅温度维持在约 28℃；当要求的风机转速低于一定程度（如 20%）时，可以采用间歇开闭的方式（例如开 1h、关 1h），以避免过低的风机转速和冷机负荷，此时站厅、站台的温度波动并不会太大；当要求的风机转速进一步降低，则说明可以停掉空调系统，依靠通过出入口进入地下的新风已经可以满足通风排热要求。

因此，从大系统的实际功能、冷量需求等特点来看，减少环节、制冷剂直接蒸发方式有望成为未来地铁车站的重要发展方向，改变普遍沿用传统全空气方式的现状。大系统冷源的排热设备通常采用冷却塔实现，为解决地面放置冷却塔困难的问题，一些厂家也着手研发与地铁通风风井结合的冷却塔排热方式，这些也将为地铁车站大系统的发展提供进一步的技术支撑。此外，地铁环控系统末端方式也可以有进一步创新。从减少大系统风机电耗、更分散地满足末端调控需求出发，采用空气—水系统（如风机盘管系统）也是一种可行途径，目前已有个别地铁车站采用空气—水系统方式，并获得了较好的应用效果（如本书第8章中“磨子桥站”采用了柜式风机盘管机组）。更进一步地，从大系统末端的环控需求及车站公共区站台、站厅建筑面积来看，采用多联式机组的末端方式也是一种可选的系统方案。这种方案将制冷剂输送至末端，可进一步降低风机输送能耗，并有利于通过分散设置末端来增强灵活性、改善末端的调节性能。这种分散设置末端的方式，在实际中需要解决好末端数量多、检修或更换过滤器工作量大等问题。

（3）取消新风，不要排热

地铁车站的基本功能决定了其与地面之间多存在多个连通的出入口，实际运行中又很难将出入口与外界之间形成有效隔断，这就使得经由出入口向地铁车站公共区的渗透风影响不可避免。但从当前地铁车站的设计、运行现状来看，目前囿于对经由出入口的渗透风的认识和研究不足，实际系统设计中并未充分考虑车站出入口渗透风的影响，仍按照传统或普通公共建筑的设计思路，选取一定的人员机械新风量来进行设计，实际运行中也存在不同的机械新风运行模式。而从实际运行状况来看，典型地铁地下车站公共区域通常存在新风过量供应的现象：开启机械新风时，新风量（包含机械新风和出入口的渗透新风）远大于实际人员需求；而地铁车站出入口渗透风量不容忽视，对于绝大多数地铁车站来说，即便关闭机械新风，由出入口渗入的新风仍可满足其站内旅客等人员的新风需求。实测北京、上海、广州、深圳、重庆等地多条线路的绝大多数地铁车站（含屏蔽门车站）在空调季与非空调季节的公共区域 CO_2 浓度均低于 1000ppm，均低于标准中给出的 1500ppm 限定值，说明当前绝大多数地铁车站的公共区域新风供过于求；而即便关闭机械新风系统，实测公共区域 CO_2 浓度也没有明显提升，绝大多数车站仍维持在 1000ppm 以下，说明依靠车站出入口渗入风量也足以满足公共区域的人员新风需求。

这种地铁车站新风供应方式的设计与实际运行之间的显著差异，一方面是由于对地铁车站渗透风规律的认识不足：与机械新风系统相比，经由车站出入口进入站内的渗透风受到列车活塞风及室外综合影响，具有风量波动且不易确定等多种不规律特征。另一方面也是由于对地铁环控系统的需求分析不够，未能真正实事求是、从实际状况出发提出合理的解决方案。从本书第3章中的分析来看，新风供应可与室内温湿度控制等需求相独立，地铁车站则是可利用自然渗透方式解决人员新风需求的场合。公共区域可以取消机械新风供给，利用出入口渗透风来满足人员的新风需求，有助于立足实际进一步简化系统。

此外，目前多数地铁车站隧道轨行区内设置有排热风机即轨顶轨底（U/O）系统，其设计初衷是为了对列车停靠时的发热进行有效排除，而随着列车制动技术（刹车能量回收）等的发展，轨底排热的实际作用很多情况下并非真正排热，反而成了排冷；轨顶排热的实测结果也表明，仅在极个别时段可能实现排热，多数情况下仍是排冷，且排热时也并非高效排热（排出的热量与付出的风机电耗之比较低）。因此，关闭轨顶轨底（U/O）系统成为很多地铁车站实际运行中的重要节能措施。而从地铁车站的未来发展出发，取消排热风系统也成为重要的共识，实测与分析结果表明既可减少 U/O 风机、风阀等环控及配套设备，也可节省盾构土建费用，有利于进一步简化地铁隧道风系统。

（4）单风机运行，变频调节

现有地铁车站通风空调系统通常包含多个风机（送风机、排风机）和风阀（回风阀、排风阀、新风阀）等，可实现多种运行模式，例如全新风、小新风等，系统复杂程度及切换方式众多，但实际运行中却存在风阀漏风、风量调节范围有限等诸多不足，系统实际运行状况与设计状态之间存在显著差异。地铁车站公共区域传统通风方案中，新风供给靠机械通风系统完成，对出入口渗入新风的考虑不足。而实测过程中发现，地铁车站的出入口由于活塞风效应存在大量渗风，能够提供大量的新风供给。从简化系统及运行的角度出发，应当研究更简单的通风空调系统形式及运行模式，据此提出地铁车站通风系统的单风机方案，减少机械风供给以节约风机能耗，如图 5-20 所示。

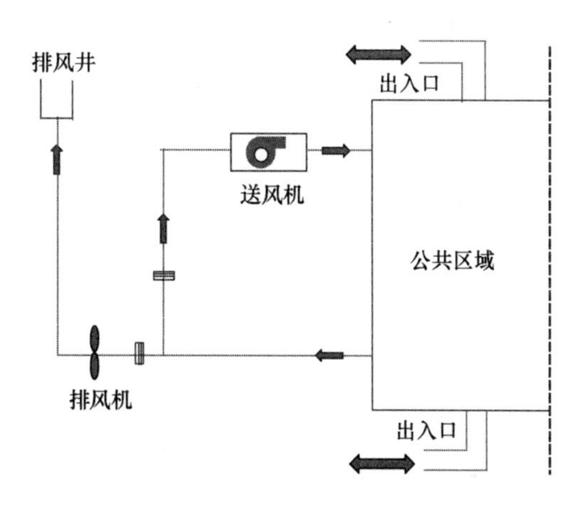

图 5-20　地铁车站通风系统单风机方案

在供冷季，公共区通风空调系统运行内循环模式，利用出入口渗风作为新风供给，避免机械新风的引入以减少负荷、降低能耗。在供冷季同时监测公共区域的CO_2浓度，保证其低于1500ppm，在必要时开启排风机，并变频调节使得在满足新风需求维持CO_2浓度的同时尽可能地减少新风负荷。在通风季，公共区通风空调系统运行不排不送模式，尽可能依靠出入口渗风进行排热，同时为公共区域提供新风。而在公共区域热环境参数超过设定值或CO_2浓度过高时开启排风机，通过排风机的排风作用引入更多的室外新鲜空气，变频调节新风量，满足公共区域的排热需求，并保证新风量供给。已有实际案例对仅利用单个排风机来满足大系统环控需求的模式进行了初步研究，仅运行单个排风机、关闭机械新风，实际结果表明这种系统形式也能满足车站在不同季节的环控需求。这一方式也有助于将车站新风需求与温湿度控制分开，利用不同的方式来分别满足环控系统的需求。

这种利用单风机运行的地铁车站环控系统模式，一方面简化了系统、降低了复杂程度，另一方面又能有效进行运行调节，将新风需求同车站内其他环控需求相解耦，并利用CO_2浓度监测来实现相应的调节，可以与地铁车站内人员、客流变化等进行有效结合。地铁车站客流量一天内通常存在显著变化，具有人员高峰时段和低谷时段，但不同日之间的客流变化又存在很大程度的相似，客流变化与这种单风机系统的运行控制可实现良好的结合，当人员高峰、室内CO_2浓度过高时，即可由排风机排风、加大引入站内的新鲜空气量，满足高峰时段的人员新风需求，实现基于客流量的变化的通风空调系统运行调控。

因此，针对地铁车站的实际环控需求及运行使用特点，应当从“大小分开，各司其职”、“直接蒸发，创新末端”、“取消新风，不要排热”、“单风机运行，变频调节”等方面寻求新的地铁车站环控系统形式。在上述原则的指导下，有望大幅简化地铁车站环控系统，降低系统初投资，并大幅降低实际运行能耗水平、实现地铁车站的节能运行。

5.3　医　院　建　筑

目前我国大规模城镇建设的重点已经从住宅、办公和商场建设转移到与国计民生密切相关的领域，其中医院建设是重点。配合医疗体制改革，转变居民看病难的问题，形成完善的现代化医疗保障系统，是新时期城镇化建设的重要内容。面对新一轮的大规模医院建设，按照什么样的理念和标准建设，才能既满足改善民生的需求，又符合节能减排低碳的生态文明原则，是需要深入研究讨论的重要问题。如果一味地追求“现代化医院标准”，过高地追求光鲜亮丽的建筑外观，在医院建筑设计理念上盲目照搬国外方案，会导致医院运行能耗大幅度增加。这不仅有悖于节能减排和低碳发展的基本国策，也会由于运行能耗太高，导致医院的运行成本高，增加医疗保障的负担。因此，如何在保证健康、高效、有利于医院的医疗环境前提下，同时降低运行能耗，就成为新一轮医院建设和既有医院改造的重点。本节将重点讨论以下问题[1]：

(1) 医院建筑的用能特点和用能现状；

(2) 结合医院建筑对用热的需求，分析目前医院用热系统的常见问题和解决途径；

(3) 结合医院建筑对空调的需求，分析目前医院空调系统的常见问题和解决途径；

(4) 分析医院手术超净室的常见问题和解决途径；

(5) 提出建立医院建筑的用能指标，一方面实现医院建筑的能源总量控制，另一方面可以比较各个医院之间的能耗水平，从而推动医院节能工作。

5.3.1 医院建筑的用能特点和用能现状

医院建筑为实现对就诊人员进行疾病诊断、治疗活动，除了普通公共建筑里常规的照明、空调、供暖、电梯、给排水等用能系统外，还安装大量的医疗设备、仪器，这些设备、仪器或需要大量蒸汽进行高温消毒，或者使用电能进行疾病诊断治疗工作。此外，医院还通常配置了用于消毒、洗衣的蒸汽供应系统，服务于不同功能区的洁净空调系统、供热系统，以及用于住院人员的盥洗、洗浴生活热水系统等。换言之，医院因其功能的特殊性，用能系统构成复杂、形式多样、室内环境要求高，这造成其单位面积能耗高于其他建筑的根本原因。

(1) 中国与其他国家医院建筑的能耗对比

从图 5-21 可以看出，我国医院建筑的整体能耗在 90～220kWh/m^2之间，与欧洲国家基本相当，但低于美国和日本。对中美医院的能耗进行拆分，各项能耗之比

[1] 文中所引用的能耗数据由清华大学林波荣老师团队和北京博锐尚格节能技术股份有限公司提供。

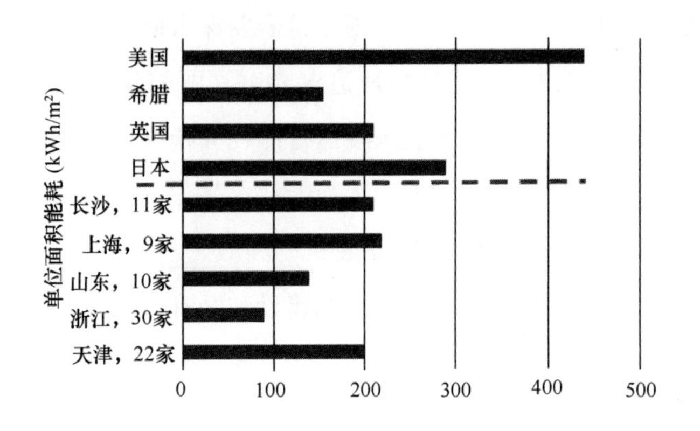

图 5-21 中国与其他国家医院建筑能耗比较

如表 5-4 所示。

中美医院各项能耗之比（中/美） 表 5-4

总耗电量	50%～65%	空调电耗	35%～50%
总耗气量	70%～80%	电梯	水平相当
照明电耗	25%～35%		

中美医院建筑能耗差异的原因与其他公共建筑类似，主要原因在于：

1）空调风系统：美国多用全空气系统；我国则多为 FCU＋OA 或者 VRF 系统；

2）空调水系统：美国为四管制；我国为两管制；

3）照明和通风系统：美国 24h 使用；我国间断使用。

（2）近年医院建筑的能耗和能源支出情况

分析图 5-22 可知，近年来北京市市属医院的综合总能耗具有如下特点：

（1）北京市市属医院综合能源消耗总量呈上升趋势，这与医院业务量的逐年递增有密切关系；

（2）能耗的年平均增长率约为 3.8%。

调研显示，80%以上的北京市市属医院处于饱和甚至超负荷运行状态，半数以上医院有拟建或在建项目，随着经营规模逐年递增和服务品质逐步提升，能耗增长将是必然趋势。

（3）不同专业性质医院的能耗情况

21 家北京市市属医院中，综合医院和专科医院能耗占总能耗的比例分别为

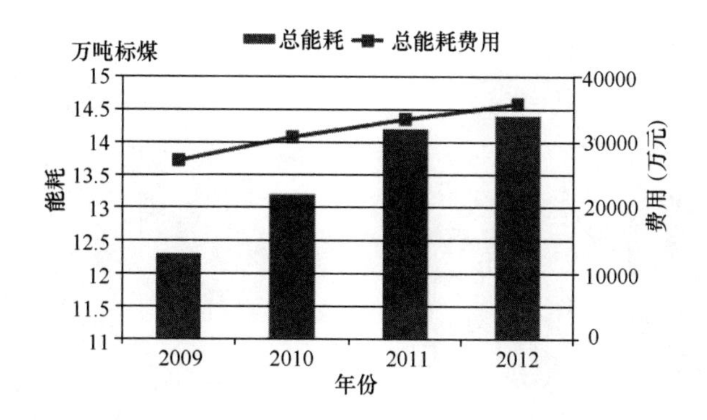

图 5-22 2009～2012 年北京市市属医院总能耗与总能耗费用

64%和 36%。结合图 5-23 中各医院能耗对比发现，综合医院的平均能耗约为 1 万 tce，明显大于专科医院的 4300tce。分析发现，医院综合能耗量与建筑面积和综合业务量基本成正比。

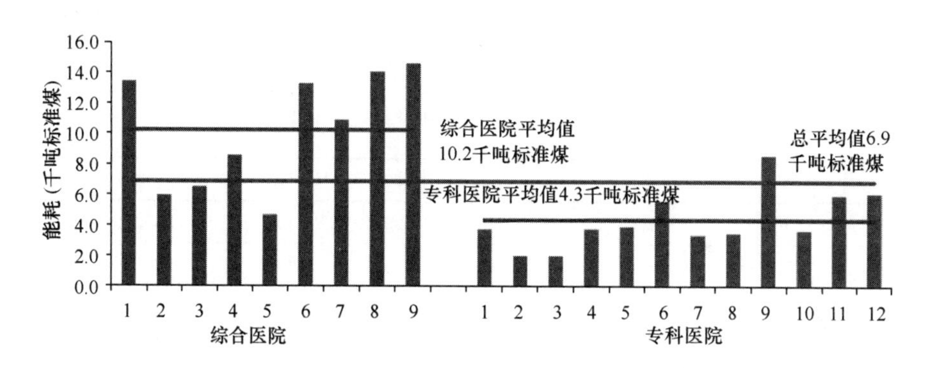

图 5-23 综合医院和专科医院建筑能耗比较

(4) 医院建筑的主要能耗占比

图 5-24 和图 5-25 为北京市 20 多家三级医院展开能耗调研后整理的数据，这 20 多家医院总能耗分别是：电耗 24544.98 万 kWh、天然气 2693.36 万 m^3、热力 59.48 万 GJ、水量 6970752.15t。将以上数据中各类能源折算成标准煤后发现，占比最高的三项能耗分别是电力、天然气和热力。能耗费用占比最高的几项分别是电费、天然气费、水费和热力费。

以北京市 21 家医院为例，建筑总能耗为 130～165kWh/m^2，总电耗为 80～120kWh/m^2，医院建筑的耗电量与其他能耗的比值约为 6∶4。

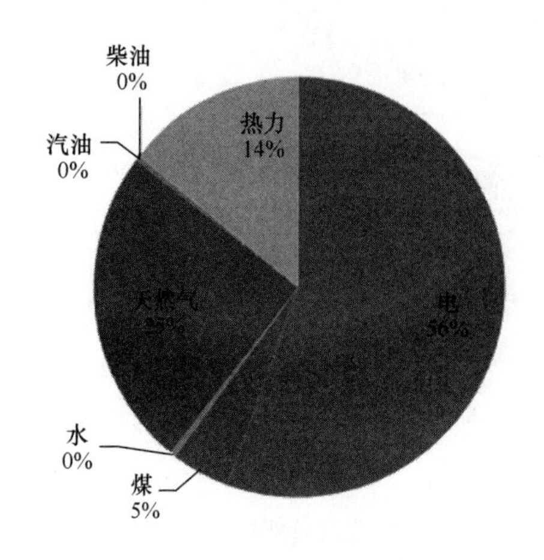

图 5-24 医院的各类能耗占比　　图 5-25 医院各类能耗费用支出

(5) 门诊楼和住院楼的能耗对比

根据对寒冷地区某医院门诊楼和住院楼的分项能耗进行对比分析可知（见表 5-5），住院楼和门诊楼全年照明、电梯电耗相近；相比门诊楼，住院楼的医疗设备电耗大大降低；住院楼制冷电耗为门诊楼的 38%，供暖空调电耗和门诊楼相当。

门诊楼和住院楼的电耗对比（单位：kWh/m^2）　　**表 5-5**

	照明	制冷空调	供暖空调	电梯	医疗设备	一般动力	总计
门诊楼	35	53	18	4	32	33	175
住院楼	35	20	17	4	20	12	106

(6) 不同级别医院、不同的门诊量对单位面积能耗影响大

通过对浙江省各级别医院的能耗调研发现，医院级别越高，意味着有更完善的医疗设施和更大的门诊需求。表 5-6 的数据表明，医院随着级别的提高、门诊量的增加，单位面积能耗也随之明显增大。

浙江省各级医院的单位面积能耗　　**表 5-6**

	参考门诊量（人次/d）	能耗（kWh/m^2）
三级甲等	1100	195.0
三级乙等	702	80.0
二级甲等	400	32.0

(7) 医院建筑能耗与日住院人数、床位数、日门诊量的相关性

根据对寒冷地区三级甲等医院能耗数据及其影响因素（日门诊量、日住院人

数、床位数等）的调研分析可以看出，日住院人数、床位数、日门诊楼量显著影响医院建筑的总能耗，如图 5-26 所示。从影响三甲医院总能耗相关性上排序为：日住院人数＞床位数＞日门诊量。

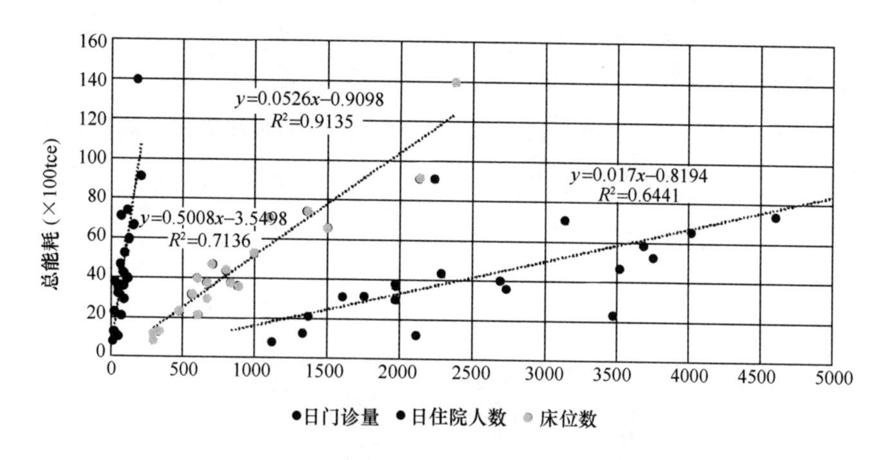

图 5-26 寒冷地区三级甲等医院能耗影响因素分析

5.3.2 医院建筑用热系统的问题分析

医院的用热系统包括供暖系统、生活热水系统和用于医疗器材、敷料、被单、被套等的蒸汽消毒，以及食堂炊事用的热水和蒸汽等。上述各用能系统具有如下特点：

（1）用热品位不同

1）蒸汽品位高，约 120℃；

2）热水品位低，生活热水约 60℃，冬季供暖约 40℃。

（2）不同用热分项的负荷特点不相同

1）供暖热水仅冬季需要，生活热水、蒸汽则全年都要供应，其中生活热水量、空调热水用热量大，约占 70%以上；

2）不同用热分项日用热时段也不同，生活热水用水高峰一般为晚上，而消毒用蒸汽用汽高峰为白天工作时段。

为满足高品位热量——蒸汽的需求，医院通常的做法是由一套集中式天然气蒸汽锅炉系统供应所有用热，即经过长距离的输配系统后，一部分蒸汽直接供应于消毒中心、洗衣中心，另外一部分蒸汽通过汽水换热器将热量传给另一侧的低品位热水，使另一侧热水温度达到要求后用于供暖、生活热水。

通过以下调研案例看出这种集中式的蒸汽供应系统存在严重的能源浪费问题：

广东某医院，于2011年5月正式运营，总建筑面积18万m^2，由门急诊医技楼、住院楼、健康体检中心楼、老干部医疗中心楼、行政教学楼及其附属用房组成，住院床位约1800张。医院的用热系统由一套燃气蒸汽锅炉作为热源集中供应，该医院的用热主要是生活热水用热，其次是用于手术室、洗衣房、消毒供应中心的蒸汽用热，还有少量用于洁净室如ICU、手术室、新生儿和烧伤科的供暖用热。

根据调研数据整理的具体结果如图5-27和图5-28所示，分析以上数据，发现该医院集中式蒸汽供热系统存在如下特点：

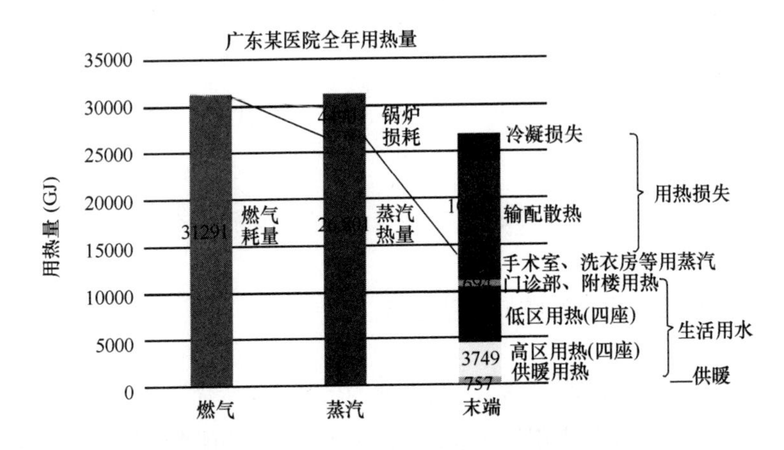

图5-27 2013年广东某医院全年用热状况

(1) 只有8.4%的用热末端真正需要蒸汽，其他用热末端需要的是40～60℃的热水。

(2) 由于是蒸汽系统，14.3%＋9.5%＋32.1%＝55.9%的热量全损失掉了，而如果是热水系统或者是分散的供热系统，可以使各类损失控制在10%以内。

(3) 高能低用，用热占比最大的生活热水是低品位热，蒸汽是高品位热能，系统利用大部分的高品位热能转换成生活热水，蒸汽锅炉

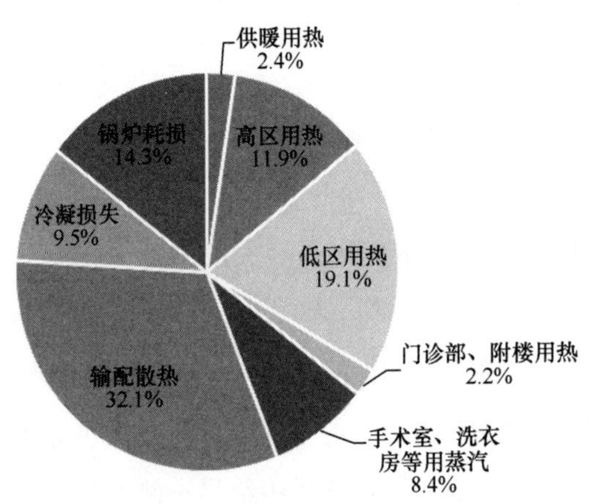

图5-28 广东某医院2013年用热量占比

可利用的能源品位大幅降低，导致系统效率低。

(4) 高温高压的蒸汽通过长距离输配管网送至各用热末端，增大了系统的热损失率。

(5) 由于是蒸汽系统，凝结水难以回收，不仅损失了大量热量，而且浪费了大量凝水。

总的来说，主要原因是各项用热需求在参数、用量、时间上各不相同，统一供应各项用热必然是“就高不就低”，导致系统整体效率低下和能源的巨大浪费。各用热用户应根据不同用热分项的品位不同，取消集中蒸汽供应，分别、分散供应各项用热，解决高能低用、输配系统热损大、无法回收利用凝水等问题，天然气消耗量可实现大幅降低，各项用热具体的解决方案如下：

(1) 蒸汽用热

1) 消毒供应中心：就近安装 30kW、50kW、100kW 等小容量燃气蒸汽锅炉(蒸汽发生器)，可随时开启锅炉制备蒸汽。

2) 洗衣：可采用专门的洗衣设备，即使用电烘干，能耗也远低于集中供应蒸汽。

3) 炊事：根据要求就地单独配置专用蒸汽炉。

(2) 冬季供暖

1) 北方地区：

① 尽可能引入城市热网系统供热，目前可按照热量与热网公司结算。

② 为了保证供暖水平，保证初末寒期的供暖供热，可自建燃气热水锅炉作为辅助热源，也可以完全用燃气热水锅炉供暖。采用喷淋式烟气余热回收装置，冬季供暖气耗可控制在 $8m^3/m^2$ 以内。

③ 可以采用空气源、水源等电驱动热泵产生热水用于供暖。冬季供暖电耗可控制在 $30kWh/m^2$ 以内。

④ 尽可能与生活热水系统分开，主要原因是这两部分用热的时间、温度、容量不同。

2) 南方需要供暖的地区：

① 可以采用空气源、水源、地源热泵系统，供暖空调电耗可以控制在 $25kWh/m^2$。

② 采用燃气热水锅炉供暖，也可以实现 $3\sim6m^3/m^2$ 的用能水平。

③ 尽可能分栋、分片单独设立热源。无论是热泵还是燃气锅炉，规模小、效

率不变，但输送能耗、管道热损失都会减少，且投资成本也降低，不管从能耗还是经济方面比较，都好于集中供热。

④ 完全可以实现全自动化运行，分散式系统并不增加管理运行人员。

（3）生活热水

集中生活热水的关键问题是循环管道系统的散热损失。为了避免放凉水，需要安装循环水热水供应系统，使热水在管道内不断从热源到末端循环，随时备用。由于末端生活用水时段不集中，24h都有可能需要，但使用时又断断续续。医院由于其特殊性，在这样的情况下，循环管的散热损失更是非常突出的问题。如果统一设锅炉房，设蓄热水箱，即使不是集中蒸汽锅炉，而是采用热水锅炉，问题也同样严重，这种损失能达到总热量的一半。为此，应该对生活热水系统的形式进行彻底的改变：

1）不能整个大院用一套生活热水系统，用集中的热水箱。应该各个楼分别设置生活热水系统。用模块化天然气锅炉制备热水，分散独立。

2）每个楼内循环管进行自循环，在末端用水并不是很频繁的情况下，建议用呼叫式，也就是只有按动呼叫按钮，循环泵才启动。

3）如有某些特殊原因，不能在各个楼内分别设热水炉，必须统一供应，那么每个楼内至少要设有热水水箱，置于楼顶，由大院的热水系统向其供热水。这时楼内的热水水箱需要采用敞开无压式，水位也不恒定，低水位自动补水，高水位停止。凉水则自动旁通返回，旁通阀可以根据来水温度控制。在总的热水锅炉（或热泵热水器）处再设一个低位冷水箱，旁通的凉水都自动回到这个水箱中，再由水泵加压，送入锅炉。

此外，太阳能资源充足的地区，可以采用太阳能热水系统提供部分热水。当然也可以考虑设小型的内燃机发电系统，回收余热加热生活热水，这都可取得显著的节能效果及经济效益。但采用该系统的前提是有全年供应生活热水的需求和足够的电负荷，若采用该系统，1Nm^3 天然气可发 3kWh 电，并产生 300L 热水，若天然气 3 元/ Nm^3，电费 0.8 元/kWh，热水加热费低于 4 元/t。

5.3.3 医院建筑空调系统的问题分析

由于医院的特殊功能，良好的室内空气品质已成为治疗疾病、减少感染、降低死亡率的重要技术保障。因此，要求空调系统可维持舒适的室内热湿环境和清洁的空气品质，这关系到病人的治疗与康复、医护人员的健康。

但目前空调也常被人们质疑为室内环境污染源，主要是因为有些医院常采用一次回风+再热（见图 5-29）、二次回风这两种全空气空调方式。这两种空调方式将带有病毒、病菌的室内回风与新风混合后进行冷却除湿并再热，使得达到送风状态点后将回风和新风重新均匀分配送入室内。空气处理设备的过滤器积存的灰尘及表冷器因附有冷凝水形成的潮湿表面均是霉菌、病毒滋生的温床，混合风经过时也将其卷走并送入室内，因此这两种空调方式容易导致同一空调系统服务的各个空调区的人员有交叉传染、感染的风险。

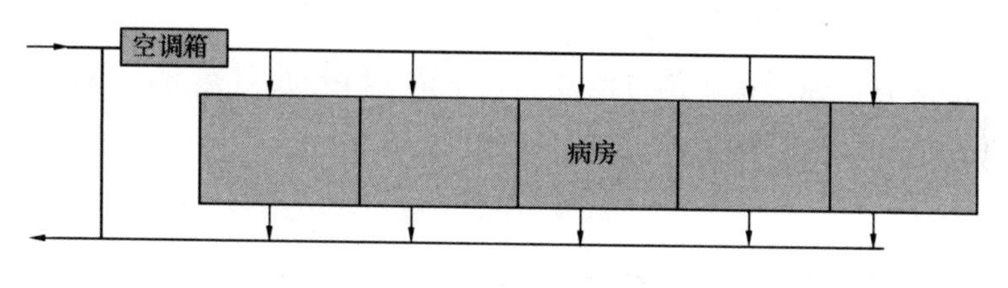

图 5-29　一次回风空调方式示意图

另外，以上空调方式均需冷源制备低温冷冻水提供低温冷量用于空气的冷却除湿，部分系统还需再热，存在冷热抵消的现象，因而降低了系统能效。

因此，从是否会引起交叉感染、传染这一因素考虑，以上空调方式（变风量或定风量的全空气方式）不应该是医院空调方式的合适方案。国内多数医院采用风机盘管+新风的空调方式，这时，每个房间的空气仅会在各自房间内循环，不同房间之间即使统一输送经过处理的室外新风，但绝不存在相互之间的串风，所以就可以有效避免全空气系统引起的交叉感染和传染等问题。

重新梳理医院的热负荷和湿负荷的特点：室内显热负荷主要受围护结构、室外气象参数、人员照明设备等散热量的影响；室内湿负荷主要来自于人员的散湿量；而室内污染物主要包括人员产生的CO_2、臭味和其他可能的污染物。排除人员产生的散湿量和污染物，只能靠引入清洁、干燥的新风、排出污染空气的通风方式来实现。经过仔细核算消除湿负荷所需的新风量可排除或控制人员产生的CO_2及其他污染物（即：排出室内污染物的新风量等同于用于排湿的新风量）。而室内的显热负荷则可通过辐射或对流的方式来解决。

基于如上所述医院建筑的负荷特点和空气处理思路，温湿度独立控制系统是医院比较适宜的空调方式，由独立新风系统＋显热处理末端组成。独立新风系统承担空调系统全部湿负荷，以期减少或消除再热，新风处理设备有直接膨胀式新风机组、转轮全热回收新风机、溶液除湿新风机等。如上文的分析，室内湿负荷和CO_2、污染物均由人员排出，与人员数量呈正比关系，而室内人员随时间变化大，因此，新风机可根据室内CO_2浓度调节新风量，在保持室内要求的前提下，尽可能降低系统能耗。

由于溶液除湿新风机有较强的杀菌和除尘能力，由溶液除湿新风机、显热处理末端、高温冷水机组组成的温湿度独立控制系统适用于手术室、洁净室、生物制药厂房等。该系统主要有如下特点：

（1）盐溶液有极强杀菌、消毒的能力，室内可保持良好热湿环境及空气品质。

（2）盐溶液在－20℃也不会冻结，利用溶液调湿对新风进行加湿不存在防冻的问题。

为了定量分析溶液除湿新风系统的节能效果，设定案例的具体情况如下：假设两个新风系统均应用于两间面积为50m^2的一级手术室，每间余热量为8.5kW、余湿量为2.85kg/h，每间手术室新风量为1200m^3/h，共2400m^3/h，每间手术室对应1台循环机组，送风量为7250m^3/h。

经过能耗结果对比分析发现（见表5-7），采用溶液除湿新风机的空调系统，相比于常规系统（全空气系统），综合*COP*显著提高，高达4.71，节能约50%。相比于直膨式新机机组＋循环机组，节能量约37%。因此该系统是医院适用于高要求的室内热湿环境、高室内空气品质区域的空调方式。

不同方案的能耗统计分析 **表5-7**

项　目	全空气系统	项　目	直膨式新风机＋循环机组	项　目	溶液除湿新风机＋循环机组
7℃/12℃冷水供冷量（kW）	61.1	7℃/12℃冷水供冷量（kW）	57.14	14℃/19℃冷水供冷量（kW）	43.94
制冷系统耗电量（kW）	16.34	制冷系统耗电量（kW）	15.28	制冷系统耗电量（kW）	8.75

续表

项　目	全空气系统	项　目	直膨式新风机＋循环机组	项　目	溶液除湿新风机＋循环机组
空调机组耗电量（kW）	6.71	蒸发器直膨部分供冷量（kW）	3.92	溶液除湿部分供冷量（kW）	9.84
		耗电量（kW）	3.44	耗电量（kW）	2.66
总耗冷量（kW）	61.1	总耗冷量（kW）	61.1	总耗冷量（kW）	53.78
总耗电量（kW）	23.05	总耗电量（kW）	18.8	总耗电量（kW）	11.4
系统综合 *COP*	2.65	系统综合 *COP*	3.26	系统综合 *COP*	4.71

基于以上内容，结合各功能区室内热湿环境、室内空气品质要求的不同，医院各区域适宜的空调方式如表 5-8 所示。

医院各功能区的空调方式　　**表 5-8**

分类	具体区域	空调方式
高舒适性区域	医技部、住院部等	除湿新风机组＋干式风机盘管，可采用下送风或置换通风、上部排风的送回风方式
洁净区域	手术室、ICU、产科手术室、层流病房、中心供应室等	溶液调湿新风机组＋净化送风天花板，上送下回的送风方式
常规舒适性区域	体检中心、保健中心、行政部、科研用房等	风机盘管＋新风系统
特殊区域	信息中心	机房专用空调
	厨房	厨房进行排风机和补风机的联动

5.3.4 手术超净室空调的问题分析

手术室超净空调系统的任务是：

（1）控制室内温度、湿度；

（2）控制细菌、尘埃、有害气体浓度以及气流分布；

（3）保证室内人员所需的新风量；

（4）维持室内外合理的压力梯度。

因此，医院超净手术室的空调为了实现保持超净环境，创造理想的无菌手术环境，减少创伤感染，其与常规空调系统不同的是：

(1) 需要高效过滤和大循环风量，这一风量远远大于调节室内温度、湿度所需要的风量；

(2) 这部分能耗在医院空调系统能耗中尤为突出。

通常，超净空调系统处理该部分风量的做法是统一对回风和新风混合后的全部风量进行冷却除湿，并进行再热达到送风状态。这样导致系统存在大量的冷热抵消，以致能耗偏高。

由于系统仅用少量处理后的风量就可处理室内余热余湿，那么手术室的超净化空调可以将回风分成两部分：1）小部分回风与新风混合后降温除湿处理；2）大部分循环回风高效过滤；两部分气流混合后送入室内，这种空调形式（见图5-30）仅需对较小混合风进行降温除湿，同时避免再热，可以为系统节约大量的冷、热量。3）在回风管路与排风管路分别设置风机，其中回风管路设置变频风机，以便精确调节回风量。然后通过调节回风量和冷却盘管水量，实现温度和湿度的独立控制。

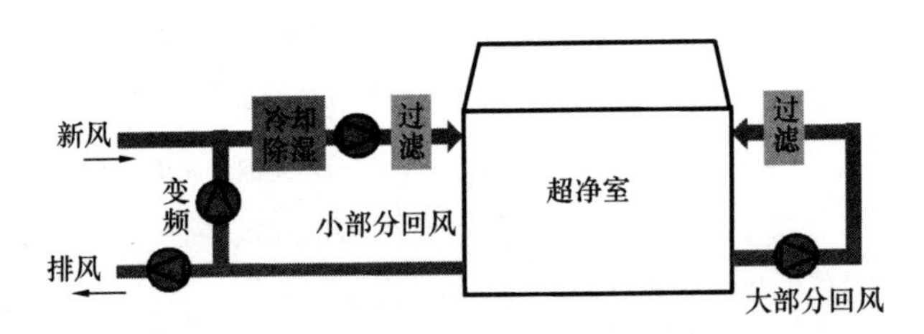

图5-30 超净室空调系统原理示意图

5.3.5 建立医院建筑的能耗标准

2016年12月1日开始实施《民用建筑能耗标准》GB/T 51161—2016，该标准明确了用于民用建筑运行能耗管理的、针对居住、办公、旅馆及商场等建筑类型的能耗总量。但目前该标准没有提供针对医院建筑的能耗指标。

虽然国家还未出台医院建筑能耗指标，但各地如湖南、山东、浙江等省份在推行医院节能工作时意识到能耗指标的重要性，已开展了制定能耗指标的工作，并取得阶段性的成果，如浙江省已颁布的《医疗机构单位综合能耗、综合电耗定额及计算方法》DB33/T 738—2009给出了三级、二级及二级以下医疗机构单位综合能耗定额、单位综合电耗定额；湖南省颁布了《医疗机构能耗限额及计算方法》DB43/

T 612—2015，根据二级、三级医院不同的建筑面积、年度就诊人数、床位范围，规定了医院的单位面积综合能耗、单位面积电耗、患者人均综合能耗、患者人均电耗、床均综合能耗、床均电耗的指标；山东省颁布的《医疗机构能源资源消费定额及计算方法》DB37/T 2673—2015 根据医疗机构所属类型、登记（或规模）以及建筑热工性能、车辆性能、医疗设备性能等的不同，明确了医疗机构的单位面积建筑能耗、床均综合能耗、床均综合水耗等。

建议国家层面在对医院建筑用能现状及用能特点进行系统研究的基础上，确定医院合理的能耗指标。有别于办公、酒店及商场的能耗，因医院功能特殊，还配置了大量的医疗设备，因此在建立能耗指标体系时，除了常规用能系统外（见图 5-31），还应单独考虑医院建筑特殊用能的能耗指标体系（见图 5-32）。

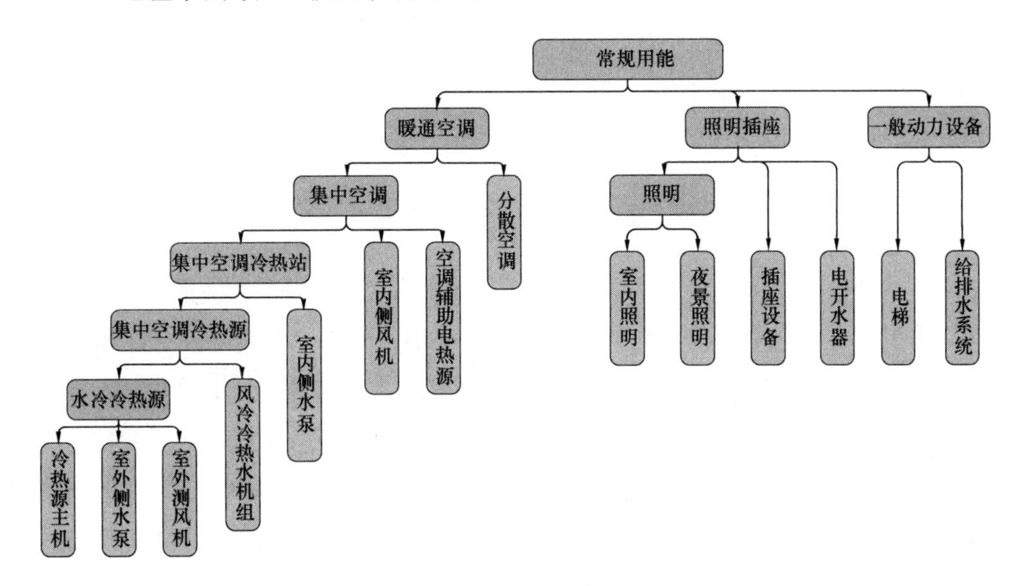

图 5-31 常规用能的能耗指标

此外，新建医院可以安装规范的能耗分项计量系统，通过对系统采集的实时能耗数据进行统计分析，掌握建筑整体或各用能分项的能耗水平。同时，各医院将能耗数据上传至更高一级的医院能耗云平台，基于大量医院的能耗数据制定用能指标，从而能实现医院能耗总量控制，还可通过云平台，将医院实际能耗与能耗指标或同类建筑、设计标准等进行横向对比，寻找用能薄弱环节和节能潜力，以辅助节能诊断，同时也可用于衡量节能改造的实际效果，从而最终实现降低能耗、改进系统运行效率、延长设备使用寿命、提高人员舒适和工作效率等目的。

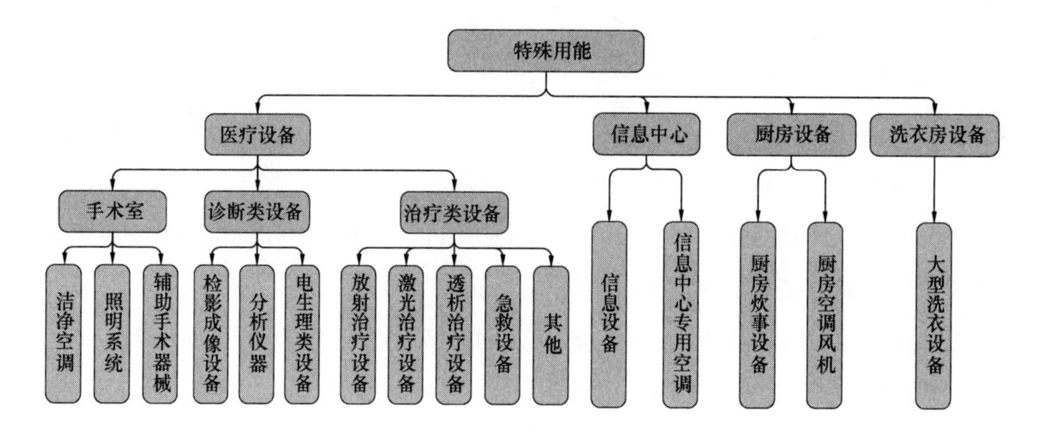

图 5-32 特殊用能的能耗指标

5.4 学 校 建 筑

5.4.1 中小学教育建筑节能和绿色发展新的需求

学校建筑，特别是中小学教育建筑的节能，一直不是公共建筑节能重点关注的领域。究其原因，在于其单位面积能耗强度，或单位学生（生均）能耗强度并不高，远低于发达国家中小学教育建筑的单位面积能耗强度或生均能耗强度，如本书第2.2节所述。然而，随着我国社会经济发展，特别是党的十九大指出，我国已经进入中国特色社会主义发展的新时代，我国社会主要矛盾已经转化为人民日益增长的美好生活需要和不平衡不充分的发展之间的矛盾，在中小学教育建筑方面体现得尤为突出。我国中小学教育建筑的节能和绿色发展关系到培养什么样的人，怎么培养人的问题，关系到如何将生态文明和绿色低碳发展理念从小扎根于青少年脑海中的问题，因此未来必将得到各级政府的重视和社会的关注。最近，《中共中央 国务院关于全面深化新时代教师队伍建设改革的意见》发布，从教师队伍建设开始，新一轮教育改革很快将在全国铺开。与其同步的将是学校建筑的建设和改造。这时，需要从办学理念、下一代的培养目标、如何实现这一培养目标的角度，深入探讨未来校园建筑应该是什么样的，尤其是中小学校园建筑发展的问题。

目前观察到，我国中小学教育建筑节能和绿色发展有以下几个新的需求：

一是对中小学教育建筑的室内环境更加关注。近年来我国北方地区冬季大气污染事态严重，中小学教育建筑内空气质量成为各方关注的焦点问题，学生学习生活受到影响，家长抱怨，主管部门着急，学校无奈。一些家长自发购买了空气净化器或新风净化器，强烈要求学校安装；某些厂家则向学校推销或捐赠空气净化设备，部分学校自己购置并安装了空气净化设备。然而，中小学教育建筑的室内环境质量问题并非净化除尘这么简单，温湿度如何控制、二氧化碳如何稀释、甲醛和 VOC 等挥发性有机物浓度如何降低，显然不是简单地安装空气净化器就可以解决的。特别是适用于中小学教育建筑实际运行情况的空气净化措施缺少相应规范，中小学教育建筑空气质量状况实测调研刚刚起步，为解决“显性”的室内空气质量问题是否会带来其他“隐性”的室内环境质量问题，以及实际运行能耗成本，每隔 45min 学生课间休息、教室大门敞开、学生进出频繁情况下如何调控室内环境，都是急需研究解决的问题。

二是为了解决上述中小学教育建筑室内环境问题所需要的一次投资以及运营成本。因为我国目前仍然面临着教育资源分配严重不平衡、不充分的矛盾，一方面国际学校、贵族学校、重点学校可以不计成本投入去改善中小学教育建筑的室内环境，另一方面相当多的普通学校、边远地区的中小学仍然面临着教育投入不足、经费严重短缺的局面。2017 年冬季，为改善我国北方地区大气环境质量，相当一部分地区采取了“煤改气”、“煤改电”工程，然而，入冬之后我国北方有一批中小学建筑由于缺气、少电、禁用燃煤，无法保障其教学建筑的供暖，学生们只得在阳光明媚的天气把书桌搬到操场上学习，而此时的室外温度已经在零度以下（见图 5-33)。面对这样的问题，再去奢谈“新风系统”与“空气过滤器”孰优孰劣，是否有“何不食肉糜”的同感？

第三，一些经济发达地区和城市，也注意到要在中小学校园建设中推动绿色低碳节能发展，希望通过绿色校园建设而推动教育发展和提升。教育主管部门已经逐步认识到，绿色校园建设不仅仅是植树、栽花、种草的绿化美化，而且是绿色校园建筑的发展和清洁能源的使用，以及绿色生活方式对青少年的引导。然而，绿色校园必然带来更多的投资，甚至更多的运行成本。是否要做，怎么做，目标和评价指标是什么，学校能否承担增量初投资和运行维护费用，成为急需明确回答的问题。

因此，学校建筑，特别是中小学教育建筑，其用能和室内环境状况，以及未来

图 5-33 2017 年 12 月，我国北方某省小学生
在室外上课和写作业

注：图片来源中国青年网，2017-12-05。

学校建筑应朝什么方向发展，非常值得关注和深思，某种意义上这是新时代、新征程必须还的“旧账”。

5.4.2 中小学教育建筑室内环境改善与绿色节能发展途径探讨

（1）关于中小学教育建筑室内环境改善的探讨

2016 至 2017 年冬春季节，孙之炜等对北京市 18 个中小学的室内环境质量进行了现场实测调研。研究发现，根据污染源的不同，中小学教育建筑室内空气污染物大致可分为两类：一是以可吸入颗粒物（PM2.5）为主的污染物，主要源于室外大气污染；另一类是以二氧化碳（CO_2）、挥发性有机化合物（VOCs）等为主的污染物，主要源于室内人员散发。虽然 CO_2 是否是污染物存在一定争议，但 CO_2 浓度作为评价室内空气品质的参数基本得到认可，因为其主要源于人员散发，是人员代谢产物，降低室内 CO_2 浓度有助于提高学生以及工作人员的学习能力和工作效果。目前各种标准大部分以平均值 1000ppm、最高值 1500ppm 作为室内 CO_2 浓度限值。

实测发现，中小学教育建筑内 CO_2 浓度和细颗粒物浓度，与上课—课间休息的规律密切相关，也与采用的空气净化措施、新风供应措施密切相关。

图 5-34 是某一采用空气净化器的中小学教室室内细颗粒物浓度和 CO_2 浓度实测结果。可以看出，室内 CO_2 浓度和细颗粒物浓度之间明显地“相反”变化：上课期间，室内门窗紧闭，空气净化器开启，细颗粒物浓度下降，但由于教室内教师和学生从事高强度的脑力劳动，新陈代谢旺盛，加之房间密闭性好，CO_2 浓度急剧上升，一节课 45min 左右的时间，CO_2 浓度可以上升 1000ppm 以上，迅速超过健康标准；课间休息时，门窗打开，仅仅 5～10min，由于室外新风侵入，CO_2 浓度迅速降低，同时，如果此时室外细颗粒物浓度较高，室内细颗粒物浓度也会随之迅速升高。

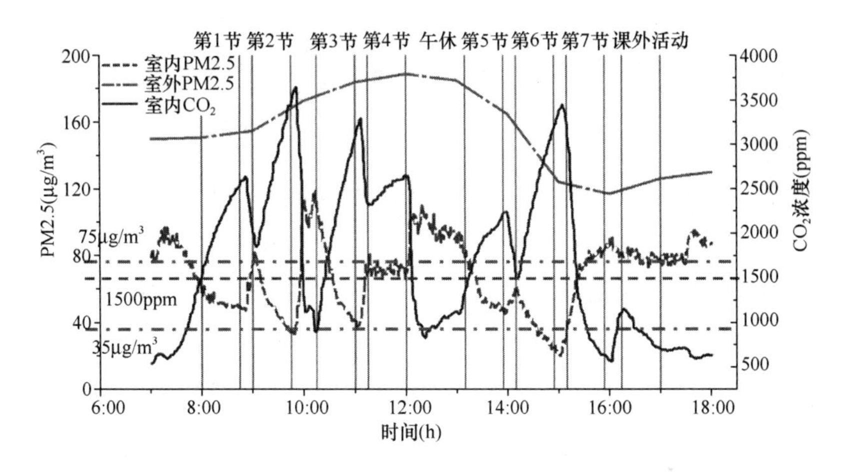

图 5-34 采用空气净化器的某中小学教室室内空气质量全天变化规律

图 5-35 为采用机械新风送风系统及新风过滤器的中小学教室室内环境实测结果。可以看出，虽然在上课期间新风系统开启，可以有效地抑制室内 CO_2 浓度上升，但是如果观察细节可以发现：早上第一二节课期间，室内 CO_2 浓度稳定未上升（但也超过 1000ppm），室内细颗粒浓度缓慢上升；课间操期间，学生进出教室频繁，CO_2 浓度迅速下降，但室内细颗粒物浓度上升；第三节课似乎学生在其他教室或场所上课，因此 CO_2 浓度缓慢下降，但细颗粒物浓度也未下降；待第四节课学生重新回到教室上课，门窗密闭，CO_2 浓度迅速上升，但室内细颗粒物浓度下降。午休及下午课间的短暂时间内，可以看到 CO_2 浓度和细颗粒物浓度急剧的“相反”变化，即由于教室外门开启，室外新风侵入，CO_2 得到稀释的同时，细颗粒物浓度上升。16：00 放学后，CO_2 浓度大幅下降，同时室内细颗粒物浓度迅速上升，说明此时学生大部分离校，教室外门开启频繁，室内颗粒物浓度难以维持在较低水平。

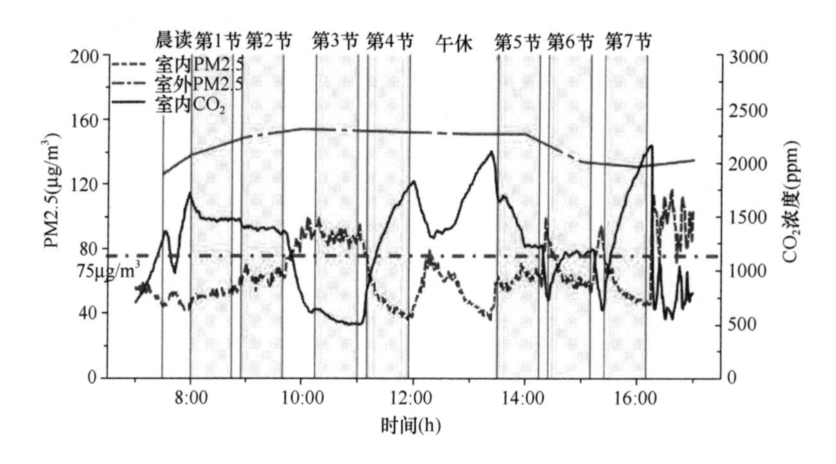

图 5-35 采用机械新风系统的某中小学教室室内空气质量全天变化规律

从上述实测案例可以看出，中小学教育建筑有其使用的特殊规律，与其他公共建筑都不相同。上课期间，主要污染物是人员新陈代谢产生的 CO_2 以及 VOC。而课间必然会有教室外门打开，短暂的时间内就会有大量的室外空气侵入，一方面可以迅速稀释室内 CO_2，降低 CO_2 浓度，另一方面在室外雾霾严重时，也必然会带入大量的细颗粒物，冬季还会带来更多的供暖负荷。这与我国中小学教育建筑的形式有关，绝大部分教室外廊都是直接面向室外，这与中小学教育建筑设计中鼓励学生课间尽量容易地与大自然接触，到室外进行活动密切相关。那么未来中小学教育建筑的设计，是尽量鼓励青少年能够更多地融入大自然中，还是尽量地封闭起来、用机械送风的方式、像成年人的办公楼一样去营造室内环境，成为必须思考和解决的问题。

而且还必须注意到，与成年人的办公楼不同，中小学教育建筑的人员密度非常高，成年人的甲级办公楼，人均 $10m^2$，而根据《中小学校设计规范》GB 50099—2011 中的规定，小学普通教室人均面积不低于 $1.36m^2$，中学普通教室人均面积不低于 $1.39m^2$。孙之炜实测 18 所学校实际教室人均面积为 $1.35 \sim 2.02m^2$。换言之，教室内青少年的人员密度是成年人办公楼的 5～6 倍。如果维持青少年和成年人办公楼每人每小时 $30m^3$ 的新风标准相同（实际上青少年代谢率更高），中小学教室输送新风的风量、风机电耗、处理新风的冷热耗量将是巨大的。而中小学校显然无法负担这么沉重的能源成本。因此，中小学教育建筑室内环境的控制与维持，不应简单照搬成年人工作、生活、休闲所在的各类公共建筑室内环境控制理念和方法，急需创新。

(2) 关于中小学教育建筑绿色发展的探讨

随着社会经济发展和绿色理念深入人心，中小学校绿色建筑和绿色校园建设逐步得到重视。然而，中小学校绿色建筑和校园建设可以照搬已有以办公建筑为基础的绿色建筑设计理念，或进行小幅度修改后引用吗？以下案例的出发点非常好，但实际投入运行后的结果引人深思。

华北某城市高度重视建筑节能和绿色建筑发展，并且提出要在中小学校园建设中推进绿色建筑和绿色校园文化建设。为此，政府投资，并争取到更高一级政府的资金支持，负担某小学绿色建筑和绿色校园建设的增量成本，打造绿色中小学校园建筑的典范。其主要采取的措施与公共建筑类似，并且按绿色建筑评价标准获得设计绿色三星标识，如表 5-9 所示。

华北某中小学校园建筑节能措施 **表 5-9**

等级	一般项（共 43 项）					优选项数	
	节地与室外环境	节能与能源利用	节水与水资源利用	节材与材料资源利用	室内环境质量	运营管理	
	共 6 项	共 10 项	共 6 项	共 8 项	共 6 项	共 7 项	共 14 项
★★★	5	7	4	2	4	2	7
达标	6	7	4	2	5	3	7
不达标	0	2	1	1	0	0	3
不参评	0	1	1	5	1	4	4
星级	★★★	★★★	★★★	★★★	★★★	★★★	★★★

该小学绿色建筑采取的主要技术措施有：

围护结构各项热工性能指标符合《公共建筑节能设计标准》DB11/687 的规定。建筑外窗可开启面积比例大于 30%。

本项目冷热源采用地源热泵系统，冷热源设置在地下一层地源热泵机房内，以 2 台冷热水机组为主，同时配备 2 台风冷模块机组为辅。空调供暖系统机组的性能系数符合标准要求。

空调水系统采用两管制一级泵变流量系统。新风机组回水管设置电子式动态平衡调节阀，风机盘管回水管设置双位式电动两通阀，风机设三速开关，便于集中控制。

报告厅、餐厅、风雨操场采用组合式空调机组一次回风全空气空调系统；教室、办公室等功能房间采用风机盘管加新风系统形式，新风系统采用吊顶热回收式新风换气机；泳池夏季采用除湿热泵机组，同时提供泳池恒温、加热、除湿三种功能，负担室内冷热负荷及湿负荷，泳池冬季采用地板辐射供暖系统，在加热管与分水器、集水器的结合处，分路设置电动式恒温控制阀，通过各区域内的温控器控制相应回路上的调节阀，控制室内温度保持恒定。

办公室采用高效嵌入式荧光灯，走廊采用高效LED节能灯，楼梯间采用LED节能灯，篮球场采用高效金卤灯，金卤灯自带电容补偿器，功率因数不小于0.9，荧光灯均采用显色指数 Ra 大于80（美术教室大于90）的细管径稀土三基色荧光灯。

合理采用智能控制方式，同时合理利用自然光，实行分时控制。机房、办公、卫生间等处的照明采用就地设置照明开关控制；其余照明系统均采用集中照明控制，提高对照明系统的控制管理水平，达到节约能源的目的。

本项目风机盘管及新风系统在地下各机房设置新风机组，新风机组配带热回收装置，具有进、排风两套风机，总排风量为新风的80%，可将各房间的排风进行冷（热）能量回收且维持室内风平衡，有效地减少空调系统能耗。

报告厅、餐厅、风雨操场采用组合式空调机组一次回风全空气空调系统。通过设置在新风管道内的焓值敏感元件在适合全新风运行时提示手动调节设立在空调机组分流段上的新排风手动对开多叶调节阀在实现过渡季全新风运行；风机、电动风量调节阀、电动调节阀联动。

另外，本项目由屋顶光伏发电系统提供一路常用400V低压电源，光伏发电系统总安装容量约为38kVA。

根据申报资料，“这一项目建筑面积2.9万 m^2，工程总投资2.3亿元，其中绿色建筑增量成本312万元，每年节省运行费用61.8万元”。但是，这个学校师生人数1500人，建筑规模接近人均20 m^2。而国家规定的中小学教室面积人均1.4 m^2，考虑课外活动、教室办公、生活后勤等，总的建筑面积为教室面积的5倍，也仅需要7 m^2，这个学校的建筑规模却大到3倍。项目投入使用后，由于机电能源系统和自控系统未经过认真细致的调适，实际系统运行调节又非常复杂，学校很难聘请专业人员进行管理（制度上和经济上都不允许，实际上只能是在职的教师兼任系统管理员）。因此项目投入使用两三年后，系统的各种故障和问题暴露，而且导致了建筑物室内滋生霉菌的现象，严重影响了室内环境质量（见图 5-36）。实际运行每年消耗电力 200 万 kWh 以上，建筑面积电耗 70kWh/m^2，华北地区城市中小学单位建筑面积电耗在 25kWh/m^2 以下；人均电耗 1300kWh/人，华北地区中小学人均电耗很少有超过 500kWh/人的。即使扣除这个项目冬季地源热泵供暖用电（可以取 15kWh/m^2），单位建筑面积耗电和人均耗电都远远高于目前城镇中小学的实际水平。

图 5-36　某绿色建筑小学校园投入使用 3 年后的室内霉菌滋生状况

这样的绿色三星校园建筑是否是我们所提倡？这样的建设理念是否可作为我国未来中小学建筑发展的样板？

5.4.3　改善中小学教育建筑室内环境与低碳节能发展的思考

中小学校园环境的改善，关系到下一代如何健康发展的大事，“再怎么苦也不能苦了孩子”，尽一切可能为他们提供一个健康舒适的学习环境，是每个家长的期望，更是全社会的共识。但是什么才是全面有利于孩子们身心健康、全面发展的校园环境呢？

我国社会发展目前处在不平衡、不协调状态，不同地区的校园建设状况差异巨大。在有少量如上例介绍的接近“贵族学校”服务水平的校园的同时，在西部、在农村还有着大量的孩子在远远不能满足基本教学要求的教室中学习、生活。没有暖气、没有空调、没有专门的新风系统，采光不足，文体设施简陋。有些学校的人均教室面积还达不到要求的 $1.36m^2$/人。改善校园建筑、营造健康舒适校园，其重点是改善这些落后的、不达标的校园环境，使更多的孩子可以享受基本的教育资源，缓解目前发展不平衡的状态，还是建少部分这种高档贵族学校，加剧目前的不平衡、不协调？尤其是用社会资源改善校园环境时，钱应该花在哪？

中小学教育，是人的素质培养最重要的阶段。要把生态文明作为中国未来发展的基本理念，要使其在一代代人头脑中扎根，要从娃娃抓起，使生态文明发展的理念成为每个人基本道德观的组成部分，这离不开中小学教育。生态文明的核心是追求人类与自然协调发展，在中小学的生态文明教育就要强调节约资源、节约能源、保护环境、人人平等。占据着比其他校园大几倍的面积，消耗比其他校园高几倍的能源、享受和其他校园中的孩子完全不同的生活，在这样的环境下只能培养出追求与众不同的“贵族”，很难产生出以生态文明为做人基本道德的下一代。

我国是资源匮乏、环境容量紧缺的国家。目前人均建筑能耗不到 OECD 国家的 1/3。能够在这样低的建筑能耗下实现我国社会和经济的飞速发展，完全得益于中华民族传承下来的节约的生活方式和建筑用能模式。面临未来大幅度降低碳排放的压力，我们只有维持目前的建筑能耗水平，满足社会和经济发展对建筑服务水平不断增长的需求。要实现这一目标，维持传统的节约型生活方式与建筑用能模式是基础。建筑环境系统形式和调控模式决定建筑的用能模式和使用者的使用模式。如果我们在一些作为“样板”的高档中小学校园建筑中摒弃传统模式，发展中央空调、机械新风、不能自然通风的全密封建筑，同时摒弃的就是“自然通风”与“部分时间、部分空间”环境控制的模式，那么在这里生活成长的孩子走入社会后还会坚持我们所倡导的这种绿色节能地营造建筑环境的模式吗？

校园建筑，尤其是中小学校园建筑，不仅是提供学生学习的场所，也是重要的素质培养、道德教育的环境。把中小学校园建设成什么样，怎样通过绿色校园的建设使学生培养出绿色生活的素质，怎样解决我们发展中的不平衡、不协调问题，应该是校园建设中需要高度关注、深入研究和切实解决的重要问题。

5.5 新 区 建 设

5.5.1 新区建设的意义和能源系统建设的目标

我国已进入全面建成小康社会的决定性阶段，正处于经济转型升级、加快推进社会主义现代化的重要时期，也处于城镇化深入发展的关键时期。2014 年 3 月，中共中央、国务院印发《国家新型城镇化规划（2014—2020 年）》，指出城镇化是现代化的必由之路，是保持经济持续健康发展的强大引擎，是加快产业结构转型升级的重要抓手，是解决农业农村农民问题的重要途径，是推动区域协调发展的有力支撑，是促进社会全面进步的必然要求。

新型城镇化的重点从过去大规模的城市建设转变到新区的开发建设。从 2014 年至今，已有西咸新区、贵安新区、西海岸新区、金普新区、天府新区、湘江新区、江北新区、福州新区、滇中新区、哈尔滨新区、长春新区、赣江新区和雄安新区 13 个国家级新区先后成立。同时，各省市还各自规划建立了地方新区，如北京通州副中心、石家庄正定新区、深圳前海合作区、珠海横琴新区等。

新区承载着“先行先试”的重大使命，承担着创新制度、探索发展模式、带动区域发展的重大责任，指引中国未来城市的发展方向。国家主席习近平针对新区规划和建设，指出要坚持“世界眼光，国际标准，中国特色，高点定位”。新区的规划建设要起到引领示范作用，为解决中国重大问题探索合适的途径。

针对能源和环境问题，新区必须先导示范出一条低碳发展、绿色发展的路径。如果新开发的新区都实现不了我国提出的 2030 年要实现的低碳、绿色目标，我国就无法在全国范围内全面兑现 2030 年乃至 2050 年降低碳排放和减少污染物排放的相关承诺。因此，新区建设还承担着对我国城镇未来低碳和绿色发展的试验和示范作用。

新区能源系统建设具体需要解决 4 个突出问题：一是在电力领域如何提高可再生电能的比例，解决“弃风”、“弃光”问题，大幅度降低化石能源比例，从而真正降低碳排放量；二是在供热领域如何降低供暖耗煤量，用清洁热源替代燃煤锅炉，打好蓝天保卫战；三是在供燃气领域如何缩小燃气利用的冬夏峰谷差；四是如何在农村等核心城市临近区域有效、清洁、经济地利用好生物质能源。

新区能源系统的规划和建设应满足创新、协调、绿色、开放、共享的指导理念和目标。具体来说，第一“创新”，要围绕解决目前能源系统面临的4大突出问题，在技术和政策示范上有所创新和突破。只有在新区规划、建设和运营中解决好上述这些问题，才能在能源系统上真正起到全面引领和示范作用。第二“协调”，要摒弃传统能源系统（热、电、气）规划和建设中“各自为战”的格局，改变“重供给，轻需求”的思路，力争做到各类能源相互协调、能源供需相互协调。第三，“绿色”，从低碳和清洁两个角度，有效降低化石能源特别是煤炭的消费比重，合理提高天然气消费比重，着重提高可再生能源消费比重，大幅降低二氧化碳排放强度和污染物排放水平。第四，“开放”，能源系统的构建应以合理的能源和碳排放指标体系为目标向导，在满足能源和碳排放指标体系的前提下，开放包容地利用各类可行技术，形成技术集成和示范。第五，“共享”，加强新区与周边地区能源系统的联系，构建多能互补的能源供应体系，打破牺牲周边区域利益而重点保证新区的传统模式。

5.5.2 如何理解“国际标准”和“高点定位”

新区建设应该坚持“国际标准”和“高点定位”。对于新区能源系统而言，所谓的“国际标准”就是要与世界能源界和环保界的主流观点保持一致，追求节能、低碳、绿色、减排，追求环境友好。所谓“高点定位”，就是在能源供给与消费革命的战略背景下，识大局、随大势，在一张白纸的新区，一步到位建设符合该战略部署的能源系统，避免“先污染后治理”的老路，避免能源系统重复投资的问题。

但目前有一种不良的风气，错误解读了“国际”和“高点”两个词语的含义，必须予以纠正。有人认为，“国际标准”就是要学习发达国家的生活方式，引进国际建筑师设计出一些“奇奇怪怪”的建筑。“高点定位”就是要建大房子、享受“高质量”生活。这些错误的解读如果在新区落地，对能源和环境的直接影响就是推高能源消耗量，降低环境承载能力，与新区建设的理念和目标相悖，新区将会是“反面教材”而不是正面示范。

应该看到，我国传统文化是提倡“朴素”和“节约”的，不考虑高耗能工业情况下，我国人均碳排放和人均能耗都远低于世界平均水平。党的十九大也指出必须坚持“节约优先”。我国“十三五”规划也提出“节约优先”的资源观。“能效”是第一能源，降低碳排放、控制污染物排放，最根源的就是要降低能源需求，实现能耗总量和强度双控。

对于新区的交通，不应盲目追求过高的私家车比例，应大力提倡步行、骑车和公共交通等绿色低碳出行方式。

对于新区的建筑，首先，新区的人均建筑面积不宜过大，杜绝“房屋空置”现象。其次，提倡合理的用能习惯，杜绝“全时间”、“全空间”等费能的建筑运行模式。最后，“不要搞奇奇怪怪的建筑”，这些造型扭曲古怪、玻璃窗比例极大的建筑，不仅在审美上丑态百出、贻笑大方，更是白白增加了空调或供暖系统的能耗。新区建筑的设计一定要避免这个怪圈，真正做到新区建筑符合地方特色、民族特色和传统文化特色。

能否在新区能源系统规划和建设中引导低碳、节能、低污染排放的消费模式，引导绿色低碳的生活方式，对于能否建成低碳、节能、低污染排放的新区能源系统至关重要。这应该是对中国未来生态文明发展模式的全面诠释，也是对我国未来能否实现《巴黎协定》给出的低碳发展要求的兑现。

5.5.3 建立合理的能源和碳排放指标体系

十八大和十九大都指出节约能源和碳减排要实行总量和强度双控。为落实双控目标，在新区能源建设和低碳规划中，就不应该只是简单地罗列一批节能和低碳技术清单，而是需要建立合理的能源和碳排放指标体系，作为新区能源系统规划设计的基本约束条件。在满足该体系各类指标约束的前提下，再尝试利用各类可行技术，通过技术集成实现这些指标。

从绿色低碳发展的角度，新区能源系统的基本约束指标应该是碳排放指标和能源消耗总量指标。前者是我国未来低碳发展所必需的，并且也间接决定了能源结构和可再生能源量；后者则是节能的目标。由于低碳能源如风电、光电、水电以及核电都是以电力为最终的能源模式，所以要实现低碳能源，一定要加大电能占终端能源消费的比例。因此，为了实现低碳能源的目标，就要再给出可再生电力占总的电力供应中的比例，以及终端非电能源中的可再生能源比例。如此就应该较全面地规定了未来低碳绿色发展目标。

（1）人均碳排放

新区没有高耗能的工业部门，货运交通能耗占比也不大，因此可以认为主要的能源消耗和碳排放都是由类消费领域（包括客运交通部门和建筑运行部门）产生的。类消费领域用能是为了提升消费者的舒适度，随着舒适程度增加，单位舒适度增长所需的能耗也不断增加。由于类消费领域的能耗以及由能耗间接产生的排放与产值并无直接关系，而该领域能源消耗的“目的”是服务于“人”，因此应采用人均指标加以刻画。那么对于新区的人均碳排放指标，应该取多大数值呢？

目前中国的人均碳排放为6～7tCO_2/（人·a），与欧盟水平相当，略低于日本的10tCO_2/（人·a），远低于美国的近20tCO_2/（人·a）。

根据国家发展改革委能源所、清华大学能源环境经济研究所、清华大学公共管理学院、清华大学建筑节能研究中心、清华大学地球系统科学系、中国社会科学院城市发展与环境研究所、中国人民大学环境学院的共同研究成果[1]，在强有力的气候变化和能源政策支撑下，我国将在2025年之前实现能源活动的CO_2排放峰值，峰值为90亿t以下[2]。为了达到《巴黎协定》设定的2度目标，碳排放达峰之后必须进入快速下降通道，在2050年的碳排放量比峰值时减少65%左右，即30亿～35亿t水平。对应到14亿人口，人均碳排放不超过2.5tCO_2/（人·a）。而该指标是2050年中国全社会的人均碳排放上限，考虑了工业生产和对外交通的碳排放，这两部分的碳排放按照总排放量的30%～35%估计，则人均碳排放上限为1.5tCO_2/（人·a）左右。横向对比世界先进城市的2050年人均碳排放规划指标，伦敦规划为0.8tCO_2/（人·a），柏林规划为1.7tCO_2/（人·a），东京规划为1.3tCO_2/（人·a）。由于目前我国的人均碳排放水平接近欧盟并低于日本，新区人均碳排放指标不应高于国外上述城市，因此新区合理的人均碳排放应该在1.0～1.5tCO_2/（人·a）（不包括新区内的制造业）。

（2）人均能源消耗

[1] 《中国低碳发展报告》编写组．中国低碳发展报告（2017）．北京：社会科学文献出版社，2017.

[2] 中国尽早实现二氧化碳排放峰值的实施路径研究课题组．中国碳排放尽早达峰．北京：中国经济出版社，2016.

能源消耗强度指标反映了能源消费侧的用能强度。对于类消费领域，随着社会进步、人民生活水平提升，人均一次能源消耗一般呈现先上升后降低的规律。社会发展水平越高，并不意味着人均能耗越多。日本、英国、德国、澳大利亚、加拿大、美国的人均GDP都超过了35000美元，但人均用能差距极大：日、英、德的人均能耗都在2～3tce/（人·a），澳大利亚人均能耗略高，约为3.5tce/（人·a），美国、加拿大人均能耗都超过了4tce/（人·a），美国甚至高达5.5tce/（人·a）。这些国家的气候没有太大差别，能耗差异如此巨大只能是因为人们用能习惯不同导致的。例如，美国很多地方的空调系统都是整栋楼全天运行，这种“全空间”、“全时间”的运行方式造成了能源的巨大浪费。

当前我国人均能源消耗还处在较低的水平，大约只是OECD国家平均水平的1/4。目前OECD国家正在通过舆论引导、制度变革、技术创新，努力降低本国的人均能耗水平。而我国一些舆论还在鼓吹人均能耗水平要大幅提高，要向发达国家现状水平靠拢。这种人均能耗发展的“逆行”言论，违背了节能减排的大势。由于当前我国人均能耗水平很低，未来人均能耗势必会上升。但一方面要看到我国大规模的工业化已进入尾声，产业结构调整将使得经济结构由重工业和低端产业为主向高端制造业和生产性服务业为主转变，第一、第二产业的能耗将逐步降低。另一方面中华民族素来有节、约节俭的传统美德，通过能源消费总量和强度双控的严格措施、高效用能技术的成熟以及合理用能习惯的引导，第三产业和建筑领域的能耗是完全可以控制在较低水平的。因此最终我国的人均能耗应该比发达国家降低后的人均能耗水平更低。

在具体制定新区能源消耗强度指标约束值时，用“tce/人”的提法不够科学和严谨。一是由于在将各类可再生、非可再生能源折算至一次能源当量过程中，折标准煤系数的取值尚不能形成统一意见，且国际上也一般不用标准煤作为统一单位。二是这种将所有能源统一到标准煤的折算方式，并不能体现用能的引导方向。新区很可能不消耗一吨燃煤，结果还在以燃煤作为能耗统计单位，不仅绕了很大的圈子，而且在绕的过程中还很容易由于转换方法不一致而出现很大的偏差。因此不宜将所有能源合并统计，而应该拆分为电能消耗（kWh）和燃料消耗（GJ或tce）两项指标。同时，把制造业与非制造业的类消费领域分开。

首先是人均电耗。我国2017年全社会用电量约6.3万亿kWh，人均电耗为

4500kWh/人。作为参考，德国2016年人均电耗为6800kWh/人，日本人均电耗为8300kWh/人。由于未来要推动能源供给和消费侧革命，大幅提升可再生能源占比，而电能是可再生能源最高效、便利的能源载体（如水电、风电、火电），同时我国还要大力发展核电，交通、建筑等终端的用电末端会大量增加，因此人均电耗将有显著提高。考虑到德、日都是工业大国，工业用电量巨大，且居民生活用电也由于电器老旧、用电习惯等因素偏高，再考虑到我国的产业结构调整方向和居民生活用电习惯，未来的人均电耗在6000～7000kWh/人较合理。

其次是人均燃料消耗。我国2017年一次能源消费总量约44亿tce，人均约3tce，其中人均电耗4500kWh，折算为约1.4tce，剩余的2.6tce为除去电力部门外的燃料消耗，用于工业、交通、居民生活等，其中以工业部门为最大用户，其消耗的燃料占到总量的60%以上。不考虑工业部门，用于交通和居民生活的燃料大约为1tce/人。由于人均电耗的大幅增加已经考虑了终端用能方式的改变，例如电动车取代燃油汽车，电炊事替代燃料炊事，未来人均燃料消耗将在1tce/人的基础上进一步降低30%～50%，达到0.5～0.7tce/人。

（3）电能占终端能源消费比例

电能是清洁、高效、便利的终端能源载体，在大力推进低碳发展，大规模开发可再生能源，积极应对气候变化的全球发展趋势下，提高电能占终端能源消费比例已成为世界各国的普遍选择。我国目前电力在终端能耗中的占比约为21%，国家发展改革委在《电力发展“十三五”规划》中提出，2020年电能占终端能源消费比重要达到27%。世界上该指标数值最高的国家是瑞典，该国电能占终端能源消费的比重为33%。新区建设应具有一定的前瞻性，通过引导终端用能方式向电能转变，电能占终端能源消费的比例应达到50%。

值得一提的是，提高电能占终端能源消费的比重，应以高效用电为前提。特别是对于电供暖而言，除非在极严寒的地区，否则不适宜采用电直热方式（包括电暖气、电热膜、电锅炉等）。因为电直热是能源转换效率最低的一种方式，一份电能最多变为一份热能（不考虑其他损失的情况下）。而当前我国电力结构仍以火电为主，2016年超过70%的电能来自于火力发电，一份化石能源转换为1/3份电能。也就是说，电直热方式的一次能源效率仅相当于40%的燃煤锅炉，不宜提倡推广。尤其对于集中式的大型电锅炉，目前管理水平较高的集中供热管网也有至少20%

的管网损失（包括散热、过量供热等），因此一次能源效率仅相当于30%的散煤小锅炉，更不可取。各类分散的电热泵（如空气源热泵、电源热泵、水源热泵等）效率数倍于电直热方式，且可由热用户根据需要调控，或者接受电力部门统一调度参与电力调峰，应因地制宜加以利用。

（4）可再生能源比例

可再生能源比例是直接衡量可再生能源利用水平的指标。世界各国都已提出可再生能源比例的目标，例如中国提出至2030年可再生能源比例不低于20%，欧盟提出至2030年可再生能源比例达到27%，瑞典、芬兰、德国均提出至2050年不低于50%的目标，丹麦更是提出至2050年完全可再生。新区建设中应从电力和非电力（包括燃料和低品位热量）两个方面，努力提高可再生能源的利用率，分别约束电能和非电能中可再生能源的比例。按照我国2050年低碳的发展目标，电能中可再生能源的比例应达到50%，非电能中可再生能源的比例也应达到50%。

5.5.4 能源供给侧与消费侧革命

国家发展改革委、能源局在2016年末印发了《能源生产和消费革命战略(2016—2030)》，提出推进能源生产和消费革命，有利于增强能源安全保障能力、提升经济发展质量和效益、增加基本公共服务供给、积极主动应对全球气候变化、全面推进生态文明建设，对于全面建成小康社会和加快建设现代化国家具有重要现实意义和深远战略意义。新区能源系统也要紧紧围绕能源生产和消费革命战略布局、规划和建设，先谋后动。

对于供电，在电源侧，随着可再生电力接入比例的增加，电源侧的不确定性和扰动性逐渐增加；在末端侧，随着社会活动从以生产为主转为以消费为主，电力需求的不确定性和日夜间的变化也逐渐增加。两者叠加，对电力系统的调峰提出了极大的挑战，急需建设灵活电源和柔性电网。

北方地区大部分城市冬季供热的主要热源是燃煤热电联产机组，“以热定电”运行，冬季几乎没有调峰能力。全面改为燃气热电联产机组不具备现实可行性，因此需要采用“热电协同”技术提升燃煤机组冬季的调峰能力。“热电协同”技术可在不改变主蒸汽流量的条件下，严寒期设计热负荷工况时，电力输出在50%～100%范围内调节，实现电源侧的快速调节。

采用分布式蓄电技术可以改善电网的需求特性，削减或消除其不确定性，使之与电力供给特性保持一致。蓄电池安装在用户末端（如建筑的各个功能空间），不仅可以起到削峰填谷的作用，还可以保障供电的安全可靠性，提高供电质量，减少线损等。

采用“需求侧响应”的技术和用电模式，可以进一步使得电力需求特性与电力供给特性一致。可行的需求侧响应末端包括电动汽车和可统一调控的智能充电桩系统、可受电力调度管控的电器（如智能空气源热泵）、公共建筑电制冷与蓄冷装置等。

对于供热，热量属于低品位能源，任何高品位的能源（如燃料、电等）直接转化为热量进行供热都属于能源的浪费。因此，新区的供热热源应优先选择各种低品位余热，包括电厂余热、工厂余热、污水余热等。同时利用本地的可再生热源，如中深层地热、生物质燃烧、干垃圾焚烧等。

由于新区一般不建电厂和工厂，因此电厂和工厂的余热要从周边地区挖掘。鉴于能源价格和钢材价格相对贵贱关系的转变，并且长距离输热技术日趋成熟，供热经济半径从过去10～20km扩大到50～100km，以后还会更长，因此新区供热完全可以考虑利用周边50～100km内的工业余热。如果新区处在缺水地区，且周边有沿海的核电厂或大型火电厂，甚至可以考虑“水热同送”，即利用电厂余热进行海水淡化，并用余热提升淡水的温度至90℃左右，通过单管输送至新区，换出的热量用于供热，换完热的冷水经过水处理后并入市政自来水管网，供新区居民、产业、生态等使用。由于采用了单管系统，经济半径可以再扩大一倍，达到100～200km。

各类余热利用的一个共性问题是要降低供热一级网的回水温度。降低回水温度，不仅可以提高供回水温差，提高余热长距离输送的经济性，更可以提高余热的利用率。降低一级网回水温度的措施包括：采用低温供热末端，如地板辐射供暖末端、吸收式末端；热网做好水力平衡和热力平衡等。

对于供冷，近年来一些新区规划并建设了区域供冷系统，例如珠海横琴新区、深圳前海合作区以及北京丽泽商贸区等。区域供冷系统究竟是否应该推广呢？支持推广区域供冷的主要观点是：1）冷源效率高；2）集中冷站占地小且可以减少设备冗余，从而降低冷站单位初投资；3）集中冷源易于控制和维护。但在已有的实际工程中，区域供冷不仅初投资高，运行费用也高，用户难以接受。那么为什么区域供冷系统不应推广呢？这是因为建筑的热需求与冷需求的本质不同。热需求主要是应对室外低温，因此是统一的连续的；而冷需求的一半以上是应对与建筑实际使用状况相关的室内各类热源，是瞬态变化的，是各自不一致的。其次，区域供冷的供回水温差小，一般不超过10℃，而集中供热系统的供回水温差至少60℃，也就是说区域供冷的单位冷量输配电耗至少是供热的6倍。同时，循环泵的电耗还转换为热量，加热冷水造成了冷量的浪费，而在供热系统中循环泵电耗转换为热量并没有被浪费。日本新宿新都心的区域供冷系统，是世界上规模最大、管理最完善的系统，且新宿是高密度的办公区域（容积率超过9），供冷范围也仅为4km，但是冷量的8%～9%被循环泵产生的热量抵消。而我国建成或在建的区域供冷系统，实际容积率大多不超过2，有的甚至只有1，且个别项目的供冷管线长达40km，在这类低容积率、低负荷密度的区域，系统*COP*必然远低于新宿的系统，无论能耗还是经济性都是不适宜的。此外，与集中供热系统一般连续供热不同，多数商业用户不需要连续供冷，但区域供冷系统必须为少数用户维持整个区域连续供冷，导致实际单位面积耗冷量远大于分体空调或单栋建筑的集中供冷，并且容积率越低、负荷密度越低，这种情况就会越严重。对于热电冷三联供，也有很多人认为是节能的，但其论断都建立在一个基本出发点上，就是这种技术发电效率高于燃煤发电效率（33%）。但是热电冷三联供采用的是天然气，应该与燃气电厂发电效率（55%）进行比较。冬季热电联产时，热电冷三联供装置比天然气锅炉更节能；但在冷电联产时，其效率远不及燃气热电厂，属于能源浪费。并且当设备投入后，使用者考虑到即使低效地纯发电，在经济上也比闲置设备合算。因此就可能在过渡季单纯发电确保经济利益，造成能源的浪费，可谓“省钱不省能”，因此同样不宜推广。

终端电能比例增加了，燃料消费量就应该大幅度削减。为了减少对大气的污染和碳排放，新区的非电燃料往往是燃气。除去工业生产要求，如果汽车都变成电动化，建筑供热也由余热、可再生热源等解决，燃气的需求就只剩下炊事等很少几项用途。因此，应尽可能削减燃气用量，并尽可能用生物燃气替代化石燃气。新区有相当部分的湿垃圾（餐厨垃圾），新区绿化还会产生部分枝条、树叶，这些都是制备沼气的好材料。如果新区周边有农业或林业，也可以取农业秸秆和林业枝条作为制备沼气的原料。把沼气中的二氧化碳分离，可以获得与天然气质量相同的燃气，还可以通过利用或填埋消纳分离出的二氧化碳而实现“负碳”，从而抵消一部分新区的碳排放。通过这种方式就有可能实现新区用燃气的全部自给，并且是“负碳”供气，可以对降低新区碳排放总量起到较大作用。

本章参考文献

[1] 中国民用航空总局，国家发展和改革委员会，交通运输部．中国民用航空发展第十三个五年规划，2016.

[2] 赵海湉．航站楼环境质量与能效实测研究 [D]. 北京：清华大学，2015.

[3] GB/T 51161—2016. 民用建筑能耗标准[S]. 北京：中国建筑工业出版社，2016.

[4] 杨婉，石德勋，邹玉容．成都双流国际机场航站楼空调系统用能状况分析与节能诊断[J]. 暖通空调，2011，41(11)：31—35.

[5] 周敏，刘晓华，王娟芳，等．西安咸阳国际机场 T3A 航站楼新型节能空调系统的研究与应用[J]. 建设科技，2015(10)：78—78.

[6] 龚元义．2016 年中国城市轨道交通新增运营线路 562 公里．中国轨道交通网，2017-01-13.

[7] 李国庆．城市轨道交通用能与节能的思考[C]. // 中国轨道交通网．2015（第三届）中国城市轨道交通系统性节能研讨会，南京：2015.

[8] 徐得阳．中国轨道交通发展现状及节能减排对策[J]. 建设科技，2014(13)：74－76.

[9] 李国庆．城市轨道交通通风空调系统的现状及发展趋势[J]. 暖通空调．2011，41(6)：1－6.

[10] 卢梅，何涛，裴晓辉，等．北京地铁电能与水量消耗分析[J]. 北京交通大学学报，2011，35(1)：136-139.

[11] González-Gil A, Palacin R, Batty P, et al. A systems approach to reduce urban rail energy consumption[J]. Energy Conversion & Management, 2014, 80: 509 - 524.

[12] Thong M and Cheong A. Energy Efficiency in Singapore's Rapid Transit System[J]. Journeys, May 2012: 38-47.

[13] 杨乐．地铁站用能特征与节能策略研究[D]. 北京：清华大学，2017.

[14] 刘伊江．城市轨道交通地下站车站段隧道纵向通风研究报告[R]，2016.

[15] 朱建章，孙兆军．地铁通风空调系统新观点[J]. 暖通空调，2015，45(7)：1-6.

[16] GB 50157—2013. 地铁设计规范[S]. 北京：中国建筑工业出版社，2013.

[17] 孙之炜，北京市中小学教室内空气质量调研[D]，清华大学，2017

第6章　节 能 技 术

6.1　室内CO_2浓度调控指标与方式

6.1.1　关于室内CO_2浓度与室内新风换气

CO_2本身无毒，在室内CO_2浓度较低时对人体无危害，但其超过一定量时会影响人的呼吸。实际上CO_2是用来作为室内污染物的指示剂，用其检查各类室内化学污染源（主要是人体散发的各类污染物）散发的污染物是否超标。所以室内空气质量标准对CO_2浓度限值做出明确要求，我国标准规定室内CO_2日平均浓度不超过1000ppm。建筑室内的CO_2来源主要是人体呼出的气体，由于建筑中一般都存在人员活动，所以通常情况室外新鲜空气（下文简称新风）的CO_2浓度会低于室内空气，通过与室外的通风换气，可以实现室内CO_2浓度的降低，一般来说，室内CO_2浓度越低表示进入室内的新风越多，室内CO_2浓度越高表示进入室内的新风越少，所以室内CO_2浓度除了是室内空气质量控制参数，也能作为评价进入室内的新风是否足够的指标。

利用新风对室内进行换气可以保证室内的空气品质，这是控制建筑室内空气品质的重要且常用手段，但必须认识到利用新风对室内换气是有较大代价的。其一，处理新风的能耗较大：因冬夏季室内外存在较大焓差，需要将新风处理到室内参数，从而构成较大的新风冷热负荷，是空调系统能耗的主要构成之一，以北京市办公建筑为例，新风负荷可占到全年冷热负荷的约1/3；其二，集中供应到室内的新风，风机能耗较高：仍以北京市为例，$30m^3$/（h/人）新风量，人均使用面积$10m^2$，每天运行10h，每周运行5天，全年新风的输送电耗为2.9kWh/m^2，加上对应的排风机电耗，合计新风系统的风机总电耗为5.2kWh/m^2，占到北京市商业办公建筑总能耗标准的6.5%。综合处理新风的冷热负荷、输送新风的风机能耗两项，北京地区的办公建筑新风总能耗会达到建筑总能耗的15%左右，占建筑空调能耗的35%以上，是一个相当高的比例。对于人员密度更大的商业、餐饮等建筑，新风的能耗会更大。因为室内增加新风量的代价很大，所以送入室内的新风量应加以控制，满足室内换气需求即可，以节约新风能耗。

如前所述，室内CO_2浓度高低反映了进入室内新风量的多少，控制新风量适度也就是要控制室内CO_2浓度适度，室内CO_2浓度在不超过标准规定限值的同时，还应不低于一个下限，以在室内需要供冷或供热时不会由于新风量过大而增加冷热负荷。理想的结果是室内的CO_2浓度控制在一个低于浓度限值的合理范围，这样才保证了进入室内的新风量适度，而不出现新风量过度供应导致浪费能耗的情况。那么建筑室内的实际情况如何呢?

6.1.2 室内CO_2浓度测试数据及问题分析

目前对建筑室内CO_2浓度测试数据显示，我国公共建筑的新风量供应情况并不理想，图6-1～图6-7给出了部分文献对各类公共建筑室内CO_2浓度的实际测试结果。

图6-1显示，即使以1500ppm为高中教室室内浓度上限，CO_2浓度超过上限的教室比例达到74%；以1000ppm为大学教室室内浓度上限时，超标教室的比例为20%。这说明在人员密度较大的教室，室内CO_2浓度超标的情况较为普遍，其中人员密度更大的中学教室超标更为严重。超标的高中和大学教室均是由于门窗关闭，室内外通风量小造成。

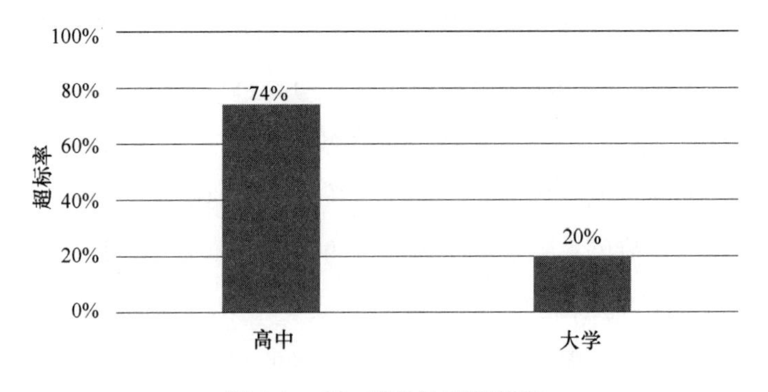

图6-1 CO_2平均浓度超标率

图 6-2 显示，在一地下建筑中，人员密集的地下购物中心和餐饮 CO_2 浓度在大多数时间超过标准限值（1000ppm），最高达 1800ppm，显著高于办公区域和入口区域，原因是这些区域人员密度很大而新风量不足；此建筑的入口区域 CO_2 浓度值不超过 700ppm，明显低于标准限值，原因是通过外门有大量的室内外换气。

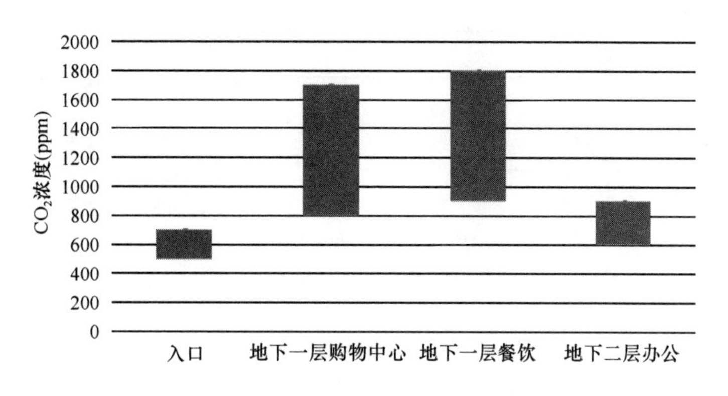

图 6-2 某地下建筑室内 CO_2 浓度分布

图 6-3 是某展馆建筑的室内 CO_2 浓度测试结果，展馆内所有区域的 CO_2 浓度均很低，而入口区域更是与室外浓度基本一致。原因是展馆内人员密度较低且新风系统持续运行、入口区与室外存在大量渗透风换气。

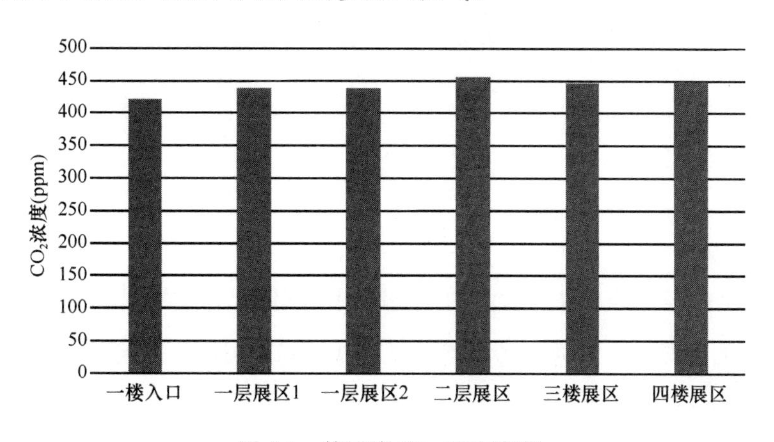

图 6-3 某展馆 CO_2 平均浓度

图 6-4 是数个铁路客站室内 CO_2 浓度测试结果，结果显示，在车站建筑中，虽然个别车站（车站 1）室内 CO_2 浓度较高（略超标准限值），但更普遍的现象是室内 CO_2 浓度显著低于标准限值；如图 6-5 所示，浓度相对较高的车站 1，在进站厅、西售票厅，CO_2 浓度也显著低于标准限值，仅在人员密度较大的候车室和东售票厅

内区，CO_2浓度较高。经调研测试，发现各车站室内CO_2浓度偏低的主要原因是常开外门、经常开启的外门等造成的大量室内外换气。

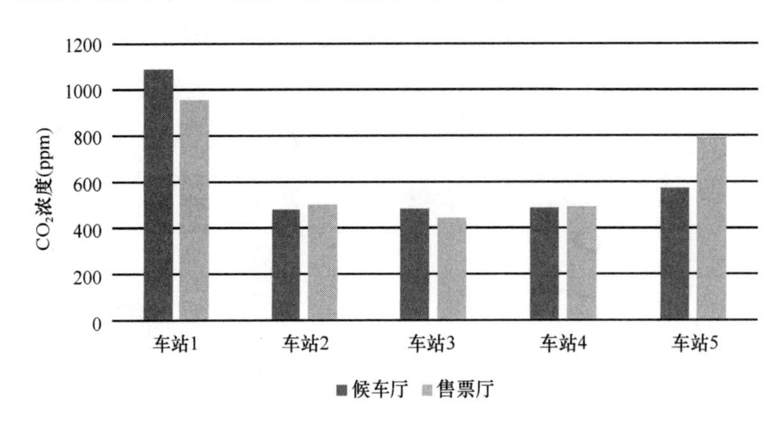

图 6-4 车站 CO_2 平均浓度

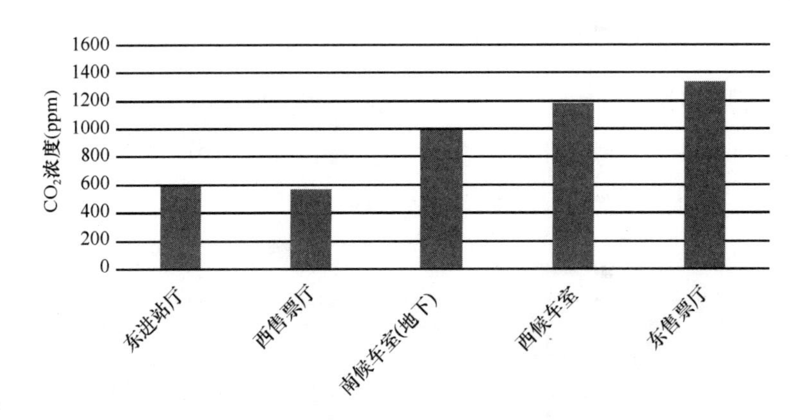

图 6-5 某车站各点平均 CO_2 浓度

图 6-6 是一经常开启外门营业的地上商铺测试结果，结果显示即使在不开启集中新风系统的情况下，室内CO_2浓度仍显著低于标准限值，原因同样是开启的外门造成了大量的室内外换气。

图 6-7 为一商业一天不同时间的室内CO_2浓度变化情况，商铺的新风机组每天营业时间定风量运行，早上客流量小，室内CO_2浓度很低，随着客流量增加，室内CO_2浓度逐渐升高，全天大多数时间室内CO_2浓度值也是明显低于标准限值的，较多的时间存在新风的过量供应。

通过上述各类建筑室内CO_2浓度分布现状，可概括目前公共建筑新风换气存在

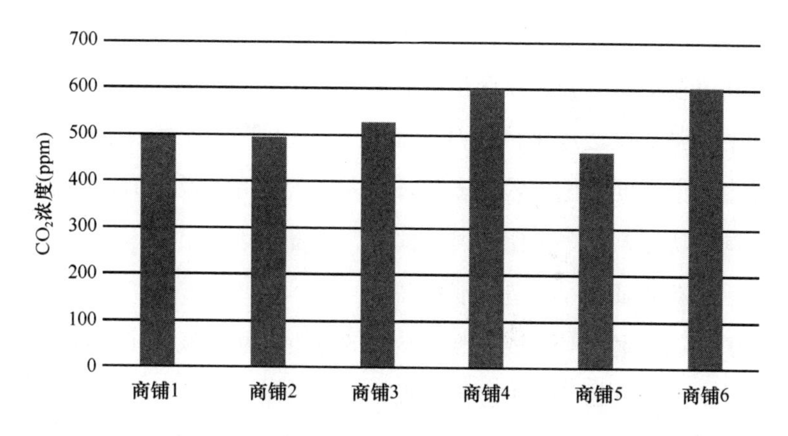

图 6-6　某商业区地上商铺平均 CO_2 浓度

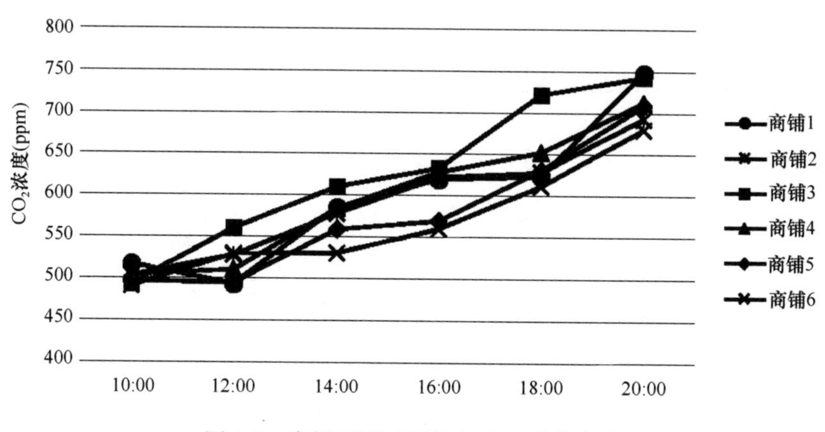

图 6-7　商场不同时间室内 CO_2 浓度变化

的问题：

（1）一些人员密集、在室时间长的建筑（如学校教室、自习室、部分办公室等）室内 CO_2浓度偏高。这类建筑的新风量需求大，虽然在设计时考虑了自然通风或者机械送新风系统，但在运行中要么自然通风开启不足（如教室，由于冬季吹风感强烈、夏季室内过热等原因导致不愿开窗通风），要么新风系统开启时间不足（部分办公为节约运行成本，在冬夏季节因负荷大，不开或者少开新风机组），这种该开不开的情况，导致室内新风量不足，造成室内环境不达标。

（2）一些人员密集但人员密度波动较大的建筑（如车站、商场中庭、会展中心、机场等）室内 CO_2浓度水平明显低于标准限值。原因包括：1）这类建筑空间高大、出入口多且开启频繁、建筑气密性差等导致建筑室内外渗风换气量大；2）

这类建筑一般会根据较大人员密度设计新风量，运行中空调系统连续按照设计值供应新风，且新风量不能根据人数变化调节。这类建筑往往室外的渗透风已能满足换气要求，加上空调系统送进来的新风，室内新风量严重偏大，导致能耗升高。同时，由于室内人员密度变化大，大多数时间人员密度低于设计值，而新风系统一般不具备风量调节功能，进一步使新风量偏大。这是不该开启新风而运行新风系统的情况，导致室内新风量过大，造成能耗高。

以上基于对建筑室内CO_2浓度测试结果的分析，初步概括了目前公共建筑新风换气的问题，一些建筑的新风供应量不足，不能满足室内空气品质要求，另一些建筑新风供应量过大，会造成大量的能源浪费，这些问题说明目前公共建筑的新风换气控制不甚理想。下节对此尝试提出解决建议。

6.1.3 基于CO_2浓度指标控制新风量

公共建筑室内存在的CO_2浓度偏高或偏低的现象，根源在于室内新风量的控制偏差，上节分析了新风量供应偏差的原因，包括运行通风不足、室外渗风量大、新风系统不能调节、新风系统过量供应等直接原因，但从本质上说，问题在于未能明确以室内CO_2浓度指标作为设计和运行标准导致的。

在设计时，现在的做法是直接根据建筑功能确定人员新风量标准，根据此新风量设计新风系统，不考虑建筑围护结构渗透风的影响；对室内外渗风量很大的建筑，这种简单以确定新风量为标准的做法，造成新风机组选型严重偏大。

在运行时，大多数建筑的做法同样是以固定新风量运行，不能根据室内新风量需求变化（由于人员数量变化引起）进行调节，使得新风量过量供应。另一种情况是，由于未监测室内空气品质参数，不适当的关闭或少开新风，使得室内新风量不足。

控制室内环境的主要参数包括温度、湿度、CO_2浓度，目前这三者都能直接测量。对室内温度的控制，不是检查到底送入多少热量或冷量，而是依据设计温度标准来计算负荷，并根据负荷选设备，在运行中监测运行温度来调节设备。对空气质量的控制也类似，前文已述，CO_2浓度是可以作为室内外新风换气的评价指标的，不应只看机械新风量是多少，而应检查室内CO_2浓度；根据室内CO_2负荷计算需要补充的总新风量，根据总新风量需求确定机械送新风量，需要注意的是室内获得新风的方式既包括机械送新风，也包括自然渗透风，因此建筑机械新风系统的风量应该用需要的总新风量减去自然渗透风量。如果自然渗透风量超过室内总新风量需求，不仅不需要再设计新风系统，还需要想办法改善围护结构控制自然渗透风量（与自然通风类似，如果自然通风能够带入冷量，就不用靠空调送入那么多的冷，只要温度合适就行）。在运行中，也不需要关注每时每刻进入室内的机械新风量是多少，而是应以最终需要控制的 CO_2浓度为目标，进行新风量调节。目前对室内 CO_2浓度的监测技术已很成熟，成本也不高，工程中应直接按照控制室内 CO_2浓度目标运行，从而避免新风量过大导致的能源浪费和避免新风量供应不足导致的室内空气质量差。综上所述，像规定室温控制热舒适一样，公共建筑设计和运行标准对室内空气质量控制的理念，应从规定新风量改为规定室内 CO_2浓度，而新风量应根据计算确定（类似空调负荷需要计算确定）。

对以上理念实施的初步考虑如下：

（1）室内 CO_2浓度标准：从舒适健康与节能运行的平衡角度，室内 CO_2浓度控制指标应是一个范围，既有一个最高限值保证舒适健康，又有一个最小值限制（而不是越低越好），保证经济运行。这也与室温类似，夏季空调运行温度范围一般在23～26℃之间，不是越低越好，而是鼓励运行在更节能的 26℃。以办公建筑为例，室内 CO_2浓度范围可考虑采用 800～1000ppm（不同建筑可以不同），可鼓励以1000ppm 为标准进行设计运行，这样可保证进入室内的新风量适度，而不出现新风量过度供应导致浪费能耗的情况。

（2）关于建筑新风量：明确建筑的新风不仅包括机械新风，也包括建筑围护结构渗透风，在设计时要统一考虑。有些建筑区域，室外渗透风量即可满足室内换气要求，因此对渗风量较大的各类建筑区域，应计算渗透风量，作为新风系统设计的必要依据。机械新风系统的设计风量＝基于室内 CO_2浓度控制需求的总新风量－渗透风量。对计算渗透风量超过总新风量需求的建筑区域，不仅不需要设机械新风系统，还需要采取措施提高建筑的气密性，从建筑围护结构缝隙封堵、幕墙气密性等级提高、主要出入口设置门斗、门口设置风幕、选用气密门等措施，做到减少自然进风量，避免新风过度供应。

（3）关于新风量的运行调控：人员密集但人员密度变化范围大的建筑，其设计机械新风量大，应考虑新风系统运行中的调节措施，以更好地适应室内空气品质控制需求的变化，将CO_2浓度控制在设计范围，避免过量供应，也避免新风不足。目前已有部分建筑采用的常见做法如下：

1）对带回风的组合式空调箱，可监测室内CO_2浓度，调节新风阀和回风阀开度，使新风量供应与需求相匹配，从而减少处理新风的能耗。

2）对独立的新风系统，可监测室内CO_2浓度，对新风机进行变频控制（启停控制），使新风量供应与需求相匹配，从而减少处理新风的能耗和输送新风的能耗。

3）对自然通风系统，也可监测室内CO_2浓度，对通风窗开启数量和位置进行调节，从而控制室内新风量合适，减少室外寒冷或炎热时对室内热环境的影响。

6.2　高大空间公共建筑的无组织冷风渗透与管理

高大空间一般指建筑内净空高度大于或等于8m的空间，在商业建筑、交通枢纽等公共建筑中较为常见。建筑内的高大空间往往是公共建筑的中心功能区，室内人员的流动规律复杂，出入口多，与外界的连通性强。高大空间内的压力和温度分布通常是不均匀的，特别是冬季，公共建筑高大空间底部实测室内负压达－20Pa以上，造成巨大的无组织冷风渗透，一方面严重影响这类空间的舒适度，另一方面增加巨大的供暖能耗。因此，高大空间渗风是公共建筑降低能耗必须关注的重点。

6.2.1　渗风量及其影响的实测案例

以机场航站楼为例，此类建筑通常出入口众多、内外连通性强。实测结果发现，室外无组织渗风是影响航站楼冬季实际耗热量和室内环境的最主要因素。2016年冬季对华北某机场航站楼的室内环境和供暖系统进行测试。该航站楼出发层在上，到达层在下，通过扶梯相连，室内顶棚最高点距地面约27m。实测表明，该航站楼上热下冷的现象非常严重。测试期间室外气温为2.0～4.0℃，到达层受室外冷风侵入影响，部分区域平均温度仅16℃（见图6-8）。出发层值机大厅和候机厅等平均温度高于22℃，出发层上部夹层（主要是休息室、餐饮和商铺等）在半数以上空调箱不开启的情况下，局部温度甚至高于25℃。

从图6-9所示的CO_2浓度分布也可以看出无组织冷风渗透是冬季高大空间室内环境的主要影响因素。在人员密度接近的情况下，到达层CO_2浓度约为500ppm，

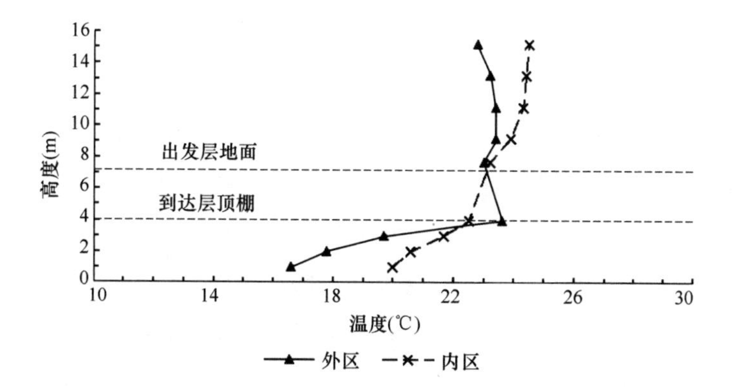

图 6-8 某航站楼冬季室内温度垂直分布

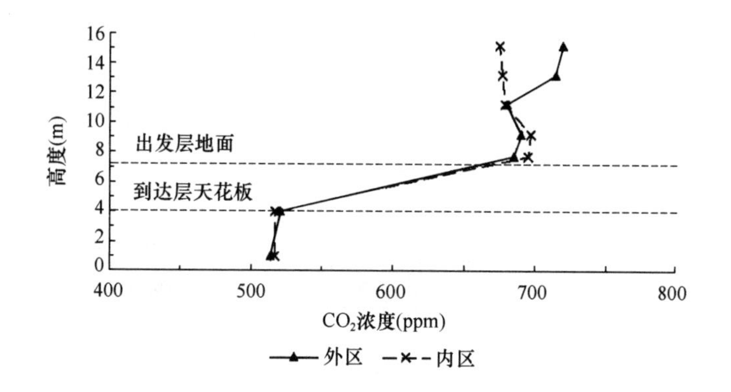

图 6-9 某航站楼冬季室内 CO_2浓度垂直分布

与室外十分接近（室外 CO_2浓度为 400ppm），出发层和上部夹层层的 CO_2浓度在 700ppm 左右，可以看出位于底部的到达层受冷风侵入的影响非常大。

利用不同的渗风量测试分析方法，可以对大空间建筑内的渗透风量进行初步分析。由于大空间建筑体量巨大，很难利用常见的释放 SF6 等示踪气体的方式来确定渗透风量，这也是研究大空间建筑实际渗透风量面临的一个技术难点。目前为了得到实际的渗透风量结果，实际测试中通常可以利用测试可见的出入口风速来加和得出渗风量的方式，也可以利用室内外 CO_2或含湿量差来大致估算室内外之间渗透风量的数值，并通过热量平衡的方式进行相应的能量校核。对于上述测试的该航站楼，以不同方法测试得到的冬季渗透风量可达到 30 万～40 万 m^3/h，折合换气次数为 0.3～0.4h^{-1}。尽管换气次数的数量级并不算太大，但由于这类大空间建筑体量巨大、空间高度大，且通常人员仅在有限的高度区域内活动，这种量级的渗透风量实际折合人均渗透风量可超过 130m³/（h·人）甚至更高。对不同机场航站楼、商场大空间等建筑的渗透风量实测结果也表明，冬季渗透风量的数量级通常在几十万立方米每小时甚至上百万立方米每小时的量级，折合的换气次数尽管也只在 0.5h^{-1}以内，但渗透风量的数量仍是巨大的，这使得渗透风会对冬季室内热环境产生显著影响。

仍以上述测试的华北地区某航站楼为例，通过连续监测空调系统供热量、室内人员数量、照明和设备电耗等数据，分析发现在冬季一个 24h 周期内，无组织渗风带走的热量占到了该航站楼总散热量的 56％，如图 6-10 所示。换言之，如果能减少 90％的冷风渗透量，能够降低一半的供暖耗热量。

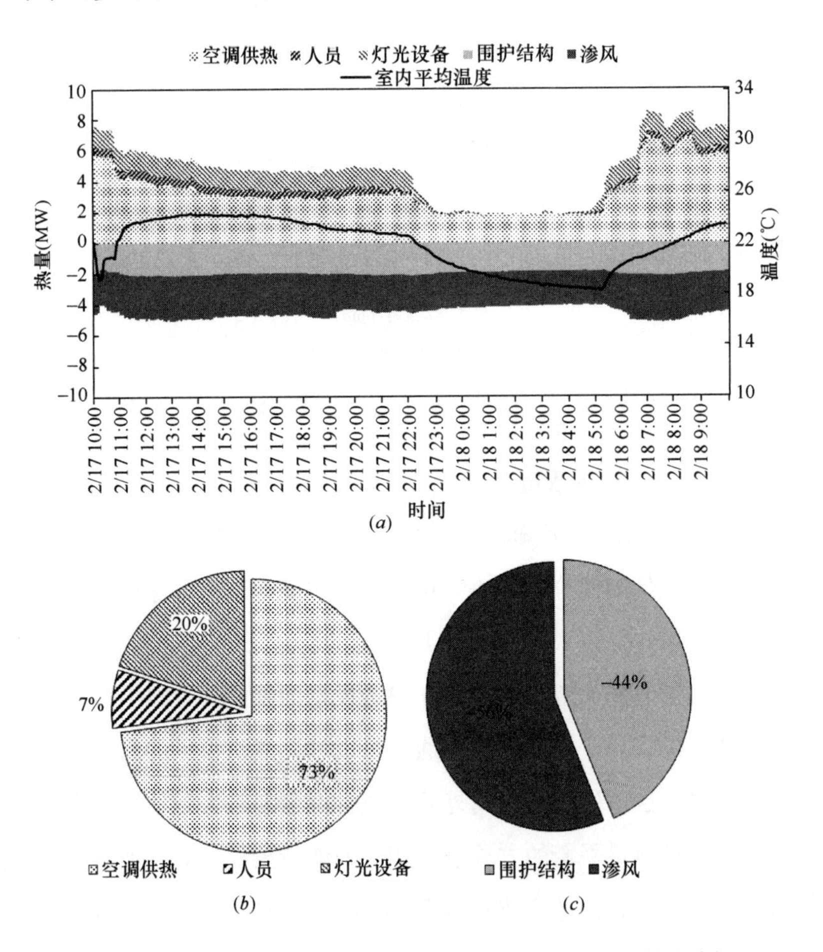

图 6-10 航站楼 A 供暖季 24 小时内得热量和散失热量拆分分析

(a) 逐时负荷拆分；(b) 24h 累积得热量；(c) 24h 累积散失热量

在暖通空调系统的设计中，通常利用送入机械新风的方式使室内保持“微正压”。但公共建筑运行过程中，由于热压、风压的共同作用，以及机械送风、排风、补风的不平衡等原因，实际室内压力分布总是不均匀的。高大空间使得建筑内部垂直方向的空气流通增强，商场、机场航站楼等出入通道多、通道开启频率高，又增加了与室外环境连通的途径。因此对于高大空间，整个大空间都保持微正压是不可能的，除非有巨大的机械通风向室内空间送风，但这样导致的风机电耗和处理新风的能耗巨大，且根本没有任何意义。

从上述渗透风的实际测试结果及在室内热负荷的占比来看，冬季渗透风对此类大空间环境影响显著，也是制约其室内热环境改善的首要问题。对渗透风的成因进行进一步分析，并由此提出相应的应对或解决措施，将有助于改善此类大空间室内环境、更好地满足建筑环境需求，并有望实现大幅节约建筑运行能耗。

6.2.2 大空间无组织冷风渗透的原因

导致高大空间公共建筑无组织冷风渗透的原因主要有三个方面：一是风压导致的渗风，二是热压导致的渗风，三是机械排风量过大的情况下，机械补风量严重不足导致的渗风。

（1）风压

风压与室外风速风向、建筑形状和建筑周围的自然地形有关。当外界流动的空气受建筑阻挡，动压转化为静压。在建筑迎风面产生正压，背风面产生负压。风压的理论计算公式如下：

$$\Delta P_{\mathrm{w}} = C_{\mathrm{p}} \frac{v_{\mathrm{w}}^2}{2} \rho_{\mathrm{w}}$$

式中　ΔP_{w}——风压差值；

c_{p}——风压系数；

v_{w}——室外风速；

ρ_{w}——室外空气密度。

实际工程中，商场和机场航站楼等要避免在冬季迎风面方向设置出入通道。如果因使用功能必须要在迎风面设置出入通道，应从建筑设计和结构上就做出特殊安排，如设置密封性好的门斗、不设置高大的可开启外门、车辆和货物通道设置可关闭的电动门等。

（2）热压

热压是由于室内外空气温度不同所导致的密度差引起的，由室内外空气密度差和建筑高度差决定。在冬季，室内温度高于室外温度，建筑底部为负压，顶部为正压。冷风从建筑底部的通道或缝隙渗入，经室内各种热源的加热后从建筑物上部开口或缝隙溢出。由于高大空间公共建筑内存在很大的温度垂直方向梯度，再加上各个楼层内热源多，且空调系统在各个楼层送风、回风等，造成多种因素影响着高大空间室内的压力分布和空气流动状态。

例如，北京某大型商业综合体内有从一层贯穿至十一层的高大中庭，在2011年12月~2012年5月，选择了微风或无风的天气，在多个室外温度状况下对该建筑的热压线进行了详细测试，其压力分布如图6-11所示。

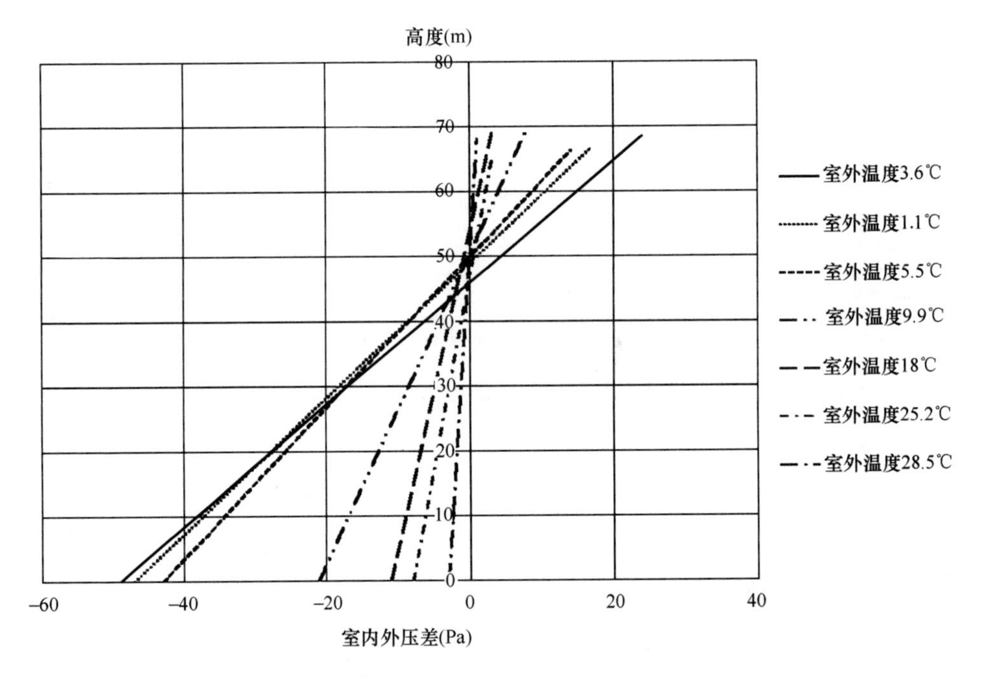

图6-11 不同室外温度下某高大中庭商业中心的热压沿高度方向分布

可以看出，冬季室外温度很低，室内外温差大，压差也很大，底部甚至超过了−50Pa。随着室外温度的升高，热压线逐渐变陡，即建筑上部和下部与室外的压差逐渐缩小，下部负压现象逐渐减弱。在过渡季虽然也有底层渗风量大的情形，但由于室外温度适宜，热压效应增强了整座建筑的通风，有利于改善室内环境。夏季室内外温差不大，热压线趋近垂直，热压效应不明显。夏季最热时热压线会倒置过来，底层压力大于室外，向外出风，而顶层低于室外，由室外向室内进风。

描述热压线的“位置”可以用中和面位置和斜率这两个参数。中和面是指室内外压差为零的面，热压线的截距即为中和面高度。对该项目的连续实测发现，中和面的位置在不同季节变化不大，而热压线的斜率和室内外温差有着直接的关系，如图 6-12 和图 6-13 所示（中和面高度和斜率的具体数值与各公共建筑的具体情况有关）。

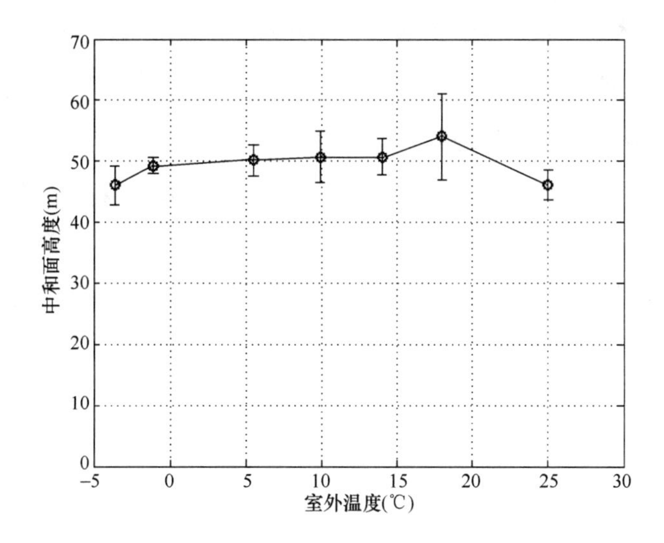

图 6-12 不同季节不同室外温度下中和面位置

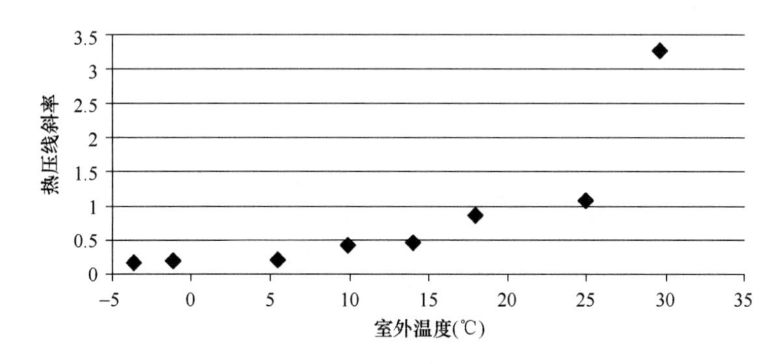

图 6-13 不同季节不同外温下热压线斜率

（3）机械排风量大时补风严重不足

热压线的实际“位置”，不仅与室内外温差有关，还与机械送风量、排风量、补风量有关。上一实测商业综合体六层以上有大量餐饮租户，厨房排油烟量达到 180 万 m^3/h，但由于某些设计、建造和管理上的原因，绝大部分的厨房排烟系统建造时只做了排风道，运行时只开启排油烟风机和排风机，部分餐饮租户没有补风道，有补风道的餐饮租户也不开启补风机。该建筑即使在冬季也开启空调系统的新风机组，实际新风量为 39 万 m^3/h，实际商场中的同时在室人数通常不到 10000 人，最多不超过 15000 人（工作日客流量约 6 万人次，周末和节假日 8 万～10 万人次），人均新风量完全满足要求，但送入的新风量远远小于厨房排风量，导致楼内压力中和面偏高，下面部分开口和缝隙常年呈进风状态。

由于受电商冲击，商场建筑增加了大量的餐饮区域，一些商场的餐饮租户面积比例超过 40%。机场航站楼中也增加了大量的餐饮租户，以满足旅客需求。而这些餐饮租户的厨房缺少补风的现象非常普遍，或是没有补风道，或是不开补风机，造成实际排风量远大于设计规范，但补风量远远达不到设计规范的怪现象。餐饮租户的补风不足严重影响整个建筑的室内压力状况。例如某商场在营业期间和夜间休息期间的热压线实测结果如图 6-14 所示。夜间休息期间，尽管室外温度更低、室内外温差更大，但底层负压现象相比日间营业期间有所缓解，也可以看出餐饮补风量不足导致的危害多么严重。

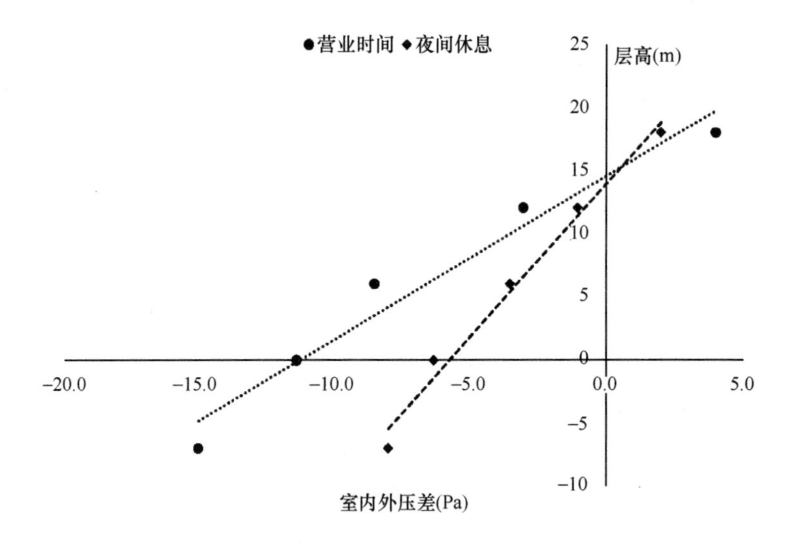

图 6-14 商场营业与非营业时间的热压线情况

在酒店建筑中，也发现了类似的问题，如图 6-15 所示。在冬季，该高星级酒店底层大堂区域负压现象非常明显，环境温度不到 16℃，室外雾霾严重时室内 $Pm^2.5$ 浓度也非常高。经测试发现，由于该酒店厨房未开启补风机，冬季渗风入

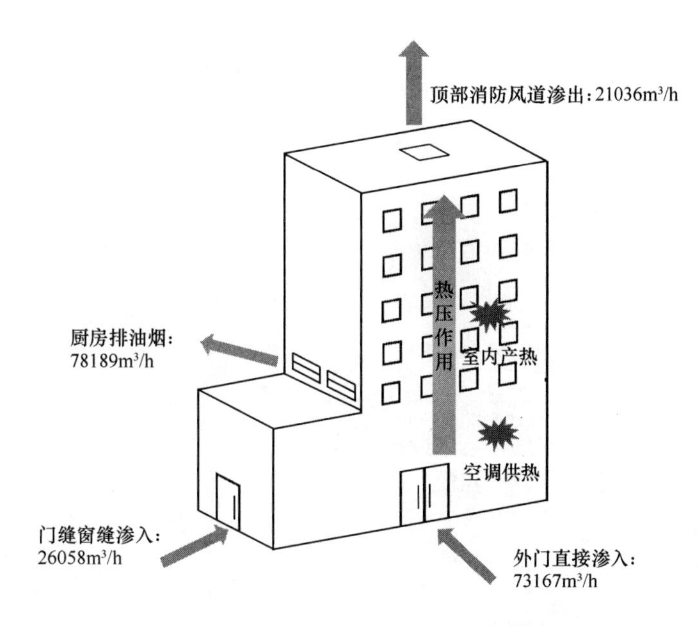

图 6-15 某酒店建筑无组织通风实测结果

量达 99225m³/h，折合换气次数 0.6h⁻¹，其中 78.8%的风量由厨房排油烟排出，其余 21.2%从屋顶消防风道溢出。这也说明公共建筑屋顶大量消防排烟风道在非紧急时刻如何有效密闭、削减冷风渗透，值得深入研究。

6.2.3 渗透风应对或解决途径

想要减少高大空间公共建筑过量的冷风渗透，主要途径有三个：一是增强围护结构的气密性，及时封堵围护结构施工遗留的漏洞，并且对屋顶各类排风机、排风道、排风窗在不作排风用时进行密封；二是增强出入通道的气密性和管理，特别是建筑物底部与室外的通道，减少由于人员、车辆、货物进出导致的冷风渗透；三是保证厨房餐饮区域的补风量达到标准。需要说明的是，在冬季无组织渗风比较严重的问题，建筑底部受冷风影响、室内温度较低，运行管理人员往往要求提高供水温度、提高送风温度或加大送风量。但是，如果不改善围护结构和出入通道气密性、不解决补风严重不足的问题，单纯提高送风温度和送风量，反而会加大热压“拔风”，使得渗风量增大，导致“渗风量大—加大供暖量—渗风更大”的恶性循环，室内温度提高有限，但付出的能耗代价极大。

（1）围护结构漏洞和屋顶排风口的封堵

围护结构漏洞主要包括幕墙结构的缝隙、管道穿过外墙的漏洞、吊顶破损等（见图 6-16），此类漏洞可在供暖季后利用红外成像仪进行排查。风道与外墙之间的缝隙可以使用胶条、乳胶等进行封堵。

图 6-16 管道穿墙漏洞大，漏风严重

另一方面，位于公共建筑物屋顶的大量消防排烟风机和排风道、厕所排风机和排风道、集中的餐饮排风机和排风道等，以及电梯间排风口、天窗缝隙、通向屋顶的外门等，是渗透冷风最终溢出的主要通道（见图 6-17）。这类排风口也可以通过红外成像仪方便地检出，并实施严格的管理，在排风机不开启的情况下，应当尽量将排风口密封。特别是对于消防排烟风道的出口，最好安装特殊控制的风阀，在平时可以阻断冷风经屋顶溢出，在紧急时刻可以熔断而顺利排烟。

(2) 多个出入通道的管理

商业综合体和机场航站楼都是出入口众多、人员流动性大的高大空间公共建筑，在保证顾客和乘客便捷通行的同时，希望减小出入通道渗风，这对建筑设计、结构设计和物业管理部门提出了很高的要求。

以北京某商场为例，该商场的外门分为三类：24 个外门、5 个卸货平台门和

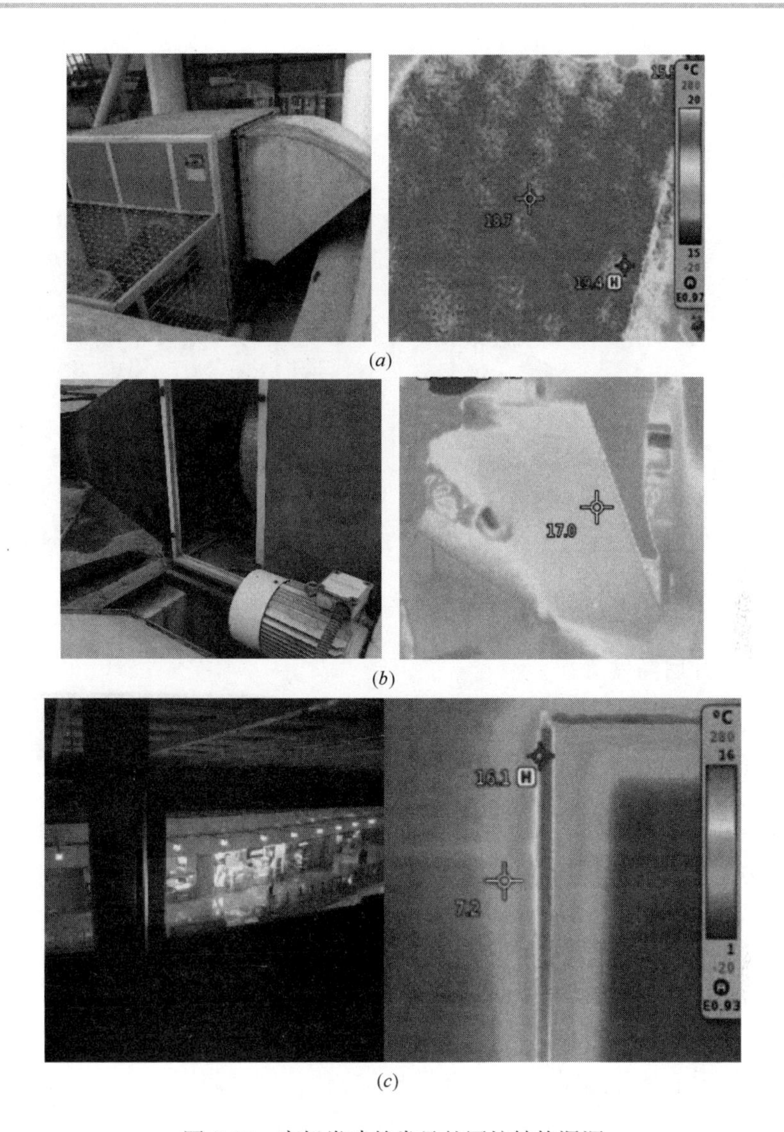

图 6-17 商场类建筑常见的围护结构漏洞

（a）屋顶消防风机停运时仍有热风排出；（b）屋顶排烟风道连接处存在漏洞，室内空气溢出；（c）中庭顶部可开启外窗关闭不严，室内热风溢出

74 个后勤通道门。管理者对每一个出入通道的形式、位置和使用现状进行拍照存档记录，并且进一步测试了顾客出入通道的实际开启频率，找到了管理漏洞和改进重点（见图 6-18）。该商场采取的管理措施包括：员工通道添加闭门器，使用频率低的外门在严寒天气限制进出，单层外门添加内门斗，变为双层外门；有多扇外门的门斗采用“Z”字形路线进出；后勤通道及时挂门帘；降低地下停车场入口通道

标题：XHD-1
清单：公共列表
状态：观察中

XHD-1
卸货平台外单层自动门，租户卸货、搬运货物使用，开启频率较高

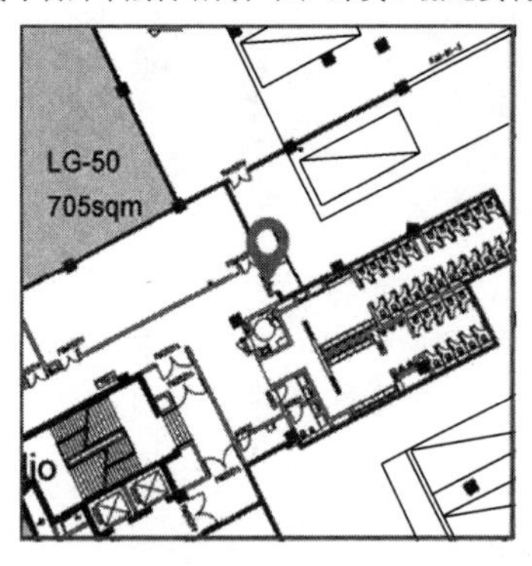

图 6-18 某商场出入口管理档案示例

自动卷帘门的开启高度等。

机场航站楼的出入口情况更为复杂，由于安全因素，管理难度也更大。航站楼典型的三类出入口包括：地侧主出入口、空侧登机口和员工通道。地侧正门包括出发层和到达层的正门以及通往地铁的出口，虽然大多数机场都安装了自动门，但是由于安检前置和人流密集的原因，长时间不能关闭，部分出入口在日间的开启概率均接近 100%（见图 6-19）。空侧登机口单个的开启概率不高，但是由于登机口众多，总量不可忽视。特别是远机位登机口和摆渡车下客口，开启时间较长，容易被忽视。第三类是员工通道的出入口，各个机场情况不一，但是这类外门往往成为管理的疏漏点，没有使用自动门或者为了出入方便长期开启。

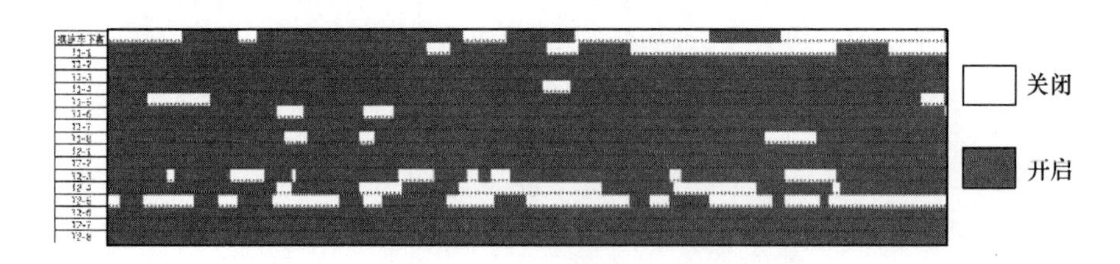

图 6-19 航站楼外门开启概率监测示意图

出入口的开启频率、室内外压差、风速都是非常值得关注要点。对高大空间公共建筑出入口的测试可以帮助管理者了解建筑内的压力分布情况，排查管理的缺

陷。同时，出入通道的设计和管理应该更多地考虑室内环境的实际需求。

(3) 风幕机阻隔冷风渗透的实测和模拟效果

出于美观和通行便捷的需求，商场和机场的部分外门只能使用风幕机阻隔无组织渗风。风幕机的运行原理是通过高速的气流阻隔室内外，与门斗等直接增大出入口阻力的方式相比，风幕机需要付出巨大的风机电耗以及热风加热能耗。实测和模拟分析发现，只有在室内外压差较小的情况下，风幕机的射流才能够完全阻隔横向渗风，可以达到较好的阻隔效果。根据某商场出入口实际风幕机安装情况进行的模拟分析可以看出，室内外压差一2Pa时，风幕机的高速射流能够达到地面，从室外到室内的渗风量较小，室内环境温度较为舒适（见图6-20）。

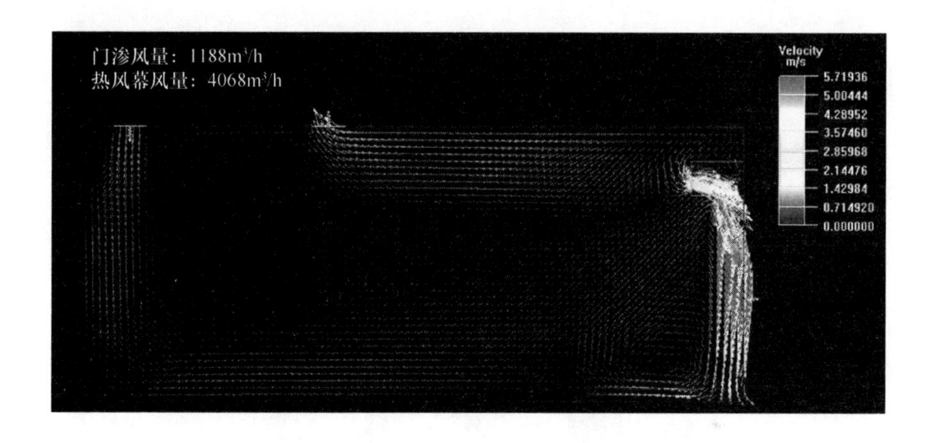

图6-20 室内外压差一2Pa情况下的热风幕速度场模拟结果

然而，很多工况下，具有高大空间公共建筑在冬季地面层或负一层的室压差可以达到20Pa，此时热风幕完全失去了阻隔作用，没有任何降低渗风量的效果。

模拟结果的气流结构描述出了室内负压严重情况的风速场（见图6-21)。热风幕的高速射流没有到达地面就被渗风弯折，不能起到阻隔作用。因此，热风幕对于冬季负压较大的出入口并不适用。解决好高大空间冬季内部风平衡，才是根本解决路径。

在室内负压较大的情况下，直接阻隔的双层门斗效果较好一些（见图6-22)，特别是双层门斗采取异侧开启，行人通过Z字形路线进入室内，可以在一定程度上减少冷风直接灌入室内（见图6-23)。

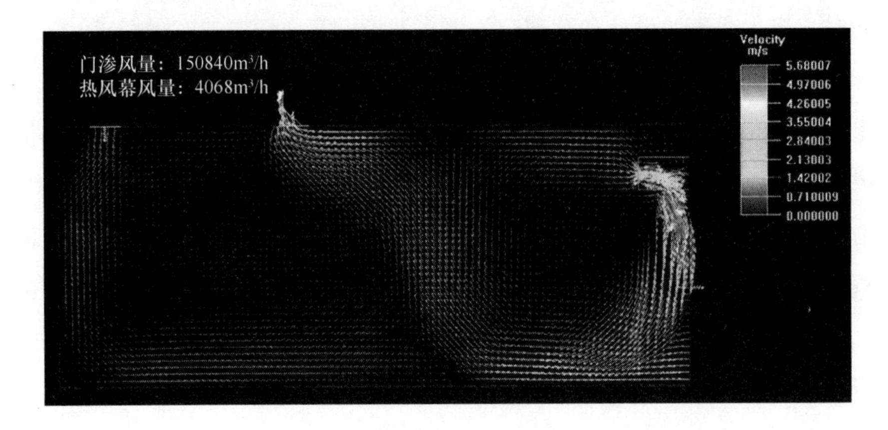

图 6-21　室内压力－14Pa 情况下的热风幕速度场模拟结果

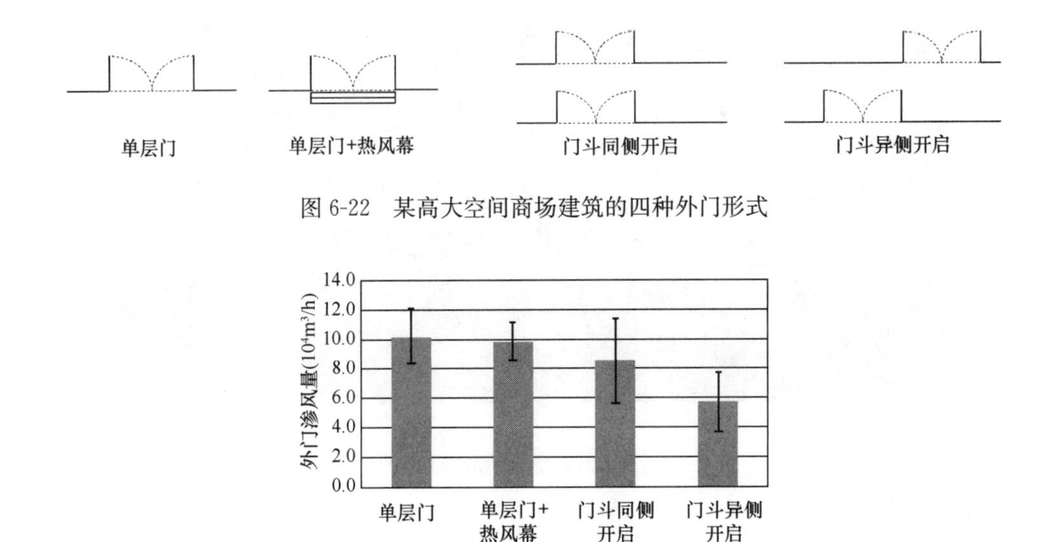

图 6-22　某高大空间商场建筑的四种外门形式

图 6-23　室内压力－20Pa 情况下
不同阻隔方式的实测渗风量

（4）平衡餐饮租户的排风和补风

虽然大部分商业综合体在设计时都设计了厨房的补风系统，但是实际运行中补风机的开启概率较低。在北京某商场的调研中发现，租户不开启补风的原因主要有以下几点（见图 6-24）：

1）补风系统故障。例如，补风机中有盘管，冬季常常出现防冻报警，报警后需要手动复位风机才能恢复正常运行。租户缺乏相关知识，物业管理的精细程度不

(a)

(b)

图 6-24 补风系统的典型问题

(a) 补风机接线断开；(b) 补风口位置不合理

够，导致补风机长期无法开启。

2) 租户为了省电和方便。由于补风机的电耗由租户承担，租户认为开启补风机不是其责任，因此只开启排风机，不开补风机。

3) 补风气流组织设计有缺陷。补风口设置在厨师站立位置上方，离人距离近，开启补风影响厨师的热舒适感，也影响其正常工作，因此不愿意开启补风。

4) 物业管理不够精细。某些厨房的排风和补风系统在 BAS 中可以监测，但是 BAS 系统中的显示状态错误。管理人员只通过 BAS 监控，但没有定期巡检，很多长期存在的问题无法被发现。

上述现象可归纳为两个方面的原因：从管理制度上来说，厨房的排风和补风系统交由租户管理，租户主动开启补风的积极性不高，设备的维护和管理水平也比较低；从系统设计上来说，由于厨房排补风的气流组织设计不佳，出现了补风影响热舒适、影响工艺的情况。上述商业综合体为了解决补风不足的问题，进行了以下几个方面的改造和改进：

1) 对排风和补风系统增加了联动和延时装置，开启排风的同时补风自动开启。

2) 采用了变频和分时段控制。分为就餐时间段和非就餐时间段，就餐时间段排风与补风高频运行，非就餐时间段排风和补风低频运行。

3) 全面排查设备运行状况，修正 BAS 的错误状态。

4）对租户进行排补风系统的操作培训，在控制柜旁粘贴操作指南。

（5）小结

尽管对渗透风形成的驱动力及影响范围可得出初步的结论，通过堵漏洞、设置门斗等措施亦可直接有效地减少冬季渗透风量，但对于不同高度、不同部位的缝隙是否存在不同的影响，如何有效地刻画渗透风在大空间内的流动路径，这种大空间环境到底采用什么样的措施能够最有效地缓解渗风及改善室内热环境，室内供暖空调末端对渗透风有何影响，如何更好地解决餐饮排风、补风的问题并尽可能减少其对大空间环境的影响等，都是还需要进一步研究或解决的问题。因此，在当前初步意识到渗透风的重要影响、对实际渗透风的驱动力也有基本认识的基础上，进一步对这些相关问题开展深入研究，得到定量化的结果、提出适宜的技术手段，有助于从根本上解决当前大空间环境营造中面临的问题，更好地满足公共建筑发展和系统高效运行的需要。

6.3 磁悬浮变频离心式压缩机及冷水机组

6.3.1 发展历程与发展现状

磁悬浮变频离心式冷水机组（以下简称磁悬浮冷机）与传统离心式冷水机组的区别在于采用磁悬浮轴承的无油离心式压缩机。磁悬浮轴承技术可以利用磁力作用使转子处于悬浮状态，通过位置传感器检测转子的偏差信号，通过控制器转换为控制电流，调整电流产生的磁力，使转子回复到设定的位置，从而始终能处于平衡状态，由于转子与定子之间没有机械接触，因此压缩机不需要润滑油。磁悬浮压缩机的优势在于：无润滑油运转使的离心式压缩机的叶轮可以实现更高转速运行，这样才有可能通过减小叶轮直径、提高转速，制造出制冷量在1MW以下的离心式制冷机，从而使得在200kW到1MW范围内的制冷机也可以由离心式担当，大大扩充了离心式制冷机的应用范围。

1994年澳大利亚TURBOCOR公司研发出第一台应用于空调制冷的磁悬浮压缩机，该公司于2004年开始被丹佛斯逐步收购重组，成立DANFOSS-TURBOCOR公司。2003年，麦克维尔推出世界上第一台磁悬浮变频离心式冷水机组，此后约克、捷丰、顿汉布什、克莱门特、SMARDT、三菱重工等国外空调企业也开始生产制造了磁悬浮冷机。磁悬浮压缩机进入中国的初期，由于核心技术未实现突破，更多企业选择采购 DANFOSS-TURBOCOR 公司生产的磁悬浮压缩机，应用到冷水机组的装配和开发之中。2006 年，海尔生产出国内第一台磁悬浮变频离心式冷水机组，并被安装在深圳蛇口招商地产总部办公大楼（南海意库 3 号楼）中，运行至今。2014 年，格力研发出自主知识产权的磁悬浮离心压缩机及配套的冷水机组，填补了我国在这一领域的空白。汉中精机 2016 年也研发出磁悬浮离心压缩机和冷水机组。必信、佳力图等企业先后推出采用磁悬浮离心机的制冷机组。目前我国已研发出基于磁悬浮离心式压缩机的多种形式机组，包括满液式和板换式水冷机，风冷冷水机组，以及水冷直膨式空调机组。

磁悬浮压缩机及相应空调机组进入中国的初期，由于成本较高等原因，市场推广效果一般。“十二五”期间，为了实现节能减排目标和促进节能环保产业发展，国家大力提倡绿色、节能建筑，推出了节能技术改造财政奖励、合同能源管理奖励等多项资金支持政策，促进了建筑节能产业的发展。在这种背景下，磁悬浮冷机以其部分负荷下的高效率、噪声低、寿命长等优点，引起了业内的注意。2012 年，“磁悬浮变频离心式中央空调机组技术”被列入《国家重点节能技术推广目录（第五批）》。目前，我国磁悬浮冷水机组生产厂商已有十多家，实际应用案例逐渐增多。宣传推广力度大，近几年中国制冷展上均有新款磁悬浮冷水机组亮相，引起了广泛关注。

对于磁悬浮变频离心式冷水机组，结合磁悬浮压缩机体积小、容量调节范围大的特点，在设计和实际应用过程中，应该充分发挥其体积小、振动小、易于灵活布置、部分负荷率下高效的特点。在 70～400RT 的小容量区间，磁悬浮离心式制冷机组可以成为替代常规螺杆式制冷机的选择，并且可以采用分散布置在大型公共建筑的机房，改变集中冷水机组冷站的传统方式。

6.3.2 实际工程案例的运行性能实测调研

（1）实际运行能效分析

2015 年至今，笔者详细测试了 4 个使用了磁悬浮变频离心式冷水机组的节能改造项目，详细信息如表 6-1 所示。

磁悬浮冷水机组实测项目基本信息　　表 6-1

	项目A	项目B	项目C	项目D
建筑类型	办公楼	酒店	办公楼	酒店
建筑地点	上海	上海	青岛	青岛
建筑面积（m^2）	26000	53812	34483	9261
磁悬浮冷机台数	4	5	2	1
单机额定冷量（kW）	525	525	1260	525
额定 *COP*	5.25	5.25	5.86	5.25
IPLV	8.38	8.38	9	8.38
换热器种类	板换式	板换式	壳管式	板换式
单机压缩机数量	1	1	2	1
冷水泵台数	3	5	2	1
冷水泵控制	定频	定频	变频	变频
冷却泵台数	3	5	2	1
冷却泵控制	定频	定频	变频	变频
冷却塔台数	3	6	4	1
冷却塔控制	定频	定频	定频	变频
冷冻供水温度设定值（℃）	8	12	7	12

根据最新版本的《冷水机组能效限定值及能源效率等级》GB 19577—2015 和《公共建筑节能设计标准》GB 50189—2015，在对冷水机组能效进行限定或评级时，对冷水机组的性能系数 *COP* 和综合部分负荷性能系数 *IPLV* 同时进行评价考核。《空气调节系统经济运行》GB/T 17981—2007 对冷水机组典型工况和全年累计工况性能系数进行评价。

针对4个工程项目所处气候区及冷机名义制冷量 *CC* 所在范围，上述3个标准规定的冷水机组能效指标或能效等级分别如表 6-2～表 6-4 所示。GB 19577—2015 中达到能效限定值需要同时满足3级的 *COP* 和 *IPLV* 指标，1级或2级节能评价等级只需满足 *COP* 或 *IPLV* 一项指标即可。

GB 19577—2015 水冷式冷水机组能效等级指标　　表 6-2

能效等级	能效指标	$CC \leqslant 528$kW	$CC > 1163$kW
1	*COP*	5.6	6.3
	IPLV	7.2	8.1
2	*COP*	5.3	5.8
	IPLV	6.3	7.6
3	*COP*	4.2	5.2
	IPLV	5.0	5.9

GB 50189—2015 水冷变频离心式冷水机组能效限值 **表 6-3**

	夏热冬冷地区 CC≤1163kW	寒冷地区 CC≤1163kW	寒冷地区 CC1163～2110kW
COP	4.93	4.84	5.12
IPLV	7.09	6.96	7.28

GB/T 17981—2007 冷水机组能效限值 **表 6-4**

设计冷负荷 *CL*（kW）	200<*CL*≤528	*CL*>1163kW
典型工况 *COP*	4.4	5.1
全年累计工况 *COP*	4.2	4.8

4 个项目所采用的磁悬浮冷机额定 *COP* 和 *IPLV* 均高于上述 3 个标准中的最低限定值，并且 IPLV 指标远高于限定值，在 GB 19577—2015 中均达到 1 级节能评价等级。

实测的 4 个工程项目中，磁悬浮冷水机组能效比结果如图 6-25 所示。在夏季典型工况下，磁悬浮冷机 *COP* 均在 6.0 左右；根据冷机样本，将额定 *COP* 按照测试工况下的冷水和冷却水温度等运行条件进行修正后得到参考 *COP*，二者相比差别不大，说明其实际能效比均能达到标称值。

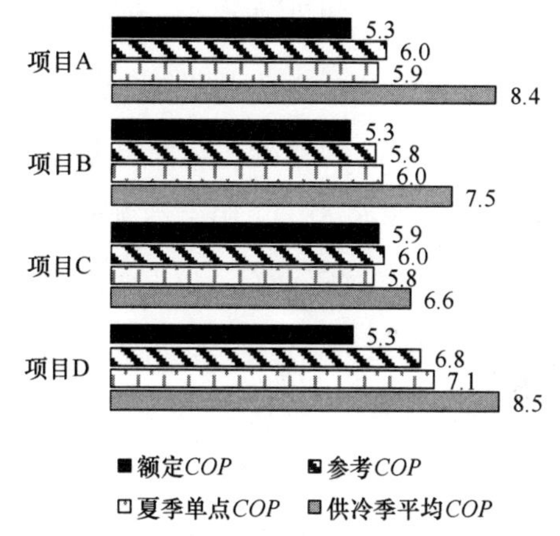

图 6-25 磁悬浮冷机实测运行能效

以项目 A 为例，对上述实测磁悬浮冷水机组的热力完善度作供冷季全工况分析，结果如图 6-26（*a*）所示。其中冷水机组的热力完善度表征实际运行 *COP* 与由实际的蒸发温度、冷凝温度得到的逆卡诺循环理论 *COP*（*ICOP*）之间的差距，计算方法如下：

$$ICOP = \frac{蒸发温度(K)}{冷凝温度(K) - 蒸发温度(K)}$$

$$热力完善度 = \frac{实际运行\ COP}{ICOP}$$

而相对温差由冷凝温度与蒸发温度之差无作量纲化处理所得，使相对温差在

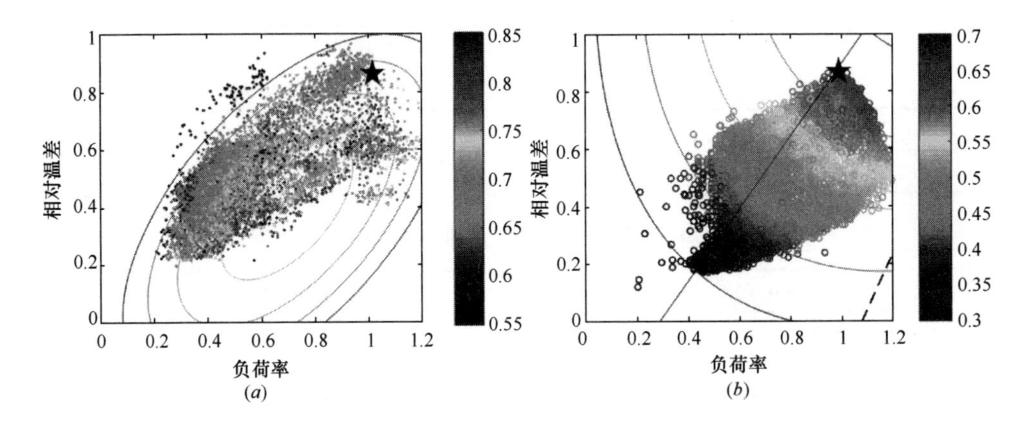

图 6-26 磁悬浮冷水机组与常规离心机组热力完善度全工况分析

0～1范围内，计算方法如下：

$$相对温差=\frac{实际冷凝蒸发温差-冷凝蒸发最小温差}{冷凝蒸发最大温差-冷凝蒸发最小温差}$$

对于磁悬浮冷机，由设备厂商提供的冷凝蒸发最小温差 10K 和冷凝蒸发最大最大温差 40K，对冷凝、蒸发温差无量纲化。对于定频离心机，以最小温差 15K 和最大温差 35K 为上下限。举例说明，对于磁悬浮冷机，当蒸发温度为 7℃，冷凝温度为 35℃（对应 *ICOP* 为 10.0）时，相对温差为（35－7－10）/（40－10）＝0.6，当冷机运行负荷率为 0.6 时，由图 6-26（*a*）可知，此时冷机热力完善度约为 0.7，由此计算可得当前冷机实际运行 *COP* 为 7.0。

可以看到，磁悬浮冷水机组的热力完善度在额定工况（★点）并不是最高的，此时相比于常规离心机组见图 6-26（*b*）]，其性能优势并不明显，甚至略低于大型常规离心机组，但磁悬浮冷水机组的热力完善度的最大值出现在部分负荷率和小压缩比工况下，特别是当负荷率处于 40％～60％之间时，磁悬浮压缩机性能优势更加明显，相比于常规离心压缩机，压缩机热力完善度提升近 80％。而在实际运行过程中，冷水机组在整个供冷季大部分时间都运行在部分负荷，因而磁悬浮压缩机性能优势得到了充分的体现，使得磁悬浮冷水机组在整个供冷季的运行过程中，相比于常规冷水机组具有很大的节能效果。

实测结果同样表明，由于磁悬浮冷水机组在部分负荷率下能效比提高，因此整个供冷季平均 *COP* 均大于夏季典型工况 *COP*，分别为 8.4，7.5，6.6 和 8.5，并且远高于 GB/T 17981—2007 中冷机全年累计工况能效限值，表现出较好的冷机性能，同时也高于现有的螺杆机和普通离心机实际运行水平（见图 6-27）。

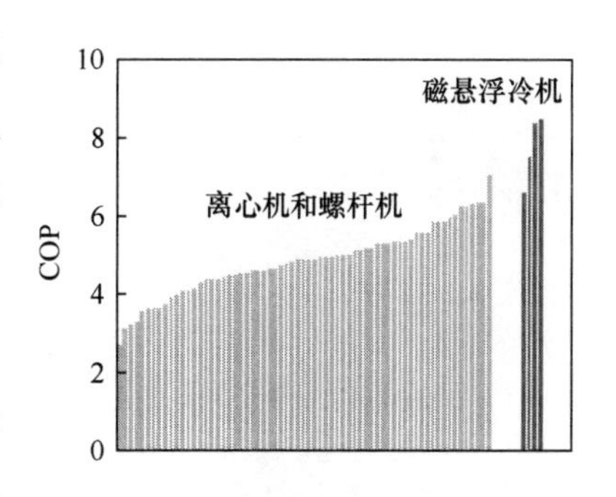

图 6-27 大型公共建筑冷机实测供冷季平均 *COP*

（2）磁悬浮冷机应用案例详细分析

项目 B 为位于上海市的酒店建筑，1998 年正式营业，2008 年重新装修。地上 34 层，地下 2 层，高度 153m，建筑面积 5.38 万 m^2。该酒店原空调冷源为 8 台 200RT 的风冷热泵机组，制冷额定 *COP* 为 3.3，后增设两台 350RT 的螺杆机。

由于风冷热泵机组实测制冷 *COP* 仅为 2.5，并已接近使用寿命年限，需要进行更换。根据建筑实际冷负荷需求，冷源更换为 5 台额定制冷量为 150RT 的磁悬浮模块化冷水机组。

改造部分供冷季冷站运行能耗如图 6-28 所示，冷站能耗降低一半以上。

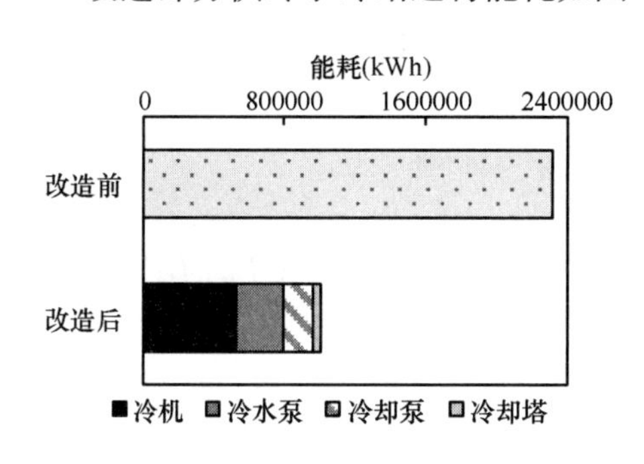

图 6-28 酒店 B 改造部分供冷季冷站运行能耗比较

该项目冷站改造中遇到的问题是新机组的运输安装问题。由于原有风冷热泵机组位于楼顶，拆除后楼顶有足够空间的放置新机组，但建设时期的吊装通道早已封闭，并且由于修建年代较早，没有设立大型货梯，而地下已没有闲置空间作为冷站机房，因此如何将新机组运送到楼顶机房是该项目冷站改造过程的难点之一。因此根据项目特点选择了磁悬浮模块化冷水机组（见图 6-29），单台机组占地面积仅 1m^2，高度 1.8m，质量 1t，可通过楼内已有电梯运送上楼，很好地解决了机组运输问题，避免了从建筑外部吊装大型机组上楼产生的费用和风险。

项目 D 为位于山东省青岛市的酒店建筑，2006 年投入使用。地上 5 层，地下 1 层，高度 23.9m，建筑面积 9261m^2，其中地下室建筑面积 1625m^2。该酒店夏季原采用一台天然气直燃吸收式制冷（热）机组制冷，直燃机额定制冷量为

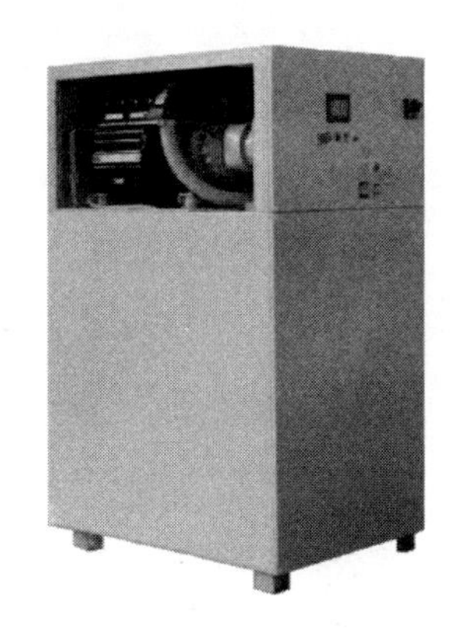

图 6-29 150RT 磁悬浮模块化冷水机组

1163kW，额定 *COP* 为 1.2；冷水泵额定流量为 138m³/h，扬程为 24m，功率为 15kW，两用一备；冷却泵额定流量为 150m³/h，扬程为 44m，功率为 30kW，两用一备。

该项目原空调系统的最大问题是设计冷负荷严重偏大。2015 年全年冷负荷延时图（见图 6-30）显示，尖峰冷负荷为 436kW 左右，不及设计负荷的一半。设计负荷严重偏大，系统常年处于低负荷运转状态，不利于系统高效运行。

随着时间的推移，直燃机组能效过低，故障率也较高。直燃机供冷测试结果（见图 6-31）显示，由于负荷率过低，直燃机出现频繁启停现象，平均每 12min 就要关机 3min。长期低负荷下机组频繁启停的振荡状态，对室内舒适性也有一定的影响。并且由于负荷率过低，直燃机效率很低，实测工况（室外温度 30℃，相对湿度 74%）下的 *COP* 仅为 0.7，相对于额定 *COP* 显著偏低，使得直燃机制冷运行费用很高。

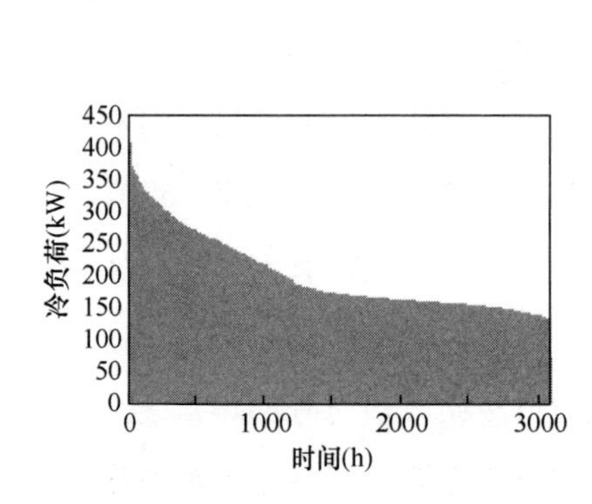

图 6-30 项目 D 全年冷负荷延时图

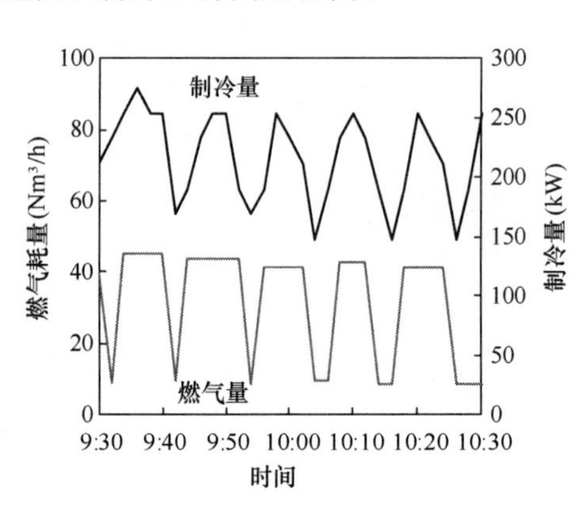

图 6-31 夏季典型日项目 D 直燃机制冷运行效果

青岛市的天然气价格为 3.65 元/Nm³，夏季电价实行峰谷电价制度，平均约为 0.8 元/kWh。考虑到天然气成本较高，并且直燃机负荷率偏低、能效较差，对冷站进行改造。根据建筑实际冷负荷需求，冷源更换为一台额定制冷量为 150RT 的磁悬浮模块化冷水机组。更换冷机后原有水泵选型偏大，冷水泵、冷却泵各更换一台，冷水泵流量为 102m³/h，扬程为 27.4m，功率为 11kW；冷却泵额定流量为

135m³/h，扬程为 20.1m，功率为 11kW；冷却塔不更换。

在冬季对冷站改造后，将第二年冷站运行效果与改造前进行比较，结果如图 6-32 所示。改造后冷站各设备能耗均有明显降低，尤其是将效率低、能耗单价高的直燃机更换为效率高的磁悬浮冷机后，供冷季运行费用减少 80%，冷站运行费用减少 70%。改造方案静态投资回收期不到 3 年。

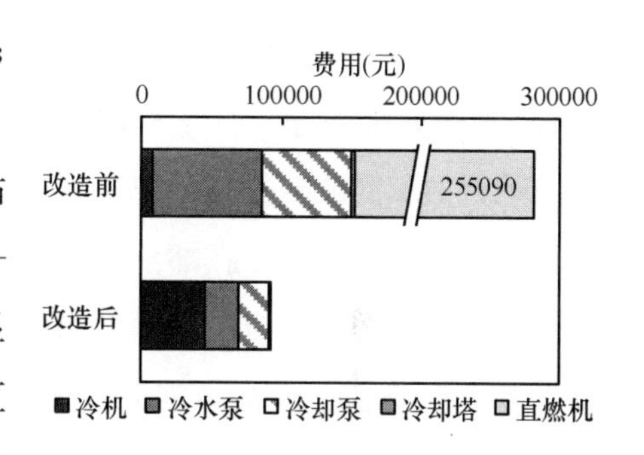

图 6-32 酒店 D 改造前后供冷季冷站运行费用比较

6.3.3 磁悬浮变频离心式冷水机组技术特点

磁悬浮压缩机采用磁悬浮轴承，利用磁力作用使转子处于悬浮状态，在运行时不会产生机械接触，不会产生运转摩擦损耗，从而无需润滑系统，免除了润滑油系统的各种问题。因此磁悬浮压缩机可以实现更高转速运行，从而在减小叶轮直径的同时，还能实现一定容量、高压比运转。而磁悬浮离心式冷机的各项性能均得到提升，具有制冷效率高、调节范围大、体积小、应用灵活、噪声低、寿命长等特点。

（1）磁悬浮冷机的换热效率比传统离心机高。传统离心机轴承系统需要润滑油，在运行过程中润滑油会随制冷剂循环进入到换热器中，形成的油膜增大了换热热阻。而无油的磁悬浮冷机没有润滑油渗透进制冷剂中，从而提高了换热器的换热效率，消除了润滑油带来的冷机性能衰退。

（2）磁悬浮冷机与传统离心机相比具有更大的调节范围、体积小，应用灵活。由于无需考虑润滑油回油的压差问题，变频调节的磁悬浮冷机可以实现冷水高温出水和冷却水低温进水的小压缩比工况，能够实现 10%负荷工况到满负荷工况的无级调节。另一方面，由于在运行时不会产生摩擦，磁悬浮压缩机转速显著提高。实际产品中，磁悬浮压缩机转速达到每分钟 15000～38000 转。转速的提高减小了压缩机叶轮的尺寸，压缩机的体积和重量显著下降，使得磁悬浮冷机的应用更加灵活。

（3）磁悬浮冷机在小压比、部分负荷下效率更高。传统定频离心机，在部分负荷下通过减小导叶阀开度降低制冷量。由于导叶阀开度减小，蒸发压力降低，在冷却侧环境不变的情况下，压缩机压比有一定上升。同时，由于容积效率降低等原因导致压缩机效率降低，使得传统定频离心机制冷能效逐渐降低。

而对于磁悬浮冷机，在部分负荷下，首先通过降低转速来减少出力，此时导叶阀全开，由于不存在节流的问题，使得压缩机压比逐渐减小，同时压缩机效率近似不变，使得磁悬浮冷机制冷能效随着负荷率的降低逐渐上升。当负荷率降低到40％左右时，磁悬浮冷机开始关闭导叶阀，此时制冷能效会有所降低。

另一方面，由于定频离心机在接近额定工作点的热力完善度最高，随着压比的降低，其热力完善度逐渐减小（见图6-26*a*）。而对于磁悬浮冷机，其设计理念为通过超高转速实现大制冷容量，因而其额定制冷量对应工况的热力完善度并不是最高点，而是在部分负荷、部分压比下达到最高点（见图6-26*b*）。因此随着蒸发温度的升高，冷凝温度的下降，磁悬浮冷机 *COP* 提高幅度比传流离心机更大。

而对于传统变频离心机，同样在部分负荷时，首先通过降低压缩机转速调节制冷量，由于其轴承系统需要润滑油润滑，压缩机变频后受到回油的影响，其运行了可靠性和能效有所下降。

（4）磁悬浮冷机的振动小、噪声低，满载噪声为60～70dB。无油系统免去了该部分的定期维护保养与故障检修工作，提高了系统的可靠性和设备使用寿命，比传统机械轴承更加持久耐用，平均寿命在25年以上。

此外，多个磁悬浮冷机项目的实例分析表明，磁悬浮冷机在实际应用时还具有以下特点：

（1）对供冷能效较低的冷水机组节能改造效果明显。通过改造案例效果分析发现，磁悬浮冷机对能效较低的冷水机组节能改造具有一定的可行性。在整个供冷季的运行过程中，冷水机组大部分时间都运行在部分负荷，因而磁悬浮压缩机在部分负荷的性能优势得到了充分体现，实测磁悬浮冷机供冷季平均 *COP* 多在8.0左右，相比于活塞式、螺杆式冷水机组和吸收式直燃机等，具有很好的节能效果，适合开展节能改造。对于数据中心等全年需要供冷的末端，加装磁悬浮冷机，与大系统分离开来单独控制，提高供水温度，特别在冬季室外温度较低的情况下，小压缩比的工作环境使得磁悬浮冷机运行能效进一步提升，节能效果更加明显。

（2）占地面积和重量轻，应用灵活，适合分散设置，便于高层建筑或老旧建筑改造。一些需要更换空调冷源的改造工程项目，因年代较久改造条件较差、原有机组无法拆除等原因空间和通道狭小，传统的螺杆机和离心机进入原有的机房难度较大；或者机房位于高层建筑高区的项目，将冷水机组运送至高区机房会产生过高的吊装运输费用。模块化磁悬浮冷机占地面积和重量都很小，运输安装更为灵活，可以大大降低运输安装难度和成本，在既有建筑改造项目中的优势较为明显。模块化磁悬浮冷机可以灵活地放置在屋顶、地下室或中间层内，进一步减小设备机房面积，节省初投资。

（3）应对设计负荷过大问题和负荷需求大范围变化。国内空调系统设计周期普遍偏短，尤其是数量众多的中小型建筑，业主对空调系统设计的重视程度不够，不愿为其优化设计投入额外的时间和金钱，设计人员往往根据经验指标进行简单估算空调冷负荷，不会多花时间使用模拟计算软件详细计算全年负荷特性，也不会根据建筑实际参数对空调系统进行多方案的设计优化，导致投资不少、标准不高、效果不好、费用不低。特别是冷源设备选型比实际峰值需求偏大很多，许多建筑实际运行的尖峰负荷只有装机容量的 1/2～2/3，导致冷机大多数时间在很低的负荷率下运行，效率很低。磁悬浮冷机由于其能够提供很大的冷量调节范围，可以较好地解决这些问题，。

6.3.4 值得注意和需持续改进的事项

虽然磁悬浮冷机相比于传统离心机具有较多优势，但是在实际应用过程中发现，仍然存在常规冷站普遍存在的问题，在系统设计、设备选型、运行管理等方面，仍存在诸多有待优化的环节。例如：

（1）冷冻水设定供水温度过低。磁悬浮冷机在小压缩比下运行效率较高，但在运行过程中，特别是在室外环境凉爽，供冷负荷不大时，如果及时根据实际供冷需求调整供水温度设定值，可以充分发挥磁悬浮冷机小压缩比下效率高的特点，产生节能效果。

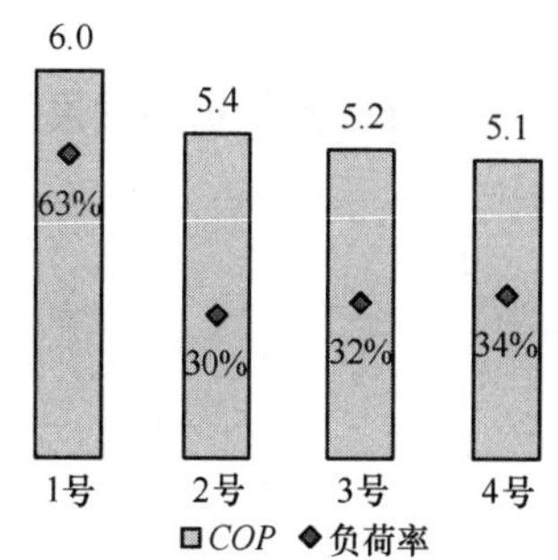

图 6-33 某项目夏季典型日冷机负荷率及 *COP* 比较

（2）多台冷机联合运行出力不均时，会导致整体 *COP* 下降。当多台磁悬浮冷机联合运行时，由于冷机群控策略不当，导致各冷机出力不均。如图 6-33 所示，1号冷机的冷冻水实际出水温度较低、负荷率较高，其他各台机组负荷率非常低，整体 *COP* 下降。此时，可至少关闭一台冷水机组，并且将开启的3台冷水机组负荷率调节到尽量均匀一致，整体 *COP* 可提升10%以上。

以上问题限制了磁悬浮冷机发挥其运行能效高的优势，值得进一步研究和在实际运行中及时维护和再调试。

6.3.5 总结

磁悬浮冷水机组自诞生以来以其高性能吸引了广泛关注，而另一方面出于对其技术成熟度、产品替代性、造价成本等因素的顾虑，许多业内人士对磁悬浮冷机仍持观望态度。一些生产厂商过分宣传磁悬浮冷机的 *IPLV*、*NPLV* 参数，动辄宣称"*IPLV* 达13以上，部分负荷最高 *COP* 可达到26以上"，偏离了实际应用效果的真实性，推广效果可能适得其反。*IPLV* 和 *NPLV* 都不能代表磁悬浮冷机实际的全年运行性能，超高的部分负荷冷机性能可能是以输配系统的高能耗为代价的。目前，仍然需要对磁悬浮冷机的运行性能做出正确评价，并且磁悬浮冷机应与空调系统其他设备有效配合，实现冷站整体的高效节能，才能体现出其节能特性和推广意义。

总而言之，要依靠磁悬浮冷机实现公共建筑节能，必须在设计选型、施工验收调试、维护保养、运行控制等各个环节予以关注，只有通过精细化的质量把控，避免或解决常规冷站出现的问题，才能最大限度地发挥磁悬浮冷机的节能作用。

6.4 多联机专题讨论

6.4.1 多联机的发展概况

近年来变制冷剂多联机空调系统（简称多联机系统）在公共建筑中得到了较为广泛的应用，如图6-34所示，根据《2016年度中国中央空调市场发展报告（公开版）》统计，自2012年以来多联机的市场总体销售量逐年增长，2016年其市场规模占集中空调的46.6%，在工程中得到了越来越广泛的应用，已经成为公共建筑中一种重要的空调系统形式。此外，如图6-35所示，根据《2012年度中国中央空调行业发展报告》统计，多联机系统已广泛应用于民用建筑、市政办公建筑及工业建筑中，其中在办公建筑的占比超过 52%。

由于多联机系统具有较为灵活可控的特点和良好的计量性能，因此在负荷波动较大和各房间负荷差异大的公共建筑中得到了较为广泛的应用。然而，如果多联机系统设计不合理，例如不适合的系统分区、设备选型或者配管长度，都将导致系统的负荷率下降和系统的 *COP* 降低，因此，需要深入理解多联机系统的调节特点和运行特性，改善多联机的系统设计方法和优化运行策略。

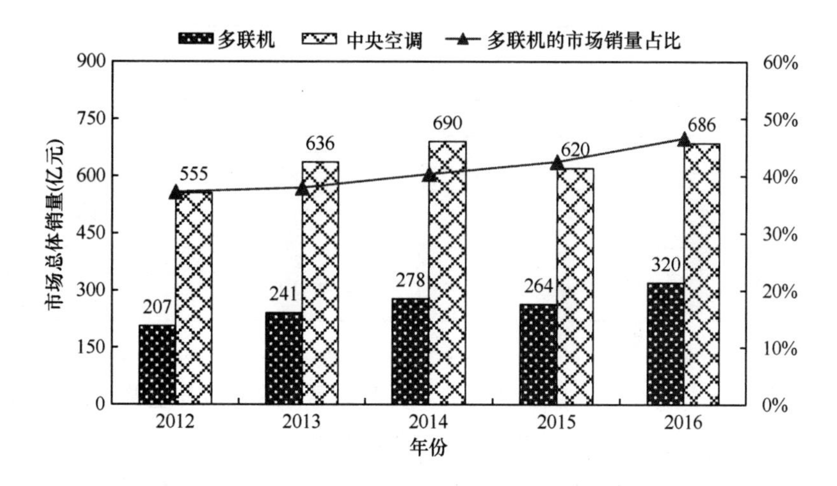

图 6-34　我国中央空调系统和其中的多联机空调系统的逐年市场应用情况

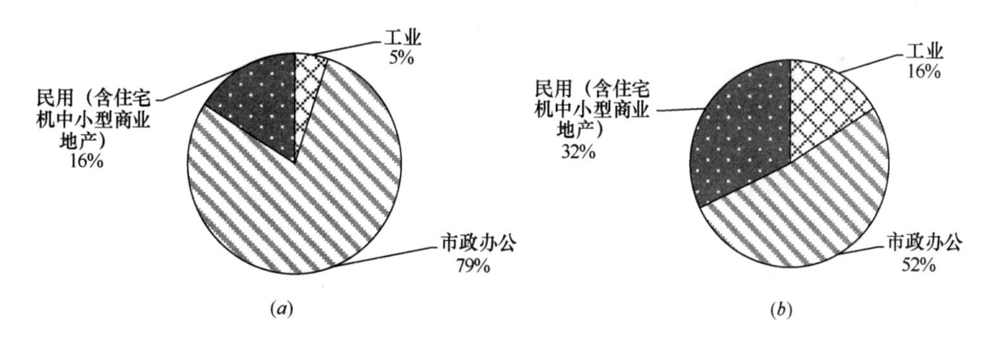

图 6-35　2012 年我国的多联机空调系统在不同建筑类型中应用比例

（*a*）冷量<22.8kW；（*b*）冷量>22.8kW

6.4.2　多联机实测案例分析

自 2012 年始，清华大学分别在北京、青岛、上海及杭州对多联机系统的运行能耗和对应的室内环境状况进行了调查和实测，图 6-36 给出了在这 4 个城市的办公建筑的多联机系统和集中冷水系统的夏季空调电耗的调查结果对比，图中浅色柱形代表4栋采用多联机系统的办公建筑的夏季空调电耗，浑色柱形代表在北京和上海采用集中冷水系统的8栋办公建筑的夏季空调电耗。其中上海-2、北京-1、北京-2为政府办公楼，其余建筑均为商业办公楼。从调研结果可以看出，在所调研的建筑中，多联机系统的夏季空调电耗大多低于集中冷水系统的夏季空调电耗。

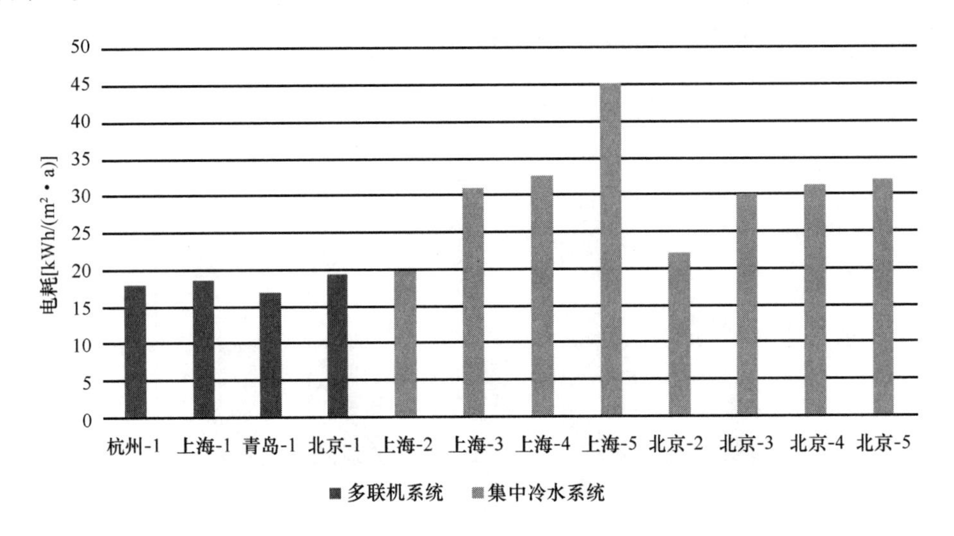

图6-36 北京、青岛、杭州、上海4地案例建筑夏季空调电耗

造成多联机系统与集中冷水机组能耗有所差异的主要原因在于：多联机系统具有较为灵活可控的特点，可以根据用户的实际需求开启或关闭室内机，如图6-37所示，当人员在室内且感觉热的时候，用户将自主开启空调，而当人员离开时，大多会自主关闭空调以实现节能。而对于集中冷水机组系统，特别是全空气系统中，

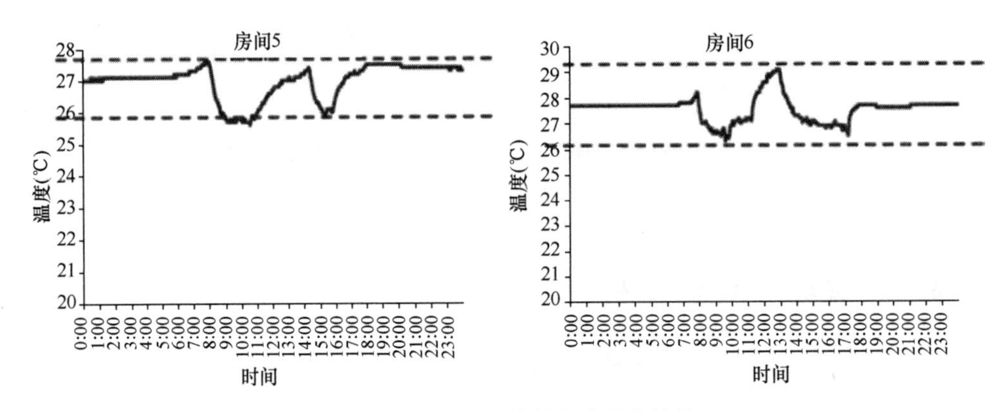

图6-37 多联机系统的室内温度情况

如图 6-38 所示，各个末端用户会受系统控制统一开启和关闭，室内温度根据所有用户的需求统一进行控制调节。因而对于用户需求差异较大，特别是延时加班需求较多的建筑，较适宜采用多联机系统，以满足用户分散可调的需求。

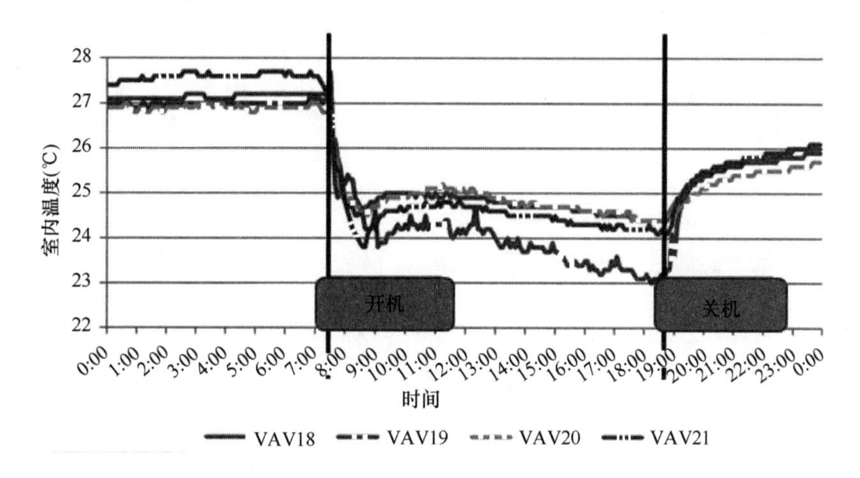

图 6-38 集中冷水机组 VAV 系统的室内温度情况

如图 6-39 所示为《2017 年度中国制冷空调实际运行状况调研报告》中对五大气候区多联机系统实际运行状况的调研结果。结果表明，办公建筑中的多联机系统大多处于低负荷率运行，各气候区的制热运行容量比（运行容量比为实际运行的各室内机额定容量之和与室内机额定容量总和之比）主要集中在 10％～40％之间，制冷运行容量比大多集中在 10％～50％之间。

通过以上实测案例分析可以看到多联机系统和集中冷水系统的一个关键差异是单个系统所提供服务的规模有所不同。对于集中冷水系统，负责整栋楼，为所有的末端提供冷量。如果末端采用全空气系统，末端服务的范围为 AHU 负责的一组房间，而如果末端是风机盘管，则末端服务范围为单个房间。而对于多联机系统，如图 6-40 所示，主要服务于 6～14 台的室内机。因而从本质上而言，多联机系统与集中冷水系统的差异更多的是把一栋建筑分为多个区域分别提供服务，而集中冷水系统是为整个建筑集中提供服务。服务范围不同是二者的关键差异，因而单个建筑中多联机系统个数可以认为是衡量多联机系统与集中冷水系统差异的关键参数。当多联机系统的个数变为 1 时，则对于同一个办公建筑，多联机系统与集中冷水系统就趋同了。多联机系统数量越大，就越适宜于分散调节。以一个 5 层楼 100 个房间

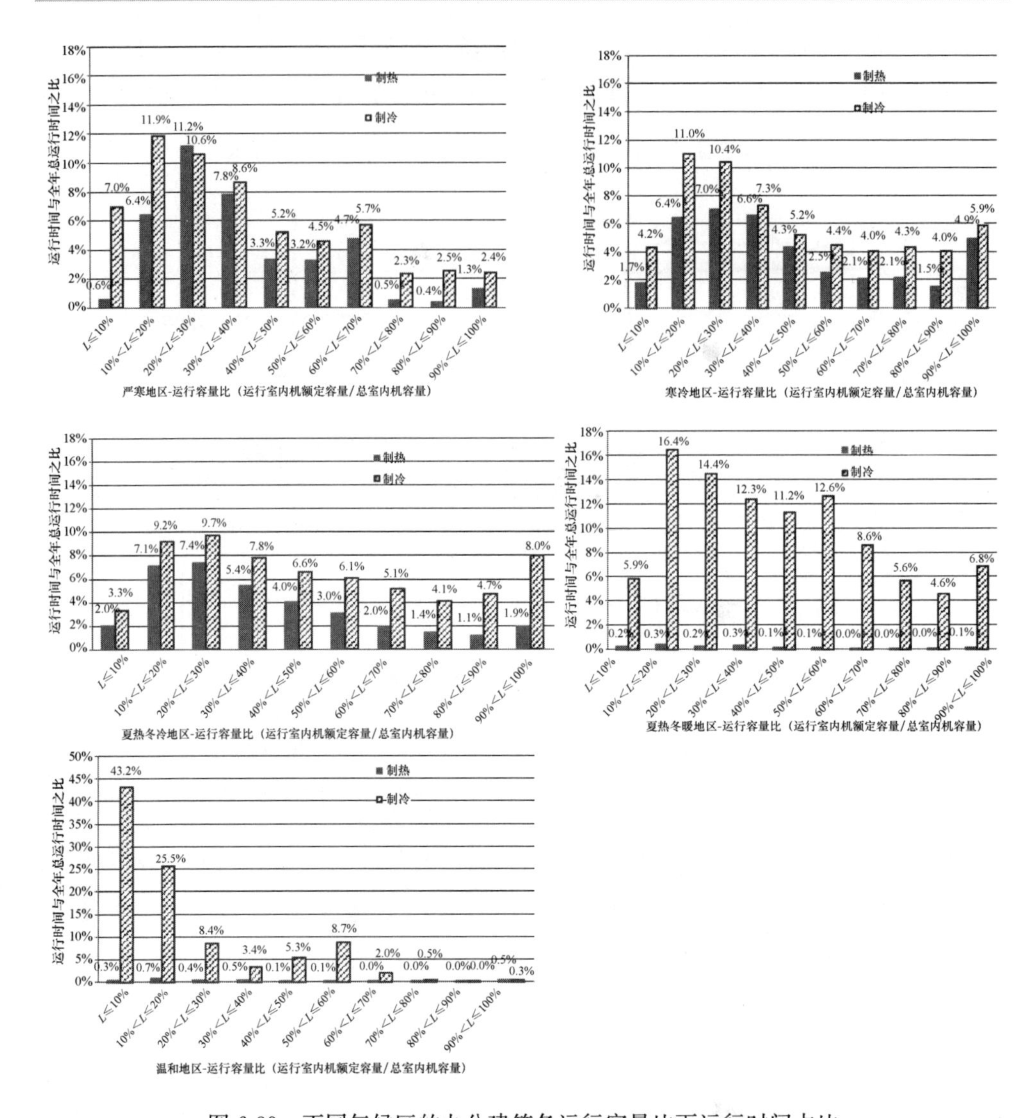

图 6-39 不同气候区的办公建筑各运行容量比下运行时间占比

的单体建筑为例，若全楼使用集中冷水系统，则就是 100 个房间末端都由集中冷水机组一套系统进行供应。若采用分层设置 10 个左右的多联机系统，则每个多联机系统负责 10 个房间末端的冷量供应。其单个系统服务范围变小后带来的好处是系统负荷波动范围变小，进而对于系统压缩机在不同负荷率下调节的要求降低，更容易获得高能效的运行结果。

对于用户需求差异较大，特别是延时加班需求较多的公共建筑，由于空调系统往往长期运行在低负荷率下，集中冷水机组运行 *COP* 长期大大低于其设计工况的

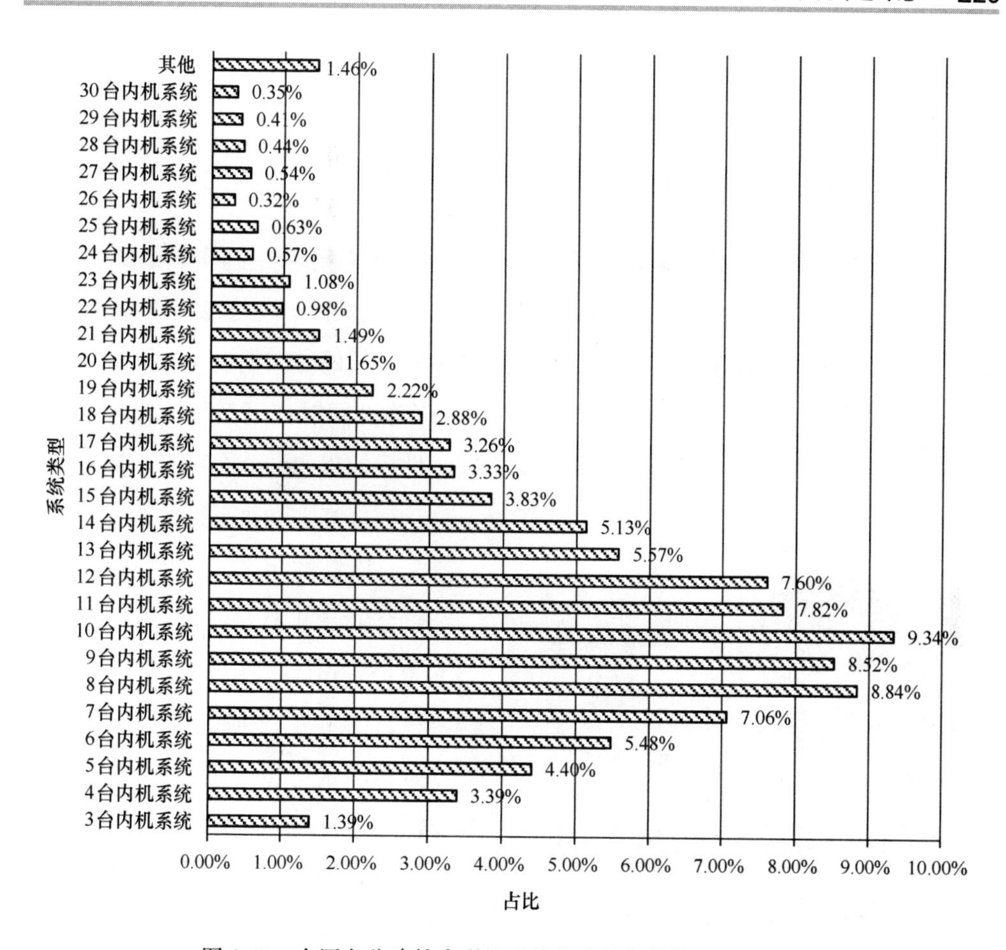

图 6-40 全国办公建筑多联机系统的容量规模抽样调查结果

额定 COP，且集中冷水机组的水泵在低负荷率情况下能耗占比 10%～50%，造成整个系统的能耗增高。而由于一栋建筑内各个多联机系统的负荷率各不相同，也有停止不需要运行的多联机系统，所以运行的多联机系统的平均负荷率一定高于全楼的平均负荷率。如果认为无论多联机还是集中冷水系统，其用能效率都与运行机组的负荷率正相关，那么运行的多联机的平均负荷率比集中冷水系统的负荷率高，所以其用能效率就高。这应该是多联机系统在这一类公共建筑中具有相对较好的节能效果的主要原因。但是并非只要采用多联机平均负荷率就一定能提高。多联机的负荷率与每个多联机系统规模的大小（带的房间或末端数量）、同一个多联机所带各个房间的负荷性能的一致性等都有密切关系。此外，多联机接管长度有严格限制，长管道将导致能效的迅速下降。因此，在设计阶段需要针对于建筑中不同功能房间的负荷特征，详细考虑系统规模、管道长度，合理设计空调系统分区，只有这样才能保证多联机机组获得较高的运行能效。

6.4.3 优化多联机系统分区的讨论

多联机系统分区将影响系统的负荷率分布和运行能耗。当空调分区不合理时，会导致系统长期处于低负荷下运行，造成系统的能效低下。对于多联机的分区方式，业内有两种不同的看法：一种认为应该把不同性质的房间划在一起，例如不同朝向、不同功能（如会议室和办公室），这样可以降低同时使用系数，从而可减少室外机的装机容量。另一种观点则认为应把同一性质的房间划分在一起，使其负荷尽可能同步变化，避免出现极端小负荷的情况，从而提高多联机系统的效率。

图 6-41　办公建筑 F 外观

以一栋在北京的 4 层办公建筑 F 为例（见图 6-41），总建筑面积为 6804m^2，采用了多联机空调系统，如图 6-42 所示。通过现场调研和测试可以看出，K1-3、K3-1、K3-3、K4-2 系统的室外机运行小时数接近供冷季运行总小时数，并且多联机室外机在夜间仍然持续供冷，从而造成系统在整个供冷季的 *COP* 较低，运行能耗增高。

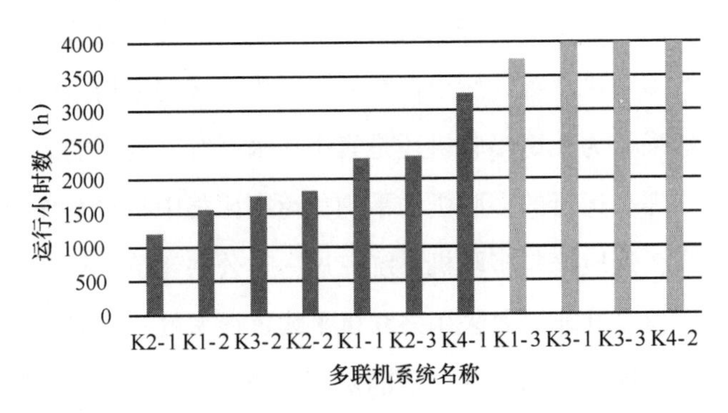

图 6-42　不同多联机系统在供冷季的供冷小时数

以 K3-3 系统为例进行详细分析。如图 6-43 所示，K3-3 系统是同时供应一个数据机房（房间号 322）与 9 个普通办公室。其中数据机房与普通办公室的典型一周空调电耗曲线如图 6-44 所示，数据机房全天 24h 运行，而普通办公室仅在工作时段内有空调需求。由于多联机 K3-3 系统同时供应数据机房与普通办公室，所以夜间多联机系统的负荷率长时间处于 5%～10%的状态下，从而造成系统 *COP* 大幅降低。如将数据机房从原来的空调系统中分离出来，将该办公楼的所有数据机房合并为一个单独的空调分区，那么这个为数据机房单独服务的多联机系统就可以一直在一个较高的负荷率下持续运行，这样就可以解决以上系统长期处于低负荷状态运行的问题。

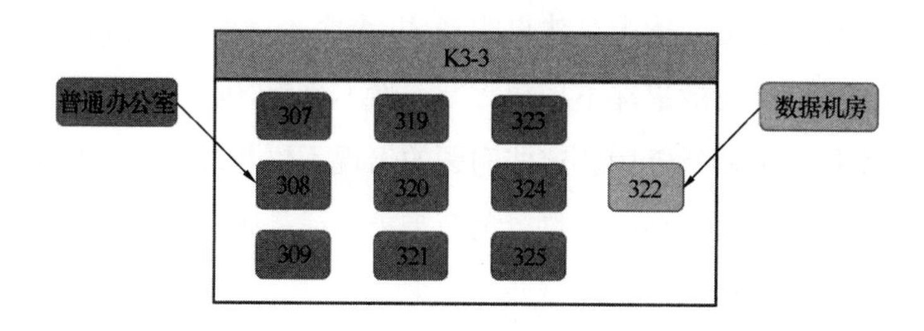

图 6-43 K3-3 多联机系统分区示意图

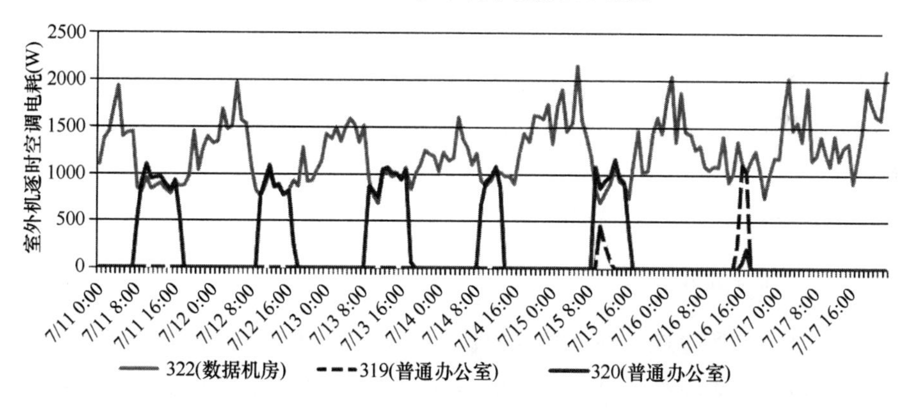

图 6-44 数据机房与普通办公室典型一周空调电耗曲线

通过以上分析可见，不合理的多联机系统分区会大幅降低系统的运行效率。因此，房间的使用功能和使用时长是影响多联机空调分区的主要因素，如果把使用性质类似的房间划分在一起，可以使其负荷尽可能同步变化，避免出现极端小负荷的情况，从而可以提高多联机系统的运行效率。而当需要把不同性质的房间划分在同一分区时，例如将不同功能（如会议室和办公室）的房间划分为一个分区，则需根据同时使用的概率，相应减少室外机的装机容量，以提高多联机系统的部分负荷率，但需要尽量避免将不同运行时长的房间划分在同一分区。

6.5 从公共建筑冷热电实际需求特点分析能源联供技术在建筑的可应用性

冷热电联供系统（CCHP）作为一种分布式供能技术，通过余热回收利用技术实现了能源的梯级利用，可以将能源热利用效率提升至70%～90%，因此该技术的发展得到了广泛的关注。我国对楼宇式冷热电三联供技术的应用也相继出台了多项鼓励政策，十余年过去，国内已建设完毕40余个天然气分布式能源项目，但大部分国内试点的实际运行效果却不理想，节能性不显著，经济效益差，部分高额投资的项目甚至直接长期搁置停用。这些问题的出现不仅与政策价格环境、系统设备配置等方面有关，各建筑类型的冷热电负荷需求特征是否适宜冷热电联供系统的联合供应更是值得研究探讨的问题。

本节将在办公建筑、商场建筑、宾馆饭店建筑、综合建筑这4种公共建筑类型中，分别选取国内一栋实际运营的建筑作为典型建筑，建筑所处建筑热工分区包括寒冷地区、夏热冬冷地区、夏热冬暖地区等多个分区，以其能耗计量系统连续监测记录的数据为基础，力求反映建筑运行的真实冷热电的消耗状态。

6.5.1 建筑电冷热需求现状

（1）寒冷地区办公建筑

本案例选取的寒冷地区办公建筑的暖通空调系统夏季冷源为电制冷机，冬季热源为市政热网，并有热量计量。该建筑全年8760h耗电，但是集中在办公时间耗电量较高，因此全年有近2/3的时间电力负荷不高，低于5W/m²，全年用电的尖峰值为22.3W/m²。由于在寒冷地区，相较于夏季供冷需求，冬季供暖的需求时间较长，需求供暖量较大，全年供暖约3500h，供冷约850h，供暖时长约为供冷时长的4倍有余。其全年电、冷、热负荷延续图如图6-45所示。

该建筑全年尖峰热负荷约为31.1W/m²，尖峰冷负荷约为26.0W/m²，与尖峰电负荷相差不大，但应注意，电热冷的尖峰负荷出现的时间并不一致，并且夏季用

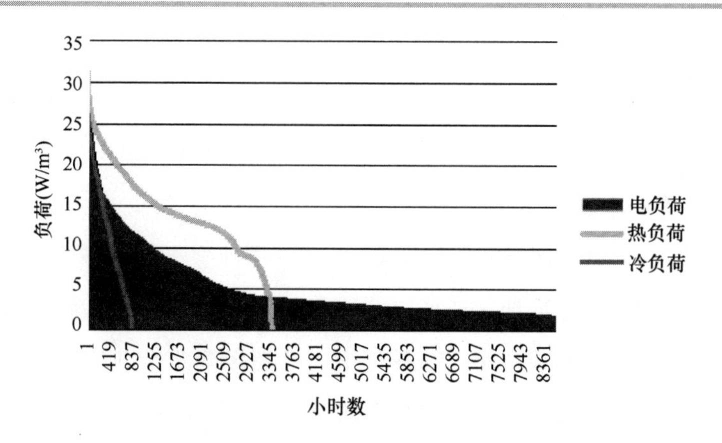

图 6-45　某政府机关办公建筑全年电冷热负荷延续图

电高峰是因为开启了电制冷空调系统。如果考虑应用三联供系统，则夏季制冷机的电力可以省去，考虑制冷机 *COP* 为 5，参考冷量数据对电量数据进行修正，抹去制冷机耗电后的全年电冷热逐时需求如图 6-46 所示。

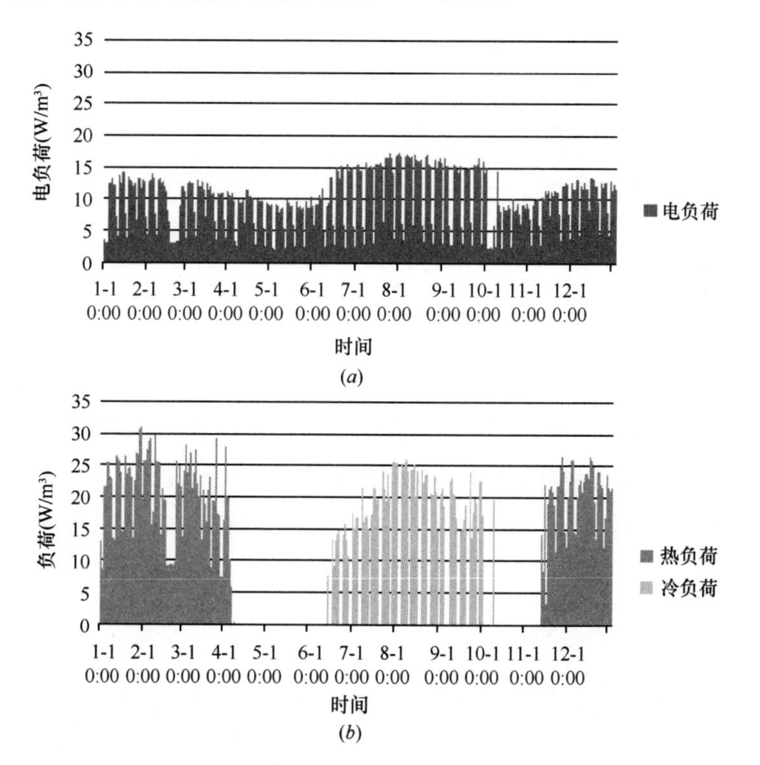

图 6-46　某政府机关办公建筑全年电冷热逐时变化情况

(*a*) 全年电力负荷逐时变化情况（刨除制冷机）；(*b*) 全年冷、热负荷逐时变化情况由图6-46可见，冬季尖峰供暖需求约为供电需求的2～3倍，而夏季尖峰供冷需求约为供电需求的1.5倍。但是夏季冷需求不连续，下班之后和周末近似为零。并且由于春季和秋季两个过渡季的存在，冷电量需求之比、热电量需求之比必然是在全年中有大幅度的变化的。

（2）夏热冬冷地区商场建筑

本案例选取的夏热冬冷地区商场建筑的暖通空调系统夏季冷源为电制冷机，冬季热源为燃气锅炉。该建筑全年8760h耗电，且商场建筑营业时间长于办公建筑，因此全年有过半的小时数电力负荷高于10W/m²，全年用电的尖峰值为34.0W/m²。供冷、供暖时长较为接近，全年供暖约1700h，供冷约2400h，其全年电、冷、热负荷延续图如图6-47所示。

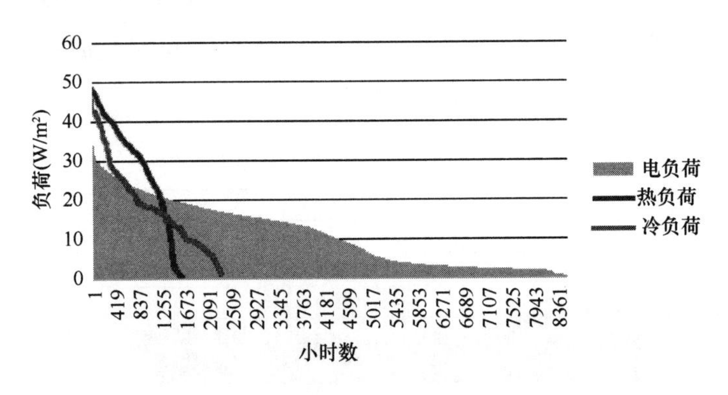

图6-47　某商场建筑电冷热负荷延续图

该建筑全年尖峰热负荷约为48.4W/m²，尖峰冷负荷约为45.3W/m²，供冷供热尖峰负荷相近。该建筑制冷机运行*COP*较高，抹去制冷机耗电时冷机*COP*以6.5计算。抹去制冷机耗电后的全年电冷热逐时需求如图6-48，由图可见，冬季尖峰供暖需求约为供电需求的2.5～3倍，而夏季尖峰供冷需求可达到供电需求的近2倍。

（3）夏热冬暖地区综合建筑

本案例选取的夏热冬暖地区综合建筑，包括商场和办公楼，其空调系统夏季冷源为电制冷机，冬季不供暖。由于办公楼中有数据机房的存在，该建筑全年8760h耗电，供冷时长也为8760h（冬季为数据机房供冷），全年用电的尖峰值为56.6W/m²。其全年电、冷、热负荷延续图如图6-49所示。

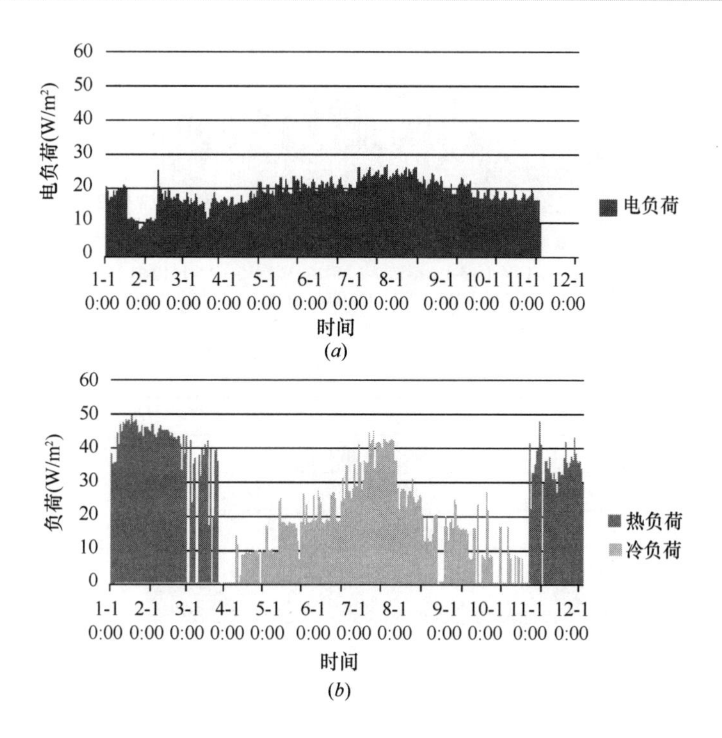

图 6-48 某商场建筑全年电冷热负荷逐时变化情况

(*a*) 全年电力负荷逐时变化情况 (除去制冷机); (*b*) 全年冷、热负荷逐时变化情况

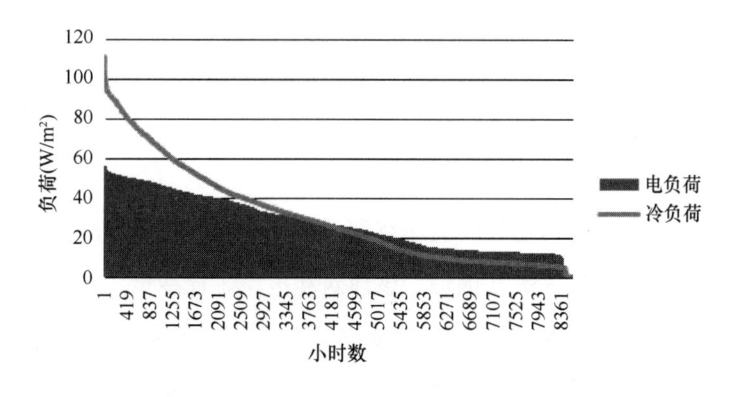

图 6-49 某综合建筑电冷热负荷延续图

该建筑全年尖峰冷负荷约为 111.0W/m^2。该建筑制冷机运行 *COP* 较高，抹去制冷机耗电时冷机 *COP* 以 6.5 计算。抹去制冷机耗电后的全年电冷热逐时需求如图 6-50 所示。由图可见尖峰电负荷与尖峰冷负荷的出现时间基本一致，供冷需求与供电需求的最大比例约为 2，最小比例约为 0.6。

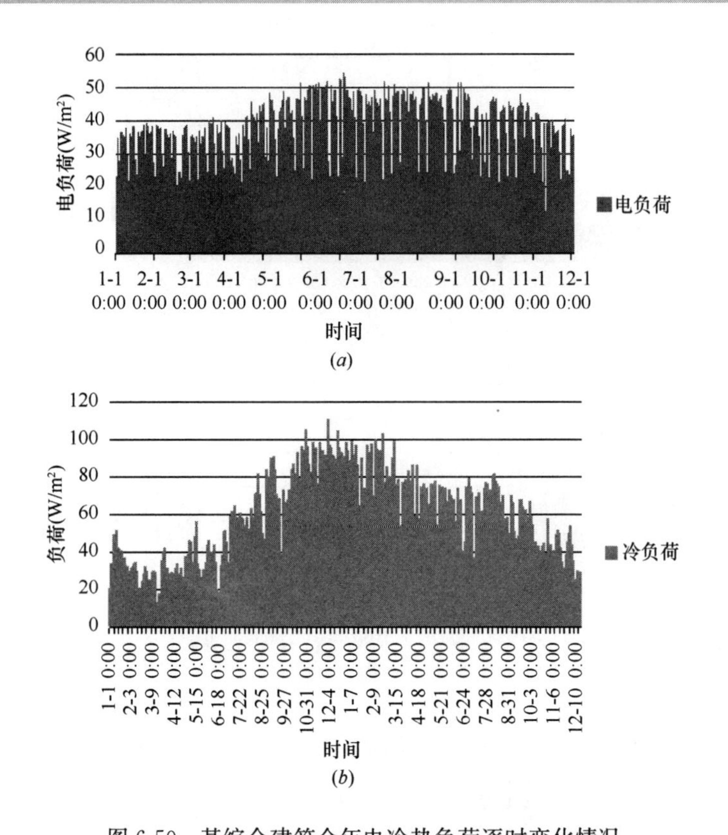

图 6-50 某综合建筑全年电冷热负荷逐时变化情况

(*a*) 全年电力负荷逐时变化情况（除去制冷机）；(*b*) 全年冷负荷逐时变化情况

（4）寒冷地区宾馆饭店建筑

宾馆饭店建筑除冬季供暖、夏季供冷两种需求外，还存在生活热水的用热需求。本案例选取的宾馆饭店建筑的暖通空调系统夏季冷源为电制冷机，冬季热源为市政热网，生活热水热源为燃气锅炉。该建筑耗电量、耗冷量、耗热量的全年逐时数据来自能耗计量系统，生活热水热量数据只有运行人员每日抄表的日供热量数据，经过观察发现在冬季（11 月～次年 3 月）与非冬季（4～10 月）日供热量存在着明显的差异，因此给出冬季与非冬季两个时间段的平均生活热水用热负荷的估算值，对于数据分析的准确性不存在太大的影响。其全年 8760h 耗电，供暖约 3400h，供冷约 2400h，全年尖峰电负荷约为 28.5W/m^2，尖峰热负荷约为 28.7W/m^2，尖峰冷负荷约为 28.6W/m^2，生活热水冬季热负荷为 2.75W/m^2，非冬季热负荷为 3.77W/m^2。抹去制冷机耗电后的全年电冷热逐时需求如图 6-51 所示，由图

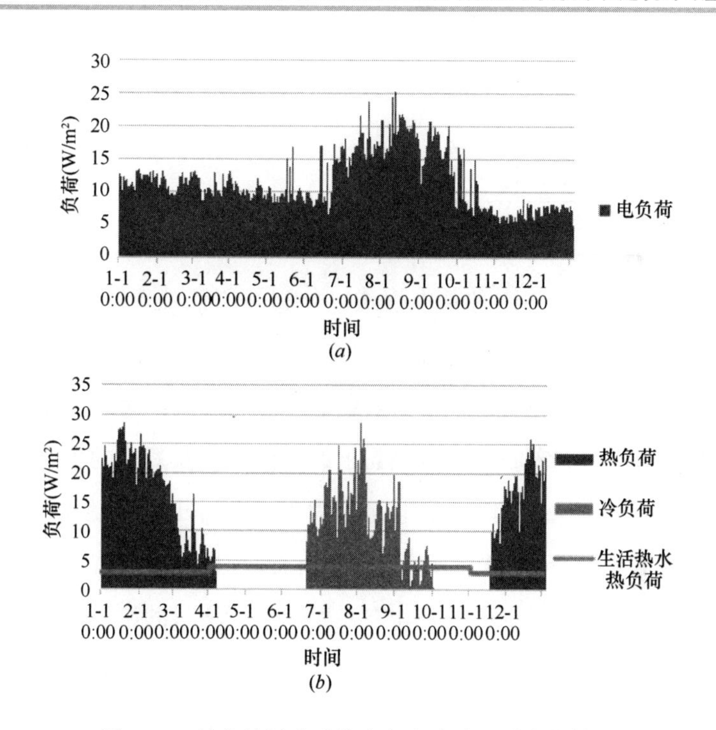

图 6-51 某宾馆饭店建筑全年电冷热逐时变化情况

(a) 全年电负荷逐时变化情况（除去制冷机）；(b) 全年冷、热负荷逐时变化情况

可见，冬季供暖需求约为供电需求的 2～3 倍，而夏季供冷需求与供电基本一致。

6.5.2 楼宇式冷热电联供技术在不同类型公共建筑应用的节能性

以烟气型内燃机冷热电联供方案，对比电网供电＋燃气锅炉供热＋水冷式电制冷机供冷的分供方案。由于联供方案的输入能源为天然气，分供方案的输入能源为电力和天然气，为了方便用消耗的一次能源进行比较，将分供方案的耗电量折算为发电效率为 55％的燃气电厂的耗气量，这样联供、分供方案可以直接比较天然气的消耗量，符合比较公平性。对联供、分供系统计算的参数设定如表 6-5 所示。

计算必要参数 **表 6-5**

联供系统额定发电效率	40％
联供系统全热效率	80％
烟气型溴化锂吸收机制冷 *COP*	0.8
燃气电厂发电效率	55％
电网电损率	10％

续表

燃气锅炉效率	90%
水冷式电制冷机 *COP*	4.5
天然气热值	35.5MJ/m^3

联供系统的运行可分为两种基本模式，分别是“以热定电”模式和“以电定热”模式。“以热定电”模式根据热需求要求的发电量与电需求比较，取其最小者作为实际发电量，这种运行模式下不需要独立冷却系统排出余热，热效率较高，但对一般建筑而言这也意味着在没有冷热需求的过渡季以及夏季的夜间，联供系统不能运行。“以电定热”模式则以满足电需求为主，其排出的余热尽量满足热需求，如果建筑热需求不大则需要冷却系统进行排热，此种模式在没有冷热负荷的情况下运行的全热效率很低。需要说明的是，在对实际运行项目的调研中发现，由于发电机组已经购买，发电的边际成本变低，所以只要经济上有利就会运行发电，不会去考虑一次能源消耗是否合理。绝大部分的运行联供项目在经济因素的影响下实际是以“以电定热”的模式运行。

(1) 夏季与冬季设计工况，联供系统与分供系统的运行比较

夏季与冬季设计工况分别是建筑冷需求与热需求最大的工况，此种情况原则上联供系统的优势最大。由于上述4类建筑的尖峰热需求与电需求比例基本为2～3(夏热冬暖地区建筑除外)，尖峰冷需求与电需求比例也基本在1.5以上，而联供系统可以供出的余热与电量比例相近于1，考虑吸收式机组夏季*COP*为0.8，则联供系统供出热电比以1计算，冷电比以0.8计算，均小于需求热电比、冷电比，联供系统可以达到完全出力。下面进行计算冬季供应1kWh电量、1kWh热量，和夏季供应1kWh电量、0.8kWh冷量，联供系统、分供系统所需要的成本与折算的燃气量，结果如表6-6和表6-7所示。

冬季供应1kWh电量、1kWh热量的比较　　表6-6

	消耗能源	折算燃气量
联供系统	0.254m^3 燃气	0.254m^3
分供系统	1kWh电， 0.113m^3 燃气	0.297m^3

夏季供应 1kWh 电量、0.8kWh 冷量的比较　　表 6-7

	消耗能源	折算燃气量
联供系统	0.254m^3 燃气	0.254m^3
分供系统	1.178kWh 电	0.217m^3

从折算的消耗燃气量来看，冬季典型工况下，联供系统消耗的燃气较分供系统要少，也就是热电联产模式下，联供系统更节能；而在夏季供冷工况下，联供系统消耗的燃气反而较分供系统要多，更费能。造成夏季工况联供系统费能的原因，是联供系统原动机发电效率与燃气电厂的差距太大，而余热制冷效率太低，利用余热制得的冷量不足以弥补前者的差距。所以联供系统与分供系统相比，一次能耗是否降低的关键在于建筑的需求热量是否足够多。

（2）联供系统与分供系统全年运行比较

基于已有的能耗数据，将联供系统应用于 4 类典型建筑的情况进行模拟，将分为联供系统“以热定电”运行与“以电定热”运行两种模式分别进行模拟。联供系统并网不上网，并在低谷电价时段不运行（因为成本的原因没有实际项目会在低谷电价时段运行）。根据建筑的全年电负荷变化选取较稳定的基础负荷（一般为过渡季或冬季的最大电负荷）作为联供系统的最大容量。

首先考虑联供系统全年以保持全热效率最高的“以热定电”模式运行的情况。为了比较方便，计算出联供系统运行一年所供出的电、冷、热量，并算出联供系统消耗的燃气量，以及分供系统要供应同样多电、冷、热量所需要消耗的折算燃气量，二者相减。具体结果如表 6-8 所示。

联供系统以热定电模式运行结果　　表 6-8

建筑类型	发电量 (kWh/m^2)	供热量 (kWh/m^2)	供冷量 (kWh/m^2)	分供系统折算耗燃气量 (Nm^3/m^2)	联供系统折算燃气量 (Nm^3/m^2)	二者相差 (Nm^3/m^2)
办公建筑	17.10	12.13	3.97	4.63	4.29	0.34
商场建筑	55.63	18.81	29.46	13.44	13.95	−0.51
综合建筑	154.04	0	122.88	33.08	38.64	−5.56
宾馆饭店建筑	80.97	64.79	21.65	22.87	20.31	2.56

“以热定电”运行意味着联供系统的全热效率全年保持在最高效率（80%），但是在商场建筑、综合建筑案例中联供系统与分供系统相比，折算的燃气消耗量更

多。这是因为这两个案例一个在夏热冬冷地区，一个在夏热冬暖地区，夏季的供冷需求非常大，而冬季的供暖需求小，夏热冬暖地区综合建筑甚至没有热需求。按照前文对夏季典型工况联供系统运行的分析，夏季运行联供系统更费能，全年热需求越少联供系统越不节能。而联供系统相比分供系统节省燃料最多的是宾馆饭店建筑，这不仅是因为其位于寒冷地区，更因为它存在着全年稳定的生活热水需求，全年热需求高。

其次，考虑4种建筑中的联供系统均以“以电定热”模式运行，具体结果如表6-9所示。

联供系统“以电定热”模式运行结果　　表6-9

建筑类型	发电量（kWh/m^2）	供热量（kWh/m^2）	供冷量（kWh/m^2）	分供系统折算耗燃气量（Nm^3/m^2）	联供系统折算燃气量（Nm^3/m^2）	二者相差（Nm^3/m^2）
办公建筑	27.98	12.13	3.97	6.62	7.02	－0.40
商场建筑	81.96	18.81	29.43	18.24	20.56	－2.32
综合建筑	158.54	0	119.69	33.77	39.77	－6.00
宾馆饭店建筑	99.83	64.79	21.65	26.31	25.04	1.27

可以看到，在“以电定热”模式运行下大部分情况的联供系统消耗燃气量要多于分供系统，只有宾馆饭店建筑中联供系统相比分供系统节省燃料，但也较“以热定电”模式有所降低。

6.5.3　楼宇式冷热电联供技术应用小结

虽然冷热电联供技术可以实现能源的梯级利用，将发电排出的烟气余热回收，用于供热或制冷，能够使得一次能源利用效率达到80％以上，但是由于燃气电厂、电制冷机等设备与系统的成熟技术，效率已经达到非常高的水平，相比之下楼宇式联供系统的发电效率、制冷效率还非常低，发电＋制冷工况下消耗燃料要多于分供系统，实际更费能，只有在发电＋供热工况下才更节能。而由于办公建筑、商场建筑等建筑类型不存在稳定的热需求，热需求往往只集中在冬季，因而全年大部分时间内联供系统的运行均不节能。现实情况下，出于经济性的考虑，联供项目在实际运行过程中往往采取“以电定热”而非“以热定电”的运行模式，这更使得整个系统的一次能源利用率大大降低。虽然如果发电设备效率良好、运行得当，冷热电联供系统故障率低，若保持全年发电小时数，其经济效益可观，但更费能，绝不应该由国家对其进行补贴。2017 年末全国遭遇“气荒”，这说明天然气作为珍贵的清洁能源应该慎重使用，务必把好钢用在刀刃上。

6.6 公共建筑照明节能

6.6.1 照明能耗现状与评价标准

照明在改善建筑光环境的同时，对于能源的需求和消耗也在不断增加。据最新的统计数据，我国每年的照明用电量约占总用电量的 14%，且以每年 5%～10%的速度增长。其中，公共建筑照明由于总安装功率大，使用时间长（年累计使用时间在 1250～3650h 之间），占城市照明用电量的 75%以上（以北京市为例，不含工业照明）。按此数据推算，2016 年我国公共建筑照明总用电量超过 5000 亿 kWh，照明节能势在必行。

中国、美国和新加坡等国家现行的照明设计标准中，均采用照明功率密度作为照明节能评价指标，不能反映采光、控制系统和人行为的影响，与实际运行情况相差甚远。最新发布即将实施的《绿色照明检测及评价标准》GB/T 51268—2017 中，参考了欧洲的 EN 15193 标准，提出了以单位面积年照明用电量作为照明节能的评价指标，可综合评价照明系统实际运行的节能效果。表 6-10 是该标准中规定的办公建筑的照明耗电量基准值。

办公建筑照明耗电量基准值 **表 6-10**

房间或场所		W_G [kWh/(m^2·a)]	计算时间
普通办公室		16.71	工作日（250d）8：30～17：30
高档办公室、设计室		27.73	
会议室		16.64	
服务大厅		20.34	
走廊	一般	4.50	
	高档	7.20	
卫生间	一般	2.36	
	高档	4.05	

这也意味着我国的照明节能工作正在从侧重于照明设计节能，向实际用能节能转变，以实际的照明电耗评价照明节能的效果。

影响照明能耗的因素较多，主要包括：照明提供的服务水平、天然采光状况、照明系统设计以及人的行为等。因此，照明节能的技术措施也应从这些方面入手，并结合建筑的特点，通过综合评估，选择适用的照明节能技术。

6.6.2 常用节能技术措施与节能潜力分析

按照用能的特点，常用的照明节能措施分为两大类：

（1）降低照明安装功率：采用高效的照明产品，如采用LED替换传统照明产品等；优化照明设计，如合理选择照度水平，进行分区照明设计等。

（2）减少开灯的功率或时间：充分利用天然采光，特别是采用导光管等技术改善地下和无窗空间的采光；利用各类照明控制技术，如人体感应、调光、时控等措施减少开灯的时间或功率。

国外研究人员对各类照明节能措施的节能效果进行了分析研究，如表6-11所示。

各种节能策略的节能潜力　　表6-11

序号	节能策略	相对节能潜力
1	高效光源	10%～40%
2	高效镇流器	4%～8%
3	高效灯具	40%（考虑调光等节能控制措施）
4	分区照明	22%～25%
5	提高维护系数	5%
6	降低照度水平	20%（500降为400Lx）
7	改善光源光谱分布	35%
8	减少总开灯时间	6%
9	使用手动调光	7%～25%
10	采用人体感应探头	20%～40%
11	与天然采光结合的调光控制	25%～60%

注：本表中的数据是针对特定案例分析得到的，实际应用时效果会有所差异。

随着LED技术的发展成熟，其能效水平越来越高，室内商用的LED照明产品效能已超过120lm/W，是照明节能所采用的主要措施之一，特别是在既有建筑改造中得到了广泛的应用，具有良好的节能效果。《LED 室内照明应用技术要求》GB/T 31831—2015 中，对 LED 替换传统照明产品给出了详细的建议和技术要求，对于既有照明改造具有重要的指导意义。

能否充分利用天然采光对于照明节能具有至关重要的影响。除了传统的采光方式外，出现了导光管等新型的采光技术。目前公共建筑中最为常用的是被动式导光管系统（简称导光管），国内外均有商业化产品应用。新型的采光窗则同时考虑了遮阳和采光的需求，采用了光回复反射和定向反射技术，通过特殊设计的微光学结构，可以控制太阳光线的透射及反射，从而满足不同季节遮阳和采光的共同需求，如图 6-52 所示。

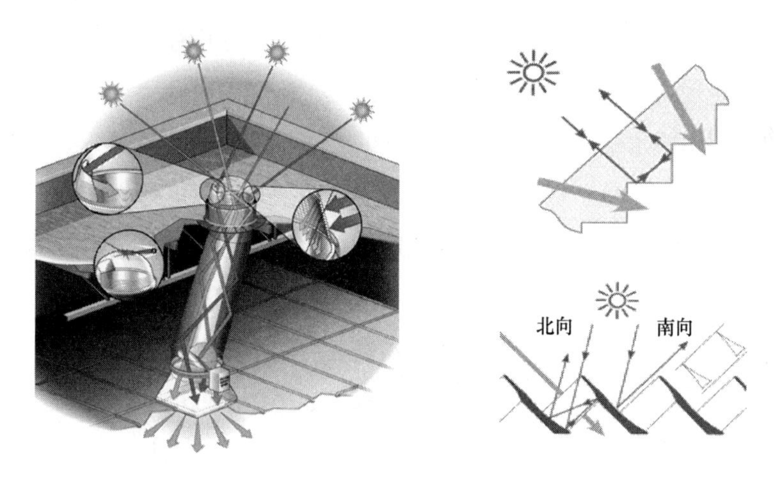

图 6-52 新型采光系统

照明控制技术也是重要的节能措施，经过多年发展，各种自动照明控制技术在国外发达国家已相当普及。从使用率来看，在美国约占 70%，在欧洲约占 45%，在日韩占 15%～20%。照明常用的自动控制策略包括：光感开关、光感调光、人体感应开关以及时间控制等。相对于传统照明而言，LED 技术的控制更为灵活，成本也更低，因此各类照明控制技术随着 LED 技术的快速发展而得到越来越广泛的应用。

从照明节能技术的选择上，需要考虑既有建筑和新建建筑的特点。两者在设计目标、设计流程和技术可选择程度上有较大的差异，因此以下结合既有建筑和新建建筑的特点，分别对照明节能的技术途径进行阐述。

6.6.3 既有建筑的照明节能

我国既有公共建筑的存量巨大，这些建筑的照明系统老化，能效较低，进行节能改造具有显著的节能潜力。然而，由于受到建筑既有条件的限制，立面和室内装修等现状条件不易修改，故既有建筑的照明节能改造技术方案需要结合建筑自身的特点进行综合比选才能确定。

照明工程分为新建和既有两类，两者在节能设计流程上有所区别。既有项目的节能设计流程如下：

（1）测试和调研分析现有问题。对现有的光环境指标和照明能耗进行测试，对控制系统和使用者的作息、行为习惯等情况进行调研，分析存在的问题。

（2）确定合理的设计目标。根据现有的问题，结合使用者要求，确定合理的设计目标，包括照明的水平、采光和照明设施的要求、控制需求等。

（3）不同方案的比选。利用模拟的方法对不同采光照明设计方案的全年光环境与照明能耗进行分析，对不同方案的性能进行对比，确定合理的技术方案。

（4）调试与优化。实施过程中，对现场采集的光环境参数进行分析，对系统进行调试和优化，包括传感器的位置、设定参数、控制场景和模式等。

照明节能改造的重点在于技术方案的选择，如选择高效的照明产品、合理选择照明设计标准、合理的照明设计以及照明控制策略优化等。在灯具布置和照明控制选择时，需要充分考虑与采光结合，以充分利用天然采光。此外，人的行为也是影响照明能耗的重要因素。同样的建筑，由于使用人员或使用方式的不同，其照明能耗可能有显著差异。因此，改造方案或者选用的新技术和新产品需要考虑使用者的特点，特别是控制设备要符合使用者的行为习惯，激发主动节能意识，这对于照明节能有着重要的影响。

图 6-53 是既有建筑照明节能改造技术的矩阵图，列举了常用的照明节能改造技术。

水平方向从左至右表示技术实施的复杂程度或难度，越往右说明实施难度越大，改造费用越高，但相应的改造效果也越好；垂直方向列举了 4 类改造技术，根据改造目标和建筑的实际情况，可选择相应的技术措施。

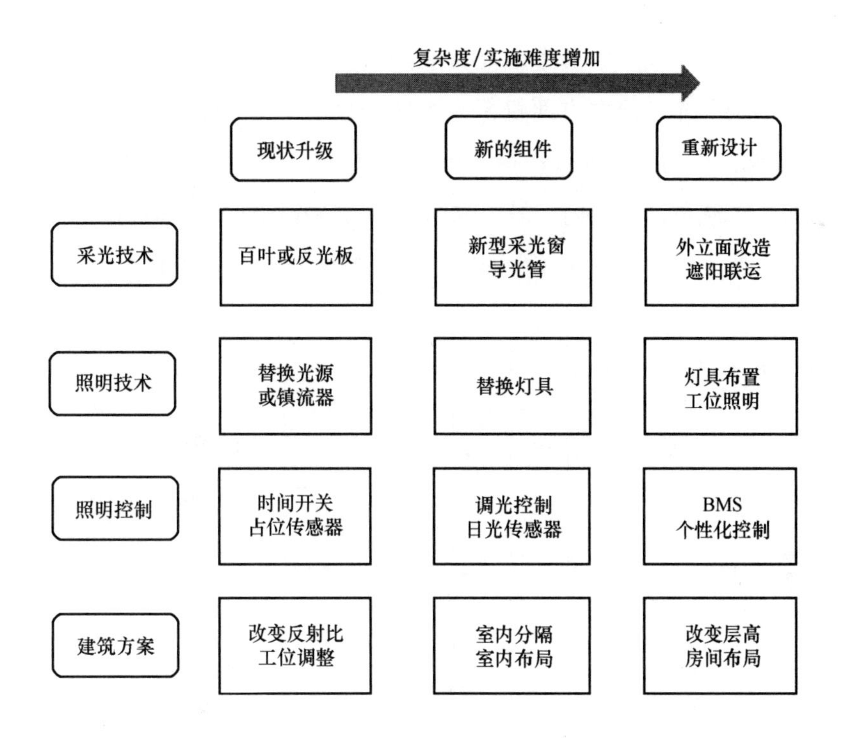

图 6-53 照明节能改造技术

6.6.4 新建建筑的照明节能

相对于既有建筑而言，新建建筑的照明节能技术可选余地更大，其设计过程显得更为重要。以往的照明节能研究中，重点关注照明产品，以追求产品的能效作为节能的主要途径。然而，照明节能作为一个系统的工程，需要考虑从设计到运行各个环节的优化，将采光与照明有机结合，协调照明系统内组件，以及与其他设备系统的关系，实现总体性能最优。

（1）基本设计原则

在现有的设计环节中，对采光设计的重视不足，深度不够，未能在设计阶段与照明设计结合，出现了一些不合理的设计，不能充分利用天然光。由于采光设计处于建筑设计阶段，一旦确定，后期的照明设计很难去修正，只能去被动适应，也难以弥补。因此，公共建筑的采光照明节能设计应坚持“被动优先，主动优化”的原则，即采光设计要优先于照明设计，把减少开灯时间作为首要目标。

(2) 采光与照明结合

采光照明的节能设计，要考虑充分利用天然光，特别是重视对直射日光的处理。一方面，应从光、热两方面权衡窗系统的性能，根据太阳光谱的特点（见图6-54），对不同波段的日光进行选择和优化，控制合理的光热比，在引入可见光的同时避免过多的热量进行室内。另一方面，利用特殊设计的光学结构，实现日光的重定向，将日光引入室内进深较大的空间，并提高采光的均匀性。

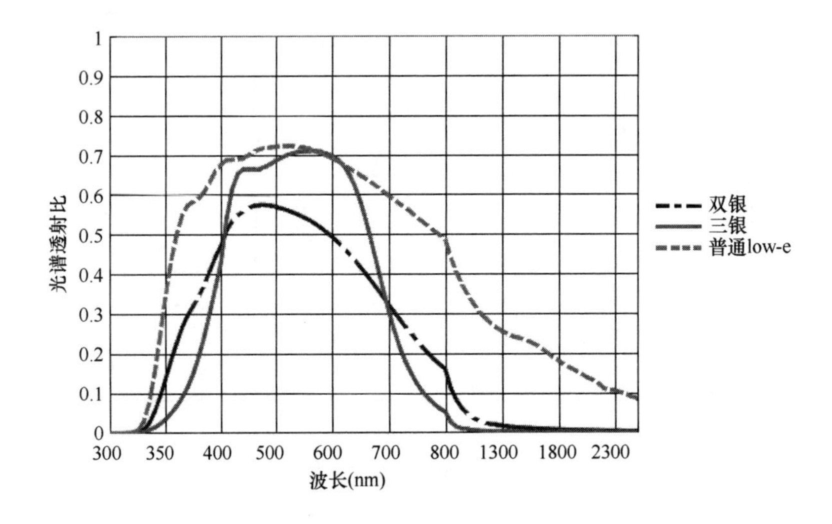

图 6-54 常用玻璃的光谱透射曲线

采光设计中，要兼顾光、热两方面的影响，综合考虑其全年的综合节能效果，不同的采光方案对于光热环境和照明能耗有着显著的影响，通过权衡分析确定建筑总体节能的优化方案，同时考虑与照明设计的衔接，为后期的照明设计提供良好的基础条件。在此基础上，进行照明优化设计，与采光进行协调和衔接。照明的优化设计，包括选择高效的照明产品、合理选择照明设计标准、合理的照明设计以及照明控制策略优化等。照明设计中，灯具的分组是容易被忽视的问题，需要进行定量的分析和比较，特别是灯具的分组要与采光进行结合。

从实践经验来看，窗帘及遮阳对于照明能耗有较大的影响，但往往被忽视，多数项目仅仅在后期把窗帘作为一种室内装饰性构件来考虑，在采光设计时对窗系统就应进行精细化设计，充分考虑其对光热环境的重要影响。

图 6-55 表明，由于采用了更为优化的采光方案，与传统侧窗采光相比，照明

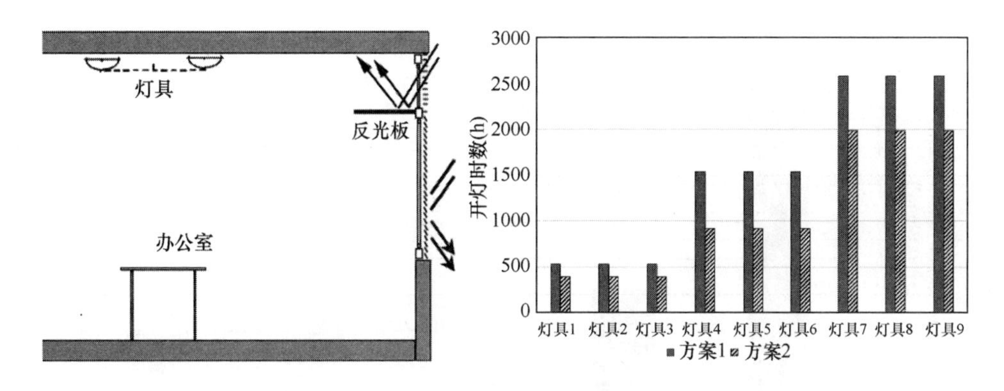

图 6-55 某办公室采光与照明结合的案例

能耗降低 27%左右。

(3) 照明控制策略的选择与优化

照明控制系统的设计和优化是照明方案的重要内容之一，不合理的控制方式往往会增加照明能耗。实践表明，不能片面扩大自动控制的作用，不合理的控制设置比手动控制的能耗更高。智能照明控制技术的关键在于协调好手动控制与自动控制的关系。耗能的动作建议由手动控制来实现，比如开灯、调高亮度等；而节能的动作建议由自动控制来辅助实现，比如感应光灯、根据采光情况调低或关闭照明、自动开启窗帘等。同时还需要考虑控制系统自身的能耗问题，选择低功耗的系统（包括运行和待机能耗）。

使用者与控制系统之间会相互影响，在节能设计中需要充分考虑使用者对于控制系统的需求，特别是控制系统设计时需要充分考虑使用者的特点，同时也应合理引导主动节能的行为。由于使用者需求的不确定性，意味着照明系统需要有一定的适应性，特别是对于智能照明系统而言，自适应性是重要的性能指标。控制系统的优化不仅仅限于设计阶段，在调试和运行阶段，还可以对实际使用时的光环境和照明能耗情况进行监测，持续对系统进行优化，实现性能不断提升，持续降低能耗的目标。

图 6-56 是某办公楼采用不同的技术策略，通过采光照明结合的优化设计、替换高效光源、合理分组以及进行优化控制这一系列的持续优化技术措施，实现了持续降低照明能耗目标，最终照明能耗不足标准值的 25%。

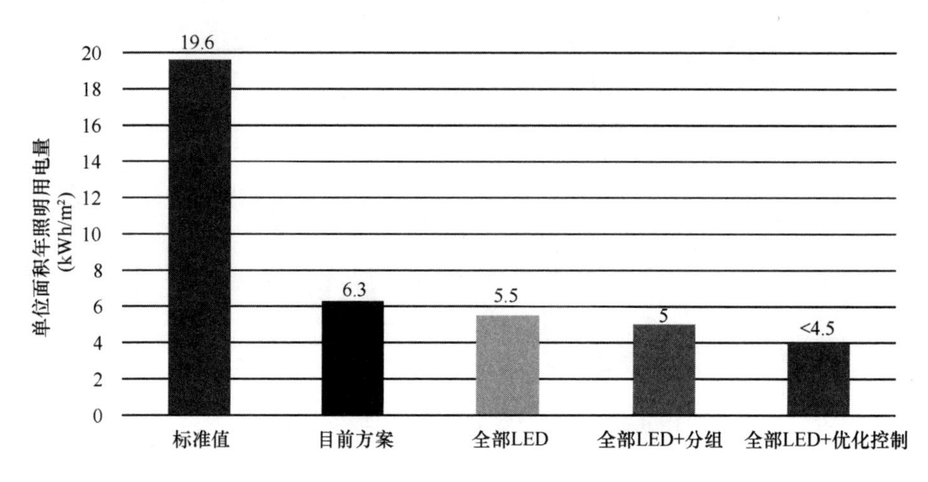

图 6-56 不同技术措施的节能效果

6.6.5 展望

未来公共建筑的采光照明主要有以下几方面的发展趋势:

(1) 智能照明

随着技术的发展,以 LED 为代表的半导体照明已得到广泛的应用。而 LED 易于控制的特点,为智能照明的发展奠定了基础。智能照明技术的发展将拓宽光环境的研究和应用领域,并为照明行业提供新的发展契机。欧洲提出了 humancenteredintelligentlighting(人因智能照明)的理念,即智能照明的核心仍然是满足人的需求,提高光环境质量。

(2) 健康照明

随着非视觉效应研究的逐渐深入,光环境已不仅是满足视觉作业和舒适的要求,还需要考虑对人员身心健康的长期影响,并可利用光干预调节生理节律。已有研究人员提出利用 LED 光度和色度可调的特性,模拟天然光的动态变化特性,从而更符合人的生理和健康要求。国际上已提出了基于视觉和非视觉效应的照明设计指南,为健康照明的设计提供了参考和依据。

(3) 超低能耗建筑

国家和社会对节能减排日益重视,发展超低能耗建筑已成为建筑节能领域最重要的工作内容之一。以被动式节能设计为基础,通过主动优化技术措施,实现超低能耗的目标。其中,照明节能是重要的组成部分。通过采光照明的优化设计,实现降低照明能耗的目标。

本章参考文献

[1] GB/T 18883—2002 室内空气质量标准[S]. 北京：中国标准出版社，2003.

[2] 徐小冬，王智勇，袁玉等.2009 年大连市城区高中学校教室二氧化碳浓度调查[J]. 预防医学论坛，2010，16(6)：539-541.

[3] 俞珊，瞿爱莎，黄云碧等. 西南地区高校冬季室内二氧化碳浓度的测试研究[J]. 四川环境，2009，28(1)：14-16.

[4] 杨晓燕，翁俊. 城市地下空间 CO_2 浓度的测试研究[J]. 地下空间与工程学报，2006，2(2)：199-207.

[5] 韩毅. 大连现代博物馆空气品质调查研究[J]. 产业与科技论坛，2011，10(9)：132-134.

[6] 国家信息中心信息资源开发部. 磁悬浮离心机产业发展白皮书[R]，2015.

[7] 2016 年中国中央空调行业发展报告[R]. 暖通空调资讯，2017

[8] GB 19577—2015. 冷水机组能效限定值及能源效率等级[S]. 北京：中国标准出版社，2015.

[9] GB 50189—2015. 公共建筑节能设计标准[S]. 北京：中国建筑工业出版社，2015.

[10] GB/T 17981—2007. 空气调节系统经济运行[S]. 北京：中国标准出版社，2007.

[11] 李娥飞. 暖通空调设计与通病分析[M]. 北京：中国建筑工业出版社，2004.

[12] 朱伟峰，江亿. 空调冷冻站和空调系统若干常见问题分析[J]. 暖通空调，2000，30(6)：4-11.

[13] 2012 年度中国中央空调行业发展报告. 暖通空调资讯，2012.

[14] 2016 年中国中央空调市场发展报告. 暖通空调资讯・i 传媒，2016.

[15] 中国制冷学会节能环保技术与信息化工作委员会新技术与应用促进联盟.2017 年度中国制冷空调实际运行状况调研报告[R]，2017.

[16] 中国照明学会编. 中国照明市场调查分析报告(2009～2013 年度)[M]. 北京：中国市场出版社，2013.

[17] GB/T 51268—2017. 绿色照明检测及评价标准.

[18] BS EN 15193—2007. Energy performance of buildings-energy requirements for lighting，2007.

[19] Marie-Claude Dubois，Ake Blomsterberg. Energy saving potential and strategies for electric lighting in future North European，low energy office buildings：A literature review[J]. Energy and Buildings，2011，43：2572-2582.

[20] GB/T 31831—2015. LED室内照明应用技术要求. 北京：中国标准出版社，2015.

[21] IEA SHC Task 50 report. Daylighting and electric lighting retrofit solutions. Berlin University of Technology[R]. 2015.

第7章　公共建筑节能全过程管理及优秀实践案例

7.1　新建公共建筑的节能全过程管理

7.1.1　从“省多少能”到“用多少能”的转变

随着建筑节能领域的技术进步与管理进步，大量新材料、新技术的应用，新建公共建筑的能耗强度（例如，按单位面积全年实际用能量计）应该相比既有公共建筑大幅度降低。但这些新建公共建筑投入使用后的实际用能情况，却难以令人满意。例如，上海市建筑科学研究院对2008年以来投入使用的60余栋绿色公共建筑示范项目进行能耗实测，发现结果“非常不理想”，绿色建筑的实际运行能耗并非原来希望的那样，而是处于较高水平，“由于对高新技术的盲目崇拜，导致一批绿色建筑成为新技术的低效堆砌”。清华大学对绿色建筑实际使用后评估研究中也发现类似问题。同样的事情不仅发生在中国，美国也有相当一批获得LEED认证的绿色建筑的能耗居高不下。2009年，美国学者John H. Scofield公布的两份材料指出：在美国获得LEED认证的建筑物，其单位面积实际能源消耗量，平均值要比同类型未获得认证建筑物的平均能耗强度高出29%。

出现这样问题，关键在于《民用建筑能耗标准》没有出台之前，新建公共建筑难以用能源消耗量的绝对量（例如单位建筑面积能耗强度）来设定节能目标，而是用“节能率”、“可再生能源利用率”这样的“相对指标”来衡量。“相对指标”在节能管理过程中曾经发挥一定作用，但如果参照对象或者“100%”能耗的具体数值不清晰、不可测，那么“相对指标”就难以落地，难以取得实效。《中国建筑节能发展研究报告2010》中就提出，应当对新建公共建筑实施设计建造全过程的能源消费总量控制。《中国建筑节能发展研究报告2014》中进一步明确提出，实施以能源消耗量为约束目标的公共建筑生命周期全过程节能管理。随着《民用建筑能耗标准》的颁布实施，以标准中的能耗约束值和引导值为明确的目标，将新建公共建筑节能与否，从考核“省了多少能”转变为考核“用了多少能”，将推动公共建筑节能取得实质性进展和效果。

7.1.2 从“铁路警察各管一段”到“不忘初心”的转变

另一方面，公共建筑节能管理有其难点。由于公共建筑功能性强、系统复杂，而且实施周期长、参与人员和工种多，因此在设计、安装、调试、运行、控制等过程中任何一点小的错误、失误、“变更”或把控缺失，都可能极大地降低最终系统运行效率，这也就造成了很多“节能”技术不能正常发挥其效果。《中国建筑节能发展研究报告2014》中提出了公共建筑生命周期中的“漏斗效应”（见图7-1），在行业产生了共鸣，更重要的是如何打破漏斗、创新地提升公共建筑节能全过程管理水平。

图7-1反映的现实是，由“国际”、“顶级”、“大师”们经过无数轮讨论、修

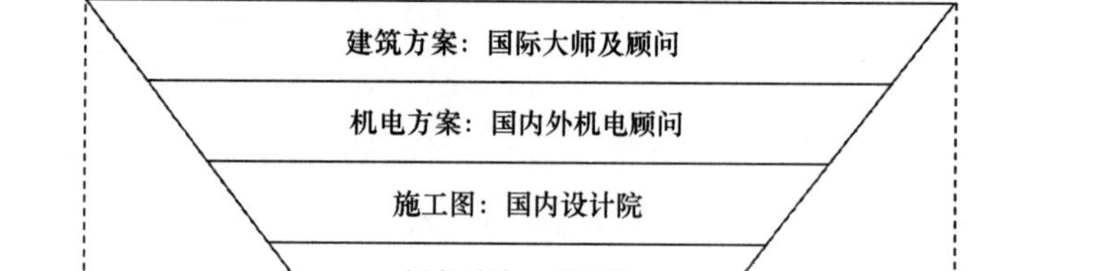

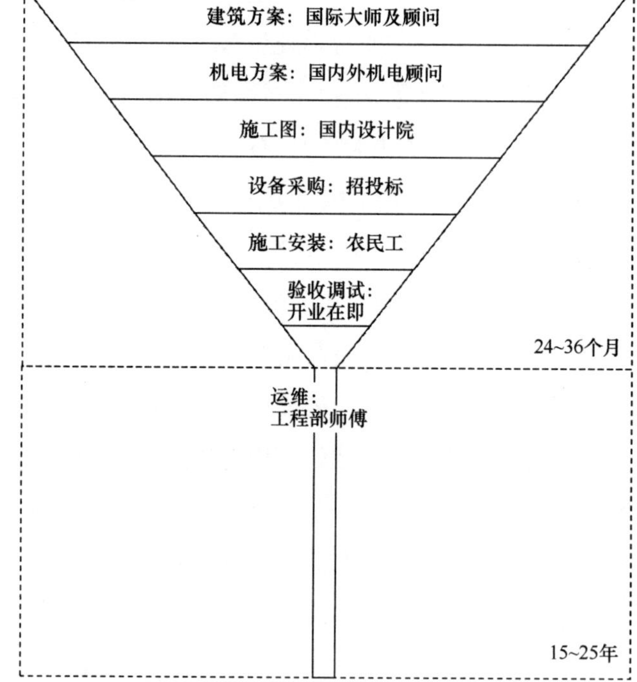

图7-1 公共建筑生命周期全过程中的“漏斗效应”

改、熬夜确定的设计方案，最终总是需要由国内设计院进行配合、出施工图。而国内设计院的重要职责就是要根据中国和当地的各种规范，修改之前设计方案中无法通过规范审查的部分，或者协调、修改各个专业相互“打架”的地方，对于原方案的设计理念、意图的理解必然会“打折扣”，而且时间周期往往也不允许设计院“精雕细琢”。安装施工过程本应该严格“按图施工”，但现实是现场的情况远比图纸复杂得多，大量的信息在图纸上并未反映出来，必须现场解决。而且不论多么高资质的施工企业，“最后一道手”、真正把设备安装到指定位置、负责最后一厘米接线的基本上都是“三包”、“四包”之后的农民工兄弟。而最终要对公共建筑进行长达 20 年以及更长时间的运行的，是以保安、保洁、维修和处理投诉为主要任务的物业管理部门。

显而易见，在这样一个过程中，建筑能耗目标相关信息传递的缺失、对上游信息的理解和把握出现偏差、在实际执行过程中的妥协和改动等，在每个工程中是绝对存在的。如果把“大师”们的成果定为 100 分，给之后的每个环节打 80 分，由于各个环节之间对最终结果的影响是“乘积”的关系，那么可以简单地算出来，经过几个环节之后最终的得分就是个不及格的数字。从控制能源消耗、节能的角度讲，最初设定的能耗目标，被一层层的“漏掉了”。虽然在建设过程中设置了审图、监理、质检等一系列管理环节，但“铁路警察各管一段”，不同环节之间并无有机联系。这样的做法对于越来越复杂的公共建筑显然难以适用。因此，公共建筑节能全过程管理，就是以最终的能耗数值作为统一的标准，在每一个新建公共建筑立项、规划、设计、建造、验收、运行的各个环节，围绕这一共同的定量目标进行相关工作，通过相应的管理手段堵住漏洞，确保能耗目标不被突破，不忘“能耗目标”这个初心，从而打破“新建公共建筑建成投入使用不久之后就开始进行节能改造”的怪现象。

7.1.3 从《民用建筑能耗标准》的指标到成体系的“指标树”

在实际工程中，新建公共建筑能耗目标的设定通常既要满足《民用建筑能耗标准》的要求，又要在具体操作中将总体能耗指标分解到各个专业、各个工种、各个系统，甚至各个设备，这样才能使得全过程管理工作细化和落地。“指标树”是一个面向对象的指标层级结构，主要包括以下内容：

（1）总体能耗指标

指标具体包括总量和强度量两种形式：总量指标包括总耗电量、总燃料耗量等；能耗强度指标通常用公共建筑提供单位服务量的能耗量来表示，如单位面积能耗，应满足《民用建筑能耗标准》对应气候区、对应功能公共建筑的引导值要求。

其中，单位服务量不仅仅局限于“建筑面积”，各行各业还可依据其特定使用功能进行定义，如酒店的单位客房耗电量或燃料消耗量、交通枢纽的单位客流量能耗、医院的单位床位耗电量或燃料消耗量等，使得能耗约束与公共建筑的功能和日常管理紧密相关，便于得到公共建筑建设与管理各方面的理解与支持。

（2）能源需求侧指标

“能源需求侧指标”主要包括冷热需求，例如，空调需冷量、供暖需热量、生活热水需热量等。除总量外，还应包括其强度指标，如单位面积空调需冷量、供暖需热量，酒店单位客房生活热水需热量等。除了建筑形式、建筑保温、密闭性外，需求量的大小在很大程度上与建筑的服务对象，也就是建筑的最终使用者有关。

（3）机电能源系统效率指标

“机电（能源）系统效率指标”主要指满足上述需求的建筑物机电（能源）系统的效率约束指标，如中央空调系统效率（包括冷站效率、空调系统末端输配系数等），供暖系统、通风系统、生活热水系统以及变配电系统的效率等。机电系统效率的高低除了与系统形式和设备优劣有关，还与机电系统的运行维护水平息息相关。精心维护、优化运行甚至可以把机电系统效率提高1倍。

（4）重要分项能耗指标

分项能耗指标用来清晰界定某项能耗的高低应该由谁来负责。例如，办公室的照明和办公设备的电耗偏高，应当由建筑物使用者来承担责任；中央空调系统的冷机电耗、水泵电耗、风机电耗偏高，则应当由物业管理部门的工程部负责等。分项电耗取决于某种特定的需求，以及满足这一需求的系统效率。

以电驱动集中空调系统为例，其能耗等于冷站各设备（冷机、冷冻泵、冷却泵、冷却塔风机等）与空调末端各设备（全空气系统风机、风机盘管风机、新风机等等）的电耗总和。对于每一个设备的分项电耗，其电耗等于其制备或输配的冷量除以该设备的效率；对于整个空调系统这一分项电耗，也可以按如图7-2所示的树状结构表示，并给出相应的目标值。

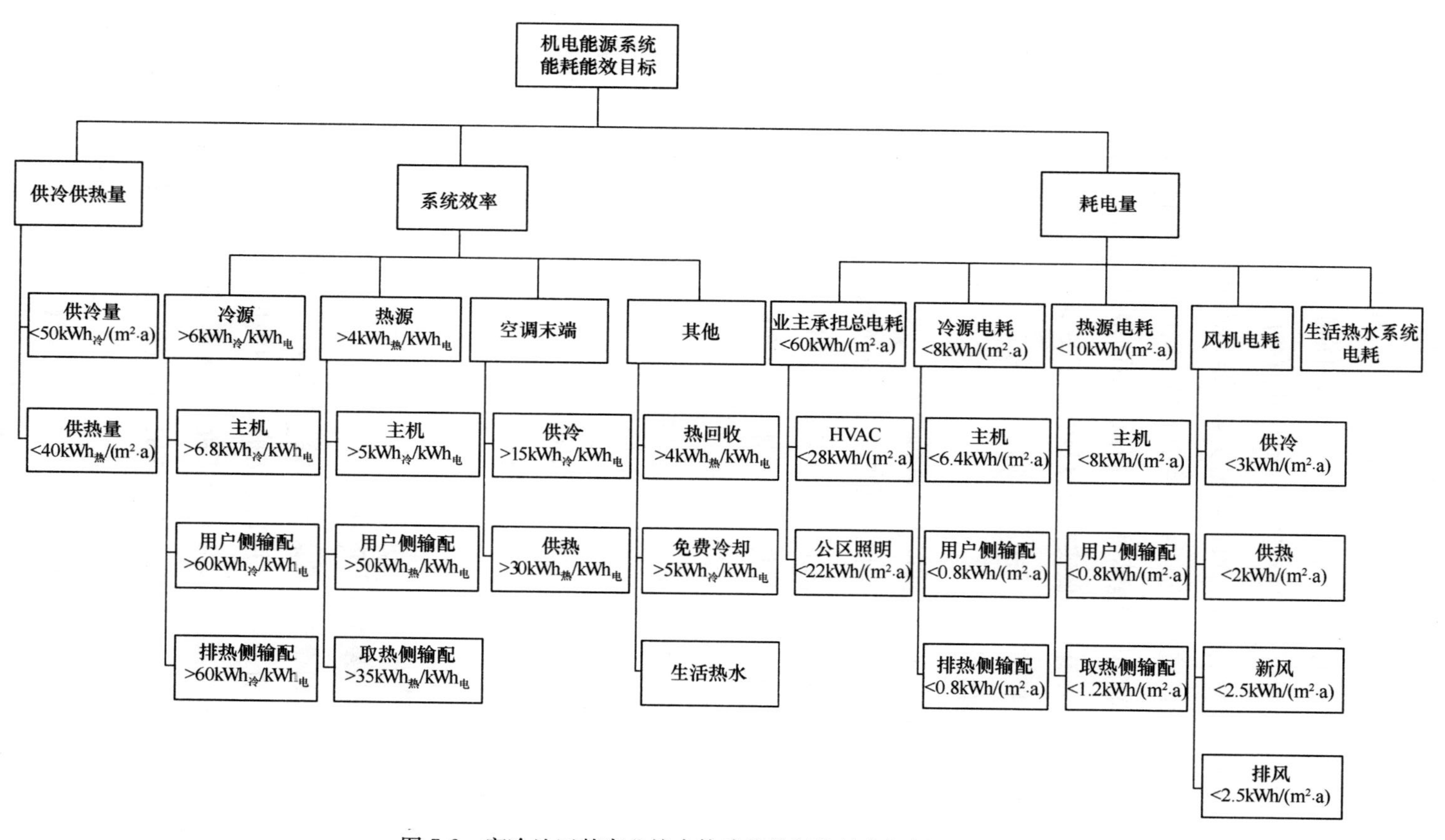

图 7-2 寒冷地区某商业综合体建筑能耗能效指标树及目标值

为了控制空调系统能耗在约束值以内，主要可以通过两个途径实现：降低或约束树状结构中的需求侧，或提高效率侧的各个环节。其中，在新建公共建筑设计过程中，需求侧是计算出的“冷量需求”（Cooling Demand），可以通过优化围护结构、合理设定室内环境参数等进行降低；而在建筑建成后的运行过程中，需求侧为空调系统可实测的实际供冷量，可以根据实际建筑物使用状况（例如，商场的工作日白天往往人流量远低于设计值，办公楼中的办公室、会议室等中午时间段往往人员较少等），通过维持室内环境不过冷、新风量不过多等手段，在合理满足室内环境控制需求的前提下，有效降低实际供冷量。对于冬季供暖系统而言，也可采取与供冷系统相类似的能耗指标进行能源管理。

（5）运行能耗费用指标

运行能耗费用指标主要包括以下3部分内容：

一是能耗总量对应费用：例如总电费、总燃料（热力）费等；

二是能耗强度对应费用：例如单位面积能耗费用、单位客房能耗费用等；

三是反映某种需求对应的能耗费用：例如单位冷量费用，如第4章蓄冷一节中采用的“元/kWh冷”单位，对常规集中空调冷站、水蓄冷或冰蓄冷的冷站都可应用这一指标进行衡量；单位热量费用，通常采用“元/GJ热”来衡量供暖和生活热水的供应经济性。

运行能耗费用指标与当地能源价格密切相关。例如，部分地区有峰谷电价、丰水期枯水期电价等，需要综合考虑。燃料价格、热力价格也在全年不同时期执行不同的价格标准，需仔细考虑。

（6）投资收益指标

投资收益指标主要考虑以下内容：

一是建筑物相关初投资：主要是指与降低能源需求侧指标相关的投资，例如，外窗、玻璃幕墙、天窗、外墙、屋顶等围护结构相关投资。

二是机电（能源）系统初投资：包括机电（能源）系统的主设备投资、辅助投资（包括辅助设备、材料，以及施工、调试、控制等工程实现费用），还应包括占用面积等。

三是运行过程中的固定资产利用率：主要考虑冷机、锅炉、水泵、换热器等主要设备对应的资产利用率，以及占用面积的利用率。

（7）室内环境指标

传统上，大多数公共建筑以室内环境作为约束条件，在实现室内环境舒适性的前提下，尽量减小系统能耗。但按照能耗总量控制和《民用建筑能耗标准》的要求，问题就变为以能耗为约束条件，以室内环境为优化目标。所以在面向能耗总量控制的公共建筑节能管理体系中，室内环境参数不再是约束条件，而是方案、设计、建造、调试和运行过程中必须优化的目标函数，也就是在满足能耗总量和安全要求的前提下，尽可能地提供一个更加健康、舒适的室内环境。考虑到室内环境指标的可测量性，建议将其主要作为建筑物建成投入使用之后的效果评价指标。以下参数可作为公共建筑室内环境状况的指标：

一是室内温度均匀性。例如公共建筑的内区外区之间、高区低区之间、顾客停留的公共前区与后勤人员工作的后勤区之间等，在冬季、夏季往往存在较大的温差，不仅造成不舒适、抱怨，而且也会导致能耗的增加，应当作为关注的指标予以测量和限制。

二是二氧化碳浓度。二氧化碳浓度是较常用的表征室内环境状况的参数，一方面应满足健康要求、不宜过高。另一方面，在实际人员密度较低（例如商场的工作日白天、办公楼人员外出、酒店客房住户外出）时，也不宜过低水平，造成能源白白消耗。

三是主要污染物浓度。可根据关注的区域不同，以不同的污染物浓度作为通风系统效果的评价指标，例如车库可测量一氧化碳来评价其排风系统效果及相应能耗，有较多餐饮的公共建筑可根据餐饮异味在公共区的探测结果，来评价其排风、补风系统的效果等。

7.1.4 从“纸上谈兵”到“真刀真枪”

新建公共建筑的建造全过程，投资方或业主对项目进行管控的方式可以划分为前期立项、中期设计和施工及后期运行等几个阶段，相应的能耗管理手段也因阶段的不同而不同，图 7-3 是结合目前工程建设管理体制给出的公共建筑节能全过程管理流程。

可喜的是，2012 年以来有若干新建公共建筑接受这一理念，拿出具体项目进行试点，使得公共建筑节能全过程管理不再只是“纸上谈兵”。本章将结合实例，

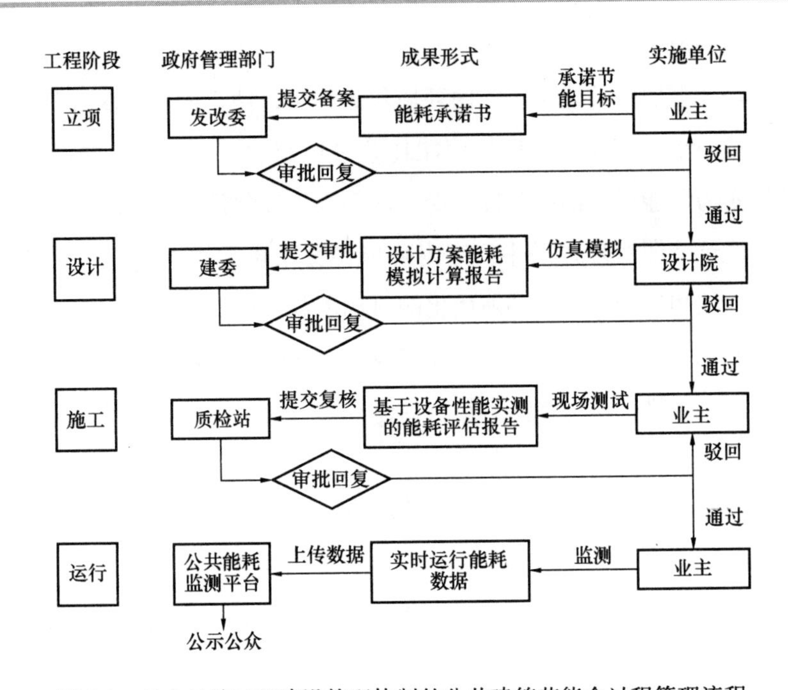

图 7-3 结合目前工程建设管理体制的公共建筑节能全过程管理流程

分享节能全过程管理在实际公共建筑建设过程中“真刀真枪”应用的经验和教训。

7.2 节能全过程管理优秀实践案例：上海虹桥迎宾馆9号楼

7.2.1 项目及节能全过程管理概况

(1) 项目概况

上海虹桥迎宾馆9号楼位于上海市长宁区，总建筑面积为2866.2m²，地上3层，局部1层、2层，主要功能为办公（见图7-4）。项目周期为2015年12月～2017年8月，2017年8月18日投入使用。

建筑内部空调形式为VRV多联机空调系统，采用的节能技术有：

1) 被动式节能技术，主要包括围护结构隔热保温、自然采光利用等；

2) 高效照明系统，包括采用LED高效节能灯具、智能照明控制、光导照明系统等；

图 7-4 虹桥迎宾馆 9 号楼

3）空调系统节能，包括采用高效空调设备、VRV 自动控制系统、新风全热交换器、CO_2浓度监控、窗磁自动控制等；

4）可再生能源利用，为太阳能光伏发电；

5）BA 集成控制系统，包括空调监控、灯光监控、风机变频调节、新风热交换系统控制、电动窗磁自动控制、能源计量系统、可再生能源监测、PM2.5 监测等。

6）建筑机电系统调适，持续跟进建筑

（2）节能全过程管理目标设定

2015 年世界上海低碳城市项目将虹桥迎宾馆 9 号楼列为示范项目，推进近零碳排放建筑和建筑节能管理工作。该项目委托第三方咨询单位对其进行全过程节能管理，包括立项、设计、施工、竣工验收、运行等阶段，确保虹桥迎宾馆 9 号楼实际运行电耗不超过 34.7kWh/（m^2·a）（不含办公设备电耗），折合年碳排放额不超过 25kgCO_2/（m^2·a）的目标，达到近零碳排放建筑的要求。

截至 2018 年 1 月 20 日，该项目正式投入使用 22 周，累计单位面积能耗强度为 18.57kWh/m^2，折合碳排放量为 13.37kgCO_2/m^2。考虑到建筑物在投入使用初期，为保证新搬入办公环境的室内空气质量而强制 24h 通风运行，导致建筑用能异常，预计 2018 年通过全过程管理全年单位面积能耗强度低于 32.6kWh/m^2，折合碳排放量低于 23.5kgCO_2/m^2，可以达到项目近零碳排放目标。

7.2.2 节能全过程管理的组织构架和指标体系

(1) 组织构架

虹桥迎宾馆9号楼节能全过程管理实施过程中，在传统的建筑建设组织方式的基础上，增加以第三方咨询单位为核心的全过程管理团队，促进节能全过程管理深入建筑建设的每一个阶段，进行有针对性的节能全过程管理。全过程管理组织架构如图7-5所示。

在建筑建造的不同阶段，相关单位的主要职能不同，全过程管理内容和指标也不同。全过程管理第三方咨询单位针对不同阶段的建筑节能工作重点，基于贯穿建筑全过程的能耗指标体系，提出相应管理手段，实行建筑节能全过程管理。

立项阶段：业主与使用方承诺节能目标，实现年碳排放额不超过25kgCO_2/(m^2·a)。全过程管理第三方咨询单位进行总目标的确认。

设计阶段：设计单位基于近零技术方案进行了施工图设计全过程。管理第三方咨询单位对施工图相关参数进行审核、根据设计参数进行能耗模拟，确认其满足近零碳排放的指标要求。

施工阶段：由虹桥迎宾馆完成土建部分的施工，建筑业主负责内装部分。全过程管理第三方咨询单位在施工阶段进行近零技术专项过程管理及指标细化，对图纸进行审核和纠偏、进行仿真模拟对比能耗指标、进行设备参数审核，同时对施工现场进行定期勘察，检查施工流程和施工工艺是否达到要求。

竣工验收阶段：全过程管理第三方咨询单位通过收集检验报告、测试主要近零技术性能，验收相关节能技术，利用实际测试数据对空调能耗、照明能耗和光伏发电系统进行能耗指标校核，确保施工工艺和设备安装满足要求。

运行阶段：全过程管理第三方咨询单位对建筑能耗、设备运行状态进行长期监测，并对建筑的运行管理进行第三方评估，针对发现的问题及时召集相关责任方进行及时解决，保证运行阶段建筑实现近零碳排放指标。

(2) 设定指标体系

虹桥迎宾馆9号楼的近零碳排放总指标在项目各阶段被细分为不同的指标形式，是全过程管理的核心考核依据及监管手段（见图7-6）。通过对不同阶段的对标，完成对各阶段主要责任主体的考核，达到从立项、设计、施工到运维管理责任

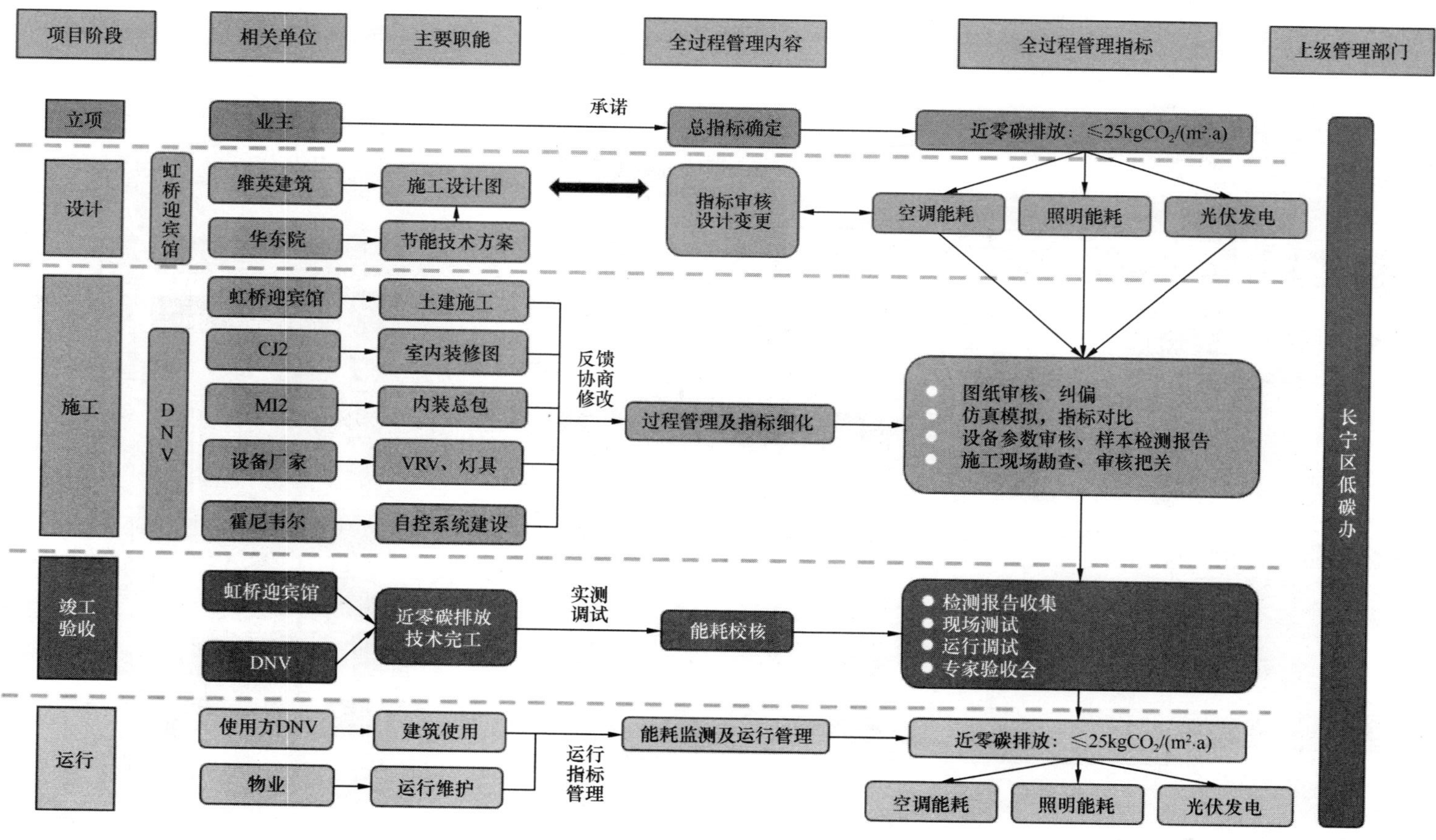

图 7-5 全过程管理组织架构

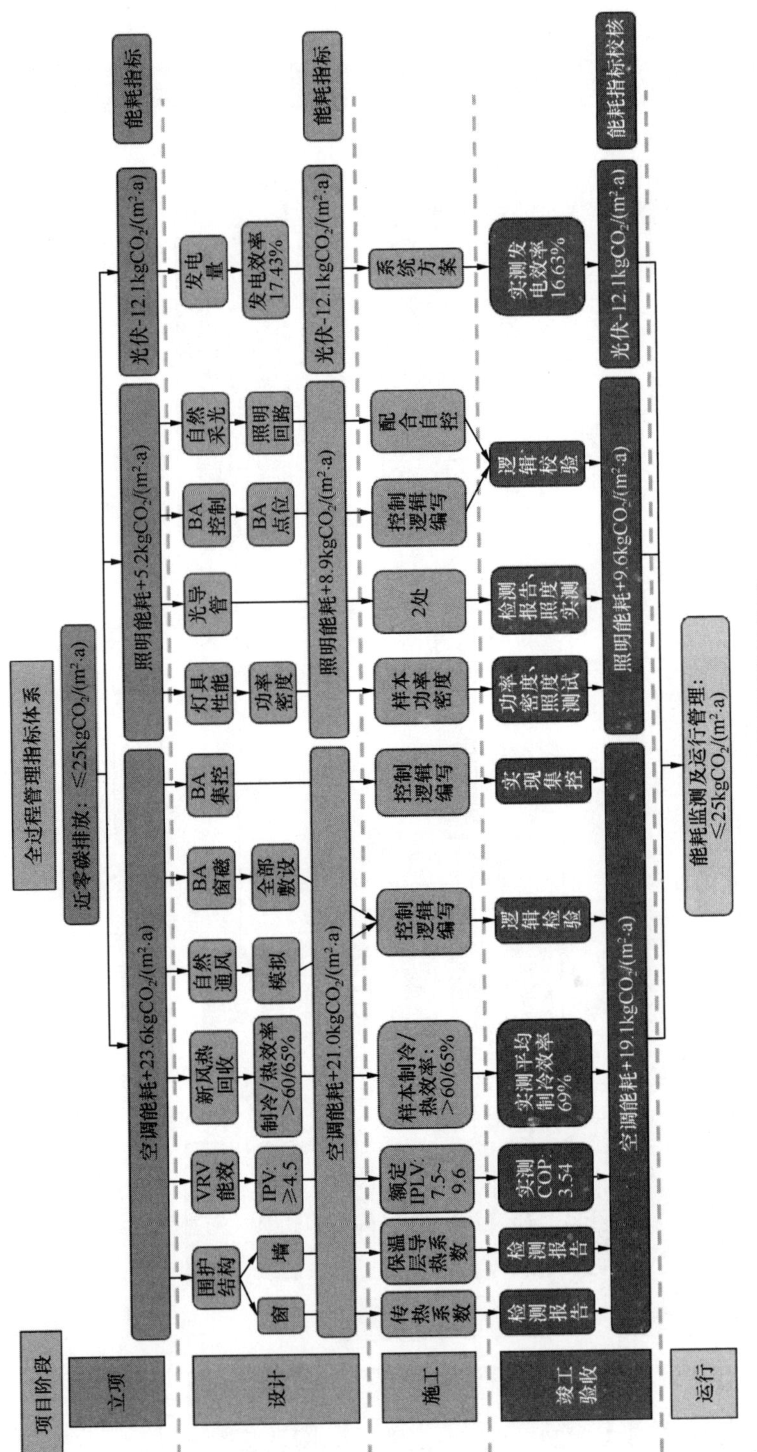

图 7-6 全过程管理指标体系

上下追溯的目的。

7.2.3 建设阶段全过程管理工作内容

（1）立项阶段

确定项目全过程管理总指标及初步的分系统指标。虹桥迎宾馆9号楼业主与上海市长宁区低碳办协商后，建筑业主承诺总能耗和碳排放目标，即：建筑建成运行过程中，将光伏发电量折减后，实际电耗强度不超过35kWh/（m^2·a）（不含办公设备电耗），折算碳排放量不超过25kgCO_2/（m^2·a）。其中，空调系统不超过32.8kWh/（m^2·a），折合23.6kgCO_2/（m^2·a），照明系统不超过7.2kWh/（m^2·a），折合5.2kgCO_2/（m^2·a），光伏发电折减电耗16.8kWh/（m^2·a），折合折减碳排放12.1kgCO_2/（m^2·a）。

注：办公设备能耗、装饰照明用电能耗、非正常办公时间能耗不计入排放量核算范围。二氧化碳折算系数采用0.72kgCO_2/kWh。

（2）设计阶段

设计阶段，全过程管理单位主要通过模拟的手段（见表7-1），与项目全过程管理总指标进行对标，对设计方案进行审核。

设计阶段能耗模拟结果 **表7-1**

能耗	模拟结果	
	施工图	竣工图
空调能耗［kWh/（m^2·a）］	29.2	26.5
照明能耗［kWh/（m^2·a）］	12.4	13.3
光伏发电量［kWh/（m^2·a）］	16.8	16.8
除设备能耗外建筑能耗［kWh/（m^2·a）］	24.7	23.1
折算碳排放	模拟结果	
	施工图	竣工图
空调能耗［kgCO_2/（m^2·a）］	21.0	19.1
照明能耗［kgCO_2/（m^2·a）］	8.9	9.6
光伏发电量［kgCO_2/（m^2·a）］	12.1	12.1
除设备能耗外建筑能耗［kgCO_2/（m^2·a）］	17.8	16.6

其中，设计阶段主要发现的问题及解决方案见表7-2。

设计阶段主要变更 **表 7-2**

发现的问题	解决方案
VRV 室内机数量增加	调整室内机的分布，在不增加室内机总功率的前提下，满足建筑业主对末端舒适度的需求。同时，选用高效的 VRV 空调机组，提高空调系统的能效比
照明功率密度变大	根据图纸的照明计算书复核照明能耗，照明能耗增幅不大，不影响建筑实现最终节能目标，可保留现有照明的功率密度设计
照明控制策略，未考虑靠窗区域自然采光的影响	对照明控制进行分区，在公共区域和办公室等利用自然采光的区域设置独立照明回路、照度传感器和控制器

（3）施工阶段

施工阶段需要确保施工过程严格按照设计图纸的要求施工，在施工过程中检查实际建筑的建筑材料、门窗尺寸、系统形式、设备的型号、数量和额定参数、所用节能技术等是否和施工图一致，并且检查设备和系统是否调试合格。如果发生重要的变更，需要及时进行复核，考察是否会影响立项时的承诺要求。

施工阶段的主要工作内容为：1）校核样本参数；2）跟进施工过程；3）设备调试；4）技术支持和指标要求；5）固定工作机制。

（4）竣工验收阶段

工程竣工验收阶段，全过程管理单位对主要系统及设备的性能进行实测，并与全过程管理指标体系进行对标。该项目 2017 年 7 月的竣工验收实测数据对标结果见表 7-3。

竣工验收阶段实测及对标 **表 7-3**

测试项目	测试内容	额定值	测试值
VRV 机组 *COP*	所有型号机组各一台，测试室外机风量、进出口温湿度、功率	3.50	3.54
全热回收新风机组效率（%）	两种典型型号机组进风、排风温湿度	59	68.6
		64	69.1
光伏发电系统发电效率（%）	测试光伏板所在方向太阳辐照度和实时发电功率	17.43	16.63
照明灯具光照度	主要功能房间开灯、关灯照度	依照设计标准	均满足设计要求
光导管设备照度	无其他光源条件下测试光导管照度	77lux	71lux

（5）运行阶段初期

1）用能现状分析

2017 年 8 月 18 日，虹桥迎宾馆 9 号楼正式投入使用，截至 2018 年 1 月 20 日，合计 22 周，虹桥迎宾馆 9 号楼累计碳排放量为 13.37kgCO_2/m^2（见表 7-4）。

虹桥迎宾馆 9 号楼 2017/8/20～2018/1/20 累计能耗统计表　　表 7-4

	单位	插座	动力	空调	照明	光伏发电
总用电量	kWh	24846	3753	54332	17915	17249
单位面积用电量	kWh/m^2	8.67	1.31	18.96	6.25	6.02
单位面积能耗强度（折减光伏发电量）	kWh/m^2	18.57				
碳排放强度（不考虑插座、装饰照明）	kgCO_2/m^2	13.37				

注：单位面积能耗强度＝（动力能耗＋空调能耗＋普通照明能耗＋应急照明能耗）－光伏发电量。

运行数据显示（见图 7-7），虹桥迎宾馆 9 号楼照明能耗、动力能耗和插座能耗基本保持稳定，空调能耗随季节变化特点显著，在过渡季空调系统能耗下降明显，但仍有部分能耗。

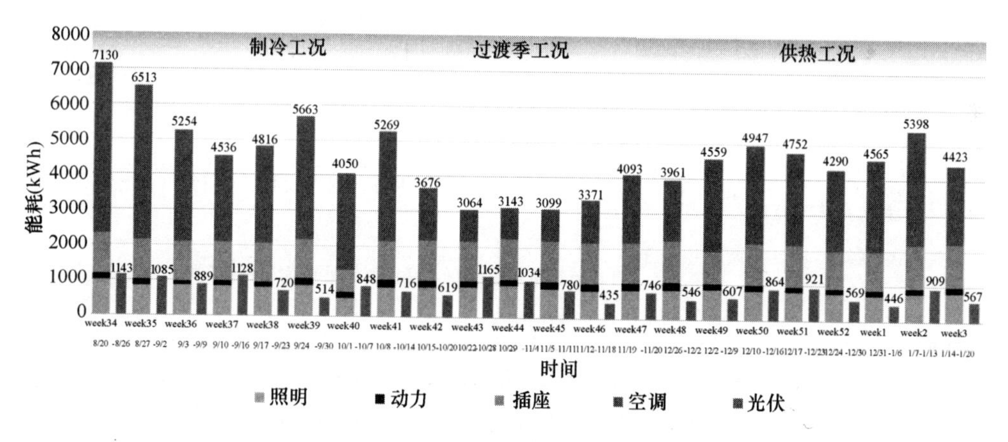

图 7-7　虹桥迎宾馆 9 号楼运行能耗（每周累计统计）

2）运行阶段主要系统实测值

运行阶段主要系统及设备实测结果表明（见表 7-5），该项目设备基本可运行在设计工况点，性能满足全过程指标要求。

运行阶段实际测试结果　　表7-5

<table>
<tr><th>测试项目</th><th>测试时间</th><th>额定值</th><th>测试值</th></tr>
<tr><td rowspan="2">VRV机组 COP</td><td>供冷季</td><td>3.50</td><td>3.54</td></tr>
<tr><td>供热季</td><td>3.97</td><td>3.84</td></tr>
<tr><td rowspan="4">全热回收新风机组温度热交换效率（%）</td><td rowspan="2">供冷季</td><td>59</td><td>69</td></tr>
<tr><td>64</td><td>69</td></tr>
<tr><td rowspan="2">供热季</td><td>76</td><td>82</td></tr>
<tr><td>76</td><td>92</td></tr>
<tr><td rowspan="2">光伏发电系统发电效率（%）</td><td>供冷季</td><td rowspan="2">17.43</td><td>16.63</td></tr>
<tr><td>供热季</td><td>20.34</td></tr>
<tr><td>照明灯具光照度</td><td>—</td><td>依照设计标准</td><td>均满足设计要求</td></tr>
<tr><td rowspan="2">光导管设备照度（Lx）</td><td>供冷季</td><td rowspan="2">77</td><td>71</td></tr>
<tr><td>供热季</td><td>72</td></tr>
</table>

（6）运行阶段优化

该项目运行阶段发现的主要问题及处理办法见表7-6。

运行阶段发现的主要问题及处理办法　　表7-6

<table>
<tr><th>编号</th><th>主要运行问题</th><th>处理办法及结果</th></tr>
<tr><td>1</td><td>试运行期间，周末及假日存在非正常工作能耗</td><td>最终验收时，选取正常稳定运行时间段2018年1月1日～12月31日作为碳排放量取值区间</td></tr>
<tr><td>2</td><td>新风系统未与CO_2浓度监测系统联动，导致新风机组处于全天24h运行</td><td>与BA协调，增加新风系统时序控制，并将新风系统与CO_2浓度监测数据联动；
与建筑业主协商，保持新风系统为自控控制模式，杜绝手动全天开启的现象</td></tr>
<tr><td>3</td><td>窗磁存在漏联问题，以及会议室外门的窗磁联动控制逻辑不合理</td><td>漏联问题与BA协商，进行补联；
对于会议室外门的窗磁加设延时控制逻辑，既保障了节能运行，又避免了正常进出引起内机频繁启停所对会议效果的影响</td></tr>
<tr><td>4</td><td>卫生间外窗外门处于常开状态</td><td>与建筑业主协商，制定卫生间外窗的常闭规定，并加强对物业保洁人员的宣传；
卫生间外门安装自闭器，保证卫生间外门常闭</td></tr>
</table>

续表

编号	主要运行问题	处理办法及结果
5	冬季室内温度偏高	与业主协商，加强节能宣传，降低末端设定温度； 对于走廊、储物间等区域，将末端温控器改为BA集中控制，关闭手动控制功能
6	会议室普遍存在空置状态下室内机仍开启的问题	与业主进行协商，实现会议前半小时提前开启，会议结束后及时关闭的操作模式； 过渡季空调由默认开启，改为默认关闭，鼓励开窗利用新风处理室内负荷

1）试运行期间，周末及假日存在非正常工作能耗

虹桥迎宾馆9号楼入驻后仍存在部分施工，导致下班后、周末及国庆期间仍有较大能耗，导致建筑夏季实际运行能耗偏高（见图7-8）。

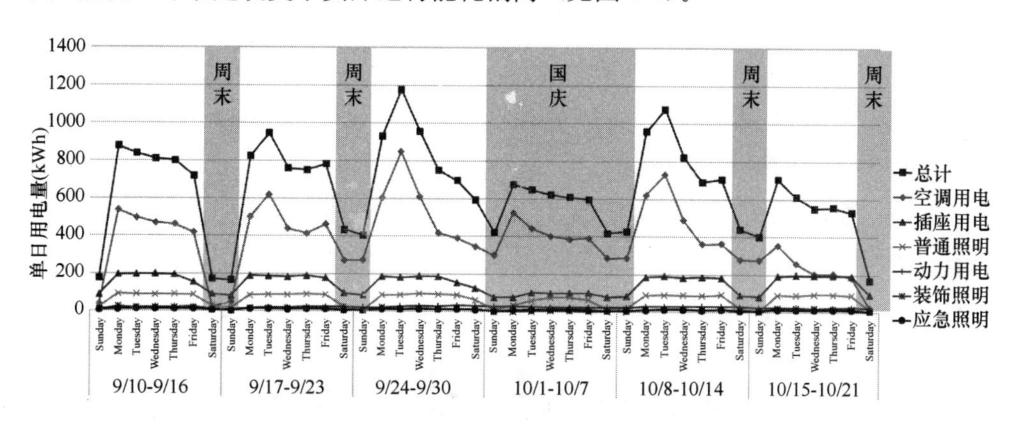

图7-8 虹桥迎宾馆9号楼2017/9/10～2017/10/21运行能耗折线图

2）新风系统未与CO_2浓度监测系统联动，导致新风处于全天24h运行

监测数据显示，楼内空气质量良好（见图7-9），新风机组在工作时间处于强制通风状态，未按照BA系统控制逻辑将新风机组与二氧化碳浓度监测联动。

应将新风机组的运行恢复到BA系统自控模式。当二氧化碳浓度监测值超过设定值（1000ppm）时，新风机组风机自动开启；当判定二氧化碳浓度监测值低于设定值（1000ppm）时，新风机组风机自动关闭。

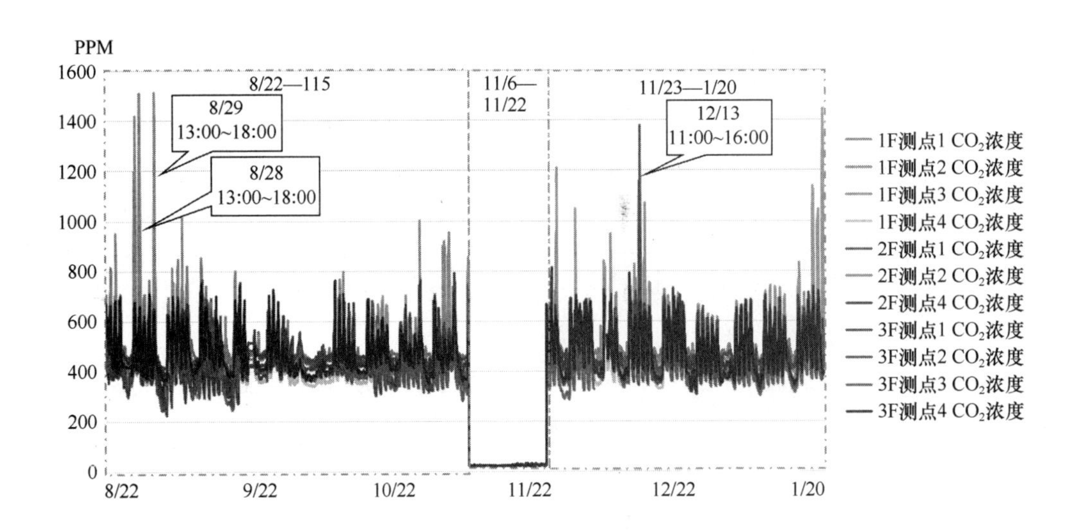

图 7-9 虹桥迎宾馆 9 号楼二氧化碳监测情况

3）窗磁存在漏联问题，以及部分窗磁联动控制逻辑不合理

运行管理过程中，发现多个窗磁未与空调内机实现启停联动（见图 7-10），造成无组织新风渗入，导致冷负荷增加、空调能耗增大。经过与自控厂家的沟通改进后对此问题进行了及时的修正。

另外，考虑到会议室使用的实际需求，避免正常进出所导致的室内机频繁启停影响会议效果，对此处的窗磁设置了延时响应机制，即持续监测到外门开启 30s 以上时，室内机才会执行关闭命令。

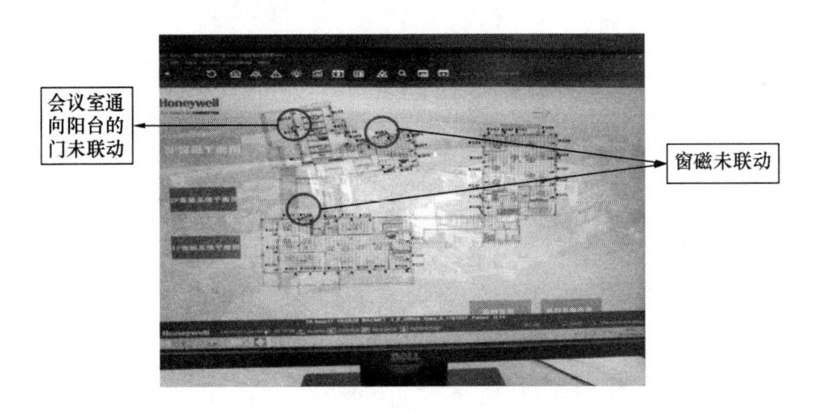

图 7-10 未联动窗磁平面位置示意图

4）卫生间外窗未装窗磁，且处于常开状态，导致无组织新风渗透

该项目卫生间外窗未安装窗磁，实际运行中发现多数卫生间外窗普遍处于常开状态，且卫生间与走廊连通的外门常开（见图7-11），导致无组织新风渗入，增加建筑冷热负荷。

目前已与建筑业主完成协商，制定了卫生间外窗的常闭规定，加强对物业保洁人员的宣传。并且在卫生间外门安装自闭器，保证卫生间外门常闭。

图7-11 卫生间外窗开启、门未关

5）冬季室内温度偏高

室温监测结果和统计分布如图7-12和图7-13所示。

虹桥迎宾馆9号楼在接近冬季的过渡季节，房间空调运行温度普遍偏高，大部分房间工作时间平均温度都超过22℃，个别房间平均温度达到28℃，远高于设计温度，这主要是由于围护结构保温性能较好，实际供热需求极小，而VRV系统控制调节不够完善，导致过热和能源浪费。目前，已与业主协商，一方面加强节能宣传，降低末端设定温度；另一方面，对于走廊、储物间等区域，将末端温控器改为BA集中控制，关闭手动控制功能。

6）会议室普遍存在空置状态下室内机仍开启的问题

运行管理中发现：建筑一层会议室、培训室在无人使用时，空调室内机仍处于常开状态（见图7-14）。

目前已与业主进行协商，实现会议前半小时提前开启，会议结束后及时关闭的

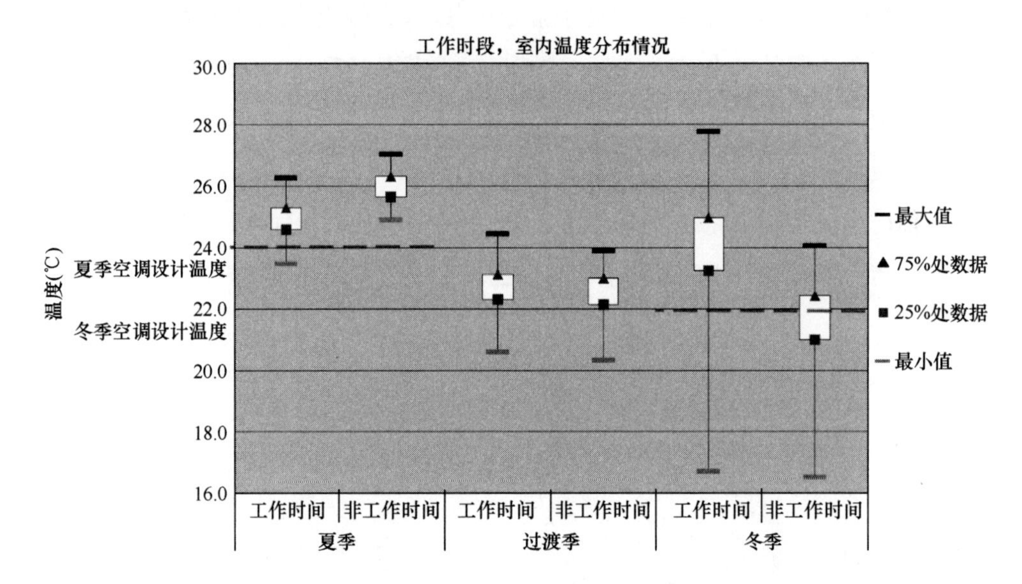

图 7-12 虹桥迎宾馆 9 号楼房间平均温度分布四分位图

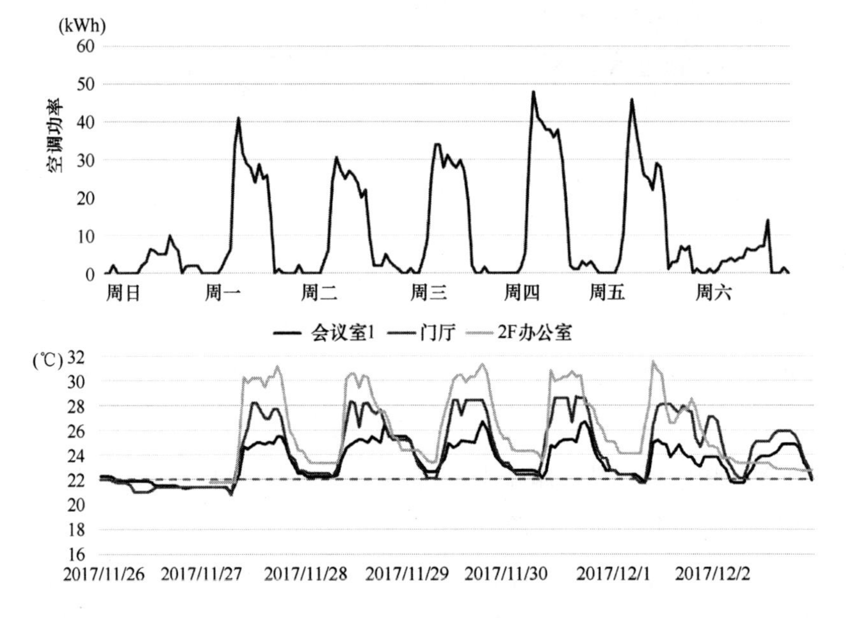

图 7-13 虹桥迎宾馆 9 号楼冬季典型房间室内温度监测值及空调外机功率曲线

操作模式。此外，过渡季空调由默认开启模式改为默认关闭模式，鼓励员工开窗利用新风处理室内负荷。

图 7-14 虹桥迎宾馆 9 号楼会议室

7.2.4 经验与总结

虹桥迎宾馆 9 号楼通过建筑节能全过程管理的模式，以实现年碳排放指标不超过 25kgCO_2/（m^2·a)，同时对夏热冬冷地区近零碳排放技术进行了探索，起到了很好的示范作用。通过示范项目的建设，可以总结出如下经验和成果：

（1）以运行能耗作为评价建筑节能的唯一标准。建筑节能的最终目的是用最少的能源消耗来满足建筑物使用需要，所以最直接、最清晰的评价标准就是实际的用能数据。通过统一的节能目标约束建筑建设和运行，能够有助于建筑节能的落实。

（2）以能耗指标为导向开展建筑节能设计。建筑节能设计严格遵照立项阶段确定的能耗指标，并将总的能耗指标按空调系统、照明系统等用能系统进行合理拆分，以系统能耗指标指导近零碳排放技术方案的设计，并将指标把控贯穿至建设运营全过程，最终实现建筑节能。

3）建筑全过程管理任重道远。本项目得益于政府管理部门、建筑业主、建筑使用方、设计方、施工方、监理方、第三方全过程咨询单位等多方的能力协作，至始至终不忘近零的“初心”，才能最终得以实现全过程管理模式的成功应用。

不过需要注意的是，本项目作为小体量建筑示范，旨在为全过程管理提供可实现、可操作的实际案例，在更广大的建筑范围中应用全过程管理模式，还需多方力量继续努力，不断探索。

7.3 节能全过程管理优秀实践案例：中粮置地成都大悦城

成都大悦城是中粮置地在中国西南地区精心打造的首个城市综合体（见图7-15），其中商业部分（购物中心）作为节能全过程管理的对象，地下3层、地上局部6层，包括购物、餐饮、娱乐、服务4大业态，商业部分建筑面积16.3万m^2（不包括停车场面积）。2013年初，由中粮置地设计部牵头，会同项目所在地城市公司，在项目建设之初就明确要在该项目中尝试开展公共建筑节能全过程管理试点。至2015年12月24日开业时，完成规划阶段目标设定、设计阶段方案审核、施工阶段质量检查、验收阶段设备和系统调适等工作。在开业后至2017年9月，又完成两个供暖季和两个供冷季的系统协同调适和优化运行工作，前后历时超过50个月，完成大型商业综合体节能全过程管理实践的第一步。

图7-15 成都大悦城

7.3.1 规划阶段的目标设定

在项目建设之初的规划阶段，根据项目功能和定位、建筑设计图纸和机电系统初步方案，咨询团队与项目开发团队会商，共同制定该项目节能全过程管理目标，主要包括三项指标：

（1）在90%以上出租率情况下，保证公区年电耗控制在1500万kWh以下。

（2）在90%以上入住率情况下，保证包括租户在内的建筑总能耗强度低于《民用建筑能耗标准》中引导值的规定。

（3）保证冷站全年平均*EER*在4.35以上。

同时，甲方还对节能全过程管理工作规定了三项必须兼顾的约束条件：

（1）不能由于节能全过程管理相关工作导致开业推迟。

（2）不能由于节能全过程管理相关工作增加初投资。

（3）不能由于节能全过程管理相关工作降低运行中的舒适性和空气质量。

7.3.2 设计阶段的目标分解与实现

（1）设计阶段工作

设计阶段的主要工作是针对该项目建立能耗模型，并通过模拟分析的手段，不断优化设计方案，使得模拟分析预测的未来运行过程的能耗指标和能效指标能够满足之前设定的目标，并将目标进一步细化分解，向下一工作流程，即招投标和施工与调适过程传递。具体工作如图 7-16 所示。

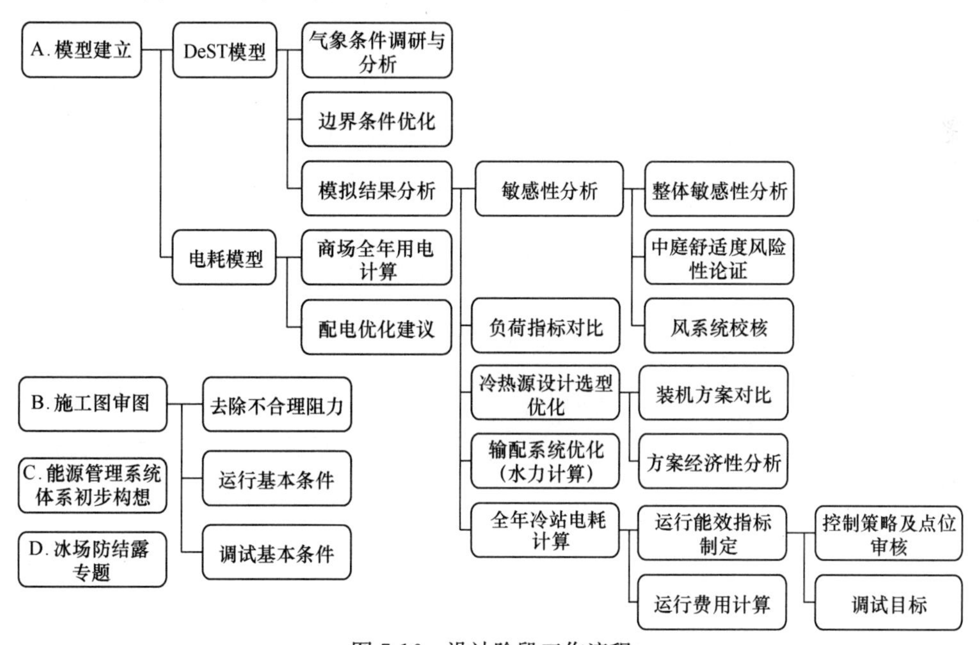

图 7-16 设计阶段工作流程

（2）冷热需求（负荷）的模拟分析与冷热源选型

首先是根据建筑设计图纸在建筑热环境模拟分析平台 DeST 中建立模型，然后在当地同类型项目中进行调研，特别是对商场公区和各类型租户实际室内人员密度及其规律、灯光和设备安装和开启情况进行调研，并且对空调系统冷热源和配电系统的实际投入使用状况进行调研。

通过重新设定输入模型的各种边界条件，使之尽量贴近实际运行状况后，模拟分析发现，相比与机电顾问和设计院给出的原设计方案，空调系统冷负荷明显下降，只有3857RT（见图7-17）。而原设计方案冷机选型为2000RT×4＋700RT×2，总容量9400RT，显然存在巨大优化空间，以及设计方案的巨大改动。

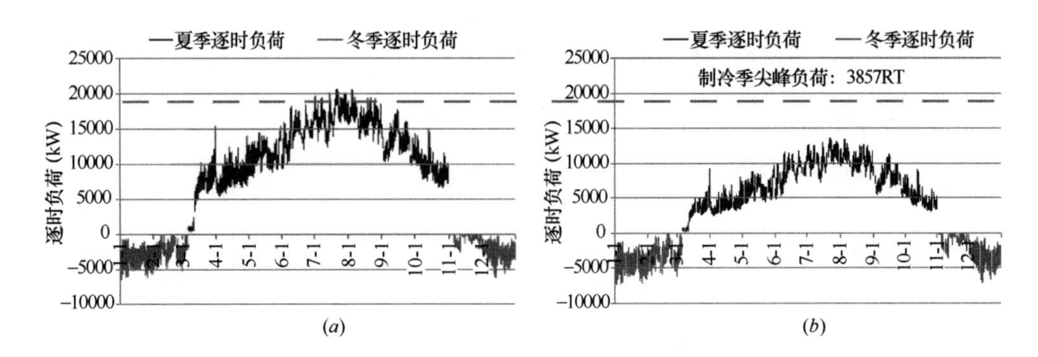

图7-17　模拟结果

（a）原始参数模拟结果；（b）设计参数优化后模拟结果

此时遇到了这次工作中的第一个关键节点：如何选定冷热源方案，因为甲方聘请的机电顾问（外资）和设计院（当地一流）给出的方案与节能全过程管理咨询团队给出的方案差别巨大。机电顾问进行详细的模拟分析后将冷机选型调整为2000RT×3＋800RT，仍有6800RT的总容量。全过程管理团队考虑到商场未来可能会进一步增加餐饮租户面积比例，听取甲方意见后保留一定的余量，冷机选型为2000RT×2＋700RT×2，并且结合某初选招投标入围冷机厂家的详细样本资料建立冷水机组模型，模拟计算出未来运行过程中冷机的负荷率、*COP*和电耗。最终，甲方按照节能全过程管理团队的意见确定了冷热源方案，全过程管理团队也配合设计院重新计算和确定了管道尺寸、水泵流量扬程、冷却塔容量等，具体设备和系统设计参数如表7-7和图7-18所示。

不同冷机选型方案电耗、*COP*对比　　**表7-7**

	装机容量（RT）	冷机电耗（万kWhe）	平均*COP*	节省装机容量（RT）	节省运行电耗（万kWhe/a）
机电顾问冷机选型方案（800RT×1＋2000RT×3）	6800	374.5	5.73	—	—
全过程管理团队优化方案（700RT×2＋2000RT×2）	5400	339.9	6.31	1400	34.6

需要说明的是，这一模拟分析计算结果，细化了全过程管理的目标，相当于给甲方又多套上几个“紧箍咒”。

（3）设计阶段的电耗目标分解

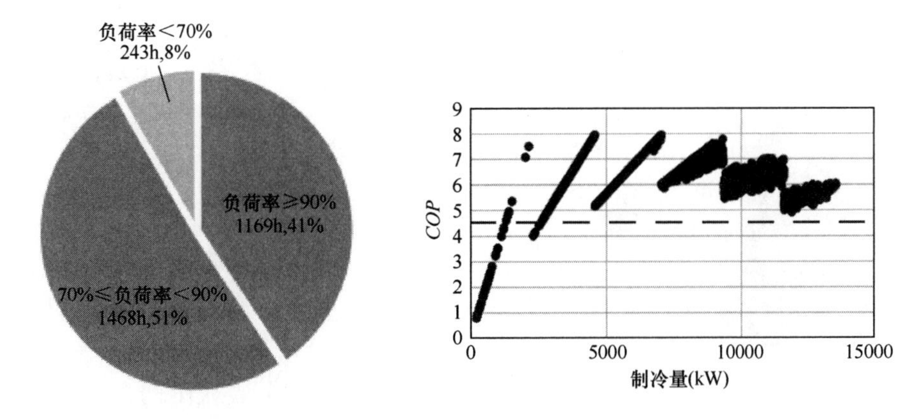

图 7-18 全过程管理团队冷机选型后模拟计算冷机整个供冷季运行负荷率及 *COP* 分布

除暖通空调系统能耗之外，设计阶段还需要将该项目未来运行中业主承担的公区电耗目标进行拆分。为此，节能全过程管理团队分解设定了主要机电系统的能耗目标及能效目标，如图 7-19 所示，并且对于配电系统及设备、照明系统及设备以及电梯、室内冰场等机电系统的设计方案进行分析校核。

根据国内物业管理的实际情况，设定不同管理水平，分别模拟计算出公区全年电耗，如图 7-20 所示。

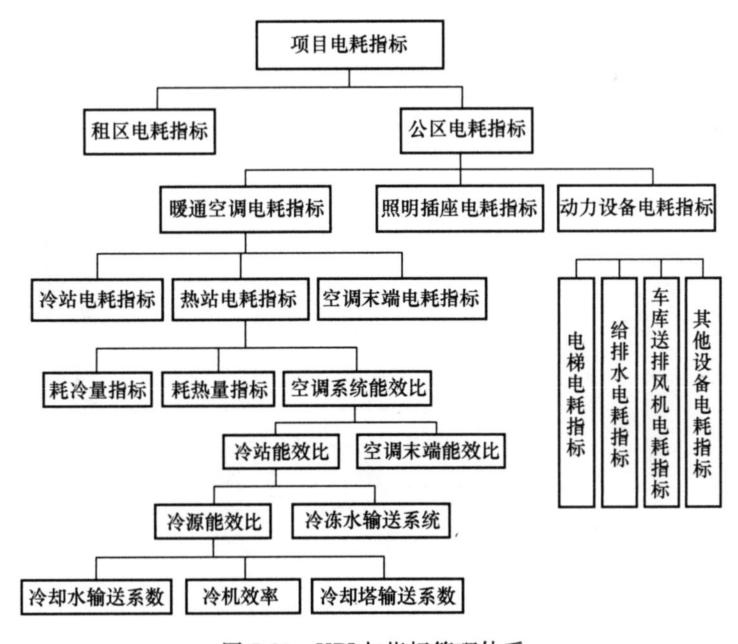

图 7-19 KPI 与指标管理体系

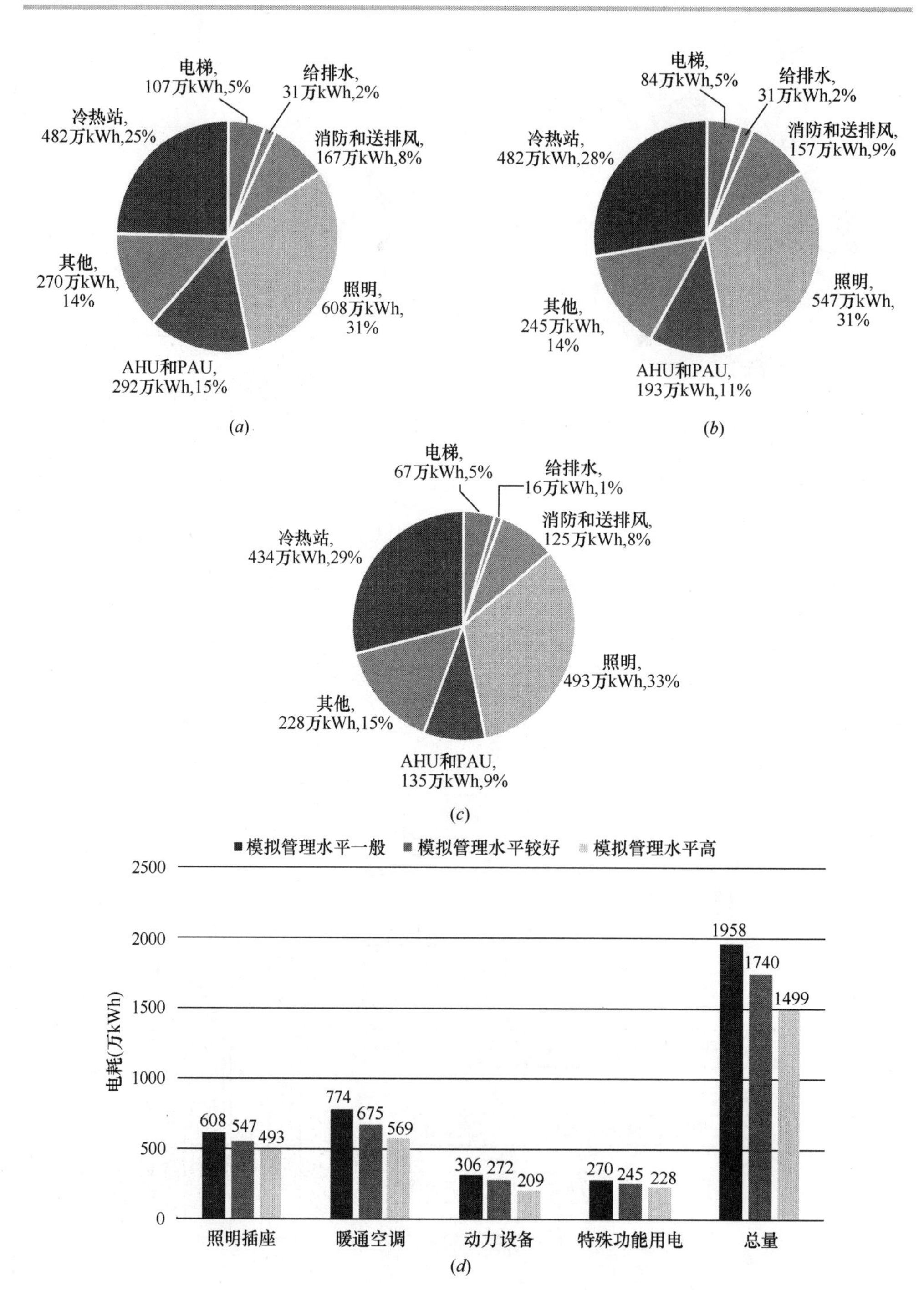

图 7-20　不同管理水平下公区电耗拆分模拟结果

(*a*) 管理水平一般；(*b*) 管理水平较好；(*c*) 管理水平高；(*d*) 汇总

通过模拟发现，由于成本控制，必须在相对较高的运行管理水平下才能实现公区电耗控制在每年1500万度这一目标值以内，反过来要求施工、调适和物业运行人员不能有半点松懈和大意。

（4）设计阶段相关的其他工作

对冷冻侧输配系统形式进行反复论证，将原设计方案的二次泵系统简化为一次泵系统，将四管制系统简化为两管制的系统，但对空调水系统通向租户的最末端管路尺寸做了放大。经过重新进行水力计算，冷冻泵、冷却泵、供暖泵的扬程均有不同程度的下降，使得工作点更加贴合实际运行需求。

应业主要求，对冷热量需求（负荷）的敏感性进行了分析，分别变更人员密度参数、室内设备发热量、冷风渗透换气次数等边界条件，模拟分析发现，冷热源的设备容量仍能满足需求。

7.3.3 施工与调适阶段保障目标落地

（1）施工和调适阶段工作

相对设计阶段，全过程管理在施工和调适阶段的工作更加琐碎和漫长，主要工作包括：一是与机电承包单位落实从设计阶段传递过来的各项目标，建立管理协同机制；二是跟进施工质量检查，将发现的问题及时反馈，避免机电系统遗留隐藏问题到调适阶段；三是对机电承包单位安装施工和调适人员进行培训，包括设备和系统的调适方法，并示范调适过程、建立调适样板，确保机电系统的关键设备在开业前100%验收调适完成。主要工作流程如图7-21所示。

（2）目标细化与设定

首先根据设计阶段确定的空调系统能效目标、分项电耗目标，将其具体分解到各设备及系统，明确收货和交付标准。其次，促成调适过程中甲方、设计、安装、供货等多方现场鉴证结果，并且签字确认达到目标要求，将调适结果作为付款先决条件，对设备承包商进行有效的管理。

以成都大悦城的空调系统为例，针对设备及系统共47条数据化标准，全部达标才能够确保达到设计阶段设定的能耗目标（见表7-8）。

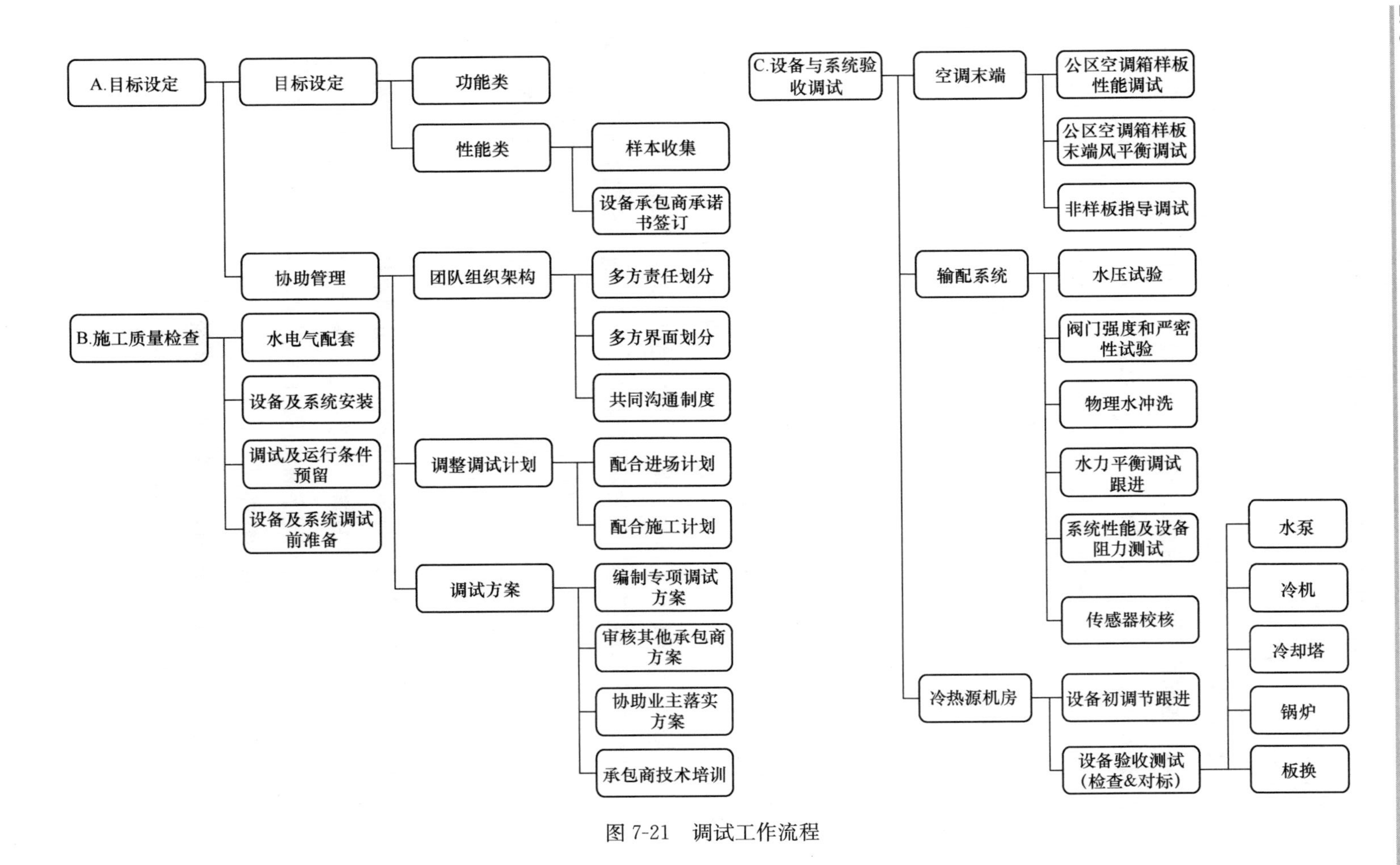

A.目标设定
目标设定
功能类
性能类
样本收集
设备承包商承诺书签订
协助管理
团队组织架构
多方责任划分
多方界面划分
共同沟通制度
调整调试计划
配合进场计划
配合施工计划
调试方案
编制专项调试方案
审核其他承包商方案
协助业主落实方案
承包商技术培训
B.施工质量检查
水电气配套
设备及系统安装
调试及运行条件预留
设备及系统调试前准备
C.设备与系统验收调试
空调末端
公区空调箱样板性能调试
公区空调箱样板末端风平衡调试
非样板指导调试
输配系统
水压试验
阀门强度和严密性试验
物理水冲洗
水力平衡调试跟进
系统性能及设备阻力测试
传感器校核
冷热源机房
设备初调节跟进
设备验收测试（检查&对标）
水泵
冷机
冷却塔
锅炉
板换

图 7-21　调试工作流程

空调系统目标设定表 **表 7-8**

项目	对象	目标要求要求		厂家资料	
		要求	参考	响应情况	参考
高压离心冷水机组2000RT（2台）	*COP*	*COP*=6.00	测试数据积累	5.5168	设备性能参数
		（招标文件最低要求*COP*>5.60）		（冷量7034kW，功率1275kW）	
	两器压降	冷凝器<70kPa	测试数据积累	82kPa	设备性能参数
				（污垢系数0.04403）	
		蒸发器<60kPa		72.5kPa	设备性能参数
				（污垢系数0.01761）	
	趋近温度	冷凝器≤1.5K	测试数据积累	蒸发温度5.48℃，冷冻水出水温度7℃	设备性能参数
		蒸发器≤1.0K		蒸发器趋近温度1.52K	
				冷凝温度39.1℃，冷却水出水37℃	
				冷凝器趋近温度2.10K	
低压离心冷水机组700RT（2台）	*COP*	*COP*=6.00	招标文件	5.556	设备性能参数
		（招标文件最低要求*COP*>5.60）		（制冷量2462kW，输入功率443kW）	
	两器压降	冷凝器<70kPa	设计说明	87.3kPa	设备性能参数
				（污垢系数0.04403）	
		蒸发器<60kPa		93.6kPa	设备性能参数
				（污垢系数0.01761）	
	趋近温度	冷凝器≤1.5K	测试数据积累	蒸发温度5.78℃，冷冻水出水温度7℃	设备性能参数
		蒸发器≤1.0K		蒸发器趋近温度1.22K	
				冷凝温度38.8℃，冷却水出水37℃	
				冷凝器趋近温度1.80K	

续表

项目、	对象	目标要求要求		厂家资料	
		要求	参考	响应情况	参考
水泵（冷冻泵6台、冷却泵变频6台、热水一次泵4台、热水二次泵4台）	水泵性能	冷却泵（3台）变频，1500m^3/h，27m，160kW，980转，89.7%	设计文件	转速为1450r/min，效率为80.9%	设备性能参数
		冷却泵（3台）变频，550m^3/h，27m，55kW，1450转，88.6%		功率增加为75kW，效率为80.4%	设备性能参数
		冷冻泵（3台）变频，1333m^3/h，35m，160kW，980r/min，88.4%		功率增加为200kW，转速为1450r/min，效率为81.89%	设备性能参数
		冷冻泵（3台）变频，466m^3/h，35m，75kW，1450r/min，85.2%		效率为83.53%	设备性能参数
	电机效率	冷却泵（3台）变频160kW电机效率95.8%，功率因数88.5%	设计文件	响应	设备性能参数
		冷却泵（3台）变频，75kW，电机效率95.0%，功率因数89.0%		响应	设备性能参数
		冷冻泵（3台）变频，200kW，电机效率96.0%，功率因数88.5%		响应	设备性能参数
方形横流超低噪声冷却塔（风机变频）6台	参数	冷却水量：700m^3/h；风机功率：11×2kW（变频）；进/出水温度：37℃/32℃	设计文件	响应	设备性能参数
	效率	标准设计工况下（37℃供水、32℃回水，室外湿球温度26.4℃），冷却塔最低效率≥47%		设计状态点的效率为47%	设备性能参数

续表

项目	对象	目标要求要求		厂家资料	
		要求	参考	响应情况	参考
水系统	水压试验	分区、分层试压：在试验压力下，稳压 10min，压力不得下降，再将系统压力降至工作压力，在 60min 内压力不得下降、24h 在水管末端压力不变，外观检查无渗漏为合格			国家标准
		系统试压：试验压力以最低点的压力为准，但最低点的压力不得超过管道与组成件的承受压力。压力试验升至试验压力后，稳压 10min，压力下降不得大于 0.02MPa，再将系统压力降至工作压力，外观检查无渗漏为但最低点的压力不得超过管道与组成件的承受压力。压力试验升至试验压力后，稳压 10min，压力下降不得大于 0.02MPa，再将系统压力降至工作压力，外观检查无渗漏为合格（冷冻/冷却水系统的试验压力，当工作压力小于或等于 1.0MPa 时，为 1.5 倍工作压力，但最低不小于 0.6MPa；当工作压力大于 1.0MPa 时，为工作压力加 0.5MPa）			国家标准
		各类耐压塑料管的强度试验压力为 1.5 倍工作压力，严密性工作压力为 1.15 倍的设计工作压力			国家标准
	阀门强度和严密性试验	强度试验：试验压力为公称压力的 1.5 倍，持续时间不少于 5min，阀门的壳体、填料应无渗漏			国家标准
		严密性试验：试验压力为公称压力的 1.1 倍；试验压力在试验持续的时间内应保持不变，以阀瓣密封面无渗漏为合格（对于工作压力大于 1.0MPa 及在主干管上起到切断作用的阀门，应进行强度和严密性试验，合格后方准使用。其他阀门可不单独进行试验，待在系统试压中检验）			国家标准
	水系统冲洗	pH：6.5～8.5，浑浊度：＜20，总硬度：600mg/L，总碱度：＜500mg/L			国家标准
		总铁：小于 1mg/L，总铜：＜0.2mg/L，电导率：＜2500μS/cm，细菌数：＜5×105			国家标准
	阀门试漏试验	立管与水平管的阀门 100%，进入商铺支管 10%			
	水力平衡	水平管、末端：±15%；管井与分集水器：±10%			

续表

项目	对象	目标要求要求		厂家资料	
		要求	参考	响应情况	参考
风系统末端设备	平衡校核	1－送风量/（回风量＋新风量）			—
		±10%以内			
	漏风率	（机组送风量－末端总风量）/机组送风量			—
		15%以内			
	送风量	85%以上			设备性能参数
	风机功率	1－实测功率/额定功率			设备性能参数
		±5%以内			
	机外余压	实测余压/额定余压，为全压			设备性能参数
		90%以上			
	风机转速	1－实测转速/额定转速			设备性能参数
		±3%以内			
	末端风口风平衡	1－该风口风量/同类型风口平均风量			—
		±10%以内			—
		同时不平衡风口个数应小于10%			—

（3）施工质量检查

在工程中，出现理论与实际脱节的最主要原因就是在施工阶段缺少对质量的基本把控。全过程管理也必须在施工阶段开展比传统施工监理更多的工作，才有机会在未来调适以及运行阶段实现之前设定的目标。此项目中全过程管理团队开展的施工质量检查包括对临时和正式的水电气供给配套进行检查，对设备最终安装数量、位置、型号进行核查，为设备及系统调试做好准备。

按施工图纸和现行规范编制施工过程质量检查体系，检查标准接取自各国家标准及行业规范，使用“看、摸、敲、照、靠、吊、量、套”等8种检查方法。通过施工质量检查，共发现并解决重要问题91个（见图7-22），减少损失150余万元。在实施过程中，重要的是不能拖拉，必须当场指出、明确责任、迅速解决。解决空调系统常见安装缺陷，顺利进行隐蔽工程验收，可提高施工质量，缩短工期，空调系统可按计划进行调试，缓解时间压力，避免后期调试缺乏条件，亦为后期节能运行打下良好基础。

（4）空调末端设备与风系统验收调适

支管过长，致使末端风口错位

软连接弯折，阻力过大

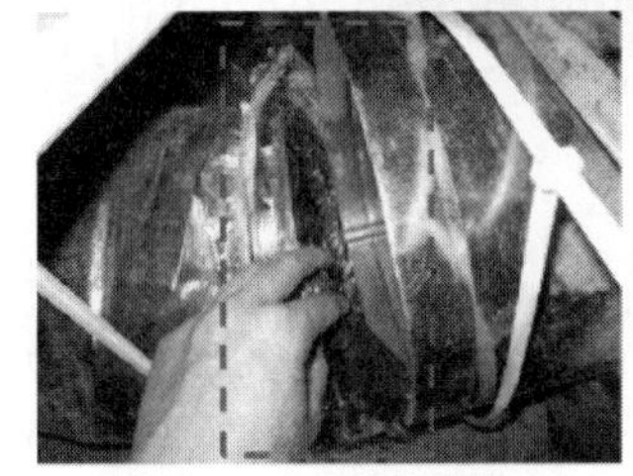

末端风口与风管未连接

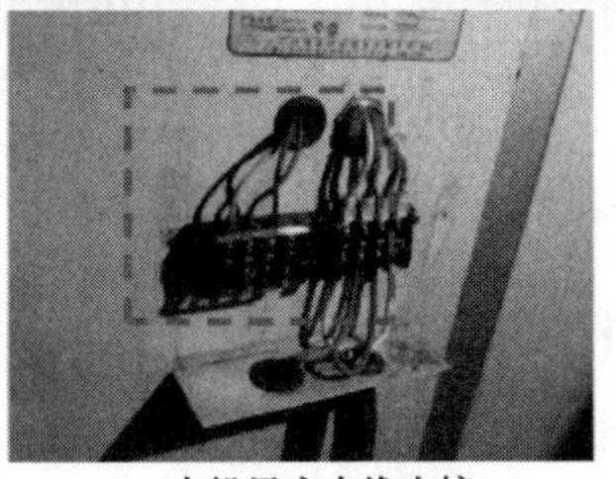

电机风扇电线未接

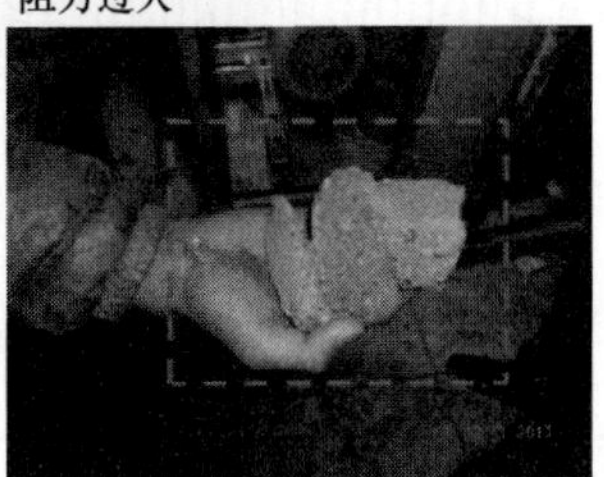

离心风机内有异物

图 7-22　常见问题举例

在空调末端设备和系统调适期间，由于现场测试时系统尚未承担冷热负荷，故未测试 AHU 的换热性能，因此末端设备验收调适主要通过测试风柜的送风量、风机转速、电机功率等参数，对各风口相对平衡进行阀门调节，达到调试目标要求。

在成都大悦城项目中，经过对 52 台空调箱的风量调试，测试结果如图 7-23 所示，发现部分空调箱的送风量普遍偏离额定值，其中 6 台（8 台中 2 台设计变更）风柜风量偏小，占比 11.5％。

通过对空调箱末端各风口实际风量逐一测试，计算出末端总风量，并与机组实测送风量进行对比，发现部分风道的漏风率高于额定值，其中 4 台机组所带风道漏风严重，占比 7.7％。

通过对空调箱末端各风口风量测试，计算风口平均风量，并与各风口风量进行对比，选出不平衡风口，并与总风口数对比，其中 2 台末端风平衡率不满足要求，占比 3.8％。

由于在进场及试运转阶段对风机进行了严格的测试，多为施工及管理问题导致了风系统部分设备无法达标，后经多方共同努力，解决了大部分问题，合格率在 95％以上。

（5）空调水输配系统调适

1）管路冲洗等基本要求

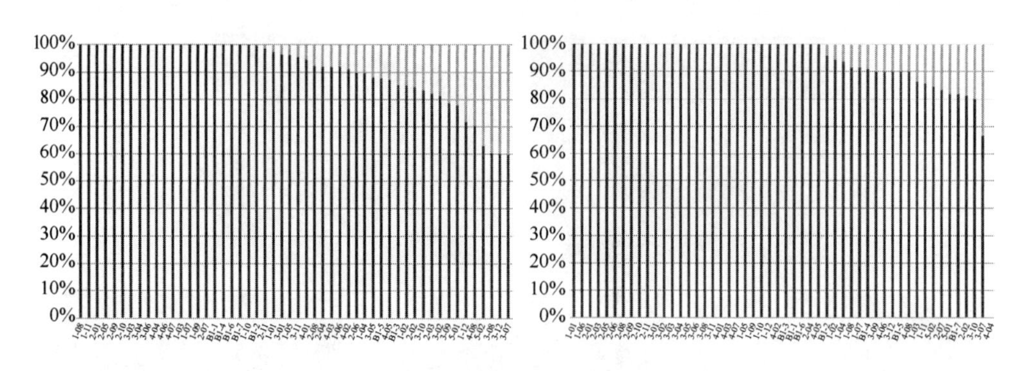

图7-23　送风量占比与末端风口平衡率

为了保证未来运行过程中水质、换热和输配能耗达到目标，必须做好空调水管路的冲洗工作。而这部分工作也是常常被忽略的部分。全过程管理团队对每次冲洗前的水质做存样，多次拆洗水泵前过滤器，最终水质目测清澈为止，完成物理水冲洗（见图7-24）。

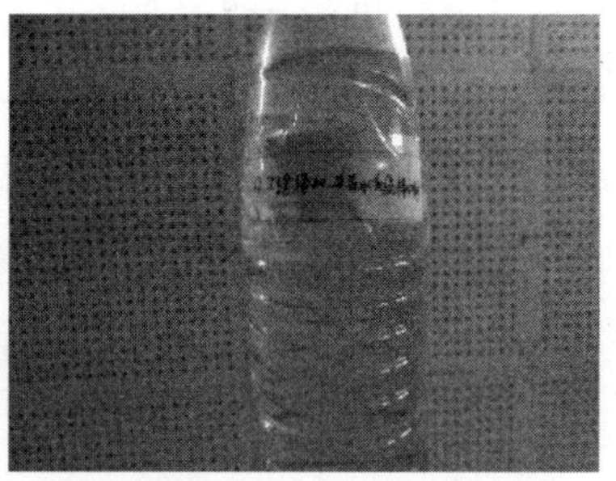

图7-24　不同阶段水质对比

2）水力平衡初调节

在末端空调箱不带负荷的工况下，按设计要求对水系统等水力平衡进行初调节，并对所有支路流量进行测试（见表7-9），确保满足要求。

水力平衡初调节结果　　　　表7-9

序号	测点位置	管道口径	要求流量 (m^3/h)	实测流量 (m^3/h)	占比	结论
1	冷机房总管	*DN*630	2715	2641	97%	合格
2	1号立管	*DN*300	381	387	102%	合格
3	2号立管	*DN*350	519	509	98%	合格

续表

序号	测点位置	管道口径	要求流量 (m^3/h)	实测流量 (m^3/h)	占比	结论
4	3号立管	*DN*300	408	319	78%	欠流
5	4号立管	*DN*300	382	366	96%	合格
6	5号立管	*DN*350	618	626	101%	合格
7	6号立管	*DN*250	263	239	91%	合格
8	7号立管	*DN*250	141	130	92%	合格
9	4号立管负一层支干管	*DN*150	81.7	74.1	92%	合格
10	4号立管二层支干管	*DN*150	58.4	78.8	135%	合格

3）传感器校核与不合理阻力排查

对冷热站温度、压力、流量传感器进行校核，压力标准偏差为0.03MPa，流量偏差标准为50m^3/h（或10%），温度偏差标准为0.3℃。

对冷冻冷却水系统阻力进行排查，绘制水压图，发现在末端及系统主要阀门全部打开的情况下，水泵工作点左偏，流量小于额定值，其中水泵出口止回阀阻力在17～18m（单台水泵工况下），远超设计要求（5～6m），后经更换，实测小于5m，满足要求，同时水泵流量上升，调适后的水压图如图7-25所示。

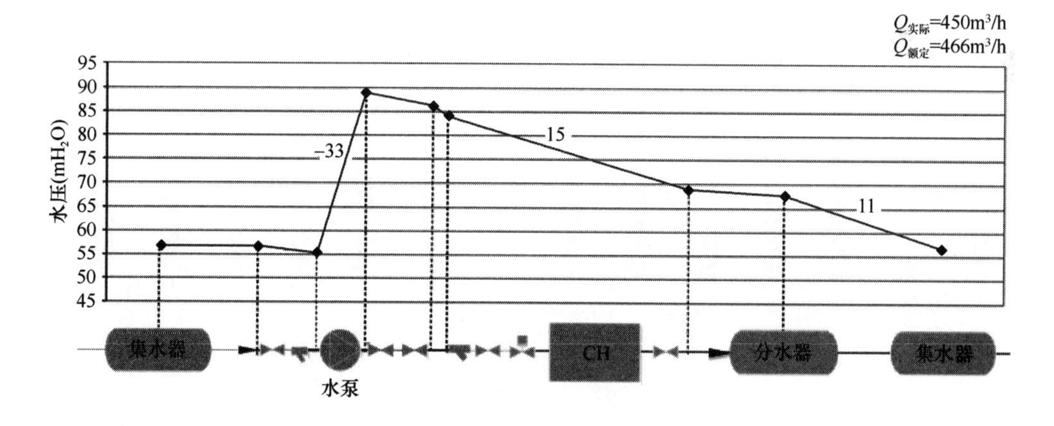

图7-25 调适后的实测水压图

4）水泵调试

在物理水冲洗阶段已经对各水泵进行了试运转工作，只需将水泵调试至额定工况即可，水泵验收调试主要从流量，扬程，效率，与样本对标几个方面进行考核。

水泵调试结果如图 7-26 所示。

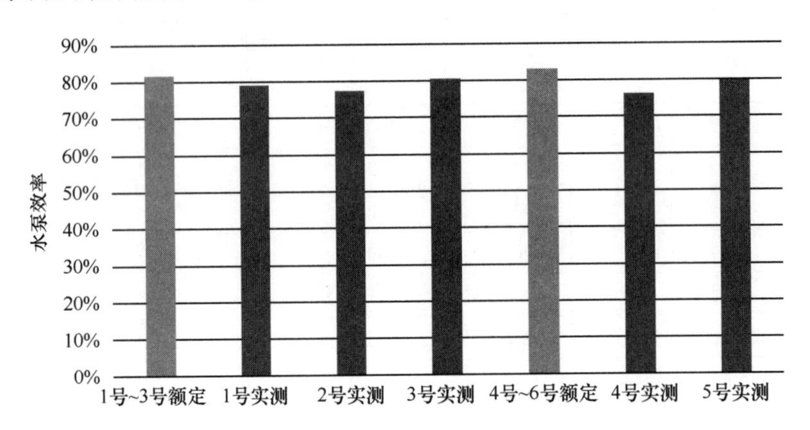

图 7-26 水泵效率实测结果

除部分水泵因电气问题无法进行调试外，所有水泵调试后均在厂商提供的水泵曲线上，无明显偏离且实测点与额定工作点偏差较小，满足要求。

（6）空调系统冷却侧系统调适

冷却水泵开启台数与冷机对应且设定为 50Hz，冷却塔验收调试标准按调试目标设定从风量、效率、水力平衡几个方面进行考核。

冷却塔调试结果如图 7-27 所示。

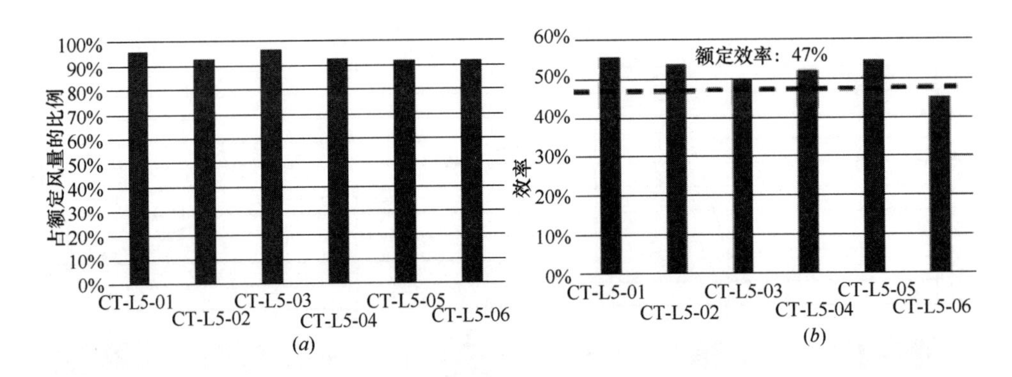

图 7-27 冷却塔调试结果

（a）冷却塔风量实测结果；（b）冷却塔效率实测结果

为保证测试准确性，均在额定工况下进行超过 72h 测试，冷却塔风量均能达到额定风量的 90％以上，效率满足对标要求，出水温度平均值与总出水温度平均值对比，偏差最大值为 1K，冷却塔之间布水均匀，满足要求。

（7）冷水机组调适

完成冷站附属设备及系统的调试工作后，最后对冷水机组进行单机试运转和性能测试。由于调适季节原因无法满负荷运行，通过实测结果与厂商提供样本进行对比，结合目标设定要求，作为考核依据，主要结果如表 7-10 所示。

部分冷机实测数据 **表 7-10**

序号	负载率（%）	冷冻进水温度（℃）	冷冻出水温度（℃）	冷却进水温度（℃）	冷却出水温度（℃）	功率（kW）	*COP*	*ICOP*	负荷率（%）
1	95	18.7	13.7	26	31	421	6.01	13.71	102.0
2	97	17.2	12.5	27	32	420	5.74	12.34	97.9
3	95	16.6	12	28	33	421	5.60	11.80	95.8
4	96	16	11.3	28	33	423	5.70	11.45	97.9
5	95	15	10.5	28	33	420	5.50	11.05	93.7
6	96	14.8	10.3	28	33	422	5.41	10.96	92.7
7	94	14.4	9.9	28	33	420	5.43	10.86	92.7
8	96	14.3	9.8	28	33	418	5.46	10.90	92.7
9	97	14.1	9.6	28	33	419	5.44	10.76	92.7
10	95	14	9.5	28	33	420	5.43	10.68	92.7

通过对冷机冷冻侧及冷却侧不平衡率进行测试，多次取点，测试结果表明，冷机测试不平衡率均小于 10%，满足要求，表明测试数据可用。

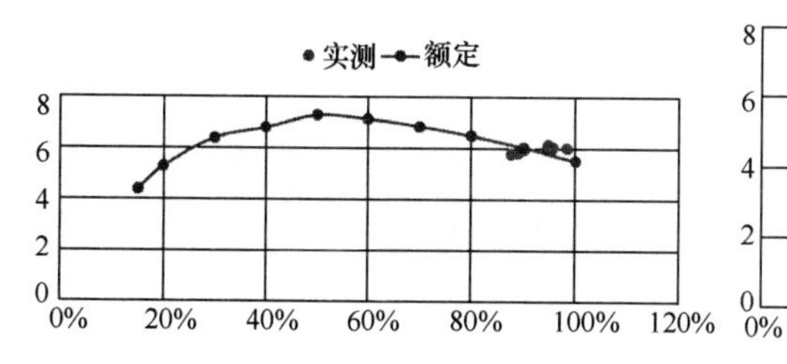

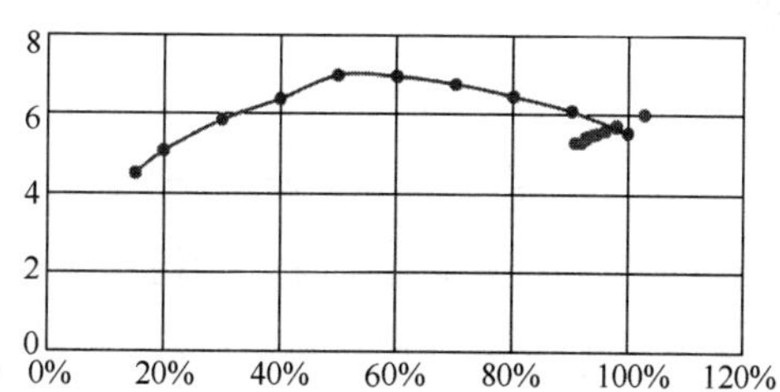

图 7-28 实测冷机 *COP* 与样本值对比

测试冷机 *COP*，并与厂商提供样本对比，测试结果表明（见图 7-28），在冷冻水出水温度设定、冷却水进水温度、两侧流量均在额定的情况下，实测 *COP* 均在厂商所给曲线上或附近。

同时，趋近温度测试结果亦符合基本要求，均小于 2K（见图 7-29）。

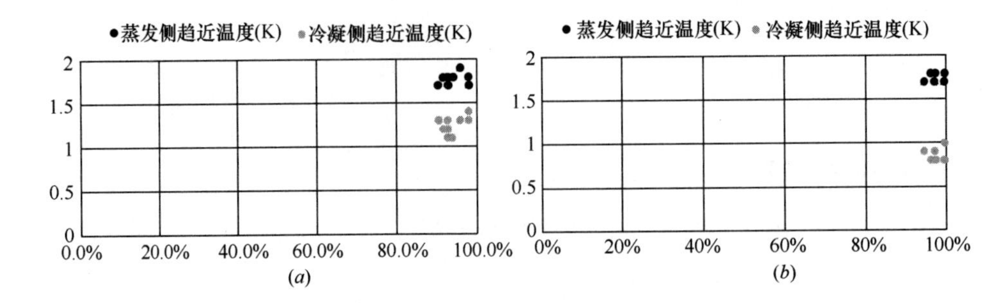

图 7-29 部分冷机趋近温度测试结果

(a) 3号冷机；(b) 4号冷机

7.3.4 运行阶段确保目标实现

(1) 运行阶段工作

为保障系统长期运行过程的效果和能耗达到目标，节能全过程管理专家团队又跟踪系统运行20个月，对两个供冷季、一个半供暖季以及过渡季节的系统运行调适进行深入研究，并且给出具体的系统运行调节策略，督促施工单位整改遗留问题。主要有两部分工作：一是根据建筑物的实际使用状况保障室内环境达到要求，特别是排查导致无组织冷风渗透的各种围护结构漏洞、补风量不足等问题，因为一旦室内环境出现过冷、过热投诉，业主会对节能全过程管理团队之前从设计、施工到调适阶段所做的工作产生怀疑，因此要再仔细排查建筑、结构、系统、设备、控制等各个环节可能出现的问题；二是根据实际租户类型、商业动线布置、冷热需求、新风需求等，尝试和调整各种运行控制策略，并最终确定可长期稳定实施的各种运行调节和控制策略，保证能耗和设备系统能效目标的实现。

(2) 运行阶段新风量按需供应

在该项目中，使用高精度微压差计对各主要出入口进行测试，测得热压曲线，随即使用CO_2自记仪对室内CO_2浓度分布进行测试，结果表明新风量偏大，随后采取了如下措施：加强对主出入口，后勤通道出入口的管理；对部分租户设备串风漏热的情况进行整改；使用红外热成像仪对围护结构漏热排查并封堵；餐饮排补风联动检查；降低公区AHU的新风比例。

采取了一系列措施后，有效减小了室内新风量（见图7-30），热压减小（见图

7-31），在相同舒适度的前提下，降低了能耗。

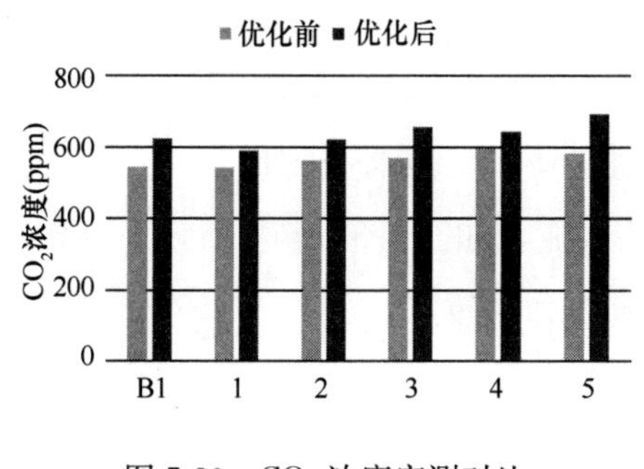

图 7-30 CO_2 浓度实测对比

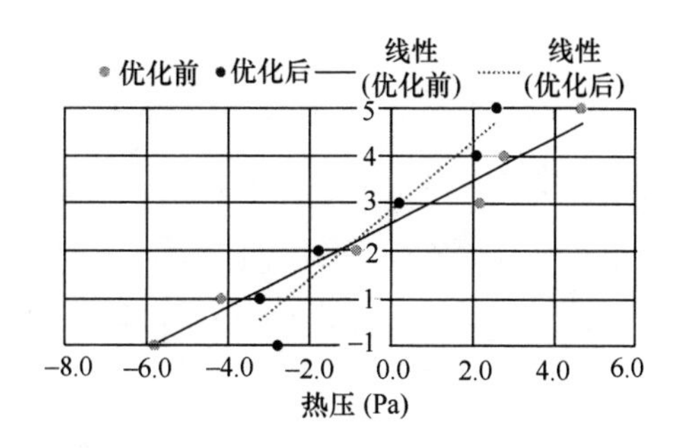

图 7-31 热压实测对比

（3）车库送排风运行策略优化

根据工作日和节假日的车流特点以及现场实际情况进行控制。车库通风效果按 CO 浓度指标控制在 35ppm 以下，设定值在 24～35ppm 之间，超过 50ppm 时报警，结合各区域面积、地形（有无死角，离出入口位置远近等），分区域设定。

7.3.5 全过程管理结果与对比

（1）总体能耗状况

经过超过 48 个月的努力，截至 2017 年 10 月，设定的运行能耗目标除供暖耗气量（2016 年 11 月～2017 年 3 月）高于目标值之外，其余能耗能效目标全部达成。

2016 年 10 月～2017 年 9 月连续 12 个月，全年总电耗 3360 万 kWh，其中公区电耗 1175 万 kWh，租区电耗 2185 万 kWh（见表 7-11），项目供暖天然气耗量 49.3 万 m^3（对应供暖季时间为 2016 年 11 月～2017 年 3 月，不含餐饮租区用气量）。

冷量与用能强度简表 表 7-11

	总量（万 kWh）	用能强度［kWh/(m^2·a)］
年累积总电耗（含租户）	3360.55	206.2
公区电耗	1175.17	72.1
照明插座电耗	396	24.3
暖通空调电耗	424	26.0
动力设备电耗	131	8.0
特殊功能电耗	224	13.8

公区电耗详细拆分如图7-32所示，能耗计算用建筑面积（不含车库）为16.3万m^2。

公区电耗一级拆分按照明插座、暖通空调、动力设备、特殊功能四大主要分项进行，如图7-33（*a*）所示。其中暖通空调占比36%，照明插座占比34%，随即对其进行二次拆分，详细分解了各一级分项电耗组成，如图7-32（*b*）所示，其中室内照明占比26%，冷机占比20%，为未来节能工作的重点。

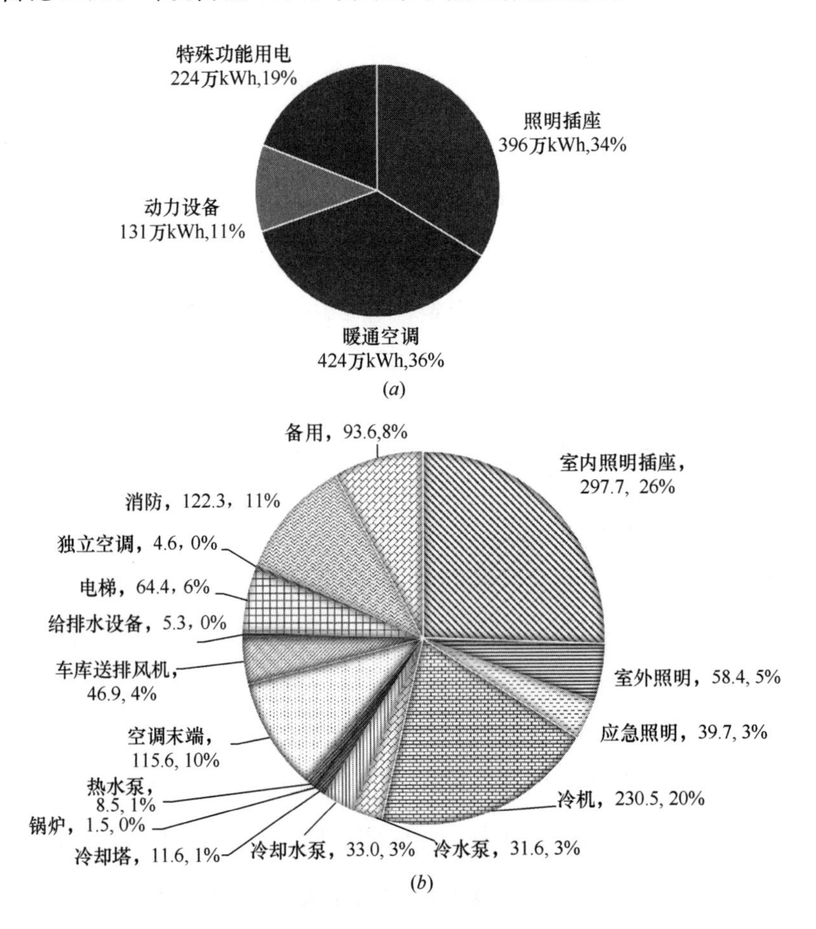

图7-32 公区能耗拆分（单位：万kWh）

（*a*）公区电耗；（*b*）冷水泵

与设计阶段的目标对比，发现各项电耗均低于设计阶段设定的目标，说明只要在整个建设全过程中严格管理，能够达到并超过设计阶段的目标（见图7-33）。

（2）空调系统冷热耗量及系统效率

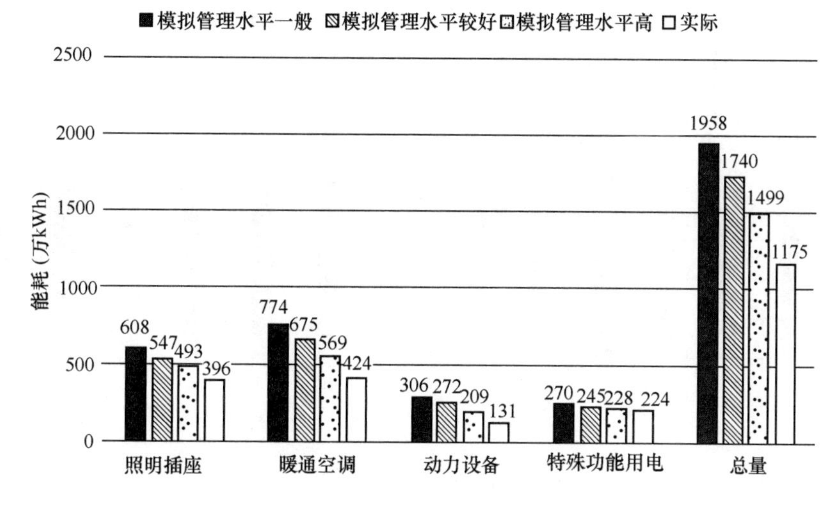

图 7-33 能耗水平对比

经能源管理系统持续计量，整个供冷季空调系统耗冷量为 1348 万 kWhc，冷站电耗为 307 万 kWh，年平均 *EER* 为 4.40（设计目标 4.35），如表 7-12 和图 7-34 所示。

电耗与用能强度简表 **表 7-12**

	总量	用能强度
年累积总冷量	1350 万 kWhc	82.7kWhc/(m^2 · a)
尖峰供冷量	3800RT	94.9W/m^2

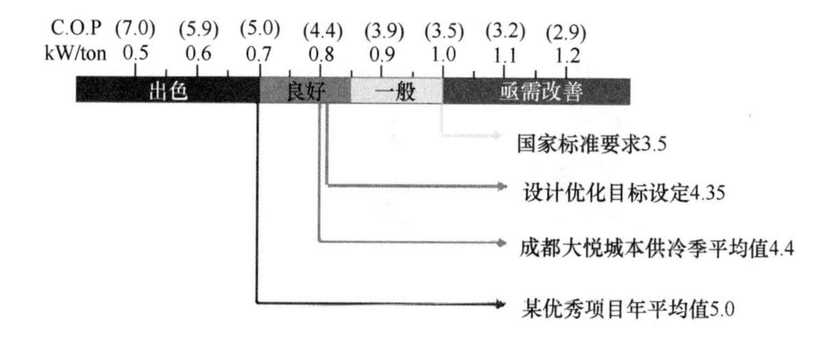

图 7-34 能效水平标尺

需要说明的是，冷站冷水机组实际装机容量与最初的设计容量相比减少 42%。在投入运行后接近夏季设计条件的典型日实测，尖峰供冷量为 3800RT；在 2017 年夏季极端天气下（室外温度超过 37℃，为 1981 年以来最热夏季）最大供冷量为 4400RT，系统仍有足够余量。同时，室内环境监测结果表明，夏季典型日室内温度不高于28℃，冬季典型日最低温度不低于20℃，水平温差，垂直温差均不超过5K，图7-35为实测室内环境温度。

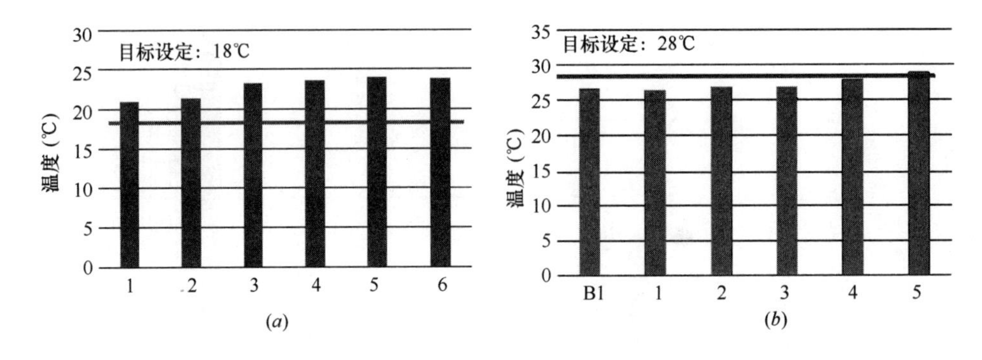

图7-35 实测温度

（a）冬季；（b）夏季

遗憾的是，供暖燃气消耗量高于设计阶段设定的目标值（见图7-36），主要原因是冬季无组织冷风渗透较为严重。回顾管理过程中主要的漏洞是没有对餐饮租户的实际排油烟和排风量、补风量进行实测，此外就是主要出入口存在外门密闭性不佳、外门常开的现象。

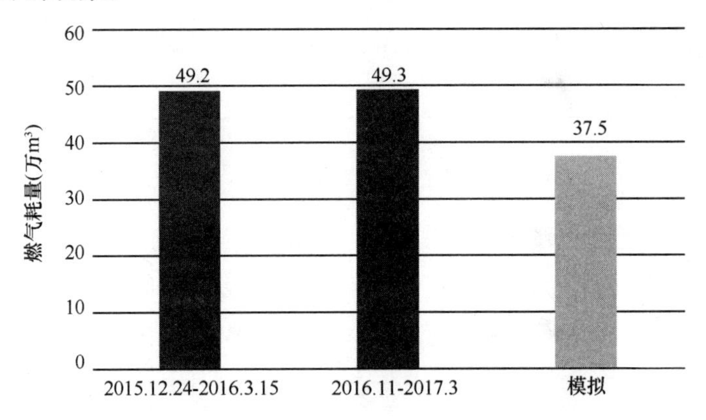

图7-36 供暖燃气耗量对比

7.3.6 总结与反思

总结这一项目的全过程管理，发现工作中存在的主要不足包括：

（1）冷却系统原计划采用联合变频运行，但参数优化仍存在空间，联合变频幅度较小，频率较低，效果较差。

（2）未深刻认识到餐饮排补风对末端环境及空调系统的巨大影响，对租户的设备及系统进场安装、调试把控较弱，导致巨大的能源浪费（扰乱了整体风平衡）。

（3）未深入了解临街商业对开门策略的需求，没有做出相应的预案，增大了无组织新风量，也降低了临街租区室内环境品质。

（4）回风口位置的设计仍有待优化，部分回风口仍无法如实反映所服务区域的空气品质，导致自控运行无法满足实际需求。

（5）未坚持进行化学水冲洗和管道预膜，只对物理水冲洗做了详细的工作，后期运行将增大水系统日常清洗维护方面的工作量，也将影响末端设备换热性能。

（6）基底能耗大，即不随客流量变化的能耗部分，反映出节能管理仍有优化空间。通过能源管理系统观察计算，在电扶梯、夜间用能方面仍有节能潜力，空调系统结合客流量观察并未实现真正的按需供给。

（7）供暖燃气消耗仍未达到模拟目标设定，存在优化空间。

进一步思考，发现到节能全过程管理总是要经过一个“纺锤形”（Spindle）的结构，而贯穿“纺锤形”始终、“不忘初心”的就是作为节能管理目标的能耗数据。在立项和规划设计之初，能耗数据简单而明确；随着设计的深入，能耗目标被逐级分解，分解为分项电耗，分解为冷热耗量，分解为设备和系统的能效，即关键性能指标 *KPI*。再随着施工图的细化以及招投标和设备采购的进行，影响能耗目标的关键性能指标 *KPI* 又被进一步细化和落实到每一个设备、每一个系统组件的具体技术参数上。这是设计阶段，或者说“纸上谈兵”阶段最细致、也是“纺锤形”结构最粗的那个阶段。随着施工安装的进行，全过程管理“纸上谈兵”的每一个细节需要落地，从事无巨细、纷繁芜杂的施工过程质量检查，要求每一个施工和安装的细节都达到设计图纸的要求；到单机设备的调试验收，要求每一台设备的实际性能达到招投标和采购合同中规定的技术参数；再到包括多个设备和多个环节的系统协同调适，到建筑物开业投入使用之后有真实而具体的冷量、热量、新风量、舒适度需求，进而最终消耗实实在在的冷量、热量，消耗的电力、燃料通过计量表具、能耗账单，计算出能耗强度。此时再与最初设立的能耗目标进行对照，又从复杂回归简单，能耗数据从“纺锤形”的一个顶点到达另一个顶点，经历了从总体到细节，从局部再回到整体的螺旋上升过程，实现设备、系统、建筑、人的协调统一，始终不变的是对达成能耗目标的坚持，这就是公共建筑节能全过程管理。

7.4　节能全过程管理之调适优秀实践案例：深圳平安国际金融中心

如前面两个案例所示，如果一个新建公共建筑项目从立项和规划设计之初就能够按照能耗总量控制目标实施全过程管理，那是最好的，也是最完整的。未来公共建筑节能全过程管理一定会成为一种制度，每一座新建或完全改建的公共建筑都会按能耗目标实施建设全过程管理。今天，如果一个新建公共建筑项目在立项和设计阶段错过了全过程管理“纺锤形”上半场的机会，一定不能错过全过程管理“纺锤形”下半场的机会，就是系统调适。深圳平安国际金融中心就是这样的一个实践案例。

7.4.1　项目概况

（1）项目概况

深圳平安金融中心位于深圳市福田区，是一个集办公、商业、会议、观光等功能于一体的大型超高层商业综合项目。总占地面积 1.9 万 m^2，总建筑面积达到 45.8 万 m^2，其中地上建筑面积 37.7 万 m^2，地下建筑面积为 8.1 万 m^2，商业面积为 5.3 万 m^2，办公面积为 32.0m^2。整座建筑分为塔楼和裙楼，塔楼高达 597m，共 118 层，裙楼高 52m，共 10 层。按功用分区，地下为车库及设备用房，1-10 层的裙楼部分为商业场所，塔楼部分为会议区域，11-112 层则为国际甲级写字楼，113-118 层为观光层（见图 7-37）。该项目于 2009 年 11 月开工，2016 年 6 月竣工，同年 12 月陆续投入使用。

113~118层：观光层
11~112层：国际甲级写字楼
1~10层：商业、会议
地下1层：地下车库及商业
地下2~5层：地下车库及设备用房

图 7-37　平安金融中心分区示意图

（2）空调系统概况

该项目空调系统冷源为冰蓄冷系统、冷水系统为多次板换水系统，塔楼办公区采用全空气变风量系统。

1）冰蓄冷冷站

冰蓄冷系统位于地下 3～地下 5

层，冷源主机放置于地下 3 层，包括 4 台基载冷机和 5 台双工况冷机，冷机的具体额定参数如表 7-13 所示。

冷机额定参数表 **表 7-13**

冷机	容量（RT）	压缩机功率（kW）	额定 *COP*	台数
基载	1000	636	5.53	2
	1700	1086	5.51	2
双工况（空调）	1700	1237	4.83	5
双工况（制冰）	1064	1051	3.60	

其中基载冷机负责直接供冷，双工况冷机用于制冰蓄冰或直接供冷。该系统的设计冷负荷为 12910RT。地下 4 层为冷站主要输配系统。地下 5 层为蓄冰体，包括 8 个蓄冰槽，设计为冰槽盘管内融冰系统，设计蓄冰量达到 4 万 RTh。深圳市非居民用电采用峰平谷电价方式进行收费，谷价阶段为夜间 23：00 至次日 7：00。因此，系统设计 7：00～23：00 开启基载冷机结合融冰进行供冷。夜间开启基载冷机供冷的同时，双工况冷机制取低温乙二醇送至蓄冰槽内蓄冰。冷冻水设计供/回水温度为 5.6℃/12.6℃。

2）多级板换水系统

冷水由冰蓄冷系统制备后统一供给 3 个区域，即裙楼、一区和高区（二～七区）。其中冷站一级侧，包含蓄冰、融冰乙二醇泵、冷却泵及冷水一级泵均为定频运行。裙楼分区考虑租户会自行安装盘管等设备，对冷水水温有低温限制，因此裙楼分区冷水通过板换换热，二次侧冷水供水温度设定为 7℃；高区（二～七区）冷水则由相应二级泵输送至 26 层设备层，再经板换与二次侧冷水换热，以供给二区、三区和四～七区，四～七区二次冷水属配至 50 层设备层，其中三路与三次冷水换热，以供给四区、五区和六区，一路直接由水泵输送至 65 层设备层，与三次冷水换热，以供给七区；而一区冷水不采用板换换热，直接供给末端。

多次板换水系统中水泵均为变频运行，末端直连水泵根据压差变频，其余供给板换的间连水泵根据温差变频。

3）末端变风量系统

平安金融中心的末端风系统主要包括 3 种形式：风机盘管加新风系统、全空气变风量系统、全空气定风量系统。其中塔楼 1～10 层采用风机盘管加新风系统，10

层以上的建筑物主体部分采用全空气变风量系统。裙楼商场公区主要采用全空气定风量系统，部分外租商铺预留了风机盘管。其他辅助空间，如地下室电梯厅采用风机盘管供冷，机房采用分体机供冷，如图7-38所示。

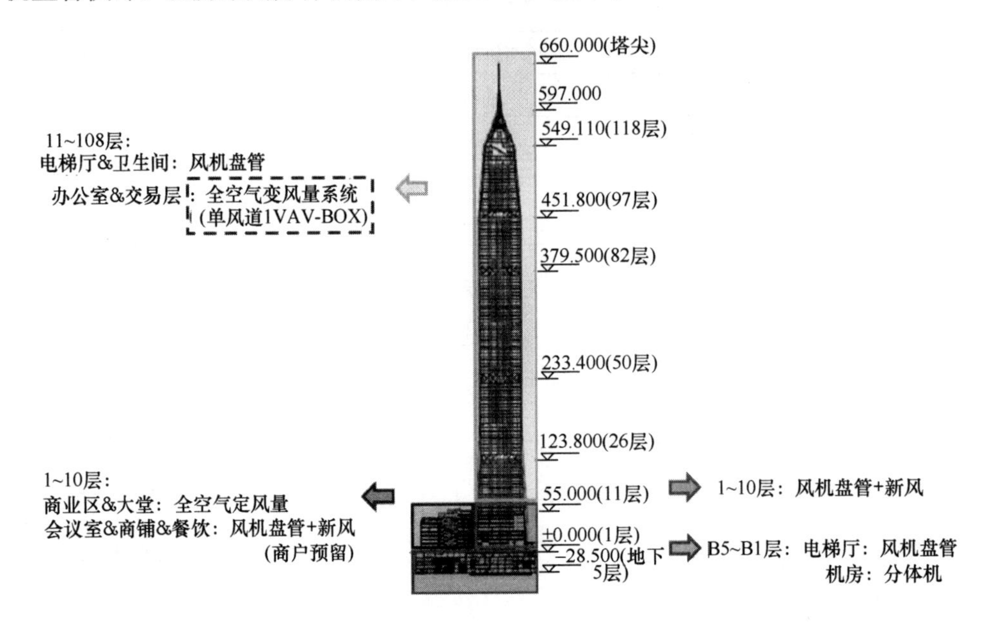

图7-38　末端风系统系统图

平安金融中心办公区全空气变风量系统采用单风道VAV-Box。如图7-39所示，标准层分内区和外区，主风道为双管送风，其中外区VAV-Box带电加热。对于单个楼层在东西两侧各设置一台空调箱，送风至共40～80个VAV-Box，每个VAV带3个风口，两用一备。主风道为环形风道，中间用电磁阀隔断，互为备用。塔楼一～七区每个区有4台新风机组，送风至该区各楼层的空调箱。

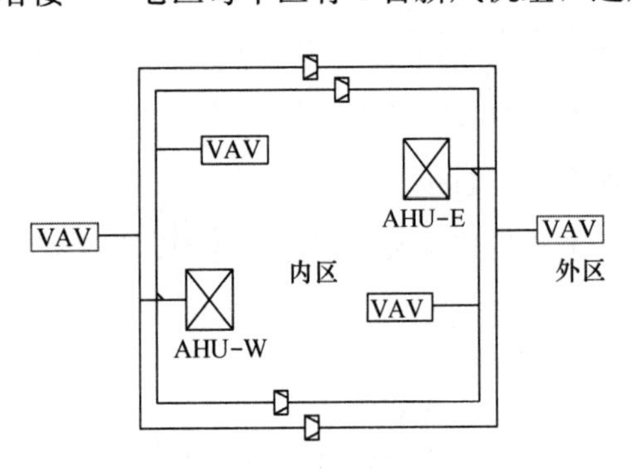

图7-39　标准层末端风系统图

(3) 设定空调系统调适目标

虽然节能全过程管理专家团队在2015年项目施工阶段才介入，无法真正实现从立项和设计阶段到最终运行阶段到全过程管理，但经过与业主方管理层充分沟通，明确针对该项目复杂的空调系统开展调适研究与实践，以保障项目投入使用后的室内环境、系统性能、能耗量和能源成本为目标，为平安集团不动产业务板块积累节能管理经验。

调适工作目标分为主要设备调试目标及系统调适目标。这一目标在开展工作之初就作为业主与顾问团队达成共识的最终考核目标，一方面作为业主和总包项目验收的依据和标准，另一方面也是通过不断的对标（现状和目标对比）发现设备和系统存在的问题，推进相关各方通过不断的调适解决问题的手段。

以基载主机为例，主要调试目标参数包括主机 *COP*、蒸发器和冷凝器水侧压降以及蒸发器和冷凝器趋近温度等（见表 7-14）。在确定调试目标时需要参考厂家提供的技术参数以及相应国家标准，保证冷机实际运行性能至少达到出厂标称值，如果低于标称值，需要联系厂家进行调试或更换设备。此外，专家顾问需要判定设备额定值是否低于相应国家标准，如果低于标准，需要联系厂家进行设备更换。

基载主机调试目标设定表　　**表 7-14**

<table>
<tr><th rowspan="2">项目</th><th rowspan="2">对象</th><th colspan="2">目标要求要求</th><th colspan="2">厂家资料</th></tr>
<tr><th>要求</th><th>参考资料</th><th>响应情况</th><th>参考</th></tr>
<tr><td rowspan="5">基载主机</td><td>COP</td><td>额定工况下，COP 需要达到额定要求</td><td rowspan="5">招标文件、顾问要求</td><td>5.53
（冷量 3517kW 功率 36kW）</td><td rowspan="5">设备送审资料</td></tr>
<tr><td rowspan="2">两器压降</td><td>额定流量下，冷凝器压降≤94.7kPa</td><td>94.7kPa
（污垢系数 0.044m^2℃/kW）</td></tr>
<tr><td>额定流量下，蒸发器压降≤60kPa</td><td>47.8kPa
（污垢系数 0.0176m^2·℃/kW）</td></tr>
<tr><td rowspan="2">趋近温度</td><td>额定工况下，蒸发器趋近温度≤0.6K</td><td>蒸发器趋近温度 0.6K
（蒸发温度 5.0℃，冷冻水出水温度 5.6℃）</td></tr>
<tr><td>额定工况下，冷凝器趋近温度≤1.1K</td><td>冷凝器趋近温度 1.1K
（冷凝温度 38.1℃，冷却水出水 37.0℃）</td></tr>
</table>

空调系统各关键设备，例如水泵、冷却塔、空调风柜调试目标及设定值如表 7-15 所示。

在具体工作中，针对设备的工作，用“调试”表示；针对系统的工作，用“调适”表示。原因是，首先需要对设备“调一调，试一试”，试验并调整设备达到招标文件、合同、设计图纸等技术文档的要求，谓之“设备调试”。之后，再从系统层面，对系统的多个设备、环节进行调整，使之与实际条件、实际需求相适应、相协调，称为“系统调适”，二者相辅相成，最终达到设备和系统节能高效、协调经济的运行目标。

其余关键设备调试目标设定表 表7-15

项目	对象	目标要求要求	
		要求	参考资料
水泵	运行性能	流量：实测值与额定值偏差在±8%以内	招标文件、顾问要求
		扬程：实测值与额定值偏差在±5%以内	
		实测各工况点在选型曲线上，无明显偏离	
		效率：>70%	
冷却塔	运行性能	散热能力：达到额定要求	招标文件、顾问要求
		循环水量：实测值与额定值偏差在±10%以内	
		风量：实测值与额定值偏差在±10%以内	
		塔外余压：不小于180Pa	
		总水损失：<1.2%	
		转速：<1500r/min	
		电机功率因数：≥90%	
		进出水温度：调整到额定要求	
		噪声：按声学设计顾问要求	
	效率	设计工况下，冷塔的效率>50%	
空调风柜（AHU）	运行性能	风机效率：≥90%	招标文件、顾问要求
		送风量：实测值与额定值偏差在±10%以内	
		机外余压：实测值与额定值偏差在±10%以内	
		新风量比例达到额定要求	
		风柜换热量达到额定要求	
		实测各工况点在选型曲线上，无明显偏离	
	过滤器阻力	粗效过滤器的初阻力≤50Pa	
		中效过滤器的初阻力≤80Pa	
		风柜表冷器压降达到额定要求	

7.4.2 系统调适的技术路线、组织构架和计划

(1) 技术路线

图7-40显示了平安金融中心空调系统调适工作的主要技术路线。

在调适工作开展之初，首先与业主、机电总包和主要分包商进行会商，明确调适工作的最终目标，并根据相应需求组件调适团队，确保调适工作的顺利开展和调

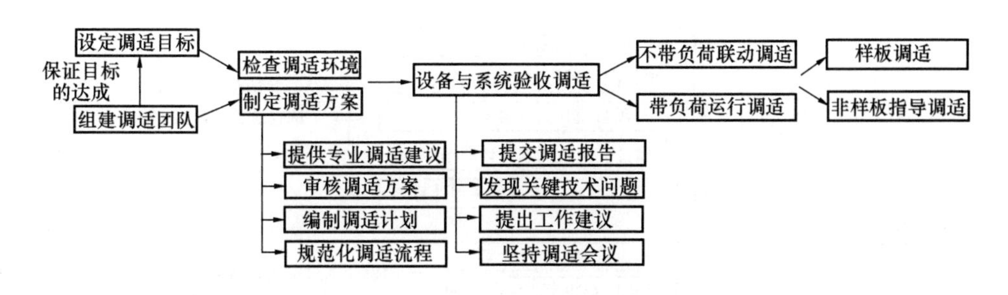

图 7-40 空调系统调适工作技术路线

适目标的最终实现。在此之后，需要对现场调适环境进行检查并根据现场实际情况制定调适方案。调适方案制定过程中，调适顾问需要提供调适建议，包括项目调适方案、专项调适方案等，并与业主、总包通过会议的形式讨论并审核调适方案。在总体方案确定后，针对具体分项编制调适计划并确定规范化的调适流程，使得调适工作开展的更加清晰。

随后，以机电承包商为主，对空调系统关键设备与系统进行不带负荷的联动调适与带负荷的运行调适。考虑到项目体量较大，需要调适的设备和系统过多，建议首先挑选典型设备和典型系统，由调适顾问进行样板调适，随后可以根据样板调适步骤和积累的经验，由各专业分包对其他设备及系统进行调适，此时调适顾问以指导的形式参与其中。

在整个调适过程中，需要分阶段提交调适报告，对阶段性工作及成果进行及时总结，内容包括系统调适报告、设备调适报告、施工质量遗留问题报告、调适条件预留建议报告等。同时，对现场发现的影响调适运行的关键技术问题进行总结并提出工作建议。此外，还应该坚持定期（通常为一周）举行调适会议，总结、协调并推进调适工作。

（2）检查调适条件和环境

调适环境的检查主要包括两大部分：资料收集和现场条件检查。其中，资料收集工作主要内容如图 7-41 所示。

需要提前收集的资料主要包括空调系统图纸资料和相关技术资料。其中图纸资料主要涵盖项目最终版的系统图纸，包括空调风系统、空调水系统以及与空调系统相关的自动控制系统、电气系统图纸等。项目深化图纸及变更情况、空调负荷计算书、空调系统水力计算书以及各类设备选型计算书。通过熟悉并消化图纸，调适团

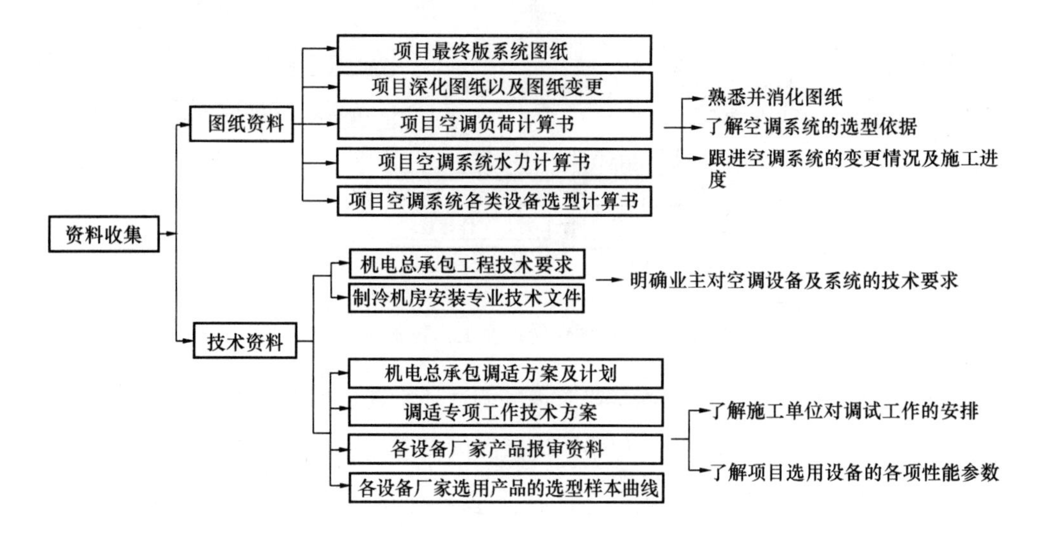

图 7-41 资料收集工作相关内容

队需要了解空调系统的选型依据和设计情况，并实时跟进空调系统的变更情况以及相应的施工进度。

第二类资料为技术资料，主要分为两大部分，第一部分为机电总包提供的工程技术要求和制冷机房安装专业技术文件，这部分资料主要帮助调适团队明确业主对空调设备及系统的技术要求。第二部分为机电总包调适方案及计划、调适专项工作技术方案、各设备厂家产品报审资料以及选用产品的选型样本曲线。通过这部分资料的收集，主要用于了解各施工单位对调适工作的安排、进展，并掌握各设备的主要性能参数。

（3）制定调适计划

检查完调适条件后，就可以根据调适目标和现有调适条件，制定调适计划。调适工作开展流程如图 7-42 所示。

调适工作开展流程主要包括整体调适方案确定、调适深化方案确定、时间节点

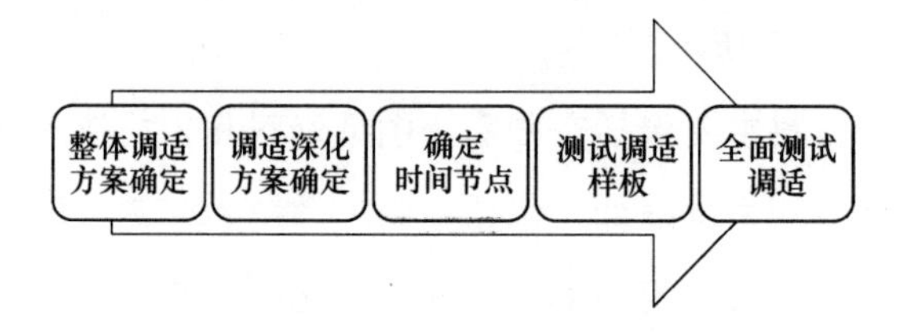

图 7-42 调适工作开展流程

确定、测试调适样板以及全面测试调适 5 方面。

如图 7-43 所示，整体调适方案包括了设备以及系统的不带负荷联动调适以及带负荷的运行性能调适方案。从设备、系统的施工验收，到单台设备调适再到系统联合运行调适，需要制定一个全方位、多角度的调适计划，保证调适工作的开展环环相扣，稳步推进。

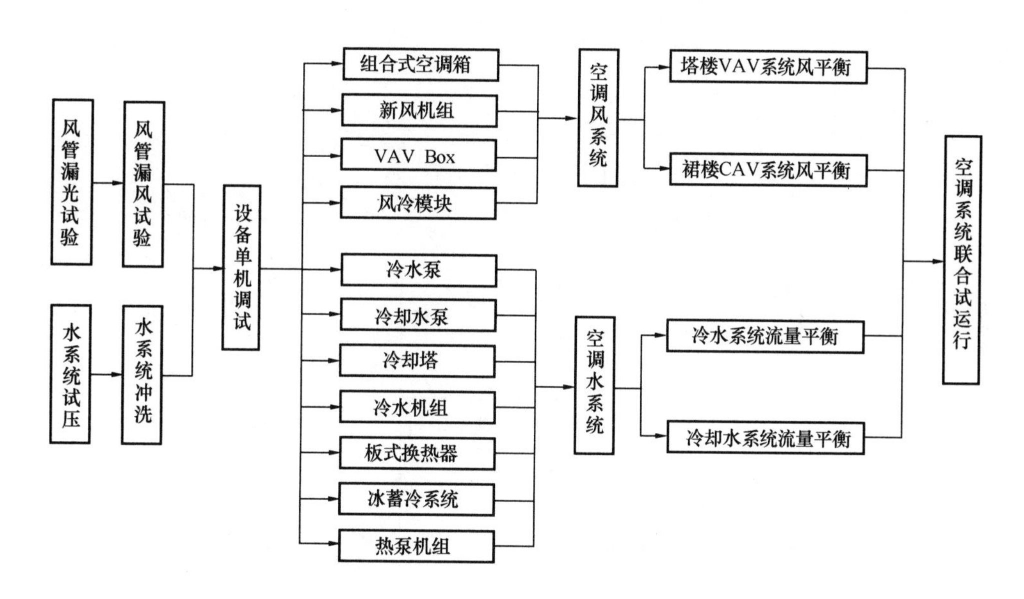

图 7-43　整体调适方案

其中，施工验收调试，主要包括设备的安装、系统的连接等方面，例如风道漏光、漏风试验、水系统试验冲洗工序。验收调试的主要目的为保证设备能正常运行，为后续单机调试打基础。随后的设备单机调试主要针对单台设备实际出力以及运行效率进行测试，并与设定目标进行对比，对不能达标的设备督促厂家或相关单位进行整改调试。

在完成设备的单机调试后，下一步工作就是对各个设备联合运行组成的系统进行调适。例如空调箱末端各风口风平衡调适，空调水系统水力平衡调适，整体风平衡测试，最终保障环境品质。冷却水系统性能调适，冷冻水系统性能调适，提升输配性能。对冷热站所有传感器进行校核，确保能管系统，群控系统准确性。最终完成空调系统联合运行调适，形成整体调适与试运行管理方案。

（4）设备调试实例

以冷水机组调试过程为例，调试参数和目标如表7-14所示，主要包括冷机COP、两器水侧压降以及趋近温度。确认后的调试目标提交给厂家，厂家根据相应要求完成单机调试，并出具调试报告，提交调适顾问确认。随后，调适顾问在施工单位及设备厂家的配合下对冷水机组运行性能展开测试工作。测试流程如图7-44所示。

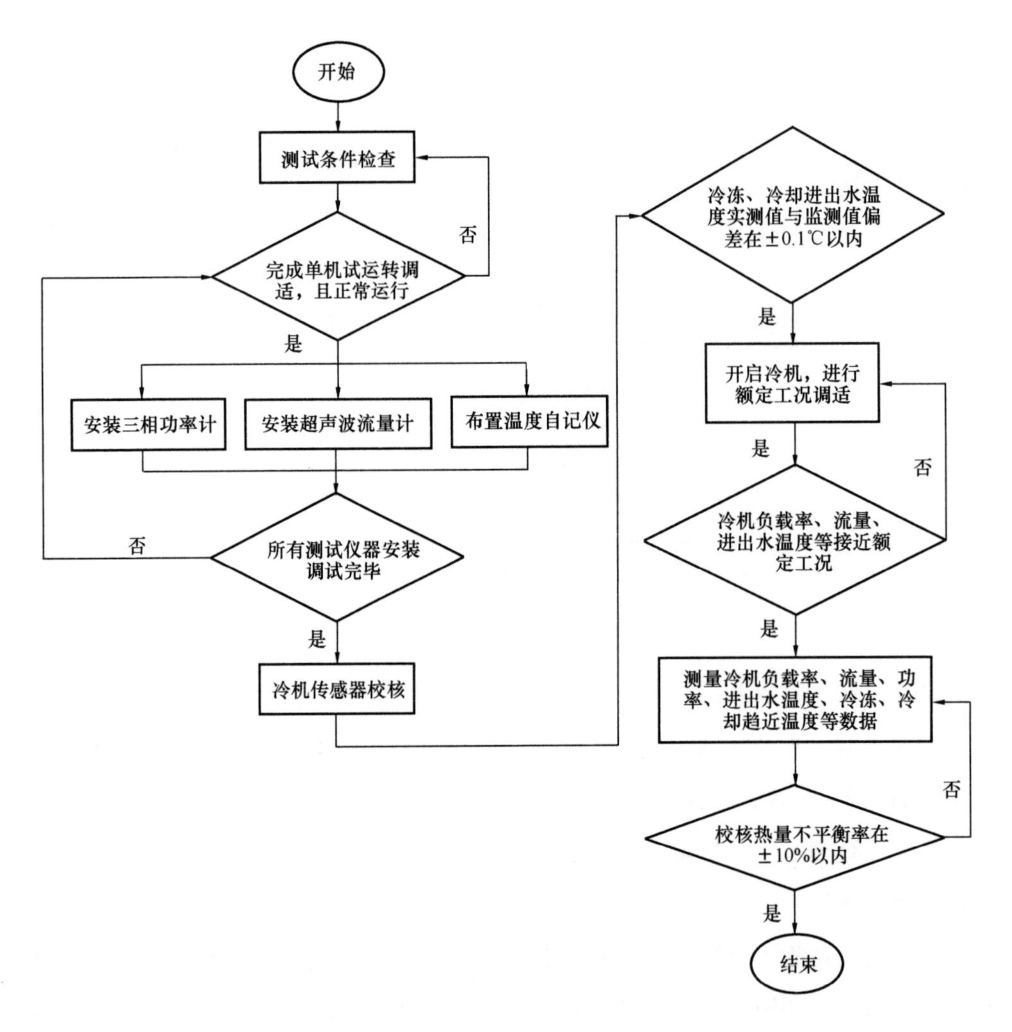

图7-44 冷水机组调试流程

需要调试的内容包括：1）校验冷机的传感器准确性；2）额定工况下，冷机的实测运行功率、电流、电压，检查是否过载；3）额定工况下，冷机的制冷量、实际运行效率指标COP；4）额定工况下冷机两器趋近温度；5）检查冷机是否存在不正常噪声，是否存在三相不平衡，电机温度是否异常。

对于测试数据，需要进行以下校核：1）校核冷机冷冻水进出水、冷却水进出水温度传感器准确性，偏差在±0.1℃以内；2）校核冷机冷冻水、冷却水流量与额定流量偏差在±10%以内；3）校核冷机负载率，达到95%以上时，对应的运行功率不出现超载；4）校核热平衡，蒸发器吸热量、压缩机功率之和与冷凝器排热量偏差在±10%以内。

在上述校核满足的情况下，对冷机实际运行情况进行判断，当满足以下两个条件时：1）额定工况下，冷水机组实测*COP*与额定*COP*的偏差在±10%以内；2）额定工况下，实测制冷量与额定制冷量的偏差在±10%以内，则说明冷机运行正常，调试工作结束。

当调试过程中，发现冷机运行状态异常时，例如蒸发器、冷凝器趋近温度远高于额定值，需要及时寻找原因，可能是冷媒不足，或换热器脏堵。查找到原因后及时整改，提升换热器换热效率，将趋近温度降低至1K以下。

(5) 调适过程中的经验和教训

首先，需要制定全面并且详细的调适计划。调适工作是一个需要多方配合，结合各个专业特色的综合性强、复杂度高的工作。因此，在调适开展之初需要制定全面并且详细的计划，工作内容细分到各单位，再由各单位将相应工作落实到个人。保证整个调适团队能够依循调适方案，稳步推进工作。

其次，确保责任明确，各单位之间能积极有效的沟通与配合。在现场调适工作中，由于系统的复杂性和工作内容的繁琐性，可能会发现各种意想不到的施工问题，各单位产生意见分歧是在所难免的。当调适工作受到影响时，需要各方的积极沟通，出现问题能及时找到相应的解决方案，避免由于责任不清或沟通不及时导致调适工期的延后甚至无法正常开展工作。

最后，在调适工作开展的过程中需要及时总结。一方面对成果进行总结分析，积累调适经验，对后续工作起到一定的指导作用。另一方面，及时沟通开展调适工作过程中碰到的困难，并协调解决，保证各项调适工作顺利进行。

空调系统调适阶段是其在投入到正常运行前最为复杂、难度最大的阶段，但同样也是最重要、最关键、最不可或缺的阶段。只有在调适阶段解决系统中存在的施工、安装不当问题，设备出力不足、性能达不到标称值的问题，系统运转不协调、控制策略不当的问题，才能使得空调系统在实际运行过程中能够充分发挥其功效，稳定、高效地为末端用户提供舒适的环境。

7.4.3 系统调适效果与初步成果

由于该超高层建筑系统非常复杂，因此2016年底投入使用后，2017年塔楼高区仍有部分办公空间装修，裙楼部分仍在进行末端设备安装调适和装修，因此系统仍处于运行调适阶段。2017年夏季，清华大学组织运行实习的本科生和研究生对平安金融中心空调系统实际运行性能进行了全面测试分析。作为第一个运行的供冷季，该项目空调系统存在可圈可点的地方，归纳为效果、效率和效益三个方面。

(1) 多级水系统运行效果基本良好

例如多级板换的空调水系统，其设计给出的控制目标为：一次侧供水温度5.7℃，二次侧供水温度7.0℃，三次侧供水8.2℃，各级的设计供回水温差为7K。由于系统复杂，其水系统运行的稳定性以及空调末端实际供水温度能否达到设计要求，是业主最担心也是比较难以实现难以把控的目标。

图7-45显示了该项目水系统各个环节、各个区域实际供回水温度。通过现场监测的数据可以看到。机房一级供水温度为4.4℃，经旁通管混水后，供水温度升1.2K，达到5.6℃；经板换换热后，供水温度平均上升1.2K，板换二次侧供水温度达到6.8℃。三次侧与二次侧冷水换热后，供水上升1.9K，达到8.7℃。除三次侧供水温度略微偏高以外，一次侧、二次侧均达到供水温度设定值，末端多级水系统运行较为稳定，为末端舒适环境的营造提供保障。

对于供回水温差的控制效果有些参差不齐，如图7-46所示，其中一区、二区在测试阶段已全部投入运行，其冷冻水供回水温差在工作时间段基本维持在设计值为7℃左右。但对于其他区域，一方面由于末端出租率不高，供冷负荷远小于设计值，另一方面由于水系统及相应水泵控制策略还存在优化空间，因此冷冻水供回水温差小于设计值，还有待进一步系统调适。

(2) 空调变风量系统运行效果基本正常

对于塔楼空调箱运行情况，调适团队在各区域抽取数台空调箱作为调适样本进行详细分析，以七区109～112层共8台空调箱为例，结果如表7-16所示。

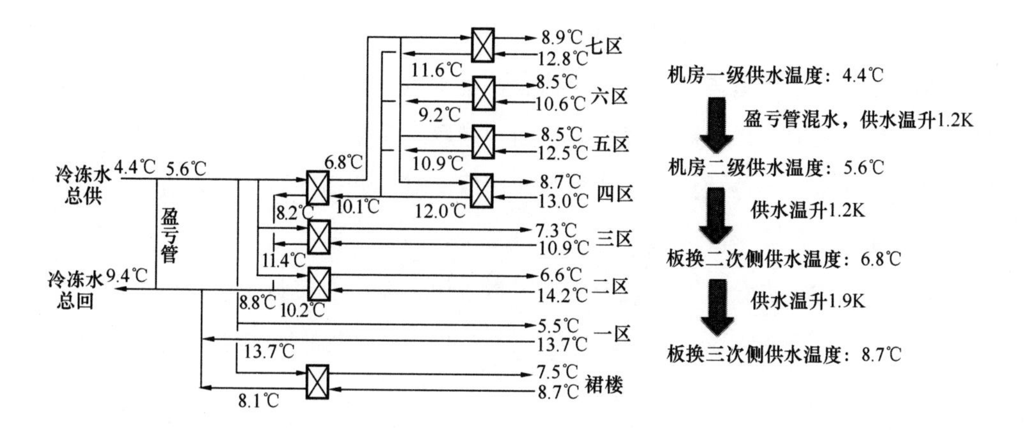

图 7-45 多次板换水系统运行情况

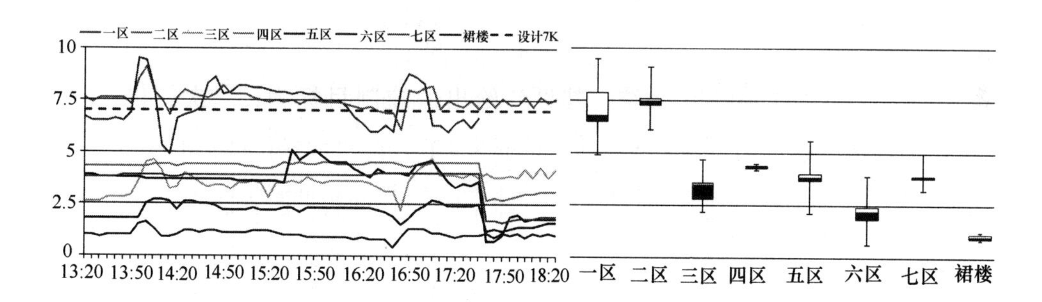

图 7-46 平安金融中心各区域末端直连冷冻水系统供、回水温差（单位：K）

七区空调箱测试情况 **表 7-16**

	风量（m³/h）	风机扬程（Pa）	风机功率（kW）
额定值	29250	900	15
109E	23134	956	18
109W	23920	1060	17
110E	32165	865	18
110W	29399	894	17
111E	30165	918	18
111W	28464	914	18
额定值	16200	900	8
112E	17424	699	10
112W	14502	877	10

对于最高区的 8 台空调箱，在额定工况下，除了 109 层东西侧两台空调箱以

外，其余空调箱送风量基本达到额定值，风机出力效果良好。保证末端送风量足够。但现阶段，由于室内多处于装修状态，空调风系统仍未处于最佳运行状态，例如滤网维护不及时、风道阻力偏大等原因，导致空调箱风机偏离最佳工作点。对于这些问题，在末端装修完成、正式投入使用后，需要调适团队复测，进一步提升风机运行性能。

平安金融中心办公区采用全空气变风量系统，全楼有接近10000台VAV Box。以15层的97台VAV Box为例，对各个VAV Box反馈的室内温度进行统计，结果如图7-47所示。

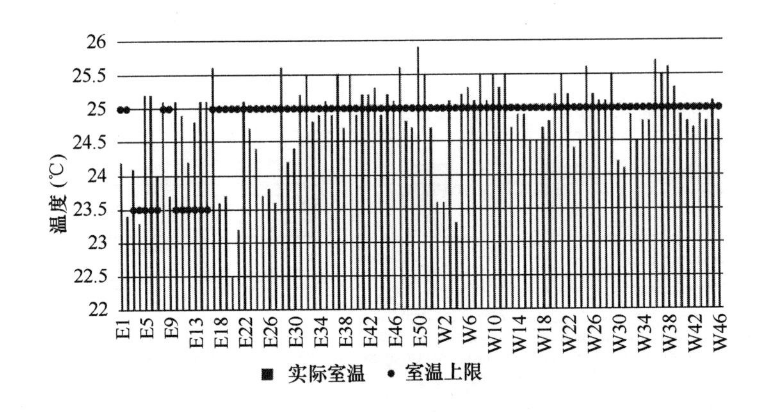

图7-47　15层末端环境温度

图7-47中灰色柱表示传感器采集的室内温度，圈点表示室温设定值。可以看到，15层所有末端基本上都处于热舒适区域，实际温度与设定值相差0.5K以上的点占总体的36%，实际温度与设定值相差1.0K以上的点占总体的20%，较少存在过热、过冷的情况。

（3）冷水机组运行效率达到技术要求

对双工况冷机蓄冰工况的实测情况如图7-48所示。可以看到，除了3号冷机以外，其他4台双工况冷机蓄冰性能均高于额定值，整体性能良好。现场分析发现，导致3号双工况冷机蓄冰工况运行性能偏低的主要原因是制冷剂充注量不足，经厂家充注制冷剂后复测得到，3号双工况冷机蓄冰工况运行性能达到4.21，高出额定值。

对于基载冷机，图7-49显示了4台基载冷机实际运行的瞬时能效水平。可以

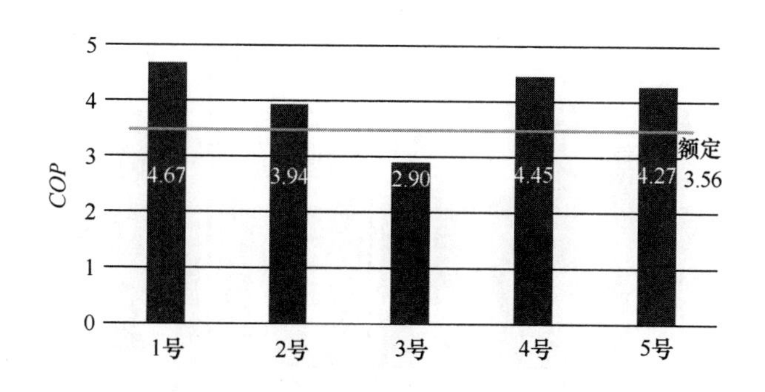

图 7-48 双工况冷机蓄冰工况实测 *COP*

看到，4 台基载冷机整体运行性能均较为良好，除了 1 号低压冷机实测 *COP* 略低于额定值以外，其他 3 台均超过了额定值。

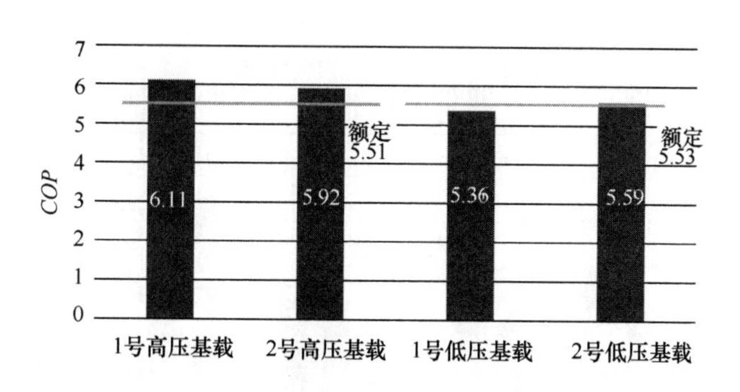

图 7-49 基载冷机实际运行能效

（4）水泵种类繁多，运行工况各异，需进一步调适

对于冷站的各个水泵实际运行性能，实测结果如图 7-50 和图 7-51 所示，图中，实色柱表示实测的水泵运行效率，其上的虚线部分表示实际值低于额定值的差值。通过对比分析可以得到，水泵额定效率均可达到 70%以上，部分甚至达到 85%，说明水泵本身性能较为良好。而通过实测发现，基载冷机冷水泵和双工况蓄冰工况的乙二醇泵以及冷却泵均运行良好，实际运行效率都在 70%以上，水泵整体运行良好，但是还存在部分二级泵运行效率仍然有待提升。

由于现阶段末端处于半施工调适、半运行的状态，实际供冷需求未达到设计值，末端可能存在水阀未完全开启的情况。同时还有一定数量末端空调箱未开启，导致水系统实际阻力系数远大于额定值，管道阻力偏大，这样在一定程度上会导致水泵实际运行状态点偏离高效区，降低运行效率。因此调适顾问建议业主在建筑物

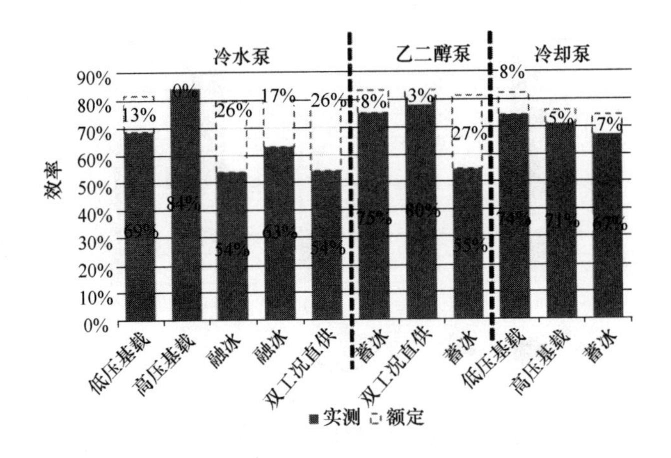

图 7-50 冷站一级水泵实际运行效率

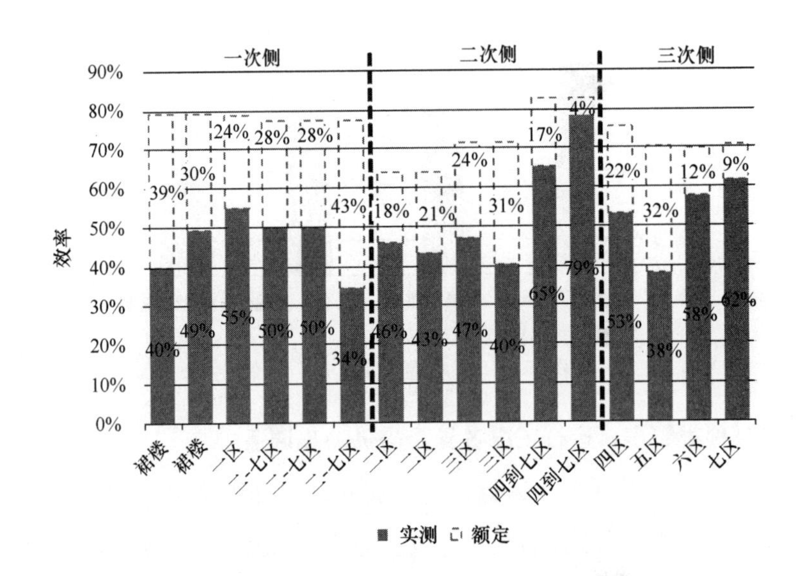

图 7-51 冷站二级泵实际运行效率

全部投入使用后，对系统阻力以及水泵运行性能进行详细复测，届时应对水系统存在的问题进行深入分析和系统调适，保证水系统高效稳定运行。

(5) 蓄冷系统运行效益较高，供冷电耗成本低于 0.2 元/kWh 冷

为了更客观地评价平安金融中心空调系统的经济效益，将平安金融中心空调系统冷站运行费用与其他蓄冷项目进行对比，如图 7-52 所示（板换二次侧和三次侧水泵电耗未计入）。

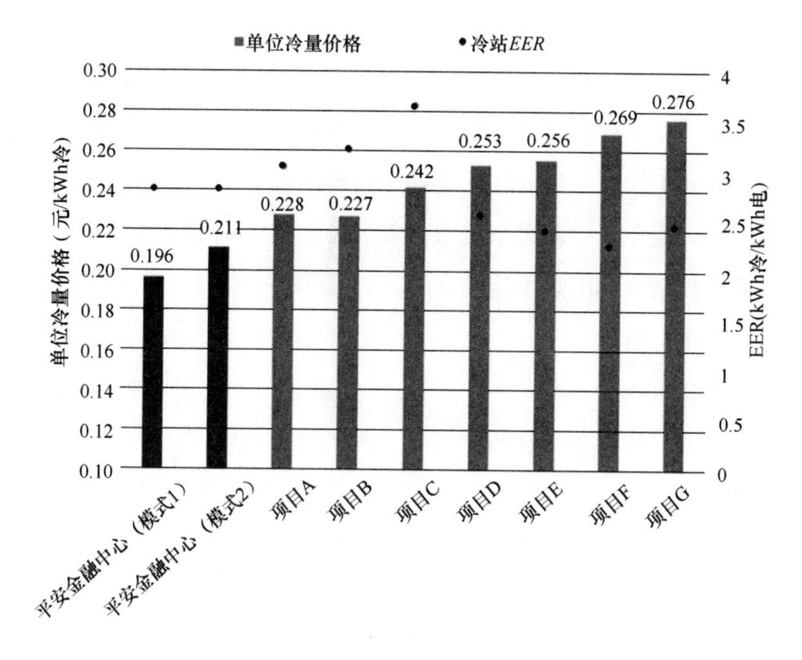

图 7-52 蓄冷系统单位冷量价格横向对比

图 7-52 中灰色柱表示单位冷量价格，圆点表示系统能效。平安金融中心模式 1 指白天在高峰电价时融冰，即“非等量融冰”，或“边际效益最大融冰”，模式 2 指白天均匀融冰，可以看到。模式 1、模式 2 下典型日冷站能效基本相同，但单位冷量价格有所区别，分别为 0.196 元/kWh 冷和 0.211 元/kWhc，与其他项目相比，费用较低。但冷站整体能效处于一个中等水平，仍然存在一定的提升空间，通过后期精益求精的调适工作，提升系统性能，还能将经济成本进一步降低。

7.4.4 小结与未来工作重点

（1）小结

在平安金融中心超过 30 个月的空调系统施工验收调适及系统运行调适工作中，贯穿节能全过程管理的理念，时刻以目标为导向，指导调适工作的开展。现场调适工作不仅形成了一系列的技术报告，对现场发现的影响调适运行的关键技术问题进行总结并提出工作建议，并通过定期举行调适会议，总结、协调并推进各项整改措施落地落实；而且通过业主单位、施工单位、物业部门的紧密配合，在一边施工收尾、一边投入使用的情况下，从项目投入运行之初就保证空调末端效果良好，空调系统效率正常，蓄冷系统经济效益较高，整体表现在超高层建筑中属于优秀水平。通过这样的全过程管理，特别是在施工、验收调适和系统初期运行阶段深入细致的工作，基本杜绝了在工程中普遍存在的一些问题：避免了冷机能效偏低的问题，避免了水泵偏离高效工作区导致的输配能耗偏高的问题，避免了水力失调导致的末端局部过热的问题，避免了空调风系统阻力偏大导致的空调箱出风量不足的问题，避免了变风量系统控制失调冷热不均的问题等，在第一个供冷季空调系统初步实现系统自动控制、稳定运行。

（2）未来工作重点

然而，这一项目明显还存在需要进一步深入开展系统调适的方面，如关键设备（冷水机组、水泵、冷却塔、空调箱）性能如何在全年各种工况下进一步提升；冰蓄冷系统蓄冰、融冰策略如何进一步优化，以降低制冷成本；多次板换水系统如何避免大流量、小温差运行，降低水泵电耗；末端变风量VAV系统控制逻辑优化与降低风机电耗等，仍需精益求精、进一步提升空调系统运行能效。

由于平安金融中心目前处于半施工半运行状态，租区未全部出租，且能耗分项计量系统从2017年7月才开始稳定运行。因此根据该项目2017年7～12月实际用能情况以及租区实际出租情况对该项目全部投入使用后全年用能情况进行估算，预计平安金融中心全部投入使用后，全年总电耗将近7500万kWh，单位面积电耗接近200kWh/m^2。其中空调系统全年电耗将超过3000万kWh，是其所有用能系统中能耗最高、占比最大的环节。因此，在节能运行方面仍有很长的路要走。

第8章　公共建筑最佳实践案例

8.1　寒冷地区超低能耗公共建筑最佳实践案例：中国建筑科学研究院近零能耗示范楼

中国建筑科学研究院近零能耗示范楼（以下简称“建研院示范楼”）位于北京市朝阳区北三环东路30号，地上4层，建筑面积4025m^2，该示范楼于2014年7月11日投入使用，主要用于中国建筑科学研究院建筑环境与节能研究院办公和会议，其外观如图8-1所示。

图8-1　建研院示范楼

建研院示范楼的能源系统由基本制冷及供热系统和科研展示系统组成。夏季制冷和冬季供暖采取太阳能空调和地源热泵系统联合运行的形式。屋面布置了144组真空玻璃管中温集热器，结合两组可实现自动追日的高温槽式集热器，共同提供项目所需要的热源。示范楼设置一台制冷量为35kW的单效吸收式机组，一台制冷量为50kW的低温冷水地源热泵机组用于处理新风负荷，以及一台制冷量为100kW的高温冷水地源热泵机组为辐射末端提供所需冷热水。项目分别设置了蓄冷、蓄热水箱，可以有效降低由于太阳能不稳定带来的不利影响，并在夜间利用谷段电价蓄冷后昼间直接供冷。

除了水冷多联空调及直流无刷风机盘管等空调末端之外，建研院示范楼在二层和三层分别采用顶棚辐射和地板辐射空调末端。全楼每层设置热回收新风机组，新风经处理后送入室内，提供室内潜热负荷和部分显热负荷。室内辐射末端处理主要显热负荷。采用不同品位的冷水承担除湿和显热负荷，尽量提高夏季空调系统能效。

建研院示范楼暖通空调系统示意图和末端设计示意图分别如图8-2和图8-3所示。

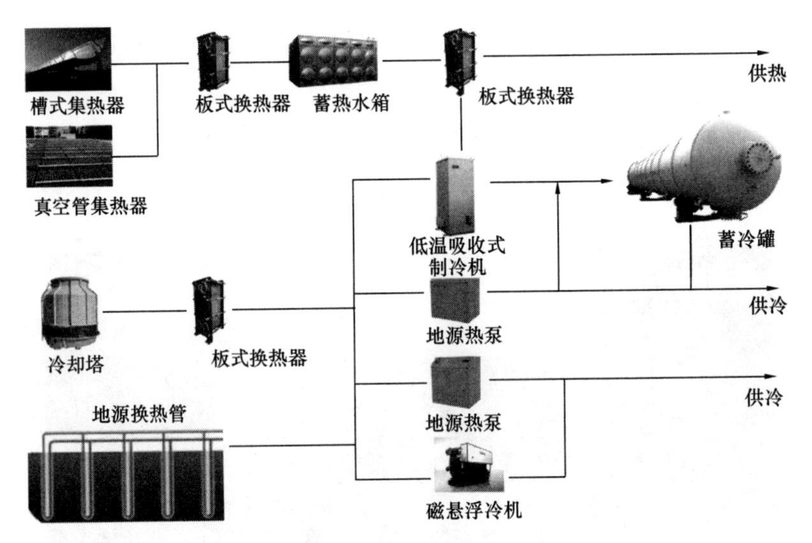

图8-2　建研院示范楼暖通空调系统图

8.1.1　建研院示范楼能耗现状

（1）建筑耗电量

建研院示范楼仅从外部输入电能，用于暖通空调、照明、插座、电梯、气象站、数据发布屏和能源管理平台服务器等。项目用电量数据来自示范楼能耗监测平台。通过平台数据与上游电表数据的交互核对，数据可靠性得到验证。以下分析以2015年全年电耗数据作为分析对象。

2015年总耗电量为137494kWh，折合单位建筑面积电耗34.2kWh/(m^2·a)。

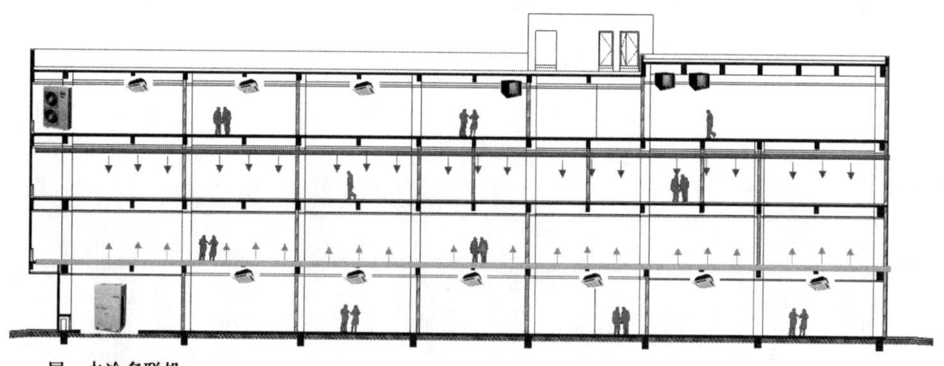

图 8-3 建研院示范楼暖通空调末端设计

其全年单位建筑面积能耗指标拆分情况如图 8-4 所示。其中暖通空调系统占比 45.2%，全年总耗电量为 62146.4kWh，单位面积指标为 15.4kWh/(m^2 · a)；照明系统占比 17.9%，全年总耗电量为 24652.7kWh，单位面积指标为 6.1kWh/(m^2 · a)；插座系统占比 31.3%，全年总耗电量为 42977.2kWh，单位面积指标为 10.7kWh/(m^2 · a)；动力用电系统和特殊用电系统分别占比 1.2%和 4.4%，全年总耗电量分别为 1662.2kWh 和 6055.6kWh，单位面积指标分别为 0.4kWh/(m^2 · a) 和 1.5kWh/(m^2 · a)。

图 8-5 展示了 2014～2016 年逐月耗电量分项数据，可以看到，空调系统集中

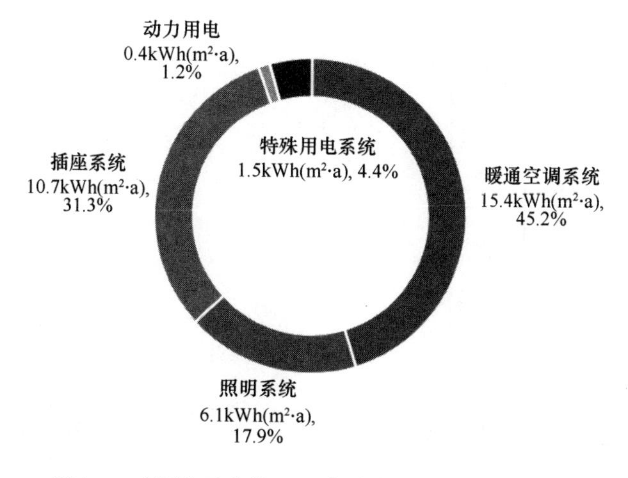

图 8-4 建研院示范楼 2015 年全年电耗分项数据统计

供冷供暖运行时间为夏季5月至9月以及冬季11月至次年3月。其余时间暖通空调系统电耗主要用于新风以及科研实验。

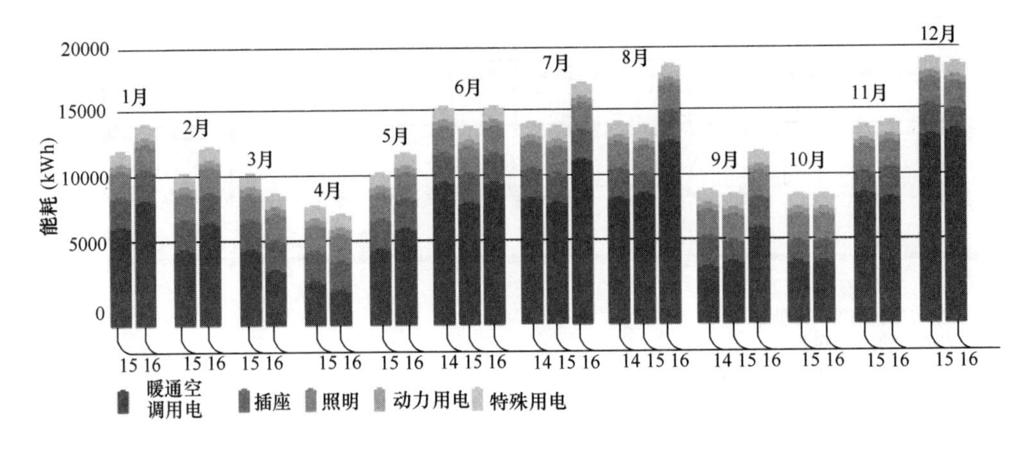

图8-5　建研院示范楼逐月分类分项能耗

（2）空调系统耗电量与供冷量、供热量分析

图8-6为示范楼2015年制冷季向建筑提供的冷量（新风+房间供冷），以及在此期间的冷机设备耗电量和输配系统的耗电量。其中供冷季总供冷量为56200kWh，单位面积供冷量为14.0kWh/(m^2·a)。全年供冷能耗为17188kWh，单位面积供冷能耗为4.3kWh/(m^2·a)，其中热泵机组（地源热泵主机2台+吸收式冷机1台+水环热泵3台+水冷多联机2台）耗电量为11184kWh，输配系统

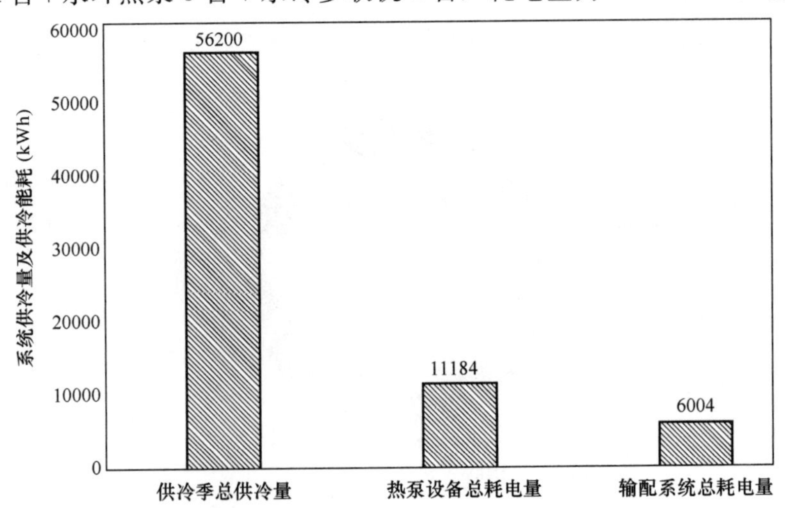

图8-6　建研院示范楼2015年供冷量和耗电量

（冷冻水、冷却水、末端系统循环泵和蓄冷系统循环泵）耗电 6004kWh。

图 8-7 为示范楼 2015 年供暖季（11 月至次年 3 月）向建筑的供暖量（新风＋房间供暖），以及在此期间热泵耗电量和输配系统的耗电量。其中供暖季总供热量为 86833kWh，单位面积供暖量为 21.6kWh/(m^2・a)，折合 0.08GJ/(m^2・a)，远低于《民用建筑能耗标准》GB 51161 中给出的引导值。全年供暖能耗为 25394kWh，单位面积供暖能耗为 6.3kWh/(m^2・a)。其中热泵机组（地源热泵主机 2 台＋水环热泵 3 台＋水冷多联机 2 台＋太阳能直接供暖）耗电量为 18294kWh，输配系统（冷冻水、冷却水、室内末端循环泵、蓄热系统循环泵等）耗电 7100kWh。

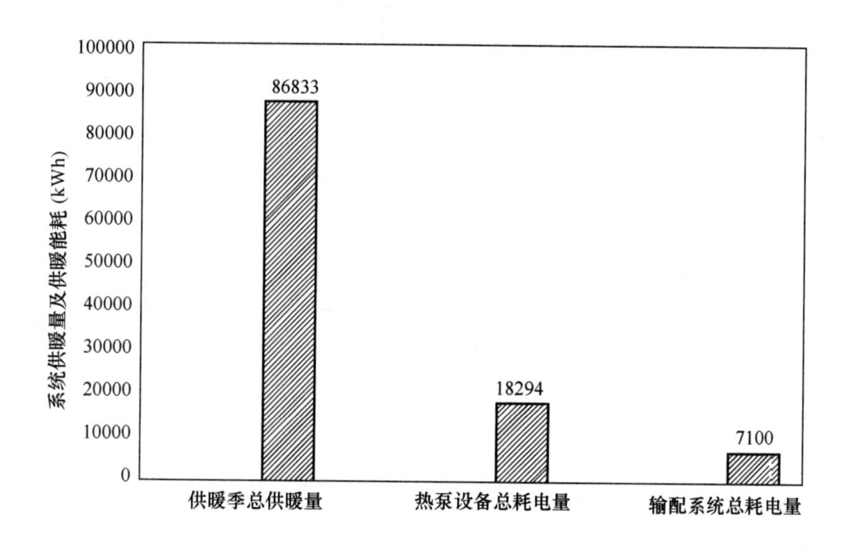

图 8-7　建研院示范楼 2015 年供暖量和耗电量

（3）空调系统运行能效分析

1）地源热泵运行能效分析

空调系统由太阳能空调系统＋地源热泵系统＋水冷多联机系统组成。图 8-8 为地源热泵系统 2014 年和 2015 年的运行分析。其中 2015 年散热量约为 85MWh（包含 9 月中下旬太阳能向地下蓄热，约 10MWh）；2015 年供暖季地源热泵机组通过地埋管从土壤中获取的热量约为 50MWh。

2014 年和 2015 年地源热泵机组夏季供冷 *COP* 分别约为 4.8 和 5.1（块点线）。冬季供热 *COP* 分别约为 4.6 和 4.7。2014 年和 2015 年夏季 *SCOP* 分别为 4.1 和 4.2，冬季 *SCOP* 分别为 3.2 和 3.5。

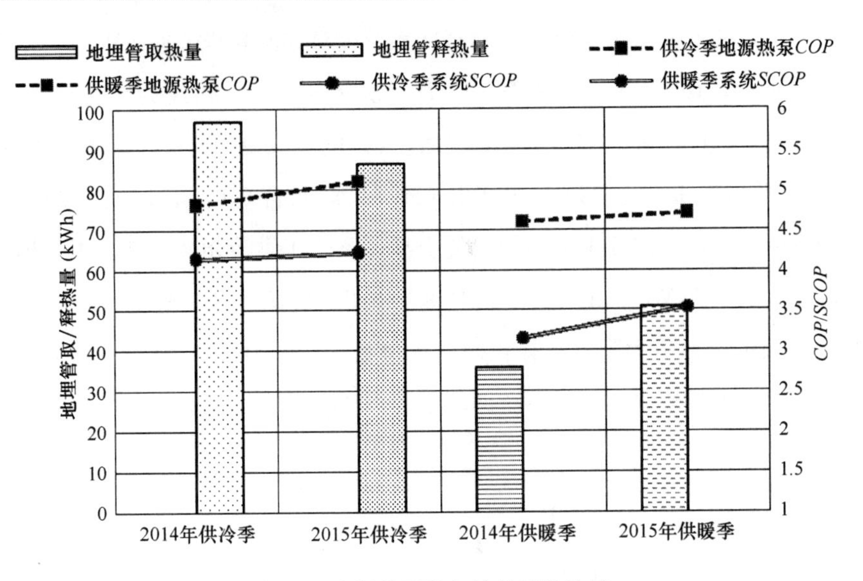

图 8-8 地源热泵设备效率及换热量

2）太阳能供冷供暖

建研院示范楼同时采用太阳能空调系统为建筑供冷供暖，过渡季蓄热。太阳能集热系统包含中高温真空集热系统和高温逐日太阳能集热系统。考虑到建筑立面的美观性，中高温太阳能集热器安装倾角仅为5°，整个太阳能集热系统面积和建筑面积之比约为1∶13。

夏季，太阳能集热器收集的热水驱动低温吸收式冷机为建筑供冷。该设备驱动温度可低至70℃，标准工况下*COP*约为0.8（热水驱动温度80℃时），设计*COP*为0.7。

图8-9为夏季太阳能空调系统运行情况，灰色柱表示2015年6月至8月每月接收到的太阳辐照量，深色和浅色点线分别表示吸收式冷机*COP*和系统*SCOP*。2015年8月太阳辐照约为14.3MJ/(m^2·d)。吸收式冷机6月至8月的*COP*分别约为0.63，0.57和0.76，年平均*COP*约为0.65。系统*SCOP*分别约为0.25，0.21和0.32。

太阳能集热系统冬季集热效率如图8-10所示。逐月太阳能辐照量如图中黑色柱所示，集热系统的年集热效率约为27.5%。中高温太阳能集热器安装倾角低是系统集热效率偏低的主要原因，另外冬季雾霾天气也对系统效率产生影响。

3）可再生能源贡献率

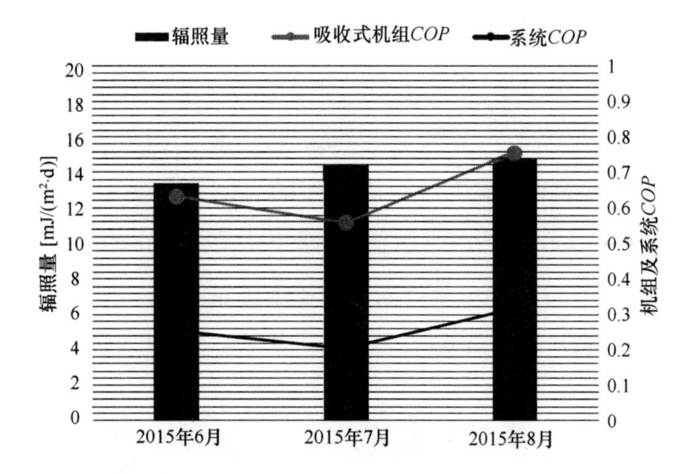

图 8-9 太阳能空调系统夏季运行效果

注：1. 中温真空管型太阳能集热器：采光面积 284m^2；考虑建筑主立面美观，安装倾角 5°。

2. 槽式太阳能集热器：2 组。

3. 集热面积与建筑面积：比例约 1∶13。

4. 低温吸收式冷水机组：驱动温度可低至 70℃，设计 *COP* 为 0.7

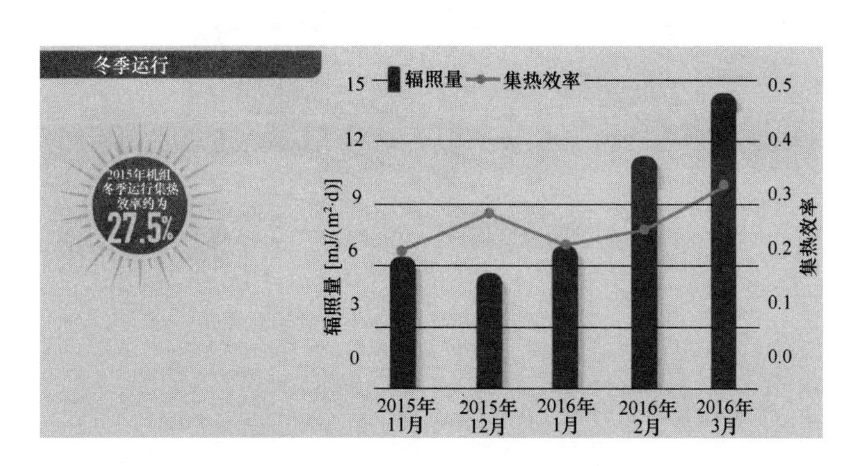

图 8-10 太阳能空调系统冬季运行效果

注：1. 中温真空管型太阳能集热器：采光面积 284m^2；考虑建筑主立面美观，安装倾角 5°。

2. 槽式太阳能集热器：2 组。

3. 集热面积与建筑面积：比例约 1∶13。

4. 低温吸收式冷水机组：驱动温度可低至 70℃，设计 *COP* 为 0.7。

可再生能源利用率以及各系统在冬夏季供冷供暖率如图 8-11 所示。夏季工况下，太阳能空调系统利用太阳能集热器产生的热水驱动吸收式冷机为建筑供冷，2015 年，太阳能空调系统夏季为建筑室内提供的冷量为总供冷量的 19.9 %。地源热泵、水冷多联和水环热泵系统对室内供冷的贡献率分别为 57.8%、17.8%和 4.5%。冬季工况下，太阳能热水或者直接给室内供暖（热水循环），或者辅助地源热泵系统给室内供暖。2015 年冬季，太阳能系统对建筑室内供暖的贡献率为 35%，地源热泵、水冷多联和水环热泵系统的贡献率约为 63%、1.5%和 0.5%。

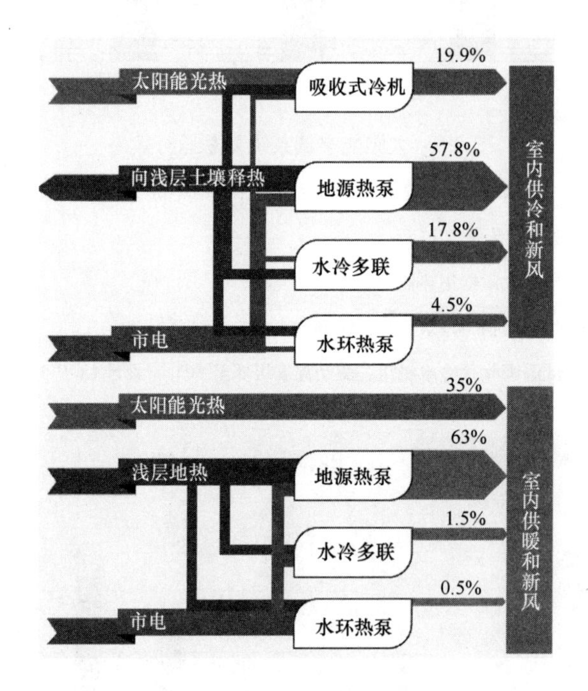

图 8-11 各系统及可再生能源供冷供暖贡献率

8.1.2 节能设计特点分析

（1）被动式建筑设计

建研院示范楼在设计和建造过程中秉承了“被动优先、主动优化、经济实用”的原则，以先进建筑能源技术为主线，以实际数据为评价。重点从建筑设计、围护结构、能源系统、可再生能源利用、高效照明、能源管理与楼宇自控、室内空气品质以及机电系统调试等方面着手，力争打造成为中国建筑节能科技未来发展的标志性项目。并设立了“冬季不使用传统能源供热，夏季供冷能耗降低 50%，照明能耗降低 75%”的超低能耗建筑能耗控制指标。这对建研院示范楼的设计、建造和运营提出了较大的挑战。

建研院示范楼是一个“多位一体”工程，从建设、设计、施工、运行管理到使用单位，建研院的各相关部门都积极参与了建设工作，在方案设计、施工图、施工调试、科研工作和运行管理各阶段发挥主观能动性，履行各自职责，其工程组织分工如图 8-12 所示。

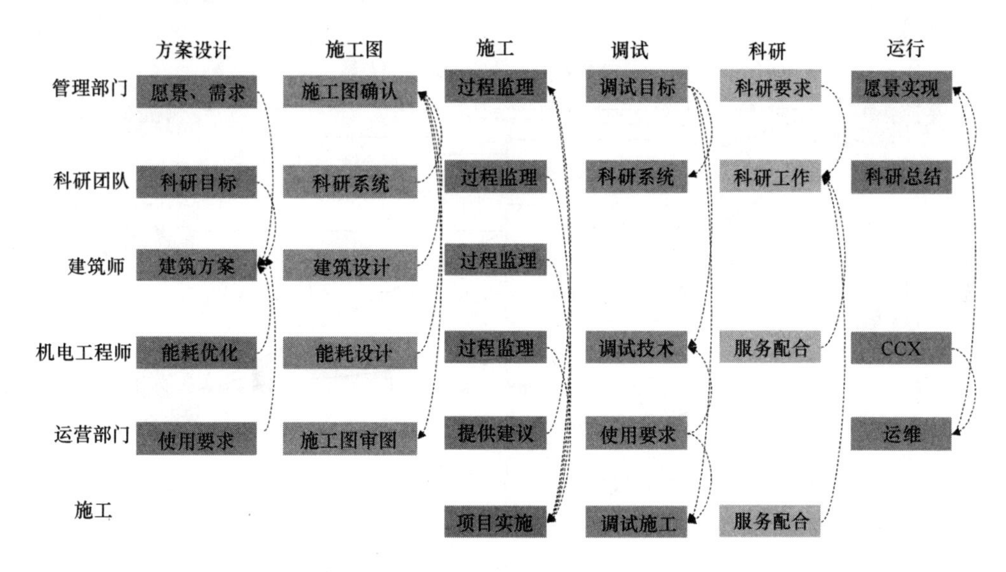

图 8-12 示范楼工程组织分工

该建筑围护结构采用超薄真空绝热板，将无机保温芯材与高阻隔薄膜通过抽真空封装技术复合而成，防火等级达到 A 级，导热系数为 0.004W/(m·K)，外墙综合传热系数不高于 0.20W/(m^2·K)。近零能耗建筑采用三玻铝包木外窗，内设中置电动百叶遮阳系统，传热系数不高于 1.0W/(m^2·K)，遮阳系数不低于 0.2。四密封结构的外窗，在空气阻隔胶带和涂层的综合作用下，大幅提高建筑气密、水密及保温性能。中置遮阳系统可根据室外和室内环境变化，自动升降百叶及调节遮阳角度。

(2) 主动式能源系统

图 8-13 为建研院示范楼夏季主要运行模式。夏季工况下，太阳能空调系统和地源热泵系统相互配合使用。当太阳能空调系统可用时（太阳辐射较好，热水温度高于吸收式冷机启动温度时）太阳能空调系统提供一层和四层的全部新风负荷以及

二层的房间负荷，当热水温度较低，太阳能空调系统无法使用时，一台地源热泵系统替代此系统工作。一层水冷 VRV 系统提供一层办公房间和会议室房间负荷，另一台地源热泵系统为三层提供新风负荷和房间负荷。四层水冷 VRV 系统为四层房间供冷，三台水环热泵分别为大会议室（2 台）和一间典型办公室供冷。

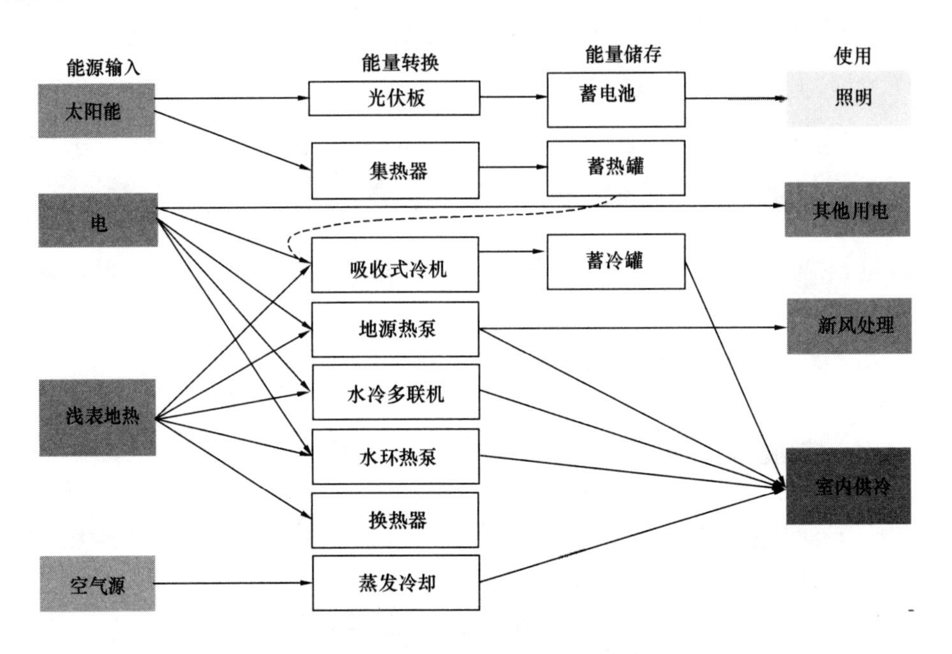

图 8-13　建研院示范楼夏季主要运行模式

建筑南立面太阳能光伏系统优先为建筑一～四层公共区域照明供电，发电不足时，由市电补充。

图 8-14 为建研院示范楼冬季主要运行模式。冬季工况下，当太阳能集热系统提供的热水可直接为建筑供暖时，优先使用此系统为建筑末端设备供暖，或为新风（一层和四层）设备供暖。当太阳能热水无法直接利用时，辅助地源热泵系统为建筑供暖或承担新风负荷。

图 8-15 为建研院示范楼过渡季主要运行模式。过渡季鼓励利用自然通风，主要采用开窗通风和遮阳的方式降温。在冷负荷较小的时候，采用地埋管直接换热供冷和空气蒸发冷却两种方式进行低成本冷却。秋季过渡季，利用太阳能集热系统，通过地埋管，进行土壤蓄热，为冬季地源系统更好地工作创造条件。

（3）照明与智能控制

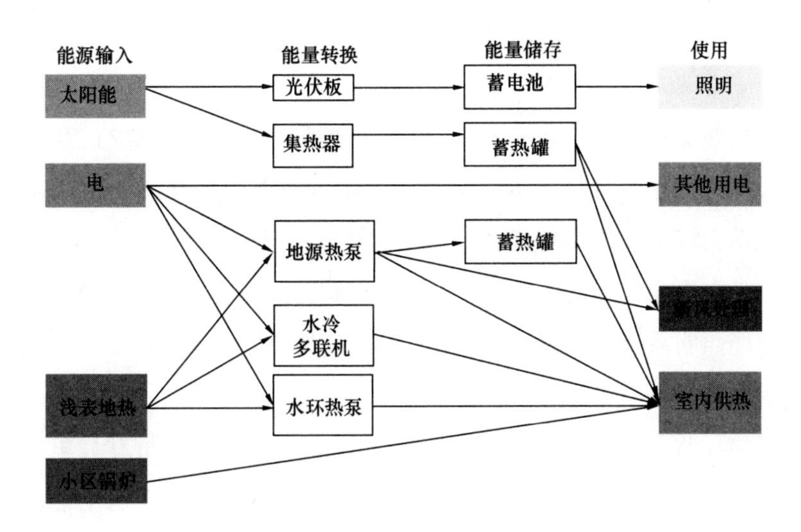

图 8-14　建研院示范楼冬季主要运行模式

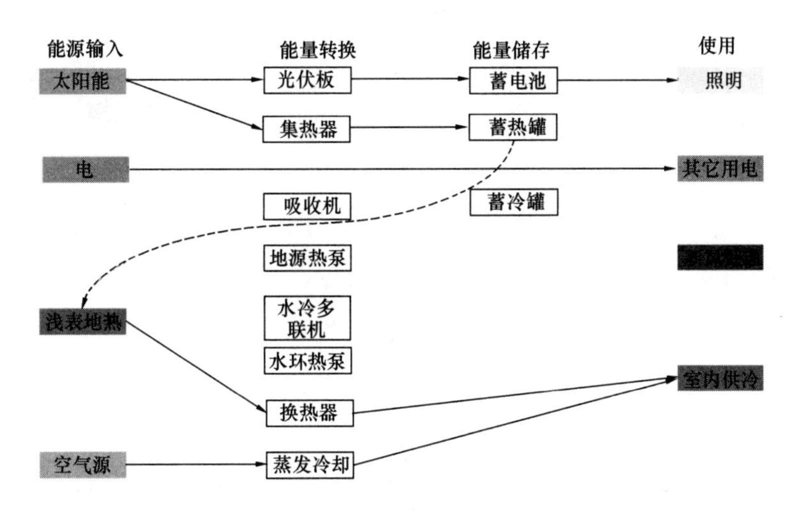

图 8-15　建研院示范楼过渡季主要运行模式

1）低能耗照明系统

屋顶设有光导管，通过采光罩高效采集室外自然光，从黎明到黄昏室内均可保持明亮。照明大量用高效 LED 灯具，光效不低于 100lm/W，并配置高度智能化的控制系统，与占空传感器、照度传感器和电动遮阳百叶联动，可根据室外日照和室内照度的变化，调整室内光源功率，在降低室内空调负荷与利用自然采光之间进行权衡优化。

建研院示范楼还展示了 PoE 互联照明概念，采取 IEEE 802.3AT 协议，利用

CAT5网线同时实现供电与控制两项功能，照明控制软件也同时具备照明能源管理功能。

照明采用两套智能照明系统。分别对一、四层和二、三层进行智能照明控制。二、三层采用自动感应且灯具光线可调节控制，即人来灯开，人走灯灭的感应系统，四层展示会议室采用多种模式切换的自动控制方式，普通办公室采用人员感应，结合室外自然光、人员占空状态进行自动调光的控制策略，部分房间采用分区域控制。智能照明系统通过不同接口方式集成到楼宇控制系统中。

2）能源管理平台

搭建了能耗监测平台，对楼内所有用电设备、用能设备、光伏发电系统、用水进行了分类分项计量与监测。建研院示范楼能源管理平台目前共计对能源站、末端空调系统、照明、插座、电梯和LED显示屏在内的用电设备、支路等共计68路进行了计量，运行后期又增补对10个典型房间的照明用电进行了单独计量和监测；对各台冷机，空调设备等共40路供冷热支路进行了用热计量；对可再生能源地源热泵系统、太阳能系统、光伏发电系统的产能和用能进行了详细计量。

3）BAS系统

建研院示范楼室内设有多种环境控制装置，用户可以根据需求进行调节。通过分布在建筑内的近一千个传感器和分项计量装置，可以实时将运行数据传输至中央控制器，最终汇集到建筑能源管理平台。在这里，通过数据的统计和分析，可以实现对系统故障的迅速反应和准确定位。先进的楼宇控制系统，能够保证建筑能源系统的高效运行，为实现建筑节能保驾护航。

项目运行时面临需要面对有效管理及促进行为节能的调整，如员工需适应辐射空调降温慢和运行稳定的特点。为此管理部门编制了使用手册，强调节能运行和管理，如空调开启时避免开窗，室温设置限制，以及人走灯灭等。

8.1.3　典型功能房间室内环境与热舒适水平分析

（1）夏季典型日室内参数分析

建研院示范楼夏季室内设计温度为26 ℃，图8-16～图8-18分别为典型房间夏季某工作日室内温度、相对湿度和室内CO_2浓度24h变化。从图中可以看到，工作日工作时间段内，房间温度在24～26℃的范围内变化，相对湿度介于50%～60%

之间，CO_2浓度≤1000ppm，多数时间，室内 CO_2浓度≤800ppm。

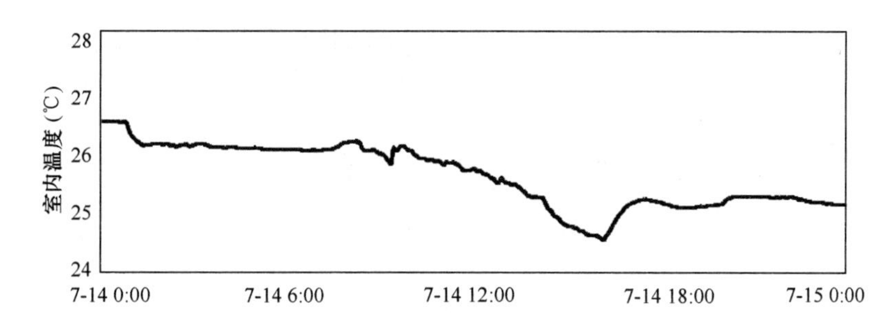

图 8-16　夏季典型日室内温度变化

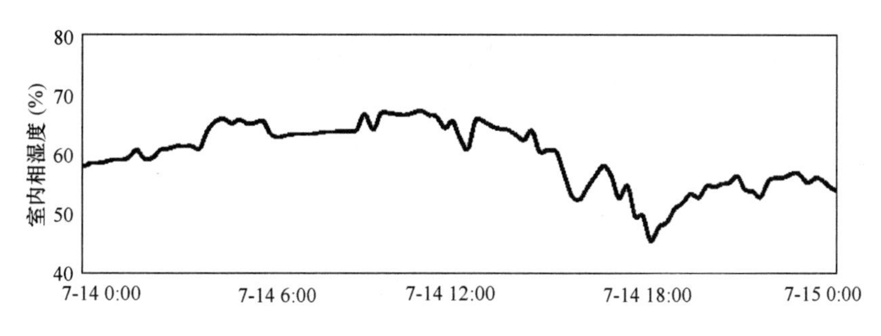

图 8-17　夏季典型日室内相对湿度变化

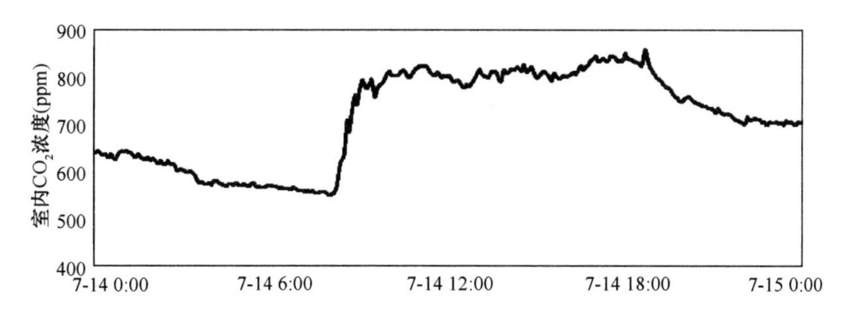

图 8-18　夏季典型日室内 CO_2 浓度变化

(2) 冬季典型日室内参数分析

建研院示范楼冬季室内设计温度为 20 ℃，CO_2浓度≤1000ppm。图 8-19～图 8-21 分别为建筑房间冬季某工作日室内温度、相对湿度和室内 CO_2浓度 24h 变化。从图中可以看到，工作日工作时间段内，房间温度≥20℃，下班时间，房间温度约为 22 ℃。工作时间内，室内相对湿度介于 30％～60％之间，CO_2浓度≤1000ppm。基本实现设计要求。

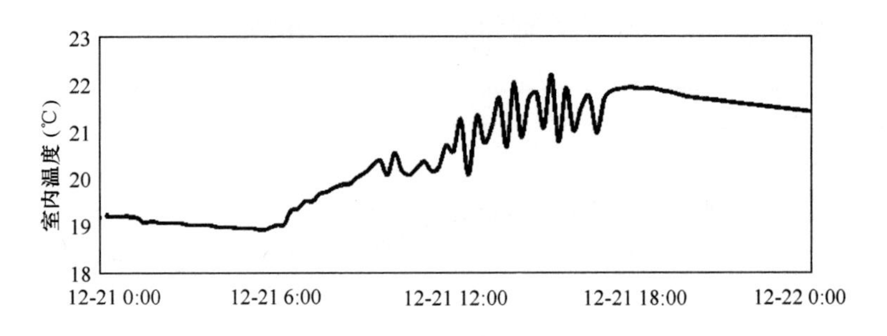

图 8-19 冬季典型日室内温度变化

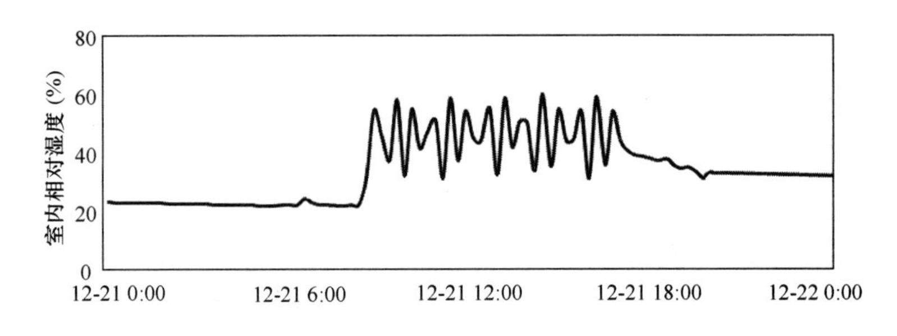

图 8-20 冬季典型日室内相对湿度变化

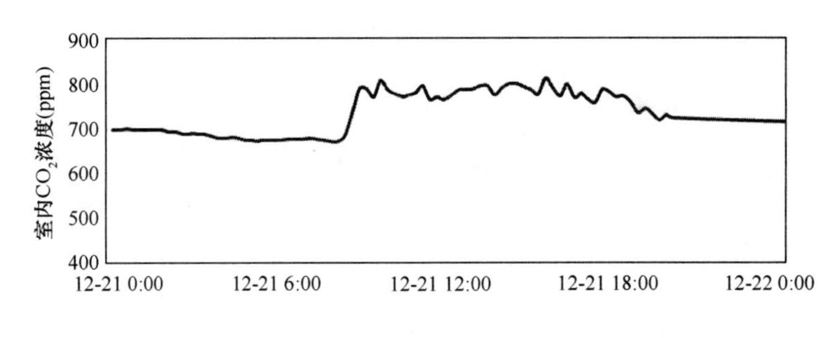

图 8-21 冬季典型日室内 CO_2 变化

8.1.4 总结

通过中国建筑科学研究院近零能耗示范楼案例的详细剖析，可以看到，对于北方地区的公共建筑，为实现超低能耗，可从以下方面入手，关注关键技术环节，强调精细运营管理：

1）采用一体化设计方法，由建筑师和机电工程师及建筑使用者联合组成设计团队，运用性能化设计方法，从建筑方案出发控制建筑负荷；

2）提高建筑外墙保温性能和外窗保温遮阳性能，提高建筑气密性能，减少非受控冷热损失；

3）通过暖通空调系统冷热源与末端的设计优化，提高夏季供冷水温度，降低冬季供热水温度，优化输配系统设计，提高系统综合效率；

4）充分挖掘可再生能源在公共建筑中的利用潜力；

5）制定优化的能源系统运行策略，优先发挥可再生能源的作用，通过运行管理实现最大化节能；

6）结合建筑室内环境需求，采用智能化运行管理系统，实现系统和设备的智能优化运行和精细化控制。

7）强化人员行为对建筑节能的重要影响，制定低能耗建筑人员行为要求规章制度，最大限度减小人员不当行为带来的能源浪费。

8.2 寒冷地区超低能耗公共建筑最佳实践案例：青岛中德生态园被动房技术中心

青岛国际经济合作区（中德生态园）是中德两国政府合作建设的第一个可持续发展生态示范项目，作为山东半岛蓝色经济区“四区三园”之一，是青岛市和青岛西海岸新区重要的功能区。该被动房技术中心项目位于青岛中德生态园内（见图8-22），对于推动建筑能效提升、提高居民生活品质具有一定的现实意义。

图 8-22 中德生态园被动房技术中心

该项目于2015年3月开工建设，2016年8月完工并正式投入使用，占地面积4843m^2，总建筑面积13768.6m^2，其中地上建筑面积8187.15m^2，地下建筑面积5581.45m^2。容积率≤1.7，建筑密度≤35%，绿地率≥30%。地上5层，半地下1层，地下1层，功能主要包括会议（地下一层）、展厅（地下一层、一层、五层）、办公（二～三层），及部分体验式公寓（四层）等。

8.2.1 建筑结构节能设计特点分析

该项目的建筑设计将绿色节能理念贯穿其中。建筑外立面采用外挂阳台错层手法，铝板幕墙则结合自然流水、卵石等曲线形态元素，使立面保持整体流动的自然形态；并用中庭空间贯穿所有楼层，将自然光引入到建筑中。

该建筑的节能特性，在建筑结构设计上，主要体现在以下几个方面：

（1）高性能围护结构

该项目采用了高性能的围护结构，使其充分满足被动式超低能耗建筑的热工性能要求，具体参数与施工情况如表8-1所示。

建筑热物性指标 表8-1

建筑物理性能指标	被动房技术中心设计值	65%公共建筑节能标准	施工情况
屋面保温传热系数 [W/(m^2·K)]	0.12	0.45	430mm厚挤塑聚苯板
外墙传热系数 [W/(m^2·K)]	0.17	0.5	250mm厚岩棉板
底面接触室外空气的架空和外挑楼板传热系数 [W/(m^2·K)]	0.19	0.5	250mm厚岩棉板
非供暖空调房间与供暖空调房间的隔墙或楼板传热系数 [W/(m^2·K)]	0.18	1.5	250mm厚岩棉板
外窗传热系数 [W/(m^2·K)]	0.8	1.9	三玻双LOW-E中空玻璃，铝包木窗框，
外窗太阳得热系数 *SHGC*	0.51	0.7	

（2）防热桥设计

该项目在设计过程中充分考虑了防热桥设计，结合热桥特点，严格遵守了以下原则：避免原则，即尽量不中断保温围护结构；穿透原则，即如果穿透不可避免，则保温层内穿透材料热阻应尽可能高，并进行防热桥的衰减设计；节点原则，即建筑构件连接处的保温层必须无空缺地全面积搭接；几何原则，即边角尽可能设计为钝角。

防热桥设计的具体措施主要体现在以下几个方面：屋顶女儿墙的两侧全部使用保温层包裹，保证了整个保温围护结构的完整性；地下室梁、柱由于需要穿过被动区，全部包裹保温材料，且柱子保温材料向外延伸；所有外挑露台楼板均与主体断开，结构板和悬挑露台之间填充岩棉板。

(3) 气密性构造

被动房技术中心在设计之初就充分考虑了气密性的保障措施。一方面，在房间内侧连续抹灰形成建筑的气密层；另一方面，使用连接构件来保证气密性，考虑到因热胀冷缩引起的错位、裂纹和不可避免的穿透构件，对于所有可能发生气密性破坏的节点使用胶带里外双面密封，且墙体连接节点的抹灰一直延伸到混凝土楼板并上返到墙面。

(4) 建筑外遮阳技术

本项目外遮阳面积约 2000m^2，采用高效遮阳产品（见图 8-23），同时配置了楼宇控制系统，可实现遮阳系统根据阳光照射状态、温度、风力等自然条件自行启闭叶片。在充分利用自然采光的同时，避免炫光，同时将太阳能得热系数从 0.5 降低到 0.1，起到降低夏季太阳辐射得热的作用。

图 8-23 外遮阳设备（室内视角）

8.2.2 机电系统节能设计特点分析

(1) 冷热源设计

该项目采用地埋管地源热泵系统。专业公司进行的岩土热响应测试报告显示，工程所在区域地质以花岗岩为主，埋管区域的综合导热系数为2.97W/(m·K)，岩土体平均初始温度为15.6℃，有利于夏季向地下释放热量和冬季从地下取热。

冷热源采用高能效地埋管地源热泵机组，共2台，机组名义制冷工况和规定条件下的*COP*＞5.0，名义制热工况下的*COP*＞4.0，采用双压缩机，内部设四通阀可实现冬夏切换。两台地源热泵机组均位于地下二层的热泵机房，分别为新风和冷梁系统提供冷热源，通过温湿度独立控制，采用不同水温，最大限度提高机组效率。

其中，1号热泵机组为涡旋式机组，额定制冷量为120kW，可提供空调季7℃/12℃的空调冷水和供暖季45℃/40℃的空调热水，机组采用部分热回收式，可以制备生活热水。1号机组主要用于新风热回收机组和首层地板辐射供暖系统。2号热泵机组为螺杆式机组，额定制冷量为300kW，可提供空调季16℃/19℃的空调冷水和供暖季45℃/40℃的空调热水。2号机组主要用于末端冷梁系统，空调季提供的冷水温度高，机组的能效比高。

该项目空调设备末端为主动式冷梁和部分干式风机盘管。空调季冷梁的供/回水温度为17℃/20℃。为了解决冷水机组出水温度和末端冷梁需求温度不匹配的问题，在机房内设置蓄冷罐，可对供水温度进行调节，满足末端冷梁的温度需求。为达到过渡季节能的目的，在机房内设置免费冷却换热器，过渡季不开主机，直接利用地埋管侧循环水通过板式换热器制备空调冷水，通过新风机组进行免费供冷，冷水的供/回水温度为15℃/18℃。

(2) 空调水系统设计

系统采用二级泵两管制变流量系统。一级泵采用一机对一泵的方式：1号冷水机组对应1台室内侧循环泵；2号机组对应2台室内侧循环泵，一用一备。考虑到一层入口大厅处为高大空间，因此增设地板辐射供暖系统进行辅助供暖。对应于新风热回收机组、一层地板辐射系统和室内冷梁、干式风盘末端分别设2台二级泵，均为一用一备。机房内设蓄冷罐，可以稳定供水温度。在机房冷水供回水总管之间设压差控制的电动旁通调节阀。空调冷水系统全楼竖向不分区，为异程式系统。空调系统原理图如图8-24所示。

为了减少输配系统的输送损失，被动房技术中心空调水管路全程采用焊接，管路比摩阻均小于150 Pa/m；过滤器均选择比接口管径均增大1号的型号；止回阀

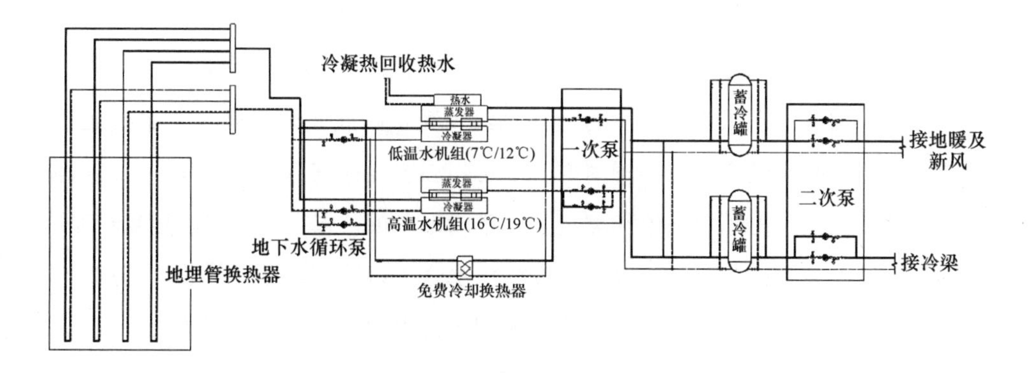

图 8-24 空调系统原理图

采用对夹式止回阀；为减少软连接阻力，水泵出入口均取消软连接，通过半绞支架和管道自身满足水泵振动补偿；所有出入水泵管道均不得采用变径法兰，而采用变径管道平滑顺接（见图 8-25），用户侧水泵扬程选型均低于 20m。

图 8-25 水泵安装完成实景

（3）空调末端设计

空调末端的选取考虑了各房间的功能，具体形式如表 8-2 所示。

房间空调末端形式 **表 8-2**

末端位置	末端形式
入口大厅	干式风机盘管＋喷口送新风
办公室、会议室	主动式冷梁＋一次新风
大报告厅	旋流风口
公寓	主动式冷梁＋一次新风
展厅	干式风机盘管＋百叶风口送新风

其中，主动式冷梁的工作原理为：新风机组集中处理后的一次风经过接管，送

入室内冷梁内，通过喷嘴高速喷出，在喷嘴附近产生负压，诱导吸入室内二次回风；室内二次回风通过冷梁内的水盘管冷却或加热后，与一次风混合，最后由条缝形风口送入室内。一次风承担室内的全部潜热负荷，因此室内冷梁是干工况运行，健康卫生，空气品质较高。冷梁房间内设置房间温湿度控制器和露点开关。房间温湿度控制器可以设定房间温度值和测量实际室内温度值，根据实际温差信号控制冷梁水阀的通断，以此调节房间的温度。冷梁供水管入口段装设露点开关，露点开关可以设定相对湿度控制值。当露点开关探测到水管表面的相对湿度到达预设的控制值时，输出信号至房间温湿度控制器，房间温湿度控制器输出信号关闭水阀切断供水，防止水管结露。

主动式冷梁工作原理如图8-26所示。

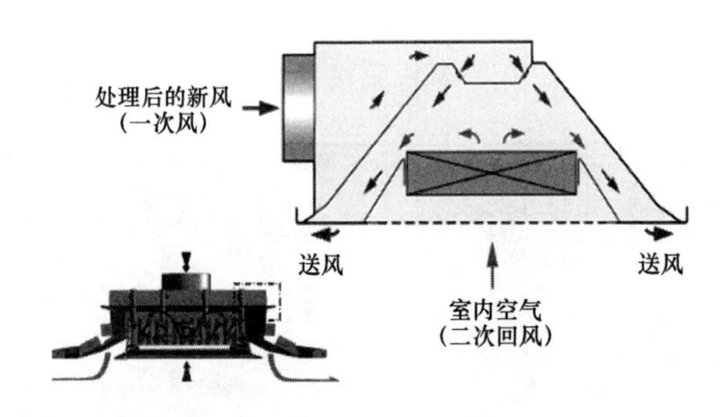

图8-26 主动式冷梁工作原理图

(4) 新风系统设计

该项目共设3台新风热回收机组，包括主楼和报告厅新风系统的两台全热回收机组，及卫生间排风单独设置的显热回收机组。

根据人员新风量需求，主楼新风机组设计风量为20000m³/h，报告厅新风机组新风量为10000m³/h，两台机组均进行全热回收设计。全热回收机组采用转轮和板式两级热回收换热器，设计热回收效率可达85%，且板式换热器可实现新风除湿后的再生功能，减少了常规除湿后采用电加热或盘管加热等方式的再生能耗，可实现各季节不同工况切换，包括夏季除湿、冬季制热及过渡季节全新风工况。

为了充分达到回收室内的热量，卫生间排风单独设置了热回收机组，考虑到转轮全热回收会违反卫生防疫要求，选择了送排风不直接接触的显热交换器，考虑到冬夏季室内外温差，冬季温差为27.2℃，夏季为3.4℃，新风经过风机会有1℃的温升，因此在实际运行过程中，仅在冬季采用显热回收，夏季卫生间排风直接排到室外。

该项目合理地进行气流组织设计（见图 8-27），新风直接送入各房间内，排风不直接经管道排出室外，而是先由房间排到中庭，再由中庭或公共空间集中收集后经新风热回收机组热回收后排出室外。该种方式使排风充分流经公共区域，有效地改善了公共区的冷热环境品质。

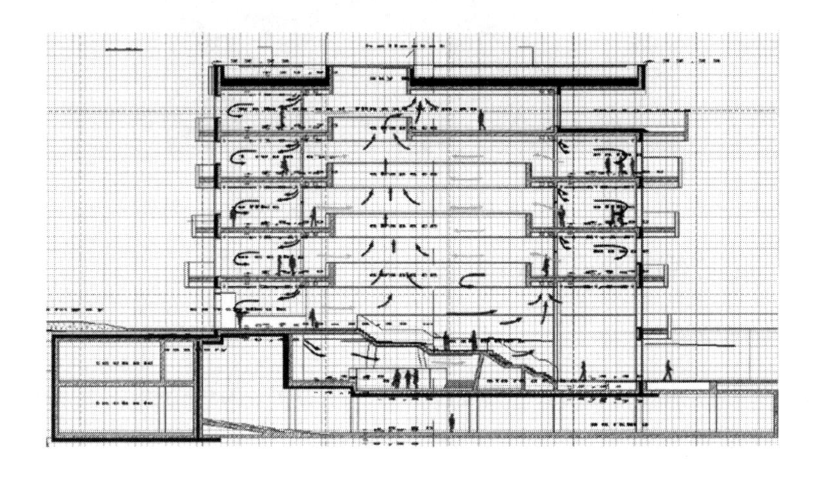

图 8-27 气流组织示意图

（5）电气节能设计

该项目采用高效照明和节能设计。各主要功能房间的功率密度分别为：办公室 $6W/m^2$，会议室 $7W/m^2$，车库 $1W/m^2$。照明控制方式为：办公室、会议室、储藏室、各机房等房间采用现场开关控制，而车库、楼梯间及公共区间采用声、光、时序控制等方式，编制控制时间表，按照时间表进行操作以达到节能和安全的目的。

（6）可再生能源利用

被动房技术中心采用了地热及太阳能等可再生能源，地热解决供暖及制冷的冷热源，太阳能提供发电及生活热水，光伏发电自发自用，多余电量并入市政电网。

该项目屋面共布置 200 块多晶硅电池组件（见图 8-28），光伏总装机容量约为 52kWp，年均发电量为 48623kWh，占被动房过去一年总用电量的 10%～15%。热水系统采用太阳能集热器＋地源热泵冷凝余热回收＋电辅热互补性系统，提供四层公寓每天最大需求 2.3t 的生活热水。

图 8-28 屋面光伏及太阳能热水布置图

8.2.3 被动方技术中心实际运行性能分析

（1）供冷供热量

建筑的能耗碳排放相关设计指标如表 8-3，其中可再生能源生产量指楼宇配备的太阳能电池板发电量。

能耗碳排放设计指标 **表 8-3**

指 标	被动房技术中心	65%公共建筑节能标准
年供热量［kWh/(m^2·a)］	12	28
尖峰热负荷（W/m^2）	10	43
年供冷量［kWh/(m^2·a)］	22	71
尖峰冷负荷（W/m^2）	9	81
一次能源消耗［kWh/(m^2·a)］	90	216
可再生一次能源消耗［kWh/(m^2·a)］	60	144
可再生能源产量［kWh/(m^2·a)］	15	—

本建筑的供冷季为 7～9 月，供暖季为 11 月～次年 2 月，逐月供冷/供热量如图 8-29 所示。

该建筑年供冷量为 19.8 万 kWh，折合单位面积年供冷量为 14.38kWh/(m^2·a)；年供热量为 24.7 万 kWh，折合单位面积年供热量为 17.96kWh/(m^2·a)，均显著低于 65%公共建筑节能标准，充分体现了被动式节能设计的优越性。

（2）运行能耗

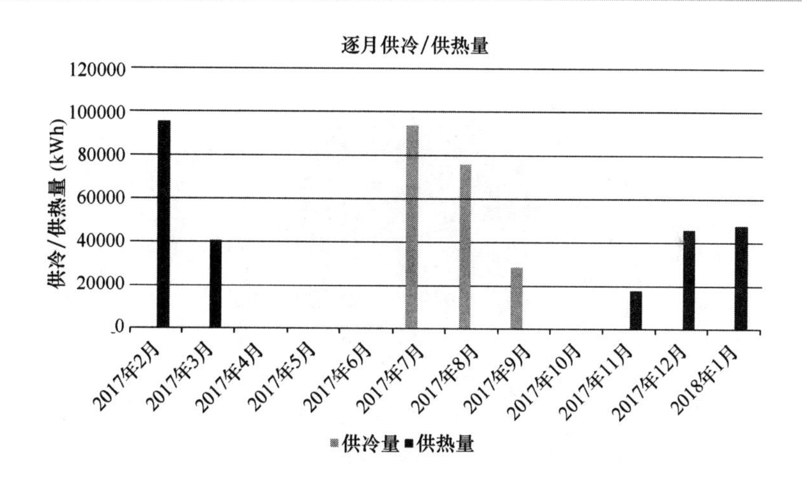

图 8-29 2017 年 2 月 1 日～2018 年 1 月 25 日逐月供冷/供热量

该项目的实际全年日电耗如图 8-30 所示。

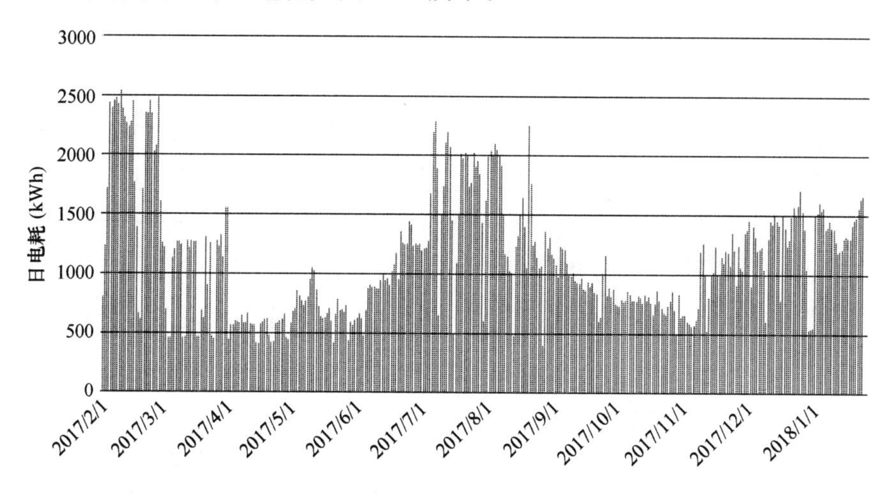

图 8-30 全年日能耗柱状图（2017 年 2 月 1 日～2018 年 1 月 25 日）

2017 年 2 月 1 日～2018 年 1 月 25 日期间，建筑能耗高峰值出现在 2017 年 2 月 19 日，耗能 2541.1kWh；低谷值出现在 2016 年 8 月 27 日，耗能 400.47kWh。建筑全年总耗电为 40.6 万 kWh，折合单位建筑面积耗电 29.49kWh/(m^2 · a)。年能耗中各部分电耗占比如图 8-31 所示。

分析全楼能耗中各部分比例，地源热泵系统（含地源热泵机组及水泵）能耗所占比例最大，为 11.13kWh/(m^2 · a)，占全年总能耗的 38%；其次为新风系统能耗，为 4.53kWh/(m^2 · a)，占全年总能耗的 15%。整个空调系统的能耗为

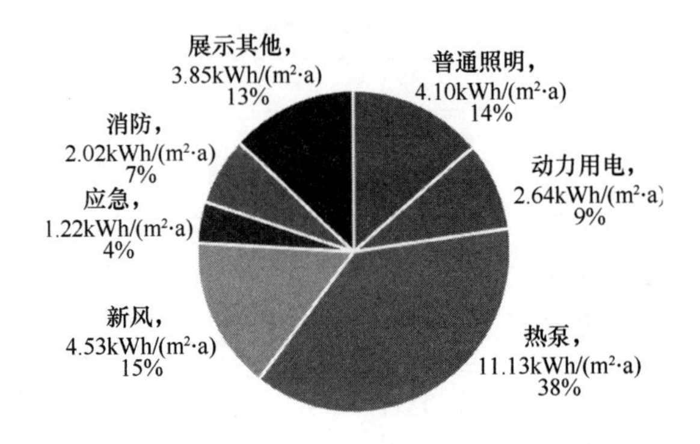

图 8-31　项目能耗拆分

注：应急照明用电主要为楼梯间照明用电及 24h 常开指示灯用电，消防用电主要为车库、卫生间排风用电及配电室用电。

15.67kWh/(m^2 · a)，占建筑全年总能耗的 53.1%，空调系统 *COP* 如表 8-4 所示：

空调系统 *COP*　　**表 8-4**

	供冷季平均	供暖季平均
冷热站 *COP*	3.5	3.0
风系统输配系数	11.8	10.2
空调系统总 *COP*	2.7	2.3

从《青岛市国家机关办公建筑和大型公共建筑能耗公示》中选取出与该建筑功能相近且同样以电力为唯一外来能源的公共建筑共 108 座，通过每座建筑的单位面积年能耗（如图 8-32 所示）计算其平均单位面积年电耗为 53.83kWh/(m^2 · a)，

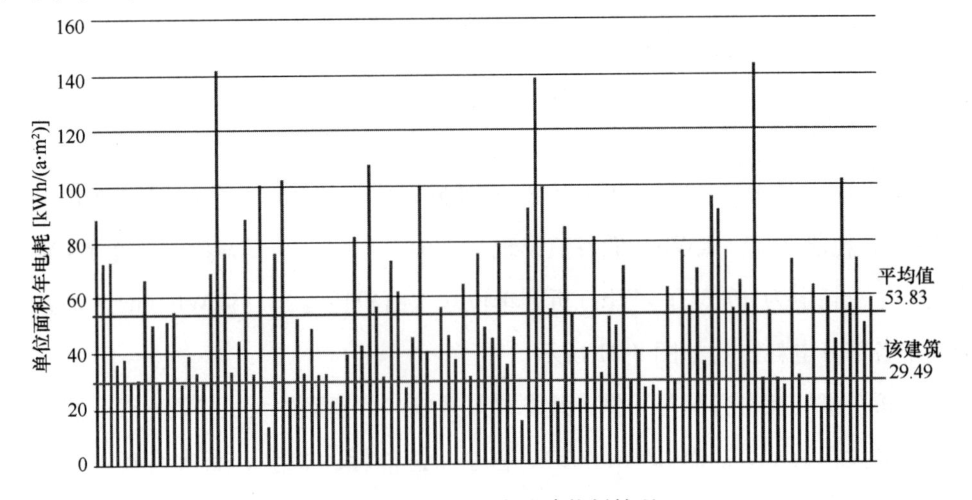

图 8-32　青岛市同类公建能耗情况

并与该建筑能耗进行比较，可得该建筑单位面积年电耗仅为同地区同类型建筑平均单位面积年电耗的 55%，充分体现了该建筑的低能耗特性。

8.2.4 室内环境

（1）室内外温度监测数据

由图 8-33 可知，2017 年 2 月 1 日～2018 年 1 月 25 日期间，室内温度最高值为 26.69℃，最低值为 19.07℃，均值为 22.95℃。

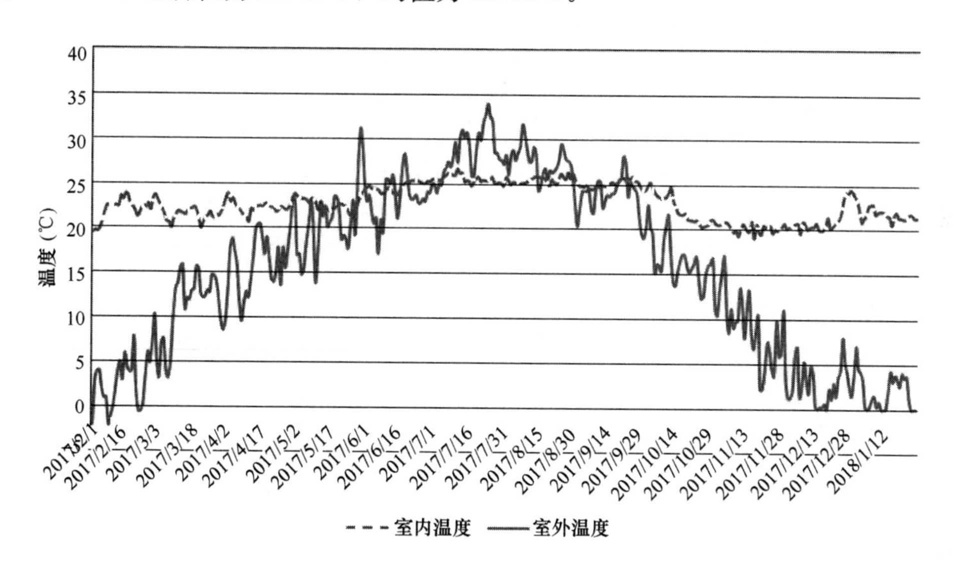

图 8-33　2017 年 2 月 1 日～2018 年 1 月 25 日室内外温度监测数据

（2）室内外湿度监测数据

由图 8-34 可知，2017 年 2 月 1 日～2018 年 1 月 25 日期间，室内相对湿度室最高值为 67.7%，最低值为 20.1%，均值为 49.0%。

（3）室内外 PM2.5 监测数据

由图 8-35 可知，2017 年 2 月 1 日～2018 年 1 月 25 日期间，室内 PM2.5 浓度最高值为 22.32μg/m³，最低值为 2.01μg/m³，均值为 5.37μg/m³。

（4）室内 CO_2 监测数据

由图 8-36 可知，2017 年 2 月 1 日～2018 年 1 月 25 日期间，室内 CO_2 浓度最高值为 568.9ppm，最低值为 366.3ppm，均值为 474.8ppm。

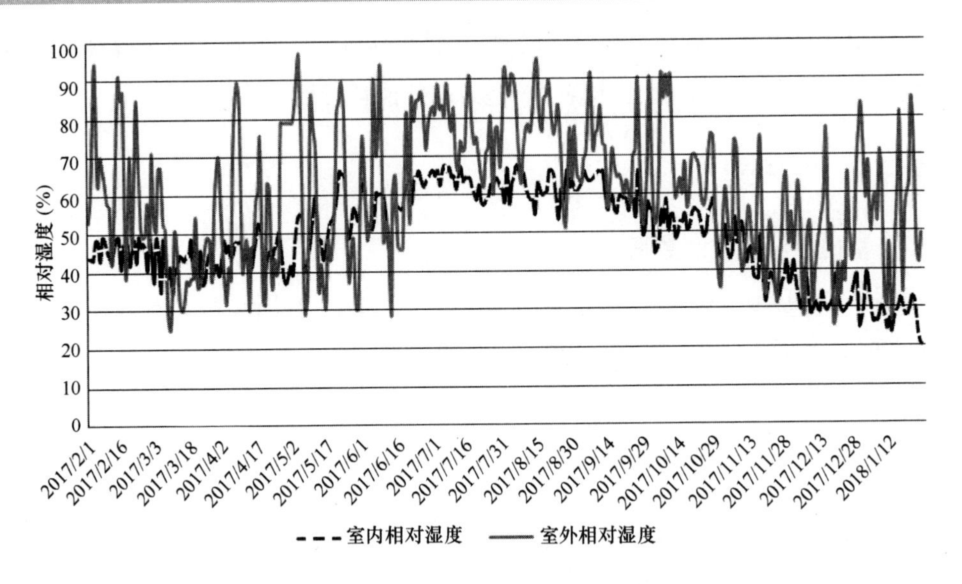

图 8-34 2017 年 2 月 1 日～2018 年 1 月 25 日室内外湿度监测数据

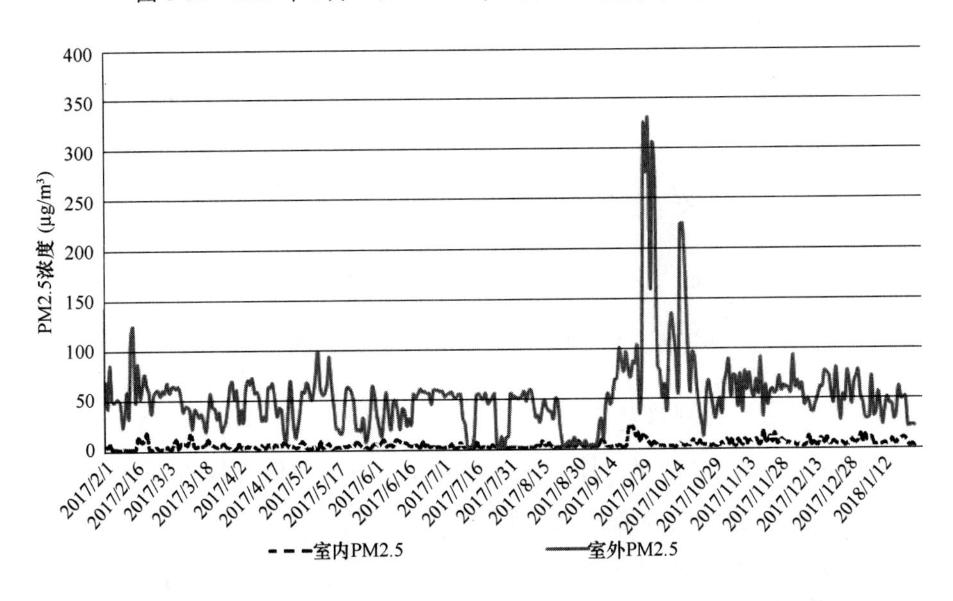

图 8-35 2017 年 2 月 1 日～2018 年 1 月 25 日室内外 PM2.5 监测数据

8.2.5 分析与总结

综上所述，中德被动房技术中心单位面积建筑能耗仅为青岛市同类公建平均值的 55%，并在低能耗的同时保证了室内环境的舒适性，是一座具有示范意义的低能耗公共建筑。该案例为北方公共建筑实现超低能耗提供了以下几点启示：

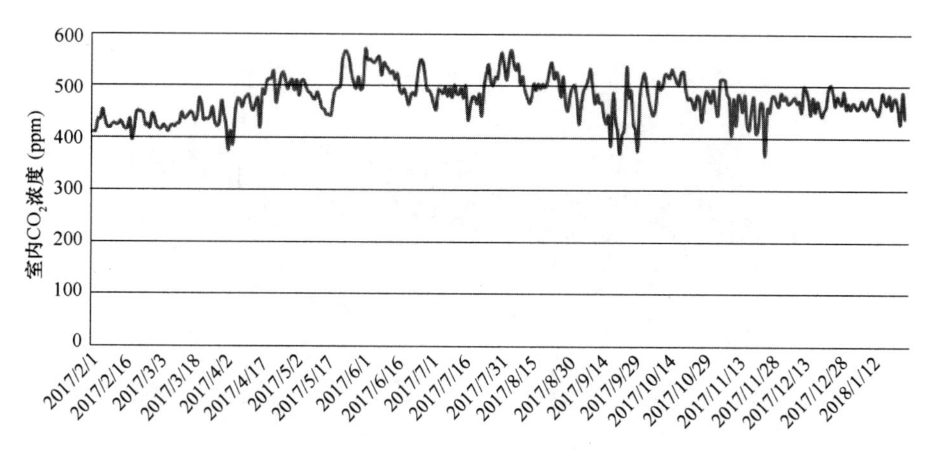

图 8-36　2017 年 2 月 1 日～2018 年 1 月 25 日室内 CO_2 监测数据

（1）将绿色节能理念贯穿于建筑形式设计，并选用高性能的围护结构材料；

（2）采用高能效的冷热源机组和空调机组；利用空调机组热回收提升节能效果；合理选择空调末端并进行科学的控制管理；优化输配系统，减少系统阻力，减少风机水泵的耗能；

（3）对灯具及其他设备进行智能管理，实现高效照明，避免用电浪费；

（4）因地制宜，充分利用可再生能源。

8.3　夏热冬暖地区超低能耗公共建筑最佳实践案例：珠海兴业新能源产业园研发楼

珠海兴业新能源产业园研发楼（简称研发楼）项目地处广东省珠海市，属于夏热冬暖气候区域。项目总建筑面积 23546m²，建筑层数为 17 层，建筑高度 70.35m，空调面积约为 16800m²，造型像自然中生机盎然的两片新叶，是一座具有办公、会议、展示等多种功能的综合性办公楼（见图 8-37）。项目从规划设计、建造施工到运营调试，历时 3 年，目前仍处于持续运行调试优化阶段。

研发楼以节地、节水、节能、节材和保护室内环境为核心，着力打造夏热冬暖地区的超低能耗建筑，重点开展基于办公建筑的智能微能网技术、照明节能技术、建筑调适以及建筑混合通风技术的研究开发和示范。项目每年 5 月 1 日至 10 月 15 日为空调季，3～4 月梅雨季节根据气象条件选择性开启新风系统降低室内湿度，

图 8-37 项目航拍图

其他时间段均采用自然通风降温，全年不需要供暖。在兴业太阳能研发团队的不懈努力下，设计能耗为 50kWh/(m^2 · a)，约为广东省办公建筑能耗平均值的 1/3；根据实际运行的调试情况，实际能耗为 39.8kWh/(m^2 · a)，暖通空调及照明能耗约为 13.3kWh/(m^2 · a)。

这座由兴业太阳能倾力打造的超低能耗建筑，希望通过实际数据引领华南地区乃至全世界的绿色建筑潮流，为夏热冬暖地区的绿色建筑超低能耗设计起到示范作用。

8.3.1 节能设计特点分析

(1) 建筑设计概况及采用的关键技术

1) 围护结构

该工程处于夏热冬暖地区，经过计算，非透明幕墙传热系数为 0.44W/(m^2 · K)，非透明幕墙的传热系数等级为 8 级；透明幕墙玻璃采用 3 银 Low-E 玻璃，综合传热系数为 2.362W/(m^2 · K)，遮阳系数 SC=0.35，透明幕墙部分传热系数等级为 5 级，遮阳系数等级为 6 级，具体围护结构性能参数如表 8-5 所示

2) 光伏系统

在项目的屋顶及建筑南面均安装有太阳能光伏组件，光伏系统总装机容量为 228.1kWp，光伏组件安装分布情况如表 8-6 所示。

围护结构性能参数表 表 8-5

围护结构部位			设计值	标准要求值	是否符合标准强制性条文要求
外窗（包括透明幕墙）	窗墙面积比	东向	0.45	≤0.7	符合
		南向	0.45	≤0.7	符合
		西向	0.45	≤0.7	符合
		北向	0.45	≤0.7	符合
	传热系数［W/（m^2·K）］	东向	2.362	≤30	符合
		南向	2.362	≤30	符合
		西向	2.362	≤30	符合
		北向	2.362	≤30	符合
	透阳系数	东向	0.35	≤0.4	符合
		南向	0.35	≤0.4	符合
		西向	0.35	≤0.4	符合
		北向	0.35	≤0.5	符合
屋面非透明部分	传热系数［W/（m^2·K）］		0.4	≤0.9	符合

光伏组件安装情况 表 8-6

安装位置	类型	功率（Wp）	数量（块）	总功率（kWp）
裙楼雨棚	单晶硅	192	91	17.472
南立面	单晶硅	172	739	127.108
屋顶百叶	单晶硅	24	336	8.064
屋顶平面	单晶硅	245	308	75.46

2017 年全年实际发电量为 150311kWh，各组件实际发电量拆分如图 8-38 所示，其中屋面发电量和立面发电量占比较大，分别占光伏总发电量的 51%和 37%，

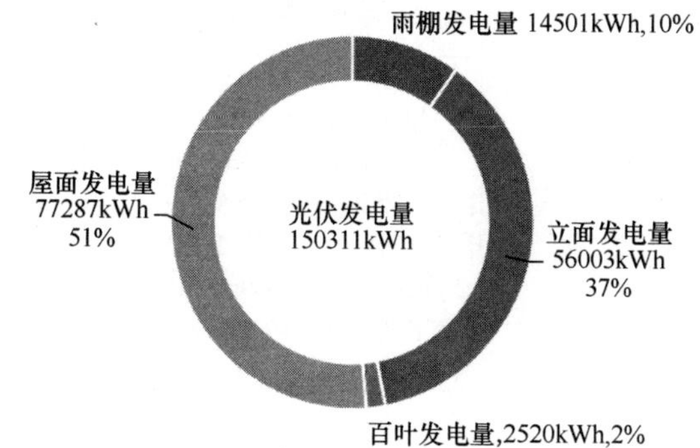

图 8-38 2017 年光伏发电量拆分

为77287kWh和56003kWh。雨棚发电量和百叶发电量分别为14501kWh和2520kWh，占总发电量的10%和2%。

3）自然通风设计

该项目一层为展示展览区域，无人员长期逗留，因此一层不设置空调，为加强自然通风，一层东、南、北面为可开启电动百叶，增强自然通风的同时，营造出室内室外无界的环境。同时，为提高在室外温度超过30℃的气象条件的人员舒适度，在主要展示区域利用7台大直径工业吊扇增强气流速度。

（2）空调系统设计概况及采用的关键技术

考虑到使用规律不同，中央空调分为两部分，冷水机组供一～十二层、十四～十七层，配套1台35000m³/h的新风处理机。十三层采用多联机空调系统并有独立新风。设备额定参数与安装位置如表8-7和表8-8所示。

冷水机组系统参数 **表8-7**

设备	台数	性能参数	区域
螺杆式冷水机组	2	额定制冷量：908kWh 额定用电量：157kWh 额定 *COP*：5.78	一～十二、十四～十七层
冷却水泵	3	额定功率：30kW 变频：是	一～十二、十四～十七层
冷水泵	3	额定功率：22kW 变频：是	一～十二、十四～十七层
冷却塔	2	风扇功率：5.5kW×2 变频：是	一～十二、十四～十七层
全热回收新风机	1	额定功率：67kW 压缩机功率：37kW 送风机功率：15kW（变频） 排风机功率：15kW（变频） 额定送风量：35000m³/h 机外余压：400Pa	十～十二、十四～十七层
风机盘管	512	直流无刷风机盘管	一～十二、十四～十七层

多联机空调系统参数 表 8-8

设备	台数	性能参数	区域
多联机	1	额定制冷量：28kWh 额定用电量：8.68kWh	十三层
多联机	2	额定制冷量：45kWh 额定用电量：13.4kWh	十三层
多联机	1	额定制冷量：50kWh 额定用电量：15.6kWh	十三层

（3）运行管理

1）中央空调系统节能运行模式及特点

本项目的中央空调实现7×24小时无人化管理，系统依据物业管理人员预设定的时间表进行全自动化控制，系统周日至周一早上8：00启动，晚上21：00停止，其中8：30至18：00为正常上班时间段，18：00～21：00为加班时间段，加班时间段系统处于低负荷运行。

① 系统加机策略

如果冷冻供水温度大于设定值1℃（可设定），并且冷机的平均电流百分比大于85%，则要求加机。

② 系统减机策略

冷冻供水温度小于冷冻供水设定值，并且2台冷机的平均电流百分比小于65%，即要求减机。

③ 冷源系统供水温度重设

系统设定供水最大温度设定（默认10℃，可改）和最小温度设定（默认7℃），室外温度根据室外温度设定范围（18～36℃）进行比例变化，使供水温度设定值在温度最大设定和温度最小设定范围区间成反比例变化。

室外温度越高说明需求冷量越大，需要降低温度设定值来降低供水温度，增加供冷量；

室外温度越低说明需求冷量越小，需要升高温度设定值来提高供水温度，减少供冷量。

④ 冷却泵的控制

冷却泵运行台数与主机运行台数一致。变频控制冷却水温度（设定值可调）进行 PID 调节，当启动冷却泵时，上位机要选择运行时间最短的来启动。当需要停止一台冷却泵时，上位机要选择一台运行时间最长的来停止。

⑤ 冷水泵的控制

冷水泵运行台数与主机运行台数一致，变频控制冷水供回水压差（设定值可调）进行 PID 调节。当启动冷水泵时，上位机要选择运行时间最短的来启动。当需要停止一台冷水泵时，上位机要选择一台运行时间最长的来停止。

⑥ 冷却塔风机的控制

冷却塔控制方式是根据出水温度控制冷却塔风机变频，调节变频器保证出水温度至其设定值。当出水温度 PID 调节的结果增大或减小时，风机的速度也增大或减小时。当室外湿球温度低于冷却塔低温停机设定值（可设）时，风机停止，蝶阀保持开启。

冷却水出水温度设定：由室外温湿度进行运算室外的湿球温度作为设定值进行控制（湿球温度＋2℃），设定值的范围在 22～32℃。

⑦ 系统停机

在管理员预设定的空调开启时间段内，冷源系统自动启动；当单机负荷率低于10％（总制冷量约 90kW）时，主机采用间歇启动的方式供冷，间歇启动期间冷却塔、冷却泵、冷水机组停机，仅开启 1 台冷冻水泵。

⑧ 风机盘管控制

风机盘管与门禁、考勤的指纹验证、刷卡进行联动控制，每个进入大楼的人都自行选择并绑定一个工作位置，只有在有效指纹验证或刷卡成功后对应区域的风机盘管才会自动开启，出门则重新刷卡，开放个性化设置室内温度的权限，可设置的温度范围为 24～28℃。

⑨ 新风机控制

新风机与冷水机组同时开启，新风机适当提前几分钟启动，采用变频风机。

2）照明系统

该项目全部采用 LED 节能照明灯具，主要办公区域照明功率密度值为 5W/m^2。主要办公区域的照明控制采用光照感应结合工位任何在岗数据联动控制。楼道、打印室、洗手间等公共区域均采用人体感应控制开关。

8.3.2 运行能耗

（1）全年用能总量及拆分

珠海兴业新能源产业园研发楼 2017 年全年运行能耗约为 938107kWh，单位建筑面积指标为 39.8kWh/(m^2 · a)，其中由光伏发电提供电能 150311kWh，占全年总耗电量的 16%。扣除光伏发电，单位建筑面积能耗仅为 33.4kWh/（m^2 · a）。项目全年能耗拆分情况如图 8-39 所示，其中占比最大的为动力、设备用电，2017 年总耗电量为 625314kWh，单位建筑面积耗电量为 26.6kWh/（m^2 · a），占到项目总耗电的 67%。其次为空调系统，包含空调机组、末端风系统以及水输送系统，总电耗为 256972kWh，单位建筑面积空调系统耗电量达到 10.9kWh/（m^2 · a），占项目总能耗的 27%。照明系统全年耗电量为 55821kWh，单位建筑面积指标为 2.4kWh/（m^2 · a），占项目总能耗的 6%。

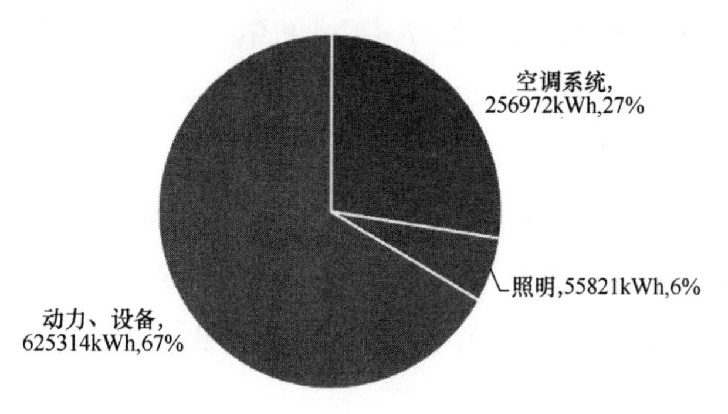

图 8-39 产业园研发楼 2017 年运行能耗拆分

项目逐月用能情况如图 8-40 所示，可以看到空调系统电耗主要集中在 5～10 月，照明电耗全年基本稳定，月耗电量在 4500～5000kWh。

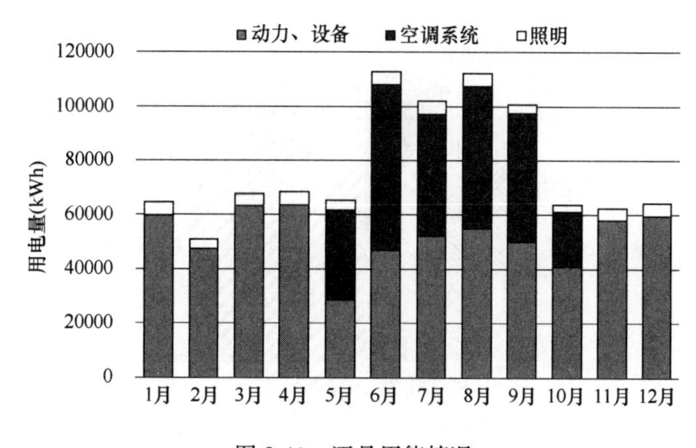

图 8-40 逐月用能情况

（2）空调系统运行能耗、能效分析

产业园研发楼夏季供冷时间主要在5～10月，冷水机组逐月供冷量如图8-41所示，2017年冷水机组集中供冷量为864047kWh$_{冷}$，折合单位面积供冷量为36.7kWh$_{冷}$/(m^2·a)，多联机仅为十三层供冷，由于室内机过于分散，未能统计供冷量。

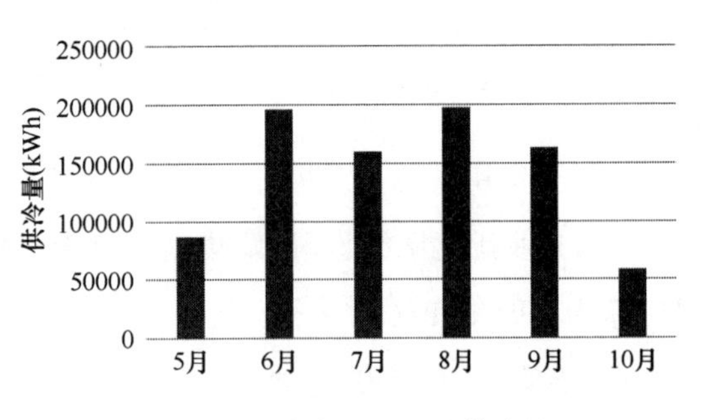

图8-41　冷水机组逐月供冷量

空调系统全年运行能耗为256972kWh，单位建筑面积空调系统耗电量达到10.9kWh/(m^2·a)。空调系统逐月电耗和全年电耗拆分情况分别如图8-42和图8-43所示。

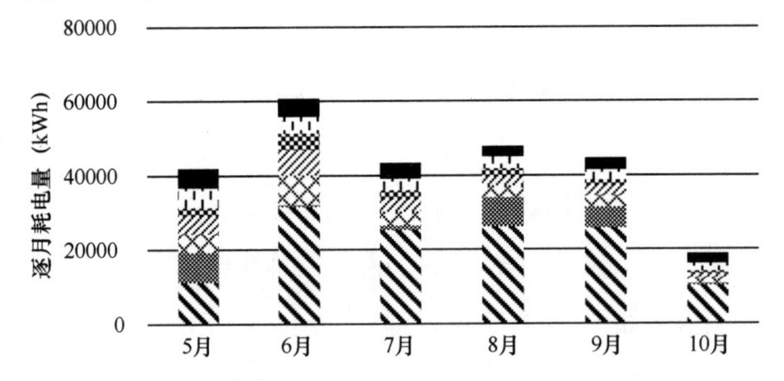

图8-42　空调系统逐月耗电量

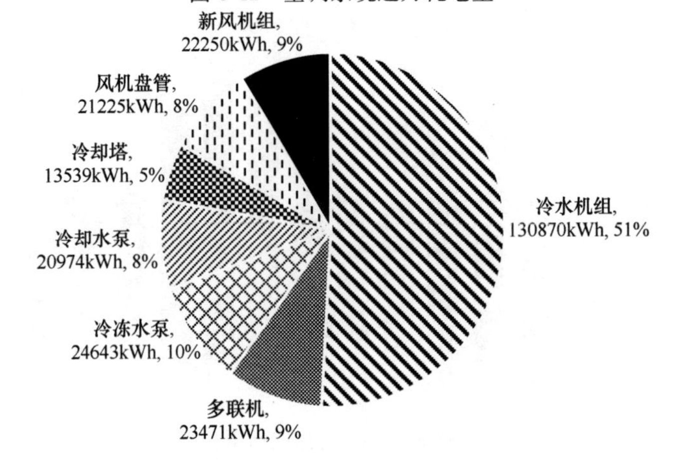

图8-43　空调系统能耗拆分

其中冷水机组全年耗电量 13870kWh，占空调系统总耗电量的 51%，多联机全年耗电量 23471kWh，占空调系统总耗电量的 9%。冷机部分总占比为 60%。水输配系统：冷水泵、冷却水泵以及冷却塔全年能耗分别为 24643kWh，20974kWh、13539kWh，分别占空调系统总能耗的 10%，8%以及 5%。末端风系统：风机盘管和新风机组全年能耗分别为 21225kWh 和 22250kWh，分别占空调系统总能耗的 8%和 9%。

根据能耗平台监测数据计算得到产业园研发楼空调系统 2017 年供冷季能耗、能效指标如表 8-9 所示。其中冷水机组平均 *COP* 为 6.60，集中冷站平均 *COP* 为 4.55，空调系统（不含多联机）平均能效为 3.70，处于良好水平。

空调系统能耗、能效指标 **表 8-9**

指标	数值	单位
单位面积供冷量	36.7	$kWh_{冷}/(m^2 \cdot a)$
单位面积供冷能耗	10.9	$kWh_{电}/(m^2 \cdot a)$
冷水机组 *COP*	6.60	$kWh_{冷}/kWh_{电}$
冷水泵输配系数	35.1	
冷却水泵输配系数	47.4	
冷却塔输配系数	73.5	
冷站 *COP*	4.55	
末端输配系数	19.9	
空调系统 *COP*	3.70	

注：8 月 24 日至 9 月 3 日因空调冷冻水能量计故障，依据气象数据对制冷量数据进行插值处理。计算冷水机组、冷站以及空调系统 *COP* 时，不包含多联机耗电量。

对冷水机组运行负荷率和 *COP* 进行统计，结果如图 8-44 和图 8-45 所示。

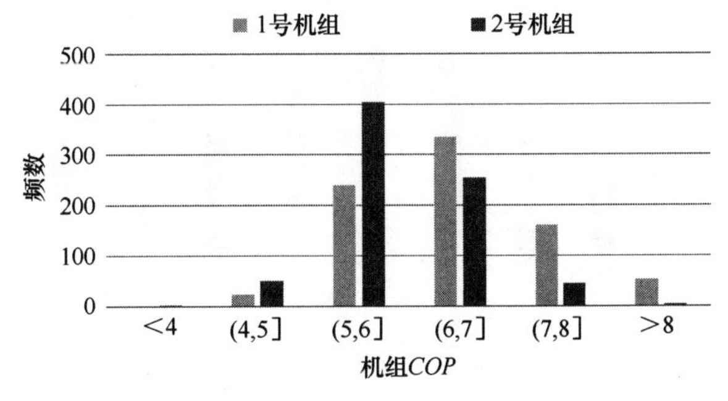

图 8-44 冷水机组 *COP* 频数分布图

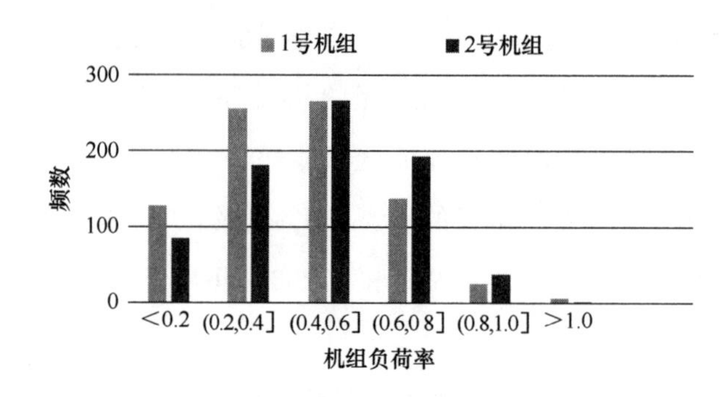

图 8-45 冷水机组负荷率频数分布图

可以看到，两台冷水机组运行负荷率主要集中在 20%～80%，全年运行 *COP* 基本上都大于 5，主要集中在 5～7 之间，呈现出了较好的运行性能。

水系统输配系数频数分布图如图 8-46 和图 8-47 所示，可以看到，冷水泵输配系数主要集中在 30～60 之间，冷却水泵输配系数较冷冻泵有较大提升，而冷却塔输配系数主要集中在 70～90 之间，仍有一定提升空间。

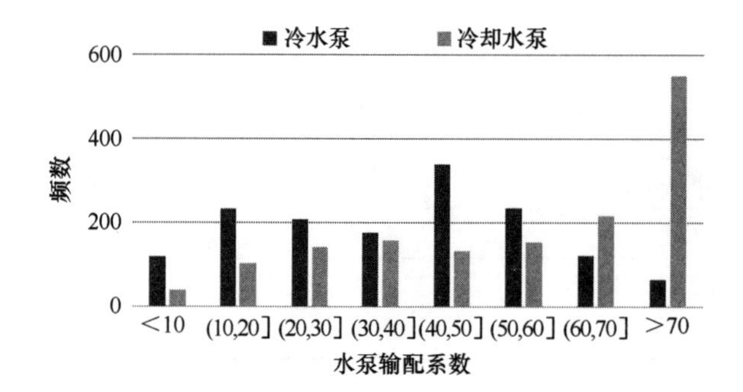

图 8-46 冷水、冷却水泵输配系数频数分布图

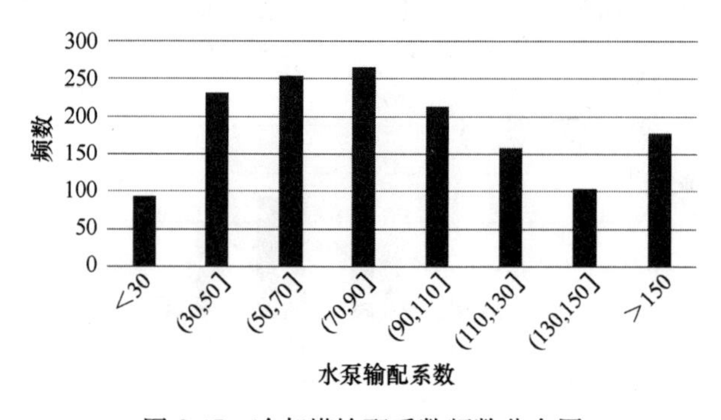

图 8-47 冷却塔输配系数频数分布图

8.3.3 夏季典型日室内环境与热舒适分析

研发楼全年供冷量以及空调系统电耗较低并非以牺牲室内热舒适性为代价，图 8-48和图 8-49 分别显示了夏季典型日室内温度、相对湿度以及二氧化碳浓度的变化情况。

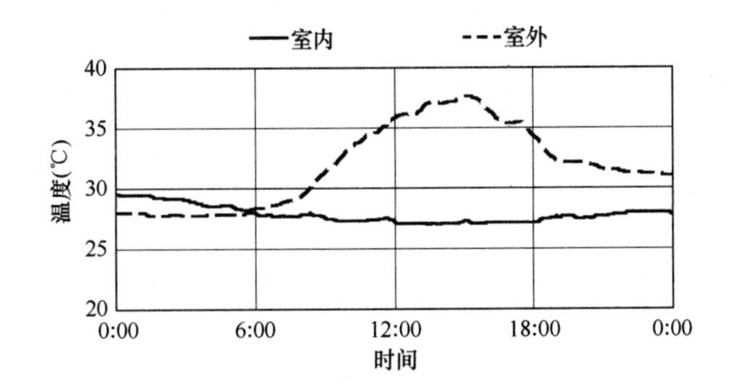

图 8-48 夏季典型日室内外温度变化

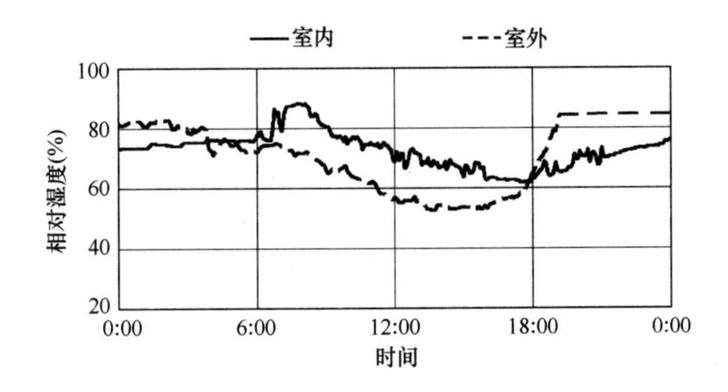

图 8-49 夏季典型日室内外相对湿度变化

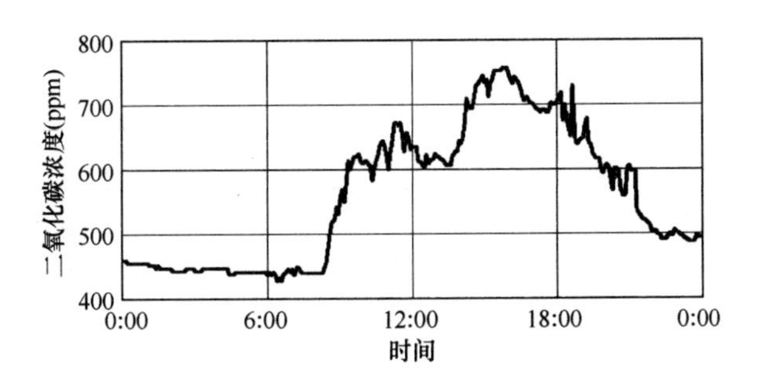

图 8-50 夏季典型日室内外二氧化碳浓度变化

典型日当天室外最高气温37.6℃，最低气温28.2℃，处于较为炎热的状态，而工作时间段，室内温度基本维持在27.1℃，室内相对湿度低于80%，处于舒适范围。室内二氧化碳浓度随着工作时间段办公人员的活动而波动，但全天都低于800ppm，满足国家相关标准。

8.3.4 夏热冬暖气候区域超低能耗公共建筑技术应用总结

该项目从规划阶段起设定的目标即为超低能耗绿色建筑，通过一年以来的运行与技术评估，推荐表8-10所示多项能够有效降低夏热冬暖气候区域建筑能耗的技术。

能够有效降低夏热冬暖气候区建筑能耗的技术　　表8-10

技术	优点	缺点
自然通风及吊扇	能够有效降低人员不长期活动的区域的空调能耗	舒适性较差，冬季及过渡季需要考虑如何关闭的问题
高效变频冷水机组	简单、易实施，相比普通定频机组及多联机，节能效果明显	需要调适及优秀的控制系统配合，造价稍高
空调系统节能控制系统	减少物业管理人员，能够提高系统的控制精准度及有效降低能耗	显著增加成本，对物业管理人员的要求较高
LED照明系统	简单、易实施，相对荧光灯寿命更长，光效更高	可能存在LED蓝光危害
自然采光与导光管	显著提高室内环境舒适性，有效降低照明能耗	有效距窗在6m以内
太阳能光伏	节能效果明显、可计量	最佳安装位置为屋顶，公共建筑的屋顶面积有限，投资成本稍高
太阳能光热	节能效果明显、可计量	最佳安装位置为屋顶，公共建筑的屋顶面积有限，不是每个建筑都有热水需求
外遮阳与3银Low-E玻璃	被动式技术无需人工干预，节能效果明显	会稍微降低室内的自然采光
增强建筑气密性	能够有效降低空调能耗	会提高新风系统能耗

8.4 寒冷地区超低供暖能耗公共建筑最佳实践案例：北京颐堤港

8.4.1 项目简介

颐堤港位于北京市朝阳区，是由太古地产及远洋商业协力打造的商业综合体。其中，颐堤港商场建筑面积为8.56万m^2，共5层；写字楼共计25层，标准层面积约为2360m^2，总建筑面积为5.61万m^2。项目外观如图8-51所示，信息如表8-11和表8-12所示。

图8-51 颐堤港商业综合体外观

颐堤港商场基本信息 **表8-11**

建筑类型	大型购物中心
地点	北京市朝阳区
建成时间	2012年开业
建筑面积（m^2）	87000
建筑构成	地上4层，地下1层
水系统形式	两管制系统
风系统形式	定风量系统（公区）+风机盘管（租户与部分办公区）

颐堤港写字楼基本信息 表 8-12

建筑类型	甲级办公楼
地点	北京市朝阳区
建成时间	2012年开业
建筑面积（m^2）	55000
建筑构成	地上25层，地下2层
水系统形式	四管制系统
风系统形式	变风量系统（VAV）

商场与写字楼共用同一热站，采用天然气热水锅炉供热，通过板式换热器分为商场与写字楼两个二次侧支路。热站的设备信息如表 8-13 所示，其中商场对应 3 台热水二次泵（2用1备），写字楼对应 2 台热水二次泵（1用1备）。板式换热器一次侧热水循环泵定流量运行；二次热水循环泵设置有变频器，通过手工调节水泵运行频率。

颐堤港热站设备汇总 表 8-13

设备名称	台数	参数
燃气热水锅炉	4	额定发热量 2800kW 设计进/出水温度 70℃/95℃ 设计热水流量 100m^3/h
一次热水循环泵	5	流量 100m^3/h 扬程 20m 电机功率 17kW
二次热水循环泵	5	流量 233m^3/h 扬程 28.5m 电机功率 45kW
二次热水循环泵（大堂地暖）	2	流量 43m^3/h 扬程 27.5m 电机功率 7.5kW

8.4.2 建筑能耗与室内环境现状

(1) 供暖能耗和排放量达到“近零”标准

颐堤港自 2012 年开业以来，商场和写字楼整体供暖能耗逐年下降，如图 8-52 所示。其中，2016～2017 年供暖季，整个商业综合体供暖燃气耗量为 63.6 万 Nm^3，相比上一年下降 28.0%，相比 2012 年第一个供暖季的 153.9 万 Nm^3，下降了 58.7%，节能效果非常显著。

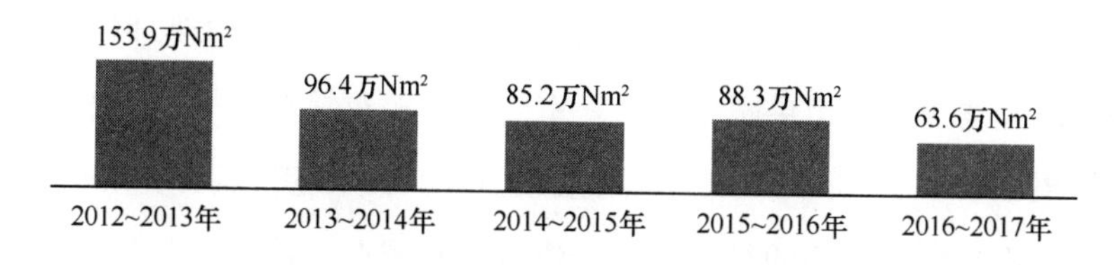

图 8-52 颐堤港逐年供暖燃气耗量变化

最近一个供暖季，即 2016 年 11 月～2017 年 3 月颐堤港供暖能耗数据如下：燃气耗量 63.6 万 Nm^3，供热量为 21998GJ，供热循环泵输配耗电量（不含空调末端风机）13.8 万 kWh。其中，商场供热量占主要部分，比例约为 88%，写字楼供热量仅占总供热量的 12%左右。

以能耗指标考评颐堤港的供暖现状，包括单位面积的供暖耗热量、天然气耗量、输配能耗、碳排放及氮氧化物排放等，结果如表 8-14 所示。其中，单位面积供热量仅为 0.16GJ/m^2，燃气耗量 4.5Nm^3/m^2，低于 2016 年刚发布的民用建筑能耗标准 GB/T 51161—2016 中供暖能耗的引导值（先进水平）。特别是办公楼供暖季的供热能耗仅为 0.05GJ/m^2，燃气耗量为 1.4Nm^3/m^2，比欧盟 EPBD 关于近零能耗建筑标准的供暖耗热量（0.11GJ/m^2）还要低 50%以上。2016 年，颐堤港燃气锅炉进行低氮燃烧改造和烟气热回收改造，经过烟气中污染物浓度检测，结合实际燃气耗量，按单位面积供暖碳排放与氮氧化物排放指标考核，颐堤港的供暖系统已经达到“近零排放”的环境标准。

颐堤港能耗指标汇总 **表 8-14**

完整供暖期	单位	办公楼	商场	综合体总计	国家标准引导值或优秀水平	欧盟标准
耗热量	GJ/m^2	0.05	0.23	0.16	0.19①	0.11
天然气耗量	Nm^3/m^2	1.4	6.6	4.5	6.6①	—
输配耗电量	kWh/m^2	0.8	1.4	1.2	1.0①	—
碳排放②	$kgCO_2/m^2$	3.5	14.5	10.2	14.1	—
NO_x 排放③	gNO_x/m^2	0.66	3.17	2.17	6.06④	—

①《民用建筑能耗标准》GB/T 51161—2016 第 6 章。

② 1m^3天然气碳排放约 1.98$kgCO_2$，电碳排放按华北电网 2010～2012 年平均电力排放因子计算，为 1.0580$kgCO_2$/kWh。

③ 2016 年颐堤港锅炉燃烧器低氮改造后，经测试已达到《北京市锅炉大气污染物排放标准》DB 11139—2015 所规定 NO_x 排放限值标准 30mg/$m^2_{烟气}$；1m^2 天然气燃烧烟气量 11.19m^3，其中过量空气系数取 1.2。

④ 根据《北京市锅炉大气污染物排放标准》DB 11139—2015，NO_x 排放限值按 80mg/$m^3_{烟气}$计算。

（2）室内环境大幅度改善

2013～2016年供暖季，业主联合清华大学对颐堤港的室内热环境进行了连续监测。测试时间均为北京市供暖季期间，室外温度相对接近，平均温度在0～3℃，室内环境结果如表8-15所示。其中，每层设置10个环境测点，各层的温度为10个环境测点的平均值，场内的最大温差为建筑所有测点统计的最大差值。

由热环境测试结果可以看出，2013年商场开业初期，LG（B1）层过冷十分严重，LG层的平均温度仅为13.3℃；2014年对商场围护结构漏洞进行了初步封堵，热环境得到改善，但L2、L3等高层区域产生较为严重的过热，仍有部分区域有不舒适感。之后，颐堤港持续进行改进，室内热环境整体优良，商场温度基本均在20～24℃之间，垂直温差小，部分较冷测点为与出口直接连通的区域，温度也保持在17℃以上。商场室内二氧化碳浓度在500～700ppm之间，整体处于较低水平。

商场A供暖季室内温度连续监测数据 **表8-15**

年份	L3	L2	L1	LG	最大层间温差（℃）	场内最大温差（℃）
2016	23.8	23.7	22.3	20	3.8	7.6
2015	24.4	24.8	22.7	21.6	2.8	6.9
2014	27.2	26.8	24.9	21.9	5.3	7.2
2013	24.2	23.2	19	13.3	10.9	12.4

写字楼内部环境较为舒适。测试结果显示，写字楼内部二氧化碳在650～850ppm之间，低于1000ppm的限制要求。写字楼南侧与西侧在供暖季晴朗的下午容易出现过热现象，局部温度较高。

目前，颐堤港在新风机组的新风入口加装了静电除尘装置（见图8-53），在室外PM2.5为严重污染时会开启“除霾”模式。楼内PM2.5的测试结果显示（见图8-54），当室外处于严重污染时，除部分连通室外入口的楼层外（LG1），室内的PM2.5浓度仍能保持良好水平。

8.4.3 写字楼实现“近零供暖”的途径

（1）供暖季供热需求分析

颐堤港写字楼为典型的玻璃幕墙建筑，其在供暖季能够获得大量“自由热”，

图 8-53 颐堤港新风入口加装的静电除尘装置

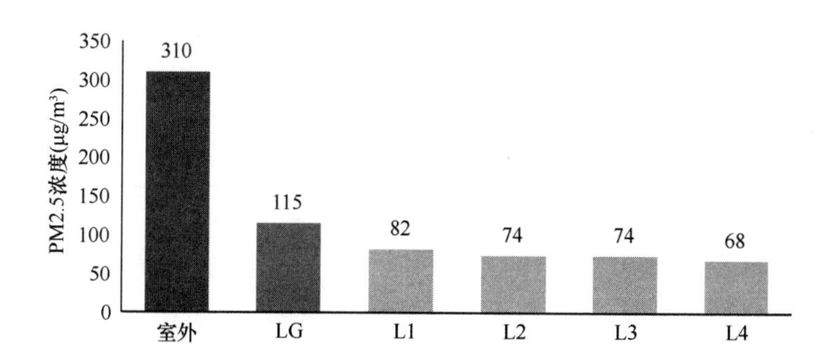

图 8-54 颐堤港 PM2.5 浓度测试结果

即在传统的供暖设计之外，所获得的太阳辐射与热源灯光设备得热。对 2017 年供暖季颐堤港写字楼典型工作日的负荷进行拆分（见图 8-55），天气晴朗，室外温度

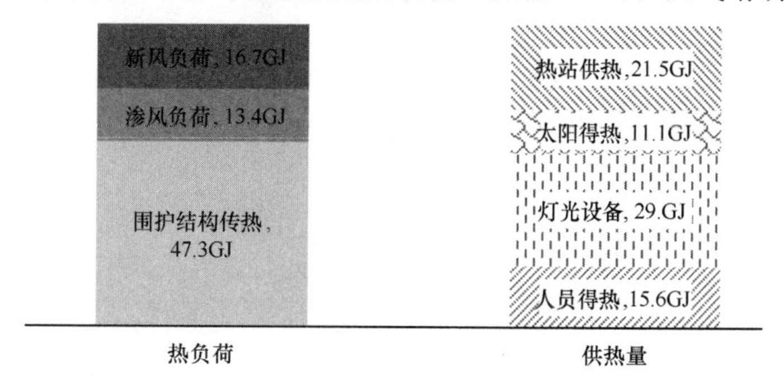

图 8-55 2017 年供暖季颐堤港写字楼

典型日全楼热负荷与供热量拆分

−6℃～4℃。可知，全天的总热负荷为77.5GJ，其中围护结构传热为47.3GJ，占总负荷的61%；其次为新风负荷，占总负荷的22%。同时，对写字楼的供热量进行拆分，可知实际的热站供热量仅为21.5GJ，约占总负荷的28%，而自由热部分能够占据总负荷的72%，人员、灯光设备及太阳辐射实际上是商业写字楼冬季的重要热源。

实际上，写字楼的太阳辐射在时间与空间上的分布并不均匀。天气晴朗时，写字楼的南侧与西侧在下午时段（13：00～16：00）受到太阳辐射最强，靠近玻璃幕墙的外区容易产生过热现象，局部的室内温度可达26℃以上，甚至超过28℃。为了保证室内人员的舒适性，写字楼的风系统在设计与运行中需要兼顾这一局部的供冷需求。

（2）写字楼支路分区控制

分区控制改造前，商场与写字楼两路回水汇集到一根总管后，通过4台板式换热器与锅炉的高温一次水进行换热，再分为两路分别供往末端。在现场测试过程中，研究团队发现写字楼与商场的供暖需求时间、负荷特征均有显著差异。以2016年供暖季某典型工作日为例，天气晴朗，室外温度−4～6℃。如图8-56所示，工作时间写字楼的平均供回水温差仅为1.6℃，最高5℃，最低仅0.7℃，而商场的商场平均供回水温差为4.4℃，两者差异较大。可见，写字楼与商场供暖系统集中统一控制，容易造成水力不平衡，不利于供暖系统的运行节能。此外，由于商场与写字楼的作息时间不同，写字楼下班但商场仍正常开启时，写字楼就会有高温热水空转产生的热量损失。

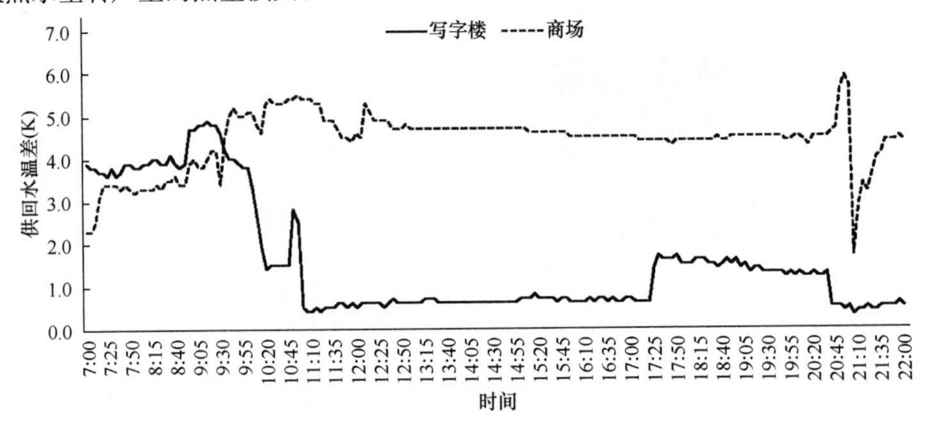

图8-56 颐堤港供暖季典型工作日商场与写字楼供回水温差对比

如图 8-57 所示，颐堤港管网改造的核心是实现写字楼供暖的单独控制，可通过进一步降低写字楼支路供水温度减少过热损失。通过改造实现了写字楼与商场两个回路的分开，将 1 号板式换热器与对应的一台循环泵作为新的写字楼支路。这样，就实现了商场与写字楼的不同作息下独立供水温度调节。

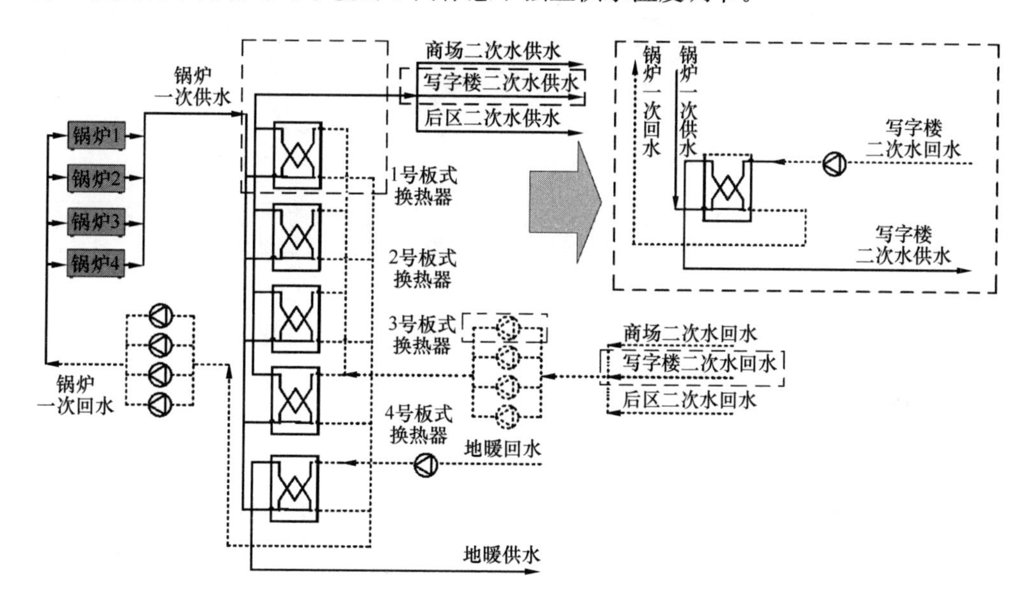

图 8-57 颐堤港热站写字楼分区控制改造示意图

这一系统改造的成果主要有两个方面：一是实现了写字楼支路供暖温度的单独控制，降低供水温度。其中，2017 年供暖季工作日的平均供水温度为 41.3℃，而 2016 年为 45.5℃，下降了 4.2℃；2017 年商场支路的平均供水温度也下降至 37℃。

二是实现了配合写字楼负荷特征的精细化温度目标调节，增加了控制策略的灵活性，避免了楼内的过量供热，以实现“近零供暖”。如图 8-58 所示，某典型工作日工况下，天气晴朗，室外温度－6～4℃，写字楼供暖需求全天发生规律性变化。上午考虑写字楼的夜间热负荷影响，且太阳辐射影响相对较弱，办公楼供水温度较高，可达 45～46℃；下午 13：00 后受气温上升与西侧太阳辐射影响，13：00～17：00楼内供热需求大幅减少，控制供水温度随之下降。供水温度调节同时配合循环泵频率的调节，如办公楼在下午过热时，将二次泵频率由 45Hz 进一步降至 30Hz，实现系统能耗的进一步降低。

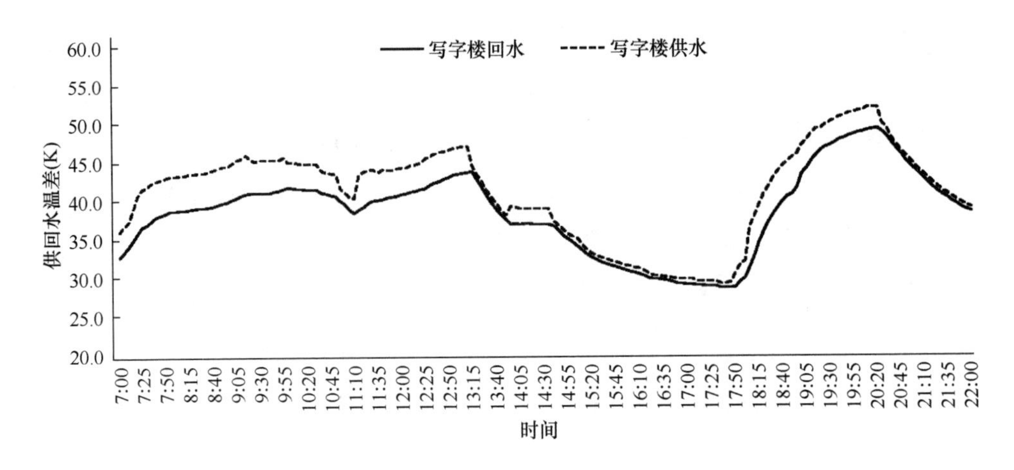

图 8-58 供暖季典型工作日写字楼供回水温度变化

8.4.4 提升供暖热源能效，实现“近零”排放

热源是建筑内部维持现有温度的能量来源，是整个供暖系统的核心。而提升整个供暖系统效率的关键环节就是提升热源设备的效率（即锅炉效率）。锅炉效率的提升可以从两方面入手：一是尽可能使锅炉持续运行，避免供暖量的变化和设备的频繁启停，降低锅炉效率；二是降低锅炉的排烟温度，使得更多热量能够通过热介质输送出去。

这在实践中对应锅炉的两项改造：一是锅炉的无级负荷调节，通过对锅炉的燃烧器进行改造，使得锅炉能够适应负荷变化，锅炉效率不会因为负荷降低有显著下降；二是锅炉的冷凝回收改造，在锅炉排烟管的某一段增设全热回收装置，进而回收额外的热量用于建筑供暖。

改造前，对颐堤港锅炉连续监测显示（见图 8-59），锅炉的整体运行效率在94%左右，已经处于较高水平。经过上述两项改造后，据现场测试的烟气参数核算，锅炉效率进一步提升至 103%，效率提升达近 10%。同时，锅炉还进行了燃烧器的低氮改造，经测试已达到《北京市锅炉大气污染物排放标准》DB 11139—2015 所规定 NO_x 排放限值标准（$30mg/m^3_{烟气}$）。综上所述，颐堤港通过热源改造实现了能耗水平与污染物排放的双降，以实现“近零排放”。

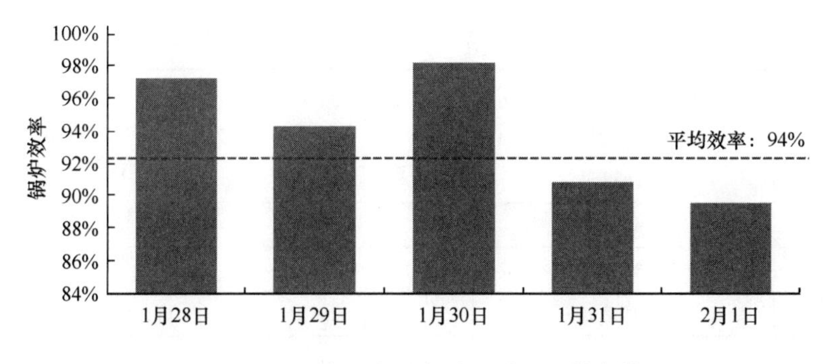

图 8-59　2015 年颐堤港锅炉连续监测效率结果

8.4.5　降低商场供暖能耗的途径

（1）商场风平衡模型的建立

上热下冷是北方地区拥有高大中庭公共建筑中的常见问题，也是造成商场供暖能耗增加的重要因素。造成这一问题的核心原因就是冬季的热压效应。当底层过冷时，热压的烟囱效应会使得大量冷风渗入室内，进一步增大垂直温差，恶化室内热环境，并增加供暖能耗。

事实上，颐堤港商场的整体风平衡可分为有组织通风量与无组织通风量两部分。有组织通风量主要包括以下几个部分：热回收式新风机组（PAUR）集中处理的租户新风，餐饮补风机（MAU）的厨房补风，空调箱（AHU）的公共区新风，厨房排油烟风机（KSF）的有组织排风，以及卫生间排风。无组织通风量主要包括建筑下部的无组织渗风量与上部的无组织排风量。

研究团队对颐堤港商场的各有组织通风设备均进行了测试，风量测试结果如表 8-16所示。其中，商场 A 的公共区 AHU 在供暖季新风阀全部关闭，故通风量为 0。可见，在营业的餐饮时段，商场厨房排油烟总量为 33.7 万 m^3/h，而厨房补风量仅为 2.26 万 m^3/h，加上租区的有组织新风量 8.42 万 m^3/h，有组织新风量仅为有组织排风的 32%，其余部分风量均需要无组织渗风来平衡补足。

颐堤港商场有组织通风设备风量实际测试结果　　表 8-16

设备编号	热回收新风机组（PAUR）(m^3/h)	厨房补风（MAU）(m^3/h)	厨房排油烟（KSF）(m^3/h)
1	17416	579	2647

续表

设备编号	热回收新风机组（PAUR）(m^3/h)	厨房补风（MAU）(m^3/h)	厨房排油烟（KSF）(m^3/h)
2	7953	5440	6870
3	6704	3806	14769
4	3580	2613	29090
5	8498	2613	30149
6	7866	3806	31350
7	14047	3806	40840
8	9075		42924
9	9075		42941
10			44474
11			51080
总计	**84214**	**22663**	**337135**

无组织通风量通过二氧化碳示踪气体法进行测试。研究团队于2016年3月2日至3月4日对商场的夜间无组织通风量进行了测试，在商场L3室内，商场L4出口附近各布置了一个二氧化碳测点，记录间隔为2min。取各工况下的换气次数进行平均折合为热压效应的总影响，得到商场夜间的无组织通风量平均为0.18h^{-1}，商场体积为62.1万m^3，故夜间无组织通风量为11.2万m^3/h。由于商场白天营业时间与夜间的热压情况不同（见图8-60），根据热压线斜率变化，折合得到白天营业时间的无组织排风量约为13.3万m^3/h。

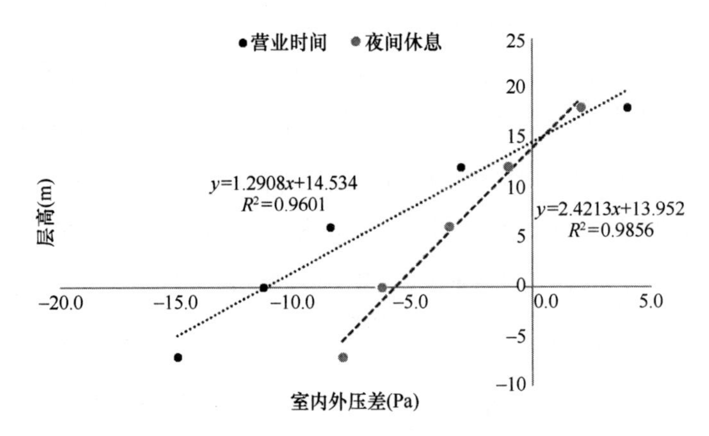

图8-60 2016年商场A供暖季典型日热压线

对商场 A 的全楼风平衡统计如图 8-61 所示，其中，卫生间排风根据设计工况估测为 15000m^3/h。可见，由于大量的厨房机械排风与较少的机械新风，使得商场 A 室内的大部分新风仍只能通过无组织通风渗入，一方面增加了中庭的热压效应，增加了商场上部的无组织通风量；另一方面造成大量新风负荷，增加供暖系统的能耗。从排风侧来看，夜间的换气次数仍有 0.18h^{-1}，仍有进一步优化空间。

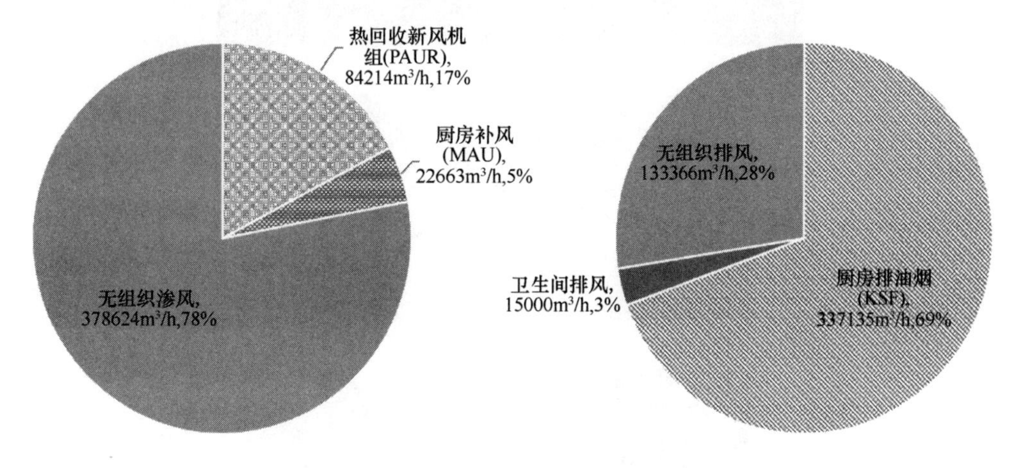

图 8-61　2016 年 3 月商场 A 风平衡统计结果

（2）围护结构漏洞封堵

围护结构漏洞封堵的目的是增加建筑的等效阻抗，提升建筑的气密性，使得同样热压效应下建筑的无组织通风量减少。商场主要的围护结构漏洞可以大致分为三类，代表性的漏洞分别如图 8-62 所示。第一类是门窗漏风，如后勤通道、卸货区卷帘、顶层部分出入口及中庭排烟窗等，渗风区域广，风量大；第二类是施工漏洞，如部分管道穿过外墙的漏洞，吊顶破损漏风等，往往较为隐蔽，不易发现；第三类是消防风机及百叶风口的漏风，在室内热压效应下，屋内空气顺着消防风道漏出室外，产生明显的热风感。

2016 年初，研究团队利用红外成像仪对颐堤港商场的围护结构进行全面检测，共发现漏热漏风点 31 处，其中公共区域 19 处，商场租区 12 处。对于较小的漏洞可以直接封堵，如贴塑胶封条等；后区的卷帘建议改为自动门，对于排烟窗、风机等建议供暖季保持完全关闭状态，防止不必要的渗风。2017 年 11 月供暖前，业主方已经对围护结构漏洞采取了相应封堵措施。

（3）厨房排补风系统联动改造

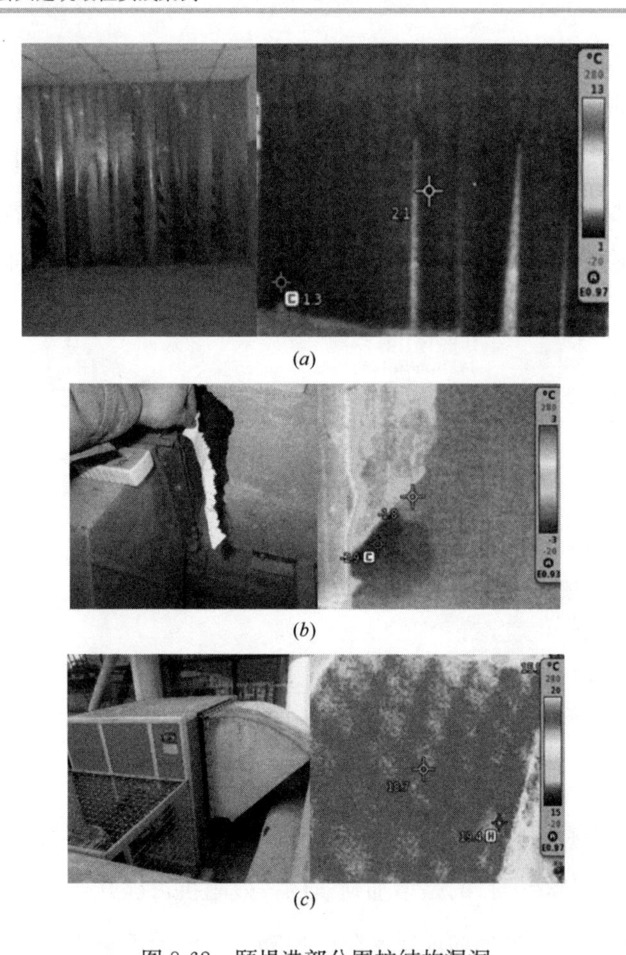

图 8-62 颐堤港部分围护结构漏洞

(a) 后区卷帘门渗风；(b) 管道穿墙漏洞；(c) 屋顶消防风机排风

颐堤港商场厨房补风量的设计值为排风量的85%左右。现场测试发现，商场A目前的厨房补风量仅为2.3万m³/h，与设计值相比严重不足，使得大量公共区空气渗入厨房。其主要原因是大部分餐饮租户在开启排风机时并未开启补风机；且部分补风机由于极端天气盘管冻裂，已经暂停使用。

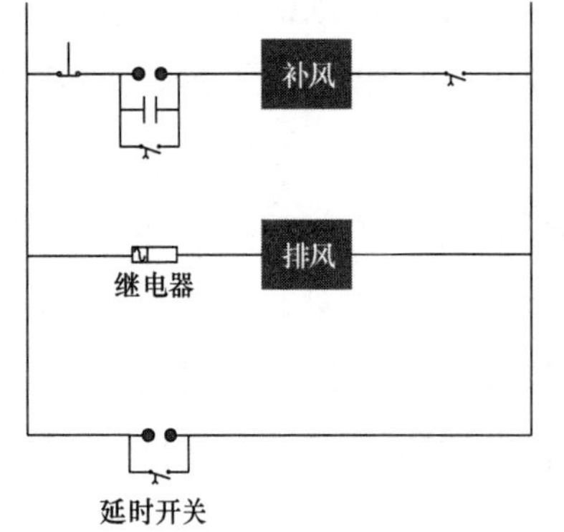

图 8-63 排补风联动+延时控制示意图

针对这一问题，研究团队建议业主修复排风机及补风机进行联动，对厨房排油烟机进行变频+分时段控制，并加装如图8-63所示的联动及延时装置。这一装置强制补风机随排风机开启，同时设定只在餐饮时段开启；其他时段如需开启使用延时装置，建议每次延时 20min。具体运行还需设置相应的开启策略时间表，如表 8-17 所示。目前，改造已经在陆续进行中，并在自控系统上增加了厨房联动界面。

餐饮区域排风机、排油烟机及补风机开启策略时间表　　表 8-17

开启时间	KEF 排风机	KSF 排油烟机	MAU 补风机
10：30～11：30（非就餐时段）	低频运行	关闭	低频运行
11：30～14：30（就餐时段）	高频运行	高频运行	高频运行
14：30～17：00（非就餐时段）	低频运行	关闭	低频运行
17：00～21：00（就餐时段）	高频运行	高频运行	高频运行

注：非就餐时段若店铺有两台排风机的可开启一台并低频率运行，将排补风连锁。实际就餐及非就餐时间可根据实际情况进行调整。

（4）设备运行策略调节

在热压效应下，底层空调末端的热空气上浮，实际上给商场上部造成了附加的供暖效果。此时商场上部的空调末端打开，容易造成过量供热，造成明显的室内环境过热。如 2014 年颐堤港商场的 L2、L3 层室内温度测试结果，平均可达 27℃左右。

2015 年，研究团队建议业主调整部分空调箱的运行时间，如图 8-64 所示，将负责二、三层（框线区域）的空调箱全天关机，以减缓顶层过热现象。2015 年后，商场上部温度基本可以控制在 24℃左右，处于相对舒适的水平。

8.4.6 分析与总结

颐堤港作为一个成熟的商业运行项目，不仅营造了优秀的室内环境品质，还切实降低了供暖季的能耗水平，其写字楼实现了商业建筑中真正的“近零供暖”。本节主要介绍了颐堤港实现室内环境品质与能效水平双提升的技术手段，通过热源、输配系统、末端渗风控制等多环节的改造工作，详细阐释了近年来颐堤港实现节能改造的成功经验，尤其是写字楼实现“近零供暖”的技术手段。上述经验可以归纳为以下几点：

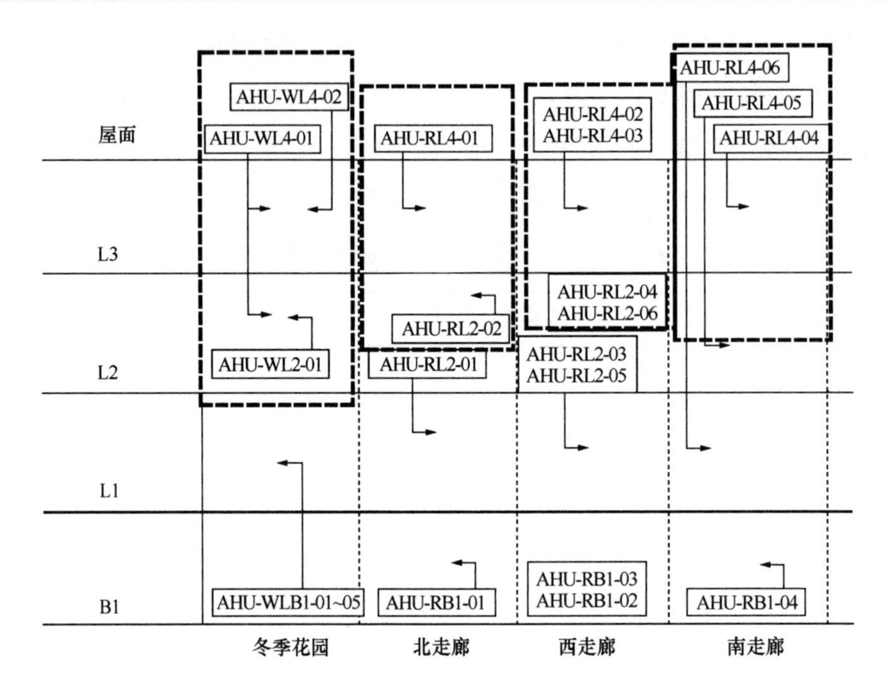

图 8-64　商场 A 部分 AHU 供应区域示意图

（1）采用玻璃幕墙的商业写字楼供暖季存在太阳辐射、人员、灯光设备等大量“自由热”，使得实际所需供热量远小于设计工况，这一供热需求分析是实现写字楼“近零供暖”的关键。

（2）北方地区的商业综合体应对商场、酒店与写字楼设置单独的控制支路，避免完全集中的供热系统，以适应不同建筑类型的作息与负荷需求。

（3）积极投入对燃气锅炉的改造，使其在低负荷下仍能高效运行，同时通过冷凝回收进一步提升锅炉的热效率；推广锅炉的低氮改造，减少氮氧化物排放，进一步实现“近零排放”。

（4）降低商场供暖能耗的核心手段是减少冷风渗透，主要包括三点具体措施：其中，围护结构封堵能够增加建筑气密性，通过增大阻抗减小室内渗风量；厨房排补风改造通过增大厨房的有组织新风，减少机械排风系统对整个建筑热压效应的影响；调整高层空调箱的运行策略，可以避免高层的过量供热，进而减弱室内的空气对流，减缓热压效应。

8.5 夏热冬暖地区高效制冷站最佳实践案例：广州白天鹅宾馆及广东省政府5号楼

我国幅员辽阔，不同地区的气候、环境和建筑类型各异，建筑节能的工作重点也大不相同。以广东为代表的华南地区地处亚热带、热带，大部分地区属于我国的夏热冬暖气候区，供冷季持续时间长，空调系统能耗很高。实测数据显示，广东省的公共建筑中，空调系统能耗占建筑总能耗的比例为30%～50%，其中冷站能耗（制冷主机、冷冻水泵、冷却水泵以及冷却塔能耗的统称）占整个空调系统的70%以上。冷站主要设备的运行耦合度高、控制调节复杂，蕴含很大的节能潜力，是华南地区公共建筑节能工作重点。

对广东省部分公共建筑冷站的调研结果表明，其全年平均运行能效仅为2.0～3.0。如果通过技术和管理手段，将这些项目的冷站能效提高1倍（例如从2.5提升到5.0），可降低冷站50%的电耗，折合每年为整个建筑物节约10.5%～17.5%的电耗，节能收益可观。

广州市设计院长期致力于华南地区空调系统节能的技术研发和实践，继广州设计大厦的最佳案例后（详见2014年版《中国建筑节能年度发展研究报告》），近年又完成了数个大型公共建筑的高效冷站实践，均取得了良好的效果，本节以白天鹅宾馆及广东省府5号楼为例，分享高效冷站设计、运营经验。

8.5.1 案例1：广州市白天鹅宾馆

白天鹅宾馆位于广州市荔湾区沙面岛南侧，是全国第一座由中国人自行设计、自行施工与自行管理的五星级酒店，是一栋被世人认同的具有典型价值和特殊历史意义的酒店建筑。宾馆总建筑面积约10万m^2，分主楼和副楼两大区域。主楼为宾馆的主要功能，建筑高度98m，建筑面积8.2万m^2，地上31层，地下1层，其中一～四层为裙房，主要功能为酒店大堂、餐饮、商店、办公、会议等，五～三十层为客房；副楼为外租办公、公寓等非宾馆功能（见图8-65）。

白天鹅宾馆自1983年开始投入使用，至2011年改造前已使用28年。2011年

9月～2015年6月，白天鹅宾馆停业进行全面更新改造工程，主要针对宾馆主楼（如无特殊说明，后续分析中的各项指标均代表主楼区域），并于2015年7月复业。更新改造包括结构补强工程、装修改造工程、室外配套工程、机电设备更新工程等4大部分，目标是在满足五星级宾馆服务品质的基础上，成为我国高端酒店中绿色环保及低能耗的典范。

图8-65　白天鹅宾馆

（1）改造前宾馆及冷站用能分析

宾馆的主要用能系统包括通风与空调系统、照明与插座系统、动力系统、生活热水系统、蒸汽锅炉系统以及特殊用能系统。改造前委托第三方机构对2010年全年能耗进行了能源审计，宾馆的总用电量为206.0kWh/(m^2·a)，柴油用量为1911t/a，液化石油气用量为144.6t/a，总能耗等价标准煤为111.3kgce/(m^2·a)。

按等价标准煤指标对宾馆能耗进行分项拆分，常规能耗约占总能耗的53%，空调通风能耗占常规能耗的67%，而冷站能耗（制冷主机、水泵及冷却塔）占空调通风能耗的65%，如图8-66所示。折算可得冷站能耗占宾馆总能耗的比例约为23%，其中，承担宾馆主楼区域供冷的东制冷机房全年总能耗为839.4万kWh。

因缺少改造前冷站的供冷量数据，以负荷软件模拟结果推算改造前冷站的能效约为2.7。

（2）宾馆节能改造综述

改造前，根据对白天鹅宾馆及同类五星级宾馆的用能情况调研，以提高系统能源效率为主要技术手段，为节能潜力较高的空调系统、蒸汽锅炉房系统和生活热水

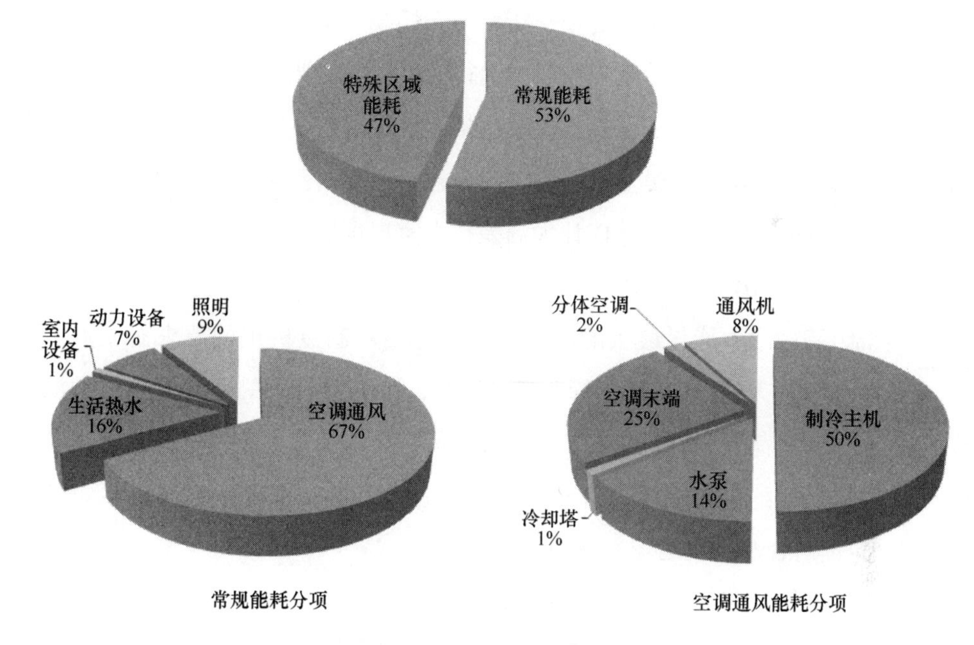

图 8-66 改造前宾馆能耗审计结果

系统分别制定适用的节能方案，包括超高效冷站技术（系统能效 2.7→5.91），高效蒸汽锅炉系统（油改气、系统热效率 60%→92.3%），高效水—水热泵热回收热水系统（油改电、主机单热效率 0.9→热泵机组制冷制热综合效率 8.52），同时还应用了针对其他用能系统的多项节能改造技术。

改造后，宾馆的室内热湿环境品质较改造前有明显提升，冬季客房可自由选择供暖或供冷，厨房区域按照主厨要求全天维持 23℃，中庭的温度环境也比改造前更加均匀。在不降低舒适性的前提下，白天鹅宾馆 2016 年总能耗比 2010 年下降了 41.4%，节约能源费用 1800 多万元。由于篇幅所限，本次只聚焦冷站改造的相关内容。

（3）高效冷站技术总结

白天鹅宾馆参考了美国、新加坡等地的先进案例，在设计时制定了冷站全年平均能效大于 5.4 的目标。为达成这一目标，项目主要应用了以下技术及措施。

1）空调水系统大温差技术

与常规 5℃温差的空调冷冻水系统相比，白天鹅宾馆的冷冻水系统采用 7℃/15℃（8℃温差）大温差设计，既减少了管材的使用，降低冷冻水泵的扬程，还能有效缓解宾馆层高空间不足的问题，带来节材、节能和美观的三重收益。在同样扬程、冷量的前提下，冷冻水系统的输送能耗可降低37.5%。

但是，冷冻水系统能够持续以大温差运行的前提是空调末端水系统具备良好的水力平衡基础，否则当部分末端出现冷量不足的情况时，系统将被迫加大流量，无法维持设定的供回水温差。虽然末端设备并不包括在冷站范畴内，但只有在设计中尽可能确保末端的水力平衡，才能让大温差技术实现预期效果。

2）制冷机组优化

制冷机组是冷站中能耗最大的设备，高效冷站对制冷机组的要求有三点：第一，主机的额定 *COP* 和 *IPLV* 指标要尽可能高；第二，机组的容量要合理搭配组合，保证在不同负荷段中，机组均能在高效区间运行；第三，制冷机组的水阻应尽可能低，以降低输配系统能耗。白天鹅宾馆的主机选型参数如表8-18所示，其主机 *COP*、容量组合及水阻均经过精细优化。

宾馆制冷机组设备参数 **表8-18**

设备名称	设备参数
制冷主机	3台700RT离心式机组（其中1台为备用），名义工况 *COP* 为6.79，蒸发器水阻为2.28mH_2O，冷凝器水阻为3.94mH_2O 2台350RT螺杆式机组，名义工况 *COP* 为6.21，蒸发器水阻为2.39mH_2O，冷凝器水阻为4.33mH_2O

3）水系统优化

对水系统的优化技术主要包括过滤器、止回阀的优化，系统流程优化，管路路由优化，选取高效水泵等。

① 过滤器优化

一般的Y形过滤器过滤面积小，阻力较大，对空调水系统而言，直径小于2mm的杂质在系统内运行而不会对制冷机、末端设备以及换热设备造成损坏，故应采用较大滤孔、较大过滤面积的过滤器，减少过滤器阻力。建议选取过滤器原则为：单个过滤器在额定流量下的初阻力不大于0.2mH_2O，不推荐使用Y形过滤器；可选择符合阻力要求的篮式过滤器或角式过滤器。

② 止回阀优化

止回阀是空调冷却水管路局部阻力的主要来源之一。止回阀按结构，可分为升降式止回阀、旋启式止回阀和蝶式止回阀三种。升降式止回阀的结构一般与截止阀相似，其阀瓣沿着通道中以作升降运动，动作可靠，但流体阻力较大，适用于较小口径的场合。升降式止回阀有直通式和立式两种，直通式升降止回阀一般只能安装在水平管路，而立式升降止回阀一般安装在垂直管路；旋启式止回阀的阀瓣绕转轴作旋转运动，其流体阻力一般小于升降式止回阀，适用于较大口径的场合。建议选取止回阀原则为：阀件在额定流量下的初阻力不大于 0.2mH_2O；考虑阀门的阻力因素，无磨损球形止回阀和旋启式止回阀优于升降式止回阀，优先选取无磨损球形止回阀和旋启式止回阀；根据管道的口径大小，对于旋启式止回阀，大口径管路可选取多瓣旋启式止回阀，双瓣旋启式止回阀适用于大中口径管路，中口径管路选取单瓣旋启式止回阀。

③ 流程系统优化

将冷水泵、冷却水泵设计为与主机一一对应连接，搭配合理的运行控制逻辑，可提升水系统的输送效率。

④ 管路路由优化

为最大限度减少管路的阻力损失，建议采取下述各项降低管路局部阻力的措施：

减少弯头：通过将冷却水泵进出水口高度与主机进出口置平，可以减少管路弯头，具体如图 8-67 所示，(*a*) 图为正常接法，(*b*) 图为将主机与水泵水平对接，可以减少 4 个弯头。

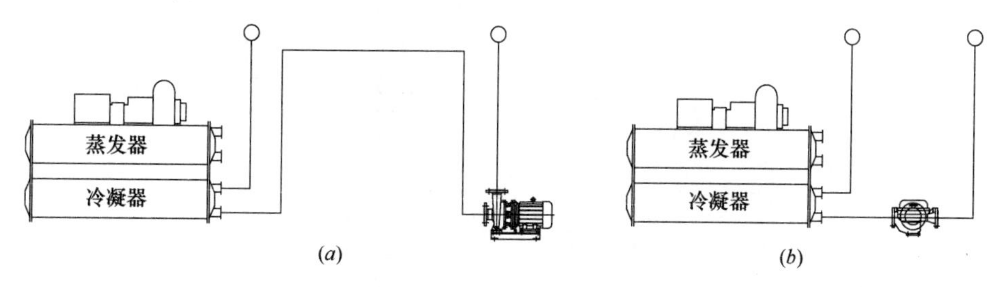

图 8-67 冷机出口接法优化

将直角弯头、直角三通改为钝角弯头或钝角三通：相对于直角弯头和三通，钝角弯头和三通可同时减少管路的沿程阻力和局部阻力，总计降低阻力损失 50%左右。图 8-68 和图 8-69 是宾馆冷站的 BIM 图纸和实拍照片，可以明显看出多个该类型的优化设计。

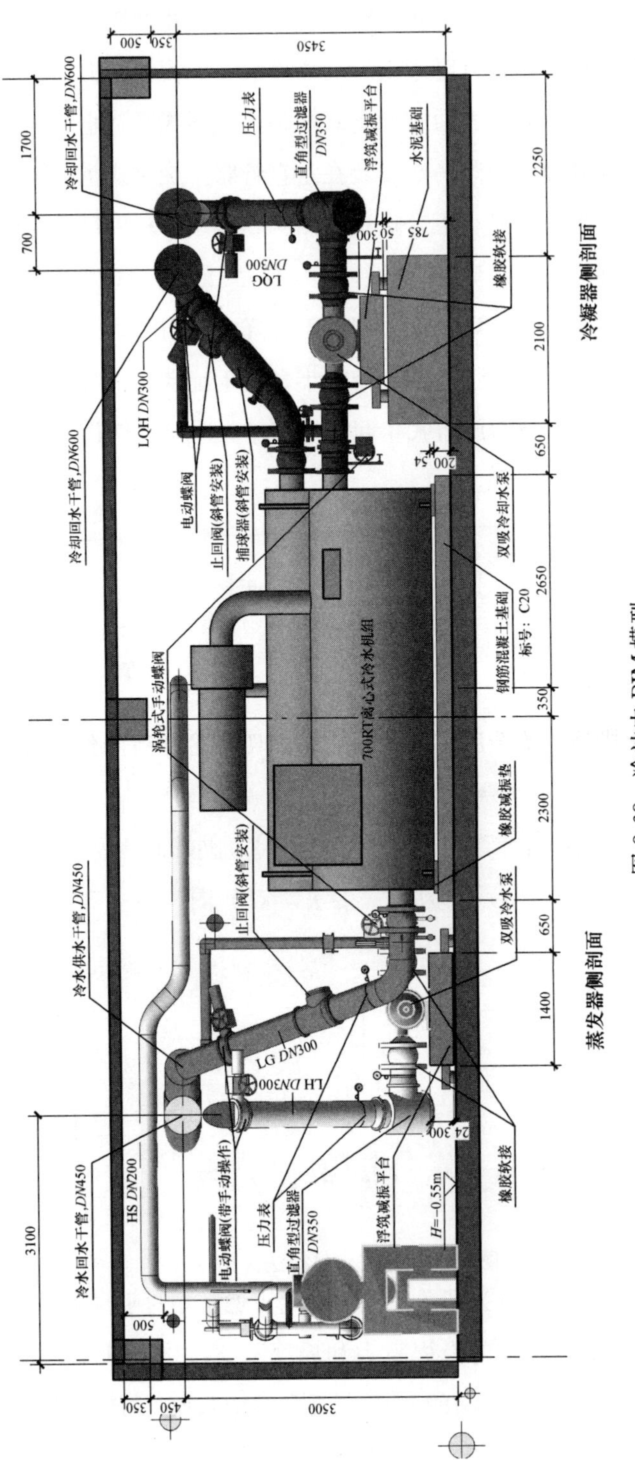

图 8-68 冷站内 BIM 模型

图 8-69 冷站内实拍

减少阀件：将水泵与主机一一对应连接后，可以将主机侧水管上电动蝶阀取消，只保留手动蝶阀；将水泵与主机看成一体后，可以取消水泵进出水管路上其中一侧的蝶阀，并将之前水泵、主机入口的过滤器减少一个，只在水泵进口或主机进口处安装过滤器。

⑤ 水泵等主要设备的选型优化

通过上述优化措施，改造后宾馆的冷水输送距离（单程）约350m，需求的冷冻水泵额定扬程仅24mH_2O，冷却水输送距离（单程）约210m，需求的冷却水泵额定扬程仅20mH_2O（见表8-19）。在此基础上，选择高效的变频水泵，实现整个输配系统高效设计。

宾馆冷冻水泵和冷却水泵设备参数 **表 8-19**

设备名称	设备参数
冷水泵	3台大号水泵，额定扬程24mH_2O，额定流量290m^3/h，水泵机械效率84.6%； 2台小号水泵，额定扬程24mH_2O，额定流量145m^3/h，水泵机械效率79.5%
冷却水泵	3台大号水泵，额定扬程20mH_2O，额定流量544m^3/h，水泵机械效率87.2%； 2台小号水泵，额定扬程20mH_2O，额定流量272m^3/h，水泵机械效率83.7%

4）系统自控策略

如果说上述优化工作为高效冷站搭建好了强健的“筋骨”，那么自控系统就是高效冷站的“灵魂”。白天鹅宾馆采用多项广州市设计院自主研发的控制逻辑，总体原则是根据负荷需求，实时调整设备及系统的运行策略，始终保证冷站综合能效最高。

(4) 改造效果分析

2016年是白天鹅宾馆改造后投入使用的第一个自然年，以该年的运行数据作为改造后冷站运行评价的依据。

1) 全年供冷量分析

宾馆的全年逐时冷负荷如图8-70所示，全年累计供冷量约1724万kWh，负荷峰值约6000kW。时间分布上，除2、3月的部分时间外，其他月份均存在供冷需求。

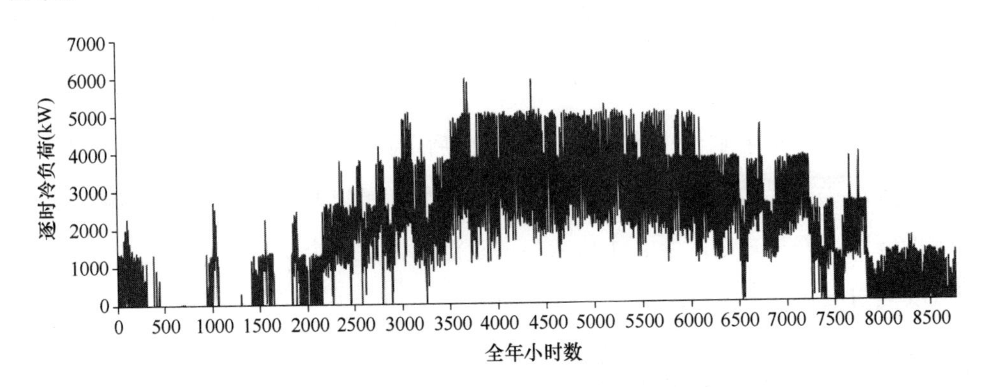

图8-70　全年逐时供冷负荷

2) 全年冷站用电分析

从图8-71和图8-72的冷站用电分项分析可以看出，冷站冷冻水、冷却水输配系统的用电量所占比例很低，达到了设计预期。全年冷站用电量为291.8万kWh。

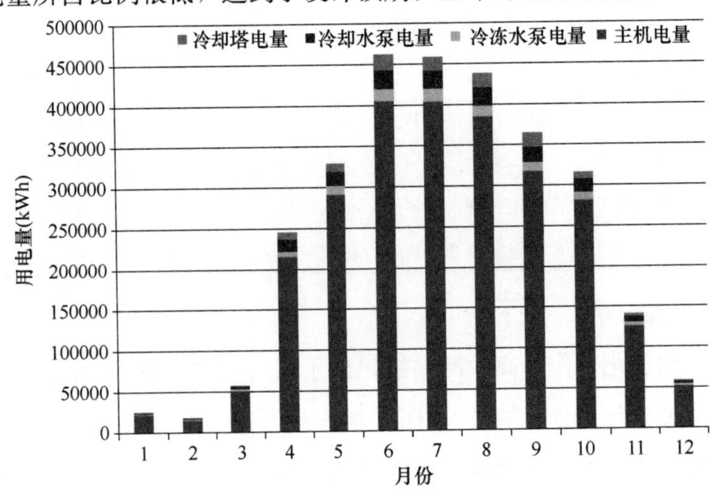

图8-71　全年冷站分项用电

3）冷水系统运行分析

图8-73是冷水系统全年逐时的平均供回水温差。过渡季及冬季由于存在关机时段及热回收系统的影响，供回水温差波动较大，但是在夏季工况中，系统的供回水温差设定值为8℃，实际运行值也始终稳定在8℃上下，说明大温差系统的设计和末端水力平衡系统的效果都非常好。

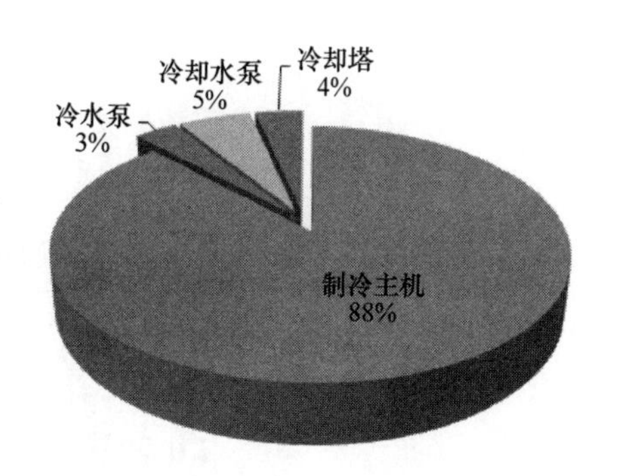

图8-72 全年冷站分项用电分布

4）冷却水系统运行分析

冷却水系统的运行控制有两个重要原则：一是保证系统的供回水温差不低于设定值的5℃；二是在有利气候条件下，尽可能降低回水温度，以利于制冷主机能效的提高。图8-74是冷却水系统全年逐时平均供回水温差，同样的在夏季工况下能稳定维持5℃左右的温差。

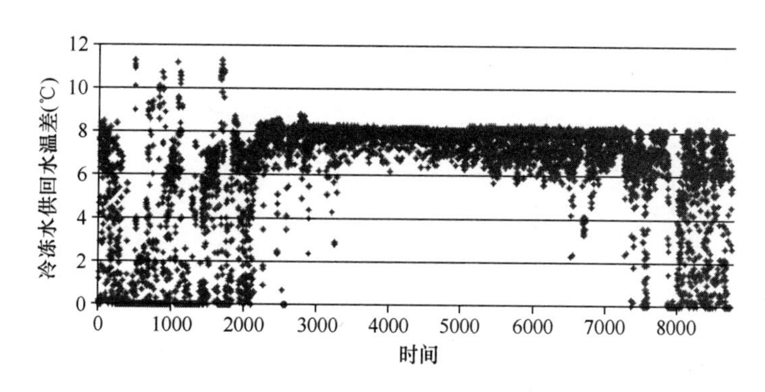

图8-73 冷冻水系统全年逐时供回水温差

5）冷站系统能效分析

图8-75是冷站逐月平均能效，除1月和2月部分系统尚未调试完成导致能效较低外，过渡季的机房能效均高于满负荷的7、8月份。2016年全年冷站综合能效为5.91。

图8-76是2016年冷站在1%以上的负荷率时段下的负荷率/机房能效散点图，可以看到，采用了冷站系统综合能效最高为原则的设计和控制策略后，无论在哪个负荷段，冷站系统能效都能维持在高水平。

6）冷站能耗及能效指标汇总

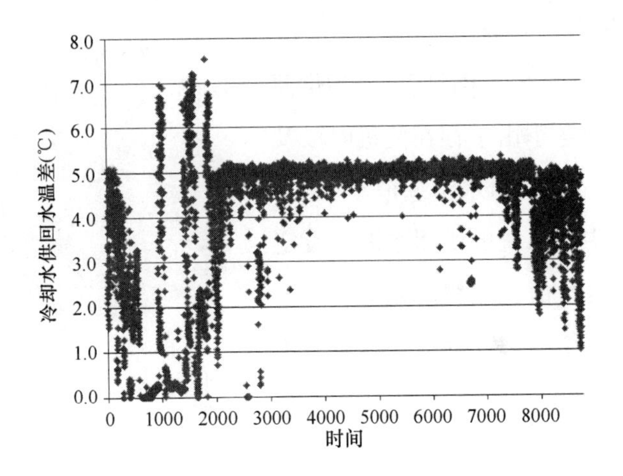

图 8-74　冷却水系统全年逐时供回水温差

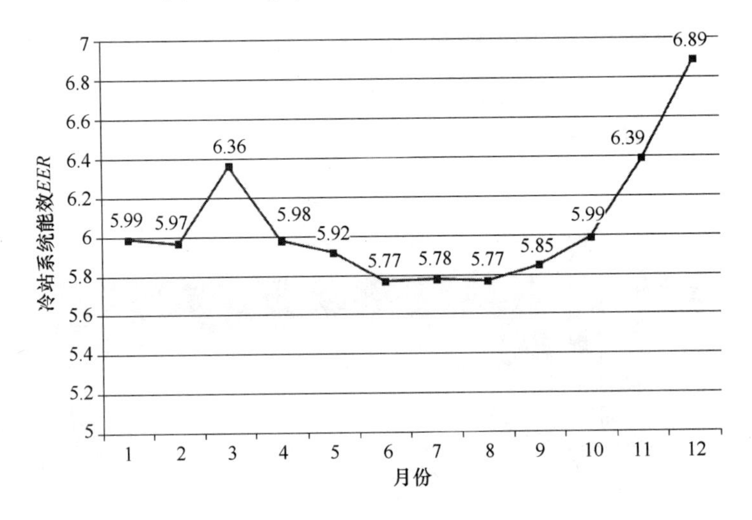

图 8-75　2016 年冷站系统逐月能效 *EER*

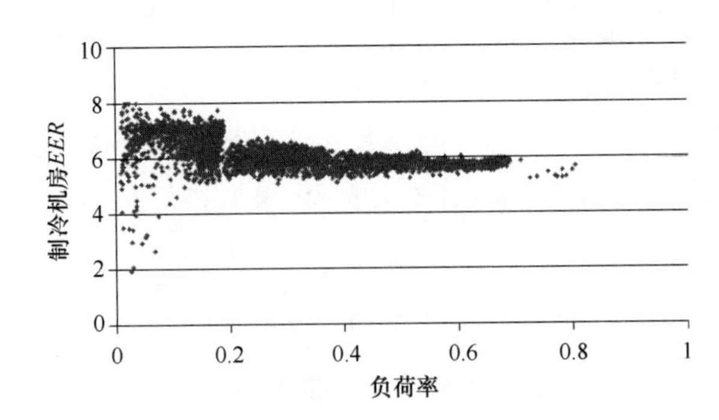

图 8-76　2016 年冷站逐时负荷率/机房能效散点图

改造前后，白天鹅宾馆冷站的各项指标对比如表8-20所示。得益于冷站的大幅节能，宾馆单位面积综合电耗下降到95.9kWh/(m^2·a)，远低于《民用建筑能耗标准》中规定的夏热冬暖地区B类五星级酒店的约束值220kWh/(m^2·a)和引导值160kWh/(m^2·a)。

改造前后冷站指标对比 **表8-20**

指标	改造前 2010年	改造后 2016年
冷站总能耗	839.4万kWh①	291.8万kWh
冷站总供冷量	—	1724万kWh
冷站平均能效	约2.7②	5.91
制冷主机能效	—	6.72
冷水系统输配效率	—	184.4
冷却水系统输配效率③	—	126.4
冷却塔散热效率	—	193.2
单位建筑面积冷站能耗④	104.9kWh/m^2	35.6kWh/m^2
单位建筑面积制冷主机能耗	—	31.3kWh/m^2
单位建筑面积冷水系统输送能耗	—	1.14kWh/m^2
单位建筑面积冷却水系统输送能耗	—	1.91kWh/m^2
单位建筑面积冷却塔能耗	—	1.25kWh/m^2
单位建筑面积供冷量	—	210.2kWh/m^2

注：① 改造前的制冷机房服务整个宾馆，改造后仅服务宾馆主楼，此数据为改造前服务主楼区域的主机房设备能耗的拆分值。
② 改造前供冷量未准确计量，采用负荷模拟结果估算。
③ 冷却水系统的供冷量为冷冻水系统供冷量加上制冷主机电耗，冷却塔散热效率同理。
④ 改造后冷站仅服务宾馆主楼，以改造前主楼面积80000m^2、改造后82000m^2计算单位面积指标，后续同理。

8.5.2 案例2：广东省省府5号楼

广东省人民政府大院5号楼建筑面积15000m^2左右，地上13层，地下1层，建筑高度约50m，主要功能为办公。空调冷站经过多年运行，设备老化，能耗偏高，故对其进行全面改造。原来空调冷源由2台320RT（1125kW）水冷离心机组、3台冷冻水泵、3台冷却水泵、2台冷却塔（位于天面）组成。空调末端采用风机盘管加新风系统，冷冻水系统采用两管制，主立管、水平支管均采用同程敷设，管网设计水力平衡较好。冷站的改造目标是建立安全、可靠、节能的高效冷站，全年综合能效不低于5.0。

(1) 高效冷站技术总结

1) 制冷机组优化

项目原有制冷装机总容量为640RT（2250kW），实际使用时，一般开启1台320RT（1125kW）冷水机组即可满足制冷要求，夏季的高温天气时可开启两台，以部分负荷运行。最终结合业主意见，选择3台200RT（704kW）水冷变频螺杆冷水机组，设备参数如表8-21所示。

制冷机组主要参数　　表8-21

设备名称	设备参数
水冷变频螺杆冷水机组	制冷量 Q=704kW（200USRT）， N=114.8kW/380V/50Hz COP=6.13，$IPLV$=9 冷水进/出水温：12℃/7℃ 冷却水进/出水温：30℃/35℃ 蒸发器侧工作压力1.0MPa，水压降28kPa 冷凝器侧工作压力1.0MPa，水压降9.7kPa

2) 水系统优化

采用了和白天鹅宾馆相似的改造思路，水系统优化的主要措施包括管网路由优化，过滤器、止回阀优化等，机房实景图如图8-77和图8-78所示。

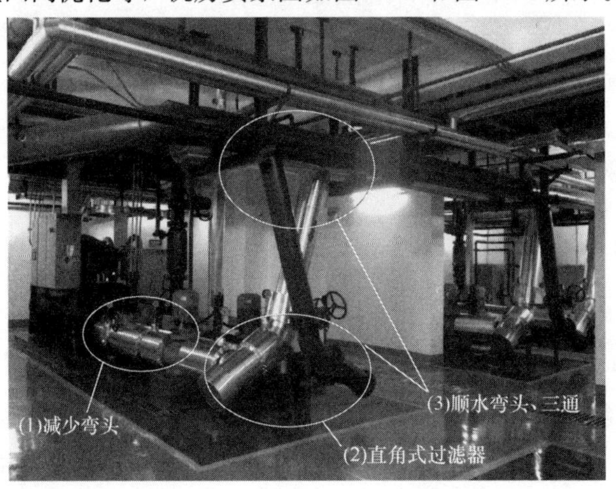

图8-77　管网实施效果实景一

图 8-78 管网实施效果实景二

优化后，项目的冷却水系统环路长度约 200m，水泵扬程 13.5mH_2O；冷水系统环路长度约 370m，水泵扬程 22mH_2O。冷水泵和冷却水泵的选型如表 8-22 所示。

水泵选型主要参数 **表 8-22**

设备名称	设备参数
立式中开双吸离心式冷却水泵	L=155m³/h，H=135kPa 工作压力 1.0MPa；N=11kW/380V/50Hz 综合效率≥70%，变频控制
立式中开双吸离心式冷水泵	L=130m³/h，H=220kPa 工作压力 1.0MPa；N=15kW/380V/50Hz 综合效率≥70%，变频控制

3）冷却塔优化

冷却塔的能耗主要为冷却塔风机的能耗，通常占空调系统总能耗的比例较小(2%～3%)。但是，冷却塔出水温度对制冷机组的能效影响较大，冷却水温每升高/降低 1℃，制冷机组的 *COP* 可降低/升高 3%左右，因此冷却塔的优化包括冷却塔风机节能及提供更高湿球温度逼近度的冷却水供水两个方面，进行冷却塔选型时需综合考虑。该项目冷却塔选型见表 8-23。

冷却塔选型主要参数 **表 8-23**

设备名称	设备参数
超低噪声单进风横流式冷却塔	L=175m³/h，N=4kW/380V/50Hz；冷却水进/出水温度：35.5℃/30.5℃；室外湿球温度 28℃，风机变频控制

4）系统自控及能源管理系统

该项目采用主机变频、水泵变频变流量、冷却塔风机变频等节能控制技术，结合“精准看能”控制系统，对所有冷站设备进行监测、控制和优化管理，可实现管理空调设备运行状态、运行参数设置、动态运行效率测评、优化运行参数等功能，确保冷站系统高效运行。

项目的自控系统采用工作日时间表，结合室外气象参数，全自动控制冷源机房系统运行，实现全自动“无人机房”“一键启动”“半自动控制”等功能。

针对主机，自控系统可根据温度、流量、压差等数据，预测末端负荷走势，自动提前加、减机组调节机房输出负荷，完全避免主机运行在低效率负荷段。

针对冷水泵，根据供回水温度、压力、压差、流量、主机负荷、主机性能曲线等数据，自动调节运行频率，实现动态变流量运行，保持冷水总供回水温差不低于设计值的80%。

针对冷却水泵，根据主机负荷、进出水温度、流量、主机性能曲线等数据，自动调节运行频率，实现冷却水动态变流运行。

针对冷却塔，以主机冷却最佳条件为目标，自动控制冷却投入台数，根据室外气象数据与冷却塔出水温度对比，调节冷却塔风机运行频率，保持冷却塔出水温度不高于设计冷幅。

（2）改造效果分析

广东省府5号楼冷站改造项目于2017年4月竣工验收，7月底正式投入使用，运行至10月16日，之后供冷季结束不再开机，因此分析中设定7月24日～10月16日为供冷季。

1）全年供冷量分析

空调系统的开机时间为8：00～19：25，图8-79为供冷季开机时间段内的逐时冷负荷，由于属于间歇供冷，刚开机时会出现冷负荷峰值，经过1～2h的运行后逐步平稳。

2）全年冷站用电分析

供冷季期间，冷站的分项电耗占比如图8-80所示。制冷机组能耗的比例高达91.47%，冷水泵、冷却水泵和冷却塔各占3%左右。在实际运行中，部分负荷工况较多，水泵的变频运行效果良好，使得水泵的电耗占比极低。

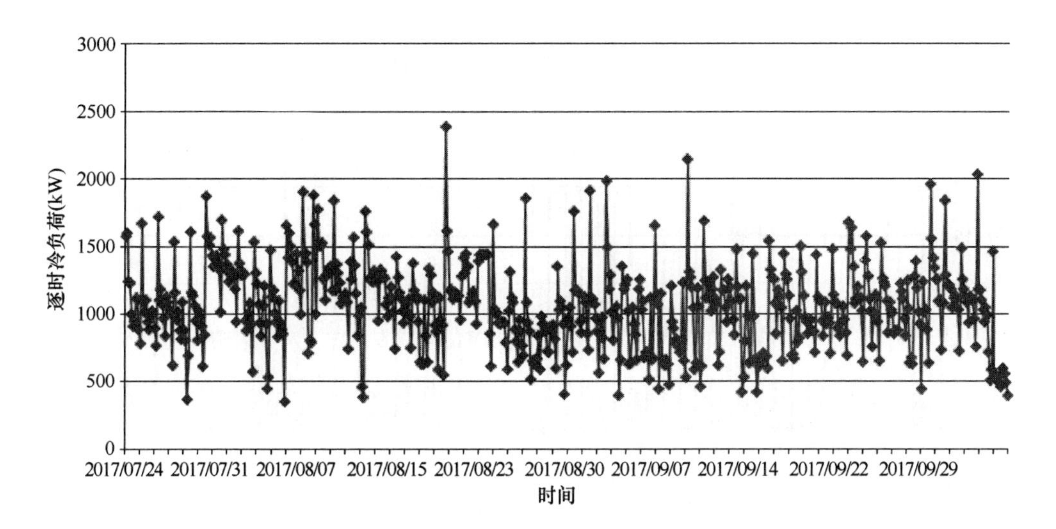

图 8-79 冷站逐时冷负荷

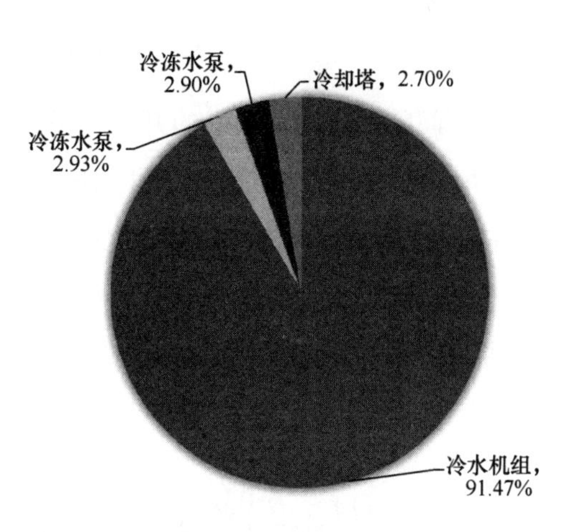

图 8-80 冷站分项电耗占比

扣除地下室，该项目按建筑面积 $13600m^2$ 计算，则在供冷季的 2017 年 7 月 24 日～10 月 16 日（共 56 天）中冷水泵电耗为 3408kWh，单位面积冷冻水泵电耗为 $0.25kWh/m^2$，该时间段涵盖了大约一半的夏季和整个秋季，视其代表了整个供冷季的平均值，则按整个供冷季为 4 月 15 日～10 月 16 日（共 129 天）考虑，全年冷水泵电耗为 7888kWh，折合单位建筑面积电耗为 $0.58kWh/(m^2 \cdot a)$。此外，冷水泵输送单位冷量的耗电为 0.0055kW/kW，该指标远低于规范的要求。

同样方法，可推算冷站系统全年的单位建筑面积电耗为 $19.7kWh/(m^2 \cdot a)$。

3）冷水系统运行分析

供冷季逐时（半小时）冷水供回水温度如图 8-81 所示，可以看出：

① 冷水供水温度维持在 7℃上下，回水温度维持在 11～12℃。

② 供、回水温度跟随性较好，即供回水温差较为稳定，经计算，供冷季内冷冻水供回水平均温差为 4.21℃，满足大于 4℃（80%×设计温差）的设计要求。

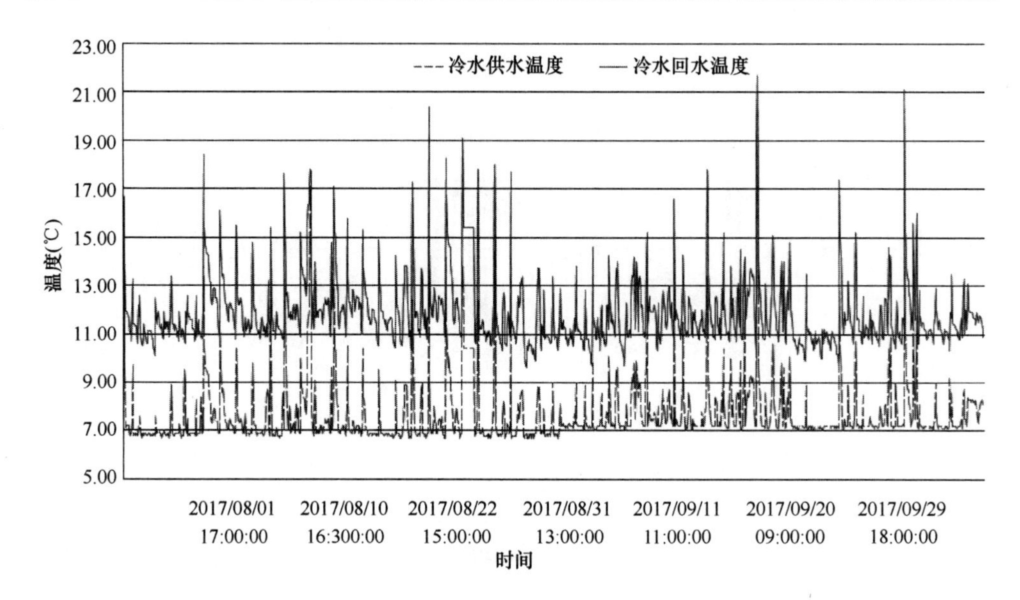

图 8-81 逐时冷冻水供回水温度

③ 因间歇供冷，在早上的开机时段，系统供回水温度较高，温升情况与天气及时间相关。例如，在 10 月 9 号国庆长假后的第一天上班，开机时冷水温度达 21℃左右，该时刻机组 *COP* 也随之提高。

4）冷却水系统运行分析

供冷季逐时（半小时）冷却水供回水温度如图 8-82 所示，可以看出：

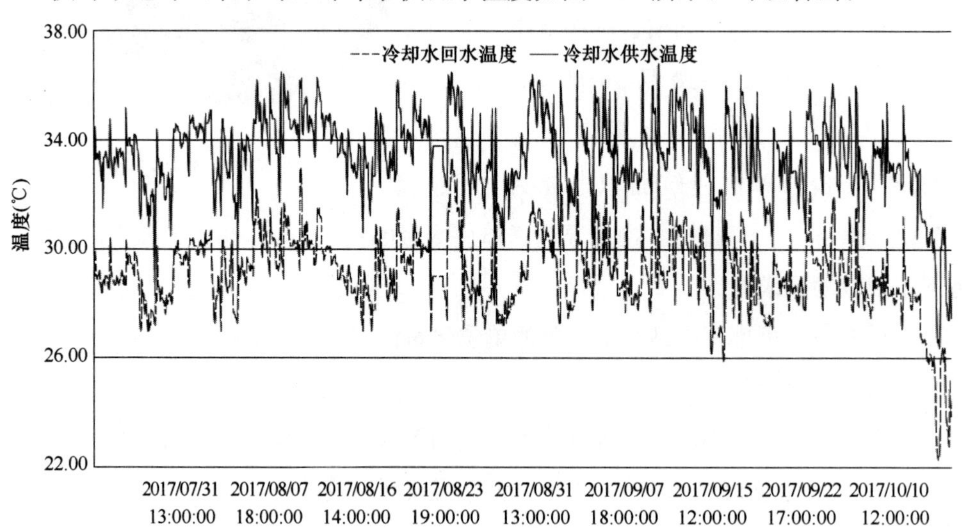

图 8-82 逐时冷却水供回水温度

① 冷却水供水温度绝大部分时间保持在27～32℃，在10月份更低一些。

② 供、回水温度跟随性较好，即供回水温差较为稳定，经计算，供冷季内，却水供回水平均温差为4.36℃，满足大于4℃（80%×设计温差）的设计要求。

③ 虽然是间歇供冷，但冷却水温与气温更接近，不会出现水温自然温升引起的早间峰值。

5）冷站系统能效分析

剔除部分数据坏点后，各台制冷机组的供冷季逐日平均*COP*如图8-83所示。主机*COP*在绝大部分时间内在5～7之间波动，2号主机实际运行时*COP*最高，满足设计要求，1号主机、3号主机则仍未达到设计要求，需进行进一步调适。

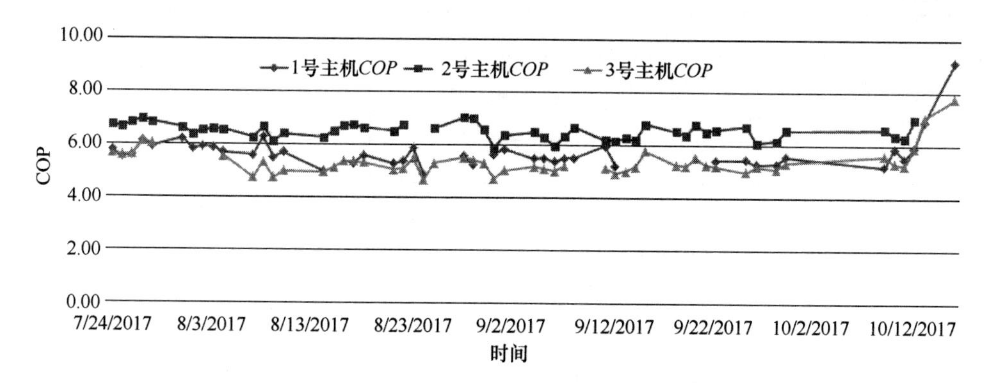

图8-83 制冷机组逐日*COP*

冷站在供冷季的累计供冷量为618554kWh，耗电量为116326kW，平均能效*EER*为5.32，实现了5.0的设计目标。逐月*EER*如图8-84所示。

可以看出，7月份的平均*EER*值最高，这是由于7月份仅在月底运行了1个

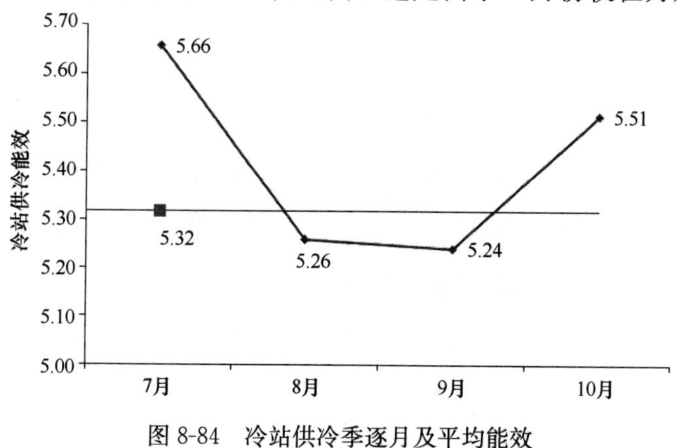

图8-84 冷站供冷季逐月及平均能效

星期左右，该段时间天气转凉，室外气温较低，故系统能效较高。在8月、9月能效比有所降低，而10月气温降低，系统能效比再次升高。

华南地区小型办公建筑的供冷季一般为4月中旬至10月中旬左右，该项目改造后自2017年7月底运行，经历夏季（7～8月）、过渡季节（9～10月），由于4～5月的天气与10月类似、6月的天气与9月类似，折算下来全年的系统能效比应更高，如进一步调适1号、3号主机，预计系统能效比也可进一步提高。

6）冷站能耗及能效指标汇总

广东省府5号楼的主要能耗与能效指标如表8-24所示。

主要能耗与能效指标 **表8-24**

指标	改造后2016年
实测冷站总能耗	11.6万kWh
实测冷站总供冷量	61.9万kWh
实测冷站平均能效	5.32
实测制冷机组能效	5.81
实测冷水系统输送系数	181.5
实测冷却水系统输送系数	215.5
实测冷却塔效率	231.5
推算全年单位建筑面积冷站能耗	19.7kWh/m^2
推算全年单位建筑面积制冷机组能耗	18.0kWh/m^2
推算全年单位建筑面积冷水系统输送能耗	0.58kWh/m^2
推算全年单位建筑面积冷却水系统输送能耗	0.57kWh/m^2
推算全年单位建筑面积冷却塔能耗	0.53kWh/m^2

8.5.3 总结及展望

白天鹅宾馆及广东省府5号楼两个高效冷站项目的成功得益于各方的努力。广州市设计院的团队在进行设计之余不断开发和研究新的节能技术，共申请相关发明及实用新型专利10余项，发表相关论文8篇；项目业主十分注重建筑节能，为项目的顺利推进开启了很多绿色通道；机电运维团队具备较强的专业实力，确保了节能策略的正确执行；广东省科技厅、广州市住房和城乡建设委员会分别提供了重大科技专项资金、节能专项资金的支持，广州市住房和城乡建设委员会还组织了推广会向全市分享项目的先进经验。

但是，在项目的实施过程中也不断遇到新的问题。例如，施工采购没有按照设计要求购买变频电机水泵，导致水泵无法在30Hz以下运行，在极低负荷时段无法充分发挥节能潜力；白天鹅宾馆的冷却塔水阀全体控制失灵且长期未明确问题责任方，导致冷却塔在低负荷时段能效降低；宾馆主厨对厨房区域热湿环境要求很高，人为规定室温必须保证低于23℃，通风系统即便在非用餐时间也不能变频降低换气次数，导致部分节能措施无法顺利执行；广东省府5号楼的1号和3号制冷机组在数个月的调适后仍无法以最佳状态运行。

成功的经验和背后的瑕疵都证明了一件事：高效冷站的建设不仅仅是个技术问题，唯有集结全社会的力量，才能真正把项目做好。

值得期待的是，广州市设计院主编的国内首部聚焦冷站能效的标准《集中空调制冷机房系统能效监测及评价标准》DBJ/T 15—129—2017经过不懈努力，已正式颁布，将于2018年4月1日起在广东省内实施。标准中规定了冷站能效达到3.5、4.1和5.0，分别对应三级、二级和一级能效，也对能效监测、计量和评价等过程做出了明确指导。希望这部标准能成为高效冷站在国内全面推广的基石，催生更多、更好的高效冷站项目，为实现十三五的建筑节能目标贡献一份力量。

8.6 低能耗交通建筑最佳实践案例：成都地铁3号线磨子桥站

8.6.1 建筑及通风空调系统基本信息

（1）建筑基本信息

成都地铁3号线磨子桥站位于新南路与林荫街交叉路口处，沿新南路南北向布置，为12m岛式站台车站（见图8-85）。该站2016年7月31日开通试运营，车站总长180m，车站标准段总宽19.3m，为地下两层12m岛式车站，车站总建筑面积10610m^2，其中主体建筑面积7750m^2（站厅层、站台层均为3875m^2），附属建筑面积2860m^2，中心里程处顶板覆土3.00m。车站设置3个通道出入口，A、C号出入口通道长度均超过60m，B号通道为预留。本站远期设计年限2041年，远期早高峰小时预测客流12724人/h，晚高峰小时预测客流10369人/h，超高峰系数为1.30。

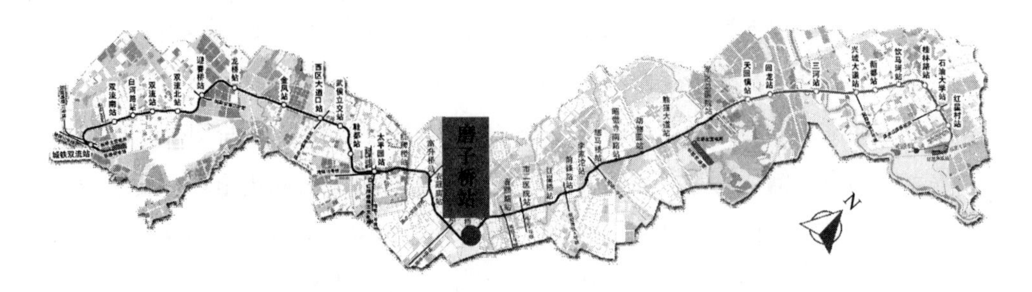

图 8-85 成都地铁 3 号线总图

站厅层集散厅划分为非付费区和付费区两部分，两个区域之间设有进出站闸机和固定栅栏分隔，在分隔带上靠近出闸机附近设有票务室，靠近进闸机附近设有安检设备；在付费区内由站厅到站台共设有 2 部上行扶梯、1 部下行扶梯、2 部楼梯及 1 台垂直电梯；在非付费区内设有足够的乘客集散空间，布置有自动售票机、自动验票机，还有银行、公用电话等公共服务设施。站厅层主要的设备管理用房集中布置在车站南端，北端站厅设备区仅布置银行、民用通信设备室、安检存放设备室等必要用房。

站台层两端为设备用房，变电所、污水泵房、屏蔽门控制室、风室、照明配电室等房间布置在车站小里程端，大里程端仅布置废水泵房、照明配电室、车站备品库等房间。

（2）通风空调系统基本信息

1）隧道、车站通风系统

该站单端设置区间隧道通风系统：在下行线出站端（南端）设置一条 $20m^2$ 活塞风道。车站南端对应于上行线和下行线隧道各设置一台可正反向运行的隧道风机（TVF），共 2 台，以及相应的组合式电动风阀。TVF 风量为 $60m^3/s$，全压约 900Pa，$N=90kW$。风机前后设变径管和消声器，所有设备均设置在车站南端的隧道风机房内，水平卧式安装。设备布置既可满足两台隧道风机独立运行，也可相互备用或同时对同一侧隧道送风或排风。隧道通风系统通过风机的启停及风阀的转换，可按正常、阻塞、火灾三种工况运行。

车站隧道设置排风系统，每条车站隧道排热风量为 $40m^3/s$。该站单端设置通风空调机房，利用设置于南端的隧道风机（TVF）平时兼作轨道排热风机，隧道实测温度高于 30℃且高于室外空气温度时，隧道风机变频兼作车站轨道排热风机运行；其他工况可根据需要进行通风模式的转换。轨顶排风道和轨底排风道均采用土建式风道，轨顶和站台下风道按6∶4比例分配风量。

2）公共区通风空调及防排烟系统（简称大系统）

车站公共区空调采用空气一水系统。站厅、站台公共区设置柜式风机盘管机组（AHU）负担室内负荷，另在通风空调机房内设柜式风机盘管新风机组（PAU），负担新风负荷及部分室内负荷。站厅、站台公共区空调计算冷负荷为786kW，总送风量计算值94060m^3/h，机械新风量计算值为19360m^3/h。大系统各区域空调风系统配置如表8-25所示。

公共区域空调风系统设备配置 **表8-25**

类型	服务区域	风量（m^3/h）	冷量 kW	台数
PAU	站厅层	15000	164	1
	站台层	15000	164	1
AHU	车站站厅层室内负荷	15000	74	1
		7000	34	4
		4000	20	1
	A通道	1700	9	6
	B通道	1700	9	4
	自动售票机房	1700	9	1
	银行	2380	16	1
	车站站台层室内负荷	15000	87	1
		7000	41	4

空调季进行新风需求控制，新风处理机组（PAU）根据公共区CO_2浓度的实测值变频运行——室内CO_2浓度低于500ppm时关停PAU机组；室内CO_2浓度介于500～1000ppm时，PAU机组线性变频运行；CO_2浓度高于1000ppm时，PAU机组工频运行。

室内柜式风机盘管机组（AHU）回水管设比例积分两通调节阀，按焓值控制——室内焓值低于控制目标值时，减小二通阀开度直至全关，反之则增大开度直至全开。室外空气焓值低于空调送风焓值（机器露点）时，转入通风工况，关停室内机组，打开屏蔽门顶梁上的电动风阀，利用活塞效应对车站公共区通风。

3）设备管理用房通风空调及防排烟系统（简称小系统）

根据各设备管理用房的不同使用功能要求，结合其实际建筑布局情况，该站小系统共设6个，其中南（A）端共5个，北（B）端共1个，服务范围涵盖通信设备室、信号设备室、综合监控设备室、变电所、环控电控室等设备用房，以及车控室、会议室、更衣室、公安值班室、工务/工班等办公类的管理用房。大部分系统采用独立新风加风机盘管或柜式风机盘管的空气一水系统。内走道、冷水机房、空调机房等用房设通风及排烟系统。

4）车站空调冷源系统

车站空调水系统在正常运营时间内为车站大、小系统提供冷源。另外，根据设备及管理用房使用需求，设置变制冷剂流量多联空调作为冗余系统。

该站冷冻水系统采用一级泵变流量系统，车站一端冷水机房内设2台螺杆式水冷冷水机组，每台额定冷量为591.1kW、额定功率为100.8kW。冷水供/回水温度为7℃/12℃，冷却水供/回水温度为32℃/37℃，对应地设冷冻水泵（120m^3/h，280kPa）、冷却水泵（150m^3/h，260kPa）各2台。另设置板式换热器，冬季气温低时采用冷却塔供冷（freecooling）。设2台150m^3/h鼓风式冷却塔（双速风机）。冷却塔设置于车站南端地下一层排风道内。

根据系统设计要求，该站车控室、综合监控设备室、通信设备室（含电源室）、信号设备室（含电池室）、降压变电所、环控电控室、应急照明电源室、AFC设备室、屏蔽门控制室设多联空调机作为冗余空调系统。以上房间设两套独立的多联空调系统，每套系统负担一半的负荷。南端设2套多联空调系统，每套制冷量为96kW，输入功率为25.73kW；北端设2套多联空调系统，每套制冷量为5kW，输入功率为1.61kW。

（3）通风空调系统节能关键技术

1）复合通风制式

采用复合通风制式，即在站台门安装顶梁上开设若干通风孔并设置电动风阀，空调季关闭这些风阀，车站公共区按空调工况运行；非空调季打开风阀，利用列车活塞效应对车站公共区通风。这种系统避免了困扰业界多年的开/闭式与屏蔽门制式的争论，兼具两种制式的优势。实现复合通风制式可有多种方式，常见的是在屏蔽门顶箱内设置风孔及相应阀门实现开、闭控制。但屏蔽门绝缘问题在全国甚至是世界范围内都未很好地解决，改变既有产品的成熟结构未必是最佳的做法。加入的阀门执行机构的动力及控制电缆也需较大的安装空间，故只能压缩顶箱内原门机及控制系统的安装空间。另外，门机与风阀执行机构的电压等级往往不同，大量的线缆之间易形成信号干扰。

成都 3 号线磨子桥等三站未采用屏蔽门顶箱开孔的方案，而是将轨顶排风道宽度压缩 1500mm，在屏蔽门的安装顶梁上开孔，如图 8-86 中框内区域所示。车站公共区采用复合通风制式，在屏蔽门安装顶梁上开设通风孔并设置电动风阀，每侧通风孔面积合计 44.1m^2。空调季关闭电动风阀，车站按屏蔽门制式运行；非空调季打开两侧电动风阀，按开式系统运行，关闭车站公共区通风空调设备，利用列车活塞效应对车站公共区通风。即使在夏季，也完全有可能利用地下工程冬暖夏凉的特点尽量减少冷水机组的运行时间：2016 年 8 月 3 日，当天除开启新风空调柜外，设于公共区的各空调末端均未运行，利用隧道活塞风带走室内负荷，公共区温度仍然可以保持在相对舒适的水平。

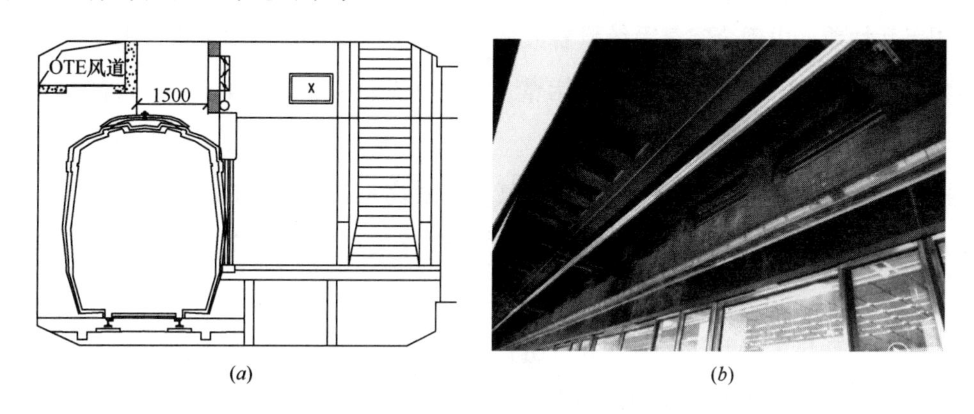

(a) (b)

图 8-86 复合式通风制式安装及实际应用位置

(a) 安装示意图；(b) 实际应用图

2）公共区通风空调系统采用空气—水系统

国内绝大多数地铁线路地下车站公共区的通风空调系统均采用全空气系统，通常在车站两端的空调机房内设置组合式空调机组，并设置回、排风机和排烟风机，回、排风管与排烟风管合用。全空气系统的优势在于可提前关停冷水系统进入通风工况，有利于非空调季的运行节能。但事实上，由于地下工程中机械排烟系统是必不可少的，通风季节完全可以利用排烟风管对车站公共区通风。

相对于民用建筑通风空调系统，城市轨道交通地下车站的通风空调系统历来有

“重风轻水”的倾向，这一点从装机容量的比例即可看出。换言之，民用建筑通风空调系统的能耗中，冷源制备（冷水机组）及一次输配（水泵）能耗所占比例远大于二次输配（风机）能耗，而在城市轨道交通工程中，风、水子系统的能耗则呈现出相反的关系：二次输配能耗大于冷源制备及一次输配能耗。因此，尽量降低风系统的能耗应该成为城市轨道交通通风空调系统节能的“主攻方向”。

全空气系统相较于空气—水系统存在以下问题：1）工程造价高：全空气系统的造价明显高于空气—水系统：一方面，通风空调系统本身的初投资高，同时相配套的动力配电、综合监控系统的初投资也较高；另一方面，全空气系统对机房面积及净空要求较大，使得土建初投资也相应增加。2）输配能耗高：一方面，由于空气的质量比热容远小于水，输送相同的能量，采用空气系统所需的输配能耗远大于采用水系统；另一方面，由于全空气系统集中设置空气处理设备，空气输配管路长，且集中设置挡水、消声、风量调节等局部管件，使得风机能耗进一步加大。3）使用灵活性差：由于全空气系统设备数量少，单台容量大，使用中不便根据实际负荷情况灵活组合，在部分负荷下只能靠变频运行调节风量。并且，一旦某台设备故障，系统将损失较大的空气处理能力。

从空调原理上说，全空气系统与空气—水系统并没有本质的区别，区别仅在于相对的集中和相对的分散。空气—水系统之所以在空调期内比全空气系统运行能耗低，主要在于空气—水系统的输送能耗（以水为主要输送媒介）显著小于全空气系统，风机能耗显著降低。全空气系统组合空调柜因其功能段多，柜内风阻大，一方面因风机出口风速较高，必须设挡水段，另一方面因风机的声功率级高，必须设消声段，此两段阻力增加较多。而柜式风机盘管的内阻则小得多。此外，全空气系统风管需穿越设备管理用房区，不仅增加了无效的沿程阻力损失，还因需设置较多的防火阀、参与模式控制的电动风阀、调节风量平衡的手动风阀，以及较多的弯头、三通、变径等，局部阻力也增加很多。而空气—水系统的风管则很简洁，局部阻力较少。由于磨子桥地铁站采用复合通风制式，非空调季可利用活塞效应通风，故公共区通风空调系统只需负担空调季，全空气系统能耗在非空调季的相对优势无法发挥。因此，磨子桥站空调采用空气—水系统，在全年运行过程中，大幅降低了风机的输配能耗。

3）冷却塔置于地下

该站的冷却塔设于地下一层排风道内。由于车站大、小系统均采用空气—水系统，空调系统无排风，仅通风系统（内走道、机房等）有排风；另一方面，因岩土的热汇效应，地下工程通常冬暖夏凉，夏季车站段隧道温度基本低于室外气温，故轨道排热系统也基本不运行。所以，站内通风及空调系统的排风量远小于鼓风式冷却塔需风量。因此，在鼓风塔进风端左、右两侧与活塞风道和新风道（兼消防专用通道）的隔墙上分别设置组合式电动风阀，并在活塞风道和新风道内分别设置温、湿度传感器，由实测湿球温度值较低的一侧取风，提高冷水机组的运行效率，现场图如图 8-87（*a*）所示。

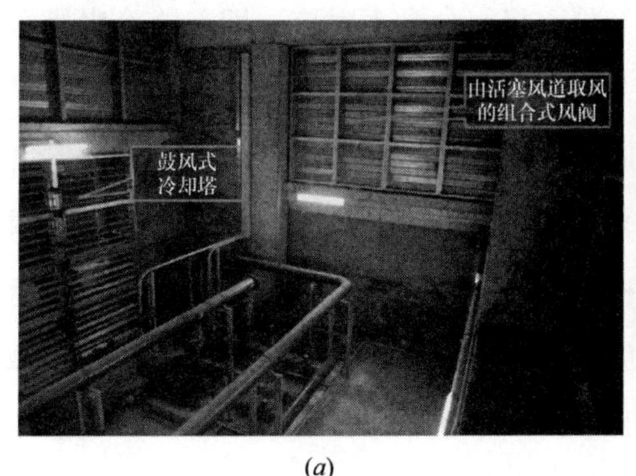

(*a*)

(*b*)

图 8-87　地下冷却塔与冷却塔供冷用板换

（*a*）鼓风式冷却塔进风端；（*b*）磨子桥站板式换热器

此外，该站因为采用了复合通风制式，非空调季可利用活塞效应通风。因为全站（大、小系统）均为空气—水系统，为了降低非空调季的设备管理用房供冷的能耗，同时也为了避免低负荷时段冷水机组反复启停或回油困难等不良工况，该站在低负荷时段设计采用冷却塔供冷（freecooling），现场图如图 8-87（*b*）所示。

4）更新控制工艺

国内很多城市轨道交通线路的通风空调控制工艺设计中，因为通风空调、动力与照明配电、综合监控三个专业之间的接口关系不够清晰，各专业之间不能相互理解设计意图，往往导致一些控制功能最终无法实施。成都地铁 3 号线通风空调系统的控制工艺图与其他线路相比做出了很多调整，明确了解耦控制的原则。既包括控制目标的解耦，也包括控制途径的解耦，还包括各子系统控制模式的解耦。

① 风系统解耦控制。风系统控制目标的解耦是指室内环境的焓值与 CO_2 浓度

两个室内参数进行解耦控制，各自形成独立的闭环。控制途径的解耦指在以室内焓值为控制目标的闭环中，因被控系统的输出（焓值）对不同可调参数的响应时间不同，将多个可调参数解耦，分阶段调节，每个阶段只调节一个可调参数，固定其他参数，避免控制目标值产生振荡。各子系统控制模式的解耦是指大系统 A、B 两端，以及小系统的各子系统各自按相应的传感器反馈值闭环控制，相互之间均不必“捆绑”执行同一模式号。

② 水系统解耦控制。磨子桥站空调水系统为一级泵变流量系统，采用基于群控的解耦控制。根据站内实际负荷需求确定冷水机组运行台数。冷水泵、冷却水泵均采用变频电机、集管制连接，运行台数与冷水机组台数不对应，即不论冷水机运行 1 台还是 2 台，水泵均优先运行 2 台，并联运行于频率下限而被控参数（分、集水器间压差）仍为负偏差且超过 2 个控制周期时，减 1 台水泵。冷水泵根据分、集水器间压差变频控制，2 台泵运行时变频范围［50～25］，1 台泵运行时变频范围［45～20］。冷却塔风扇运行台数也与冷水机组或冷却水泵运行台数不对应，优先运行 2 台冷却塔，以尽量降低冷却塔出水温度（降低冷水机组平均冷凝温度，也即降低冷水机组冷凝压力）。由于螺杆式冷水机组多采用两器间的压差回油，为保证冷水机组正常回油，只有在冷却塔出水温度过低时才逐台减少冷却塔运行数量。

综上所述，磨子桥站采用复合通风制式，故全年只分为空调季和非空调季。如前所述，空调季内，将室内焓值和 CO_2 浓度值两个参数进行解耦控制，各自形成独立的控制闭环：根据室内焓值控制设于公共的柜式风机盘管机组 AHU 的回水管上的两通调节阀，或减少 AHU 运行台数；根据室内 CO_2 浓度值控制新风机组 PAU 的频率。非空调季则打开屏蔽门顶梁的电动风阀，充分利用列车活塞效应对公共区通风。

8.6.2 室内环境与热舒适水平分析

(1) 夏季典型日室内参数分析

对于夏季工况，空调系统采用焓值控制，其中站厅层设温、湿度传感器，设计控制目标值 66.9kJ/kg，站台层设计控制目标值 60.4kJ/kg。公共区通过监测 CO_2 浓度控制新风供给，设计控制目标值 500～1000ppm。

2017 年 7 月 10 日，站厅、站台公共区室内环境参数监测值如图 8-88 所示。当

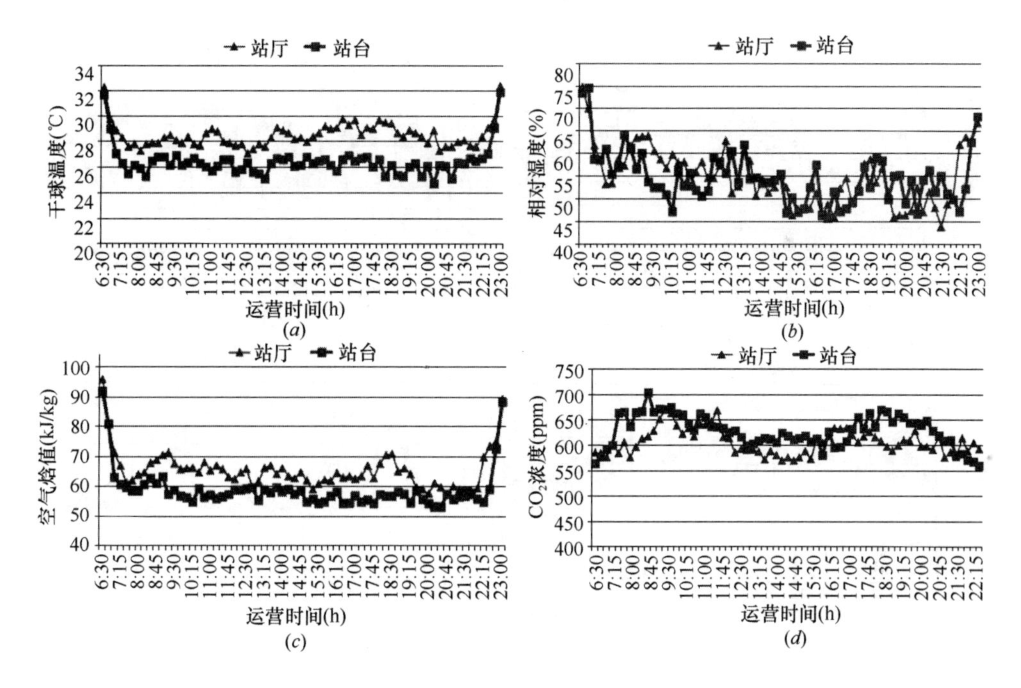

图 8-88 夏季典型日公共区环境参数（2017 年 7 月 10 日）

(*a*) 干球温度；(*b*) 相对湿度；(*c*) 空气焓值；(*d*) CO_2 浓度

天成都市室外最高温度 36℃，最低温度 20℃。剔除空调启、停机时段，站厅层干球温度 27.1～29.8℃，平均 28.5℃；站台层干球温度 24.7～26.9℃，平均 26.5℃。站厅、站台的相对湿度分别为 43.8%～63.9%和 45.7%～64.1%，平均值分别为 55.0%和 54.6%。按成都市夏季大气压 94.77kPa 计算，站厅层焓值为 56.6～71.4kJ/kg，平均 65.5kJ/kg，站台层焓值 53.3～63.2kJ/kg，平均 59.0kJ/kg。

站厅与站台 CO_2 浓度全天较为稳定，站厅层全天 CO_2 浓度为 570～671ppm，平均值 607ppm；站台层全天 CO_2 浓度为 580～704ppm，平均值 628ppm。公共区 CO_2 浓度与室外值较为接近，低于《地铁设计规范》GB 50157—2013 中规定的 1500ppm，证明当前工况下，实际侵入公共区域的无组织新风仍高于保证相关规范规定所需的新风量。今后可进一步优化 PAU 机组的运行策略，环控系统能耗仍有进一步降低的空间。

(2) 冬季典型日室内参数分析

2018 年 1 月 9 日全天站厅、站台公共区室内环境参数监测值如图 8-89 所示。

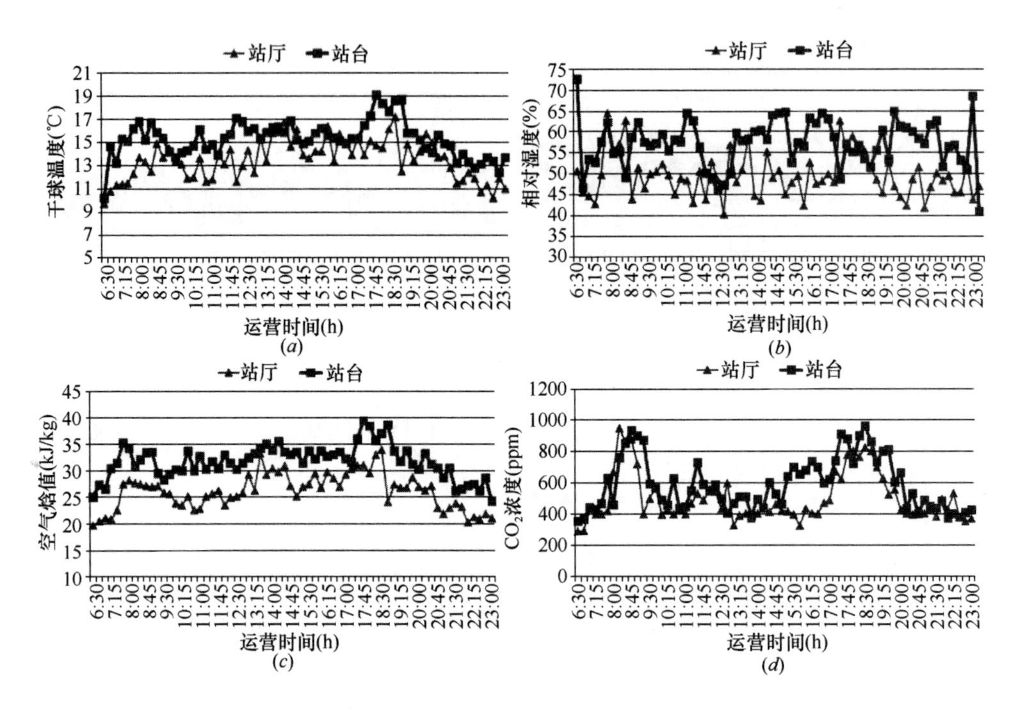

图 8-89 冬季典型日公共区环境参数（2018 年 1 月 9 日）

(*a*) 干球温度；(*b*) 相对湿度；(*c*) 空气焓值；(*d*) CO_2 浓度

当天室外最高温度 7℃，最低温度 4℃。站厅层干球温度 9.7～17.2℃，平均 13.5℃；站台层干球温度 10.2～19.1℃，平均 15.3℃。站厅、站台的相对湿度分别为 40.3%～64.5%和 40.9%～72.7%，平均值分别为 49.5%和 57.3%。站厅层温度波动幅度 7.5℃，站台层波动幅度 8.9℃。另外，站台层平均温度高于站厅层平均温度 1.8℃。这是因为冬季利用列车活塞效应对公共区通风，活塞风对站台层的影响略大于站厅层。

站厅层 CO_2 浓度 290～948ppm，平均值 500ppm；站台层 CO_2 浓度 355～963ppm，平均值 590ppm。与 2017 年 7 月 10 日对比可发现，公共区 CO_2 浓度平均值有所降低，但波动幅度明显变大。平均值降低是因为冬季利用活塞效应对公共区通风，实际引入站内的有效新风量增大。波动幅度变大是因为客流的显著增加，在客流高峰时期的 CO_2 浓度水平高于平峰时段；绝大多数时段仍存在过量的新鲜空气，这也为进一步优化环控系统通风设备的运行提供了思路，可进一步依据客流变化对车站通风、空调系统进行调控，降低运行能耗。

8.6.3 运行能耗能效分析

(1) 全年用能总量及逐月分项分析

磨子桥站2016年8月、9月为车站开通运营初期，尚需根据实际运行工况测试、整定若干关键控制参数，水系统没有按模式自动控制，基本为人工操作，且为避免影响正常客运，多数整定工作需在夜间停运时段进行，公共区仍按空调工况运行；且2016年8月、9月部分项目为第一次抄表，记录的是电表底数而不是当月的实际用电量。因此表8-26中统计全年用电量时，冷源、环控两项的统计周期为2016年11月～2017年10月；其余（车站照明、广告、民用通信及其他）各项的统计周期为2016年8月～2017年7月；其中"冷源"用电包括冷水机组及水泵、冷却塔用电；"环控"用电是指除冷源部分外的其他全部通风空调用电量。环控部分的用电在2016年11月至2017年5月均很高，从2017年6月之后才回归7000kWh左右的正常值。这是因为在试运营初期，夜间停运后的窗口期内隧道内尚有较多的磨轨、实验、整改等作业。根据运营部门管理规程，区间隧道内有作业时需运行隧道风机（TVF）对隧道通风，而TVF风机每台电机容量为90kW。

磨子桥站逐月分项用电统计 **表8-26**

	冷源 (kWh)	环控 (kWh)	车站照明 (kWh)	广告 (kWh)	民用通信 (kWh)	其他 (kWh)	合计 (kWh)
2016年8月	—	—	42392	10063	5931	23168	—
2016年9月	—	—	43930	8490	6053	12978	—
2016年10月	—	—	45718	8912	6178	30122	—
2016年11月	0	32131	46108	9012	6089	21554	94894
2016年12月	0	28252	29219	9012	6089	24442	97014
2017年1月	0	28452	29542	9102	6084	25209	98389
2017年2月	0	25677	24368	8163	5847	28245	92300
2017年3月	0	28530	24368	9070	6496	28129	96593
2017年4月	2090	25677	14710	8163	3286	39312	93237
2017年5月	7381	26480	13052	14941	6040	51401	119295
2017年6月	21693	6844	14413	15546	5772	48268	112536
2017年7月	28431	6836	12463	15098	5793	44411	113032
2017年8月	28864	7150	—	—	—	—	—
2017年9月	19021	7120	—	—	—	—	—
2017年10月	5305	6212	—	—	—	—	—
全年合计①	112785	229361	340283	125572	69658	377238	1254898

① 冷源、环控的统计周期为2016年11月～2017年10月；其余各项的统计周期为2016年8月～2017年7月。

该车站的年总电耗约为125.5万kWh，图8-90给出了各月分项电耗的组成情况，其中8～10月份的冷源、环控电耗值为按照上述统计方法统计的开通后第二年的电耗值；其余电耗值均为开通第一年的电耗值。由于存在初期运行调试等多种实际因素的限制，使得部分分项电耗在上述统计周期内显著偏高，车站全年能耗仍有进一步降低的空间。

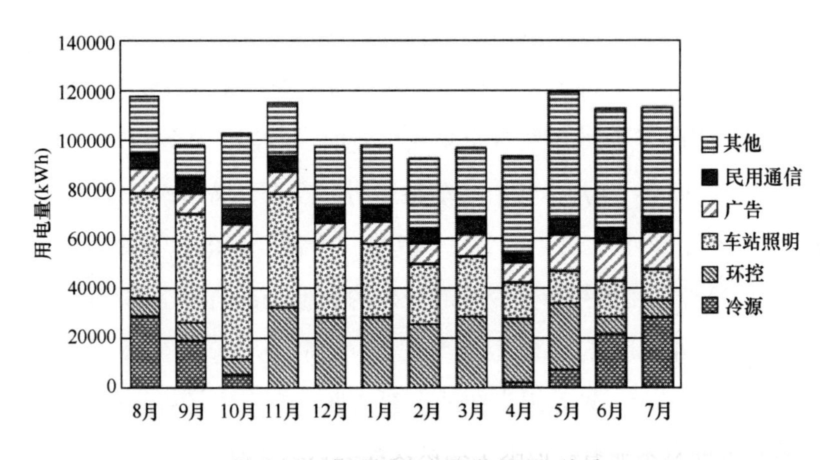

图8-90 磨子桥站逐月分项用电统计

进一步横向比较该条线同期工程各站通风空调系统用电量，采用全空气系统的A～L车站通风空调全年用电量超过93万kWh，而该车站采用空气—水系统方式，车站的通风空调全年用电量仅为34万kWh，通风空调系统能耗得到了显著降低。

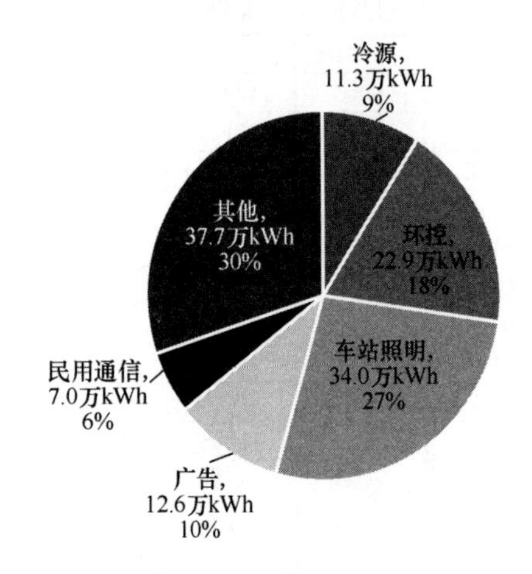

图8-91 磨子桥站分项电耗

（2）能耗指标分析

在上述统计周期年内，磨子桥站车站非牵引用电量为125.5万kWh，分项能耗拆分如图8-91所示。通风空调系统全年用电34.2万kWh，其中冷源消耗11.3万kWh，风机等消耗22.9万kWh。扣除风道1170m^2，按建筑面积9440m^2计算，则通风空调系统单位面积年用电指标为34.4kWh/(m^2·a)。

从2016年7月31日到2018年1月28日，磨子桥站累计供冷量2314.7MWh，冷站累计用电量461860kWh，其中冷水机组用电量303045kWh，冷水泵、冷却水泵、冷却塔合计用电量158815kWh，冷源侧综合能效比为7.64，冷站综合能效比为5.01。

照明用电34.0万kWh，广告照明12.6万kWh。公共区在运营的18h内为工作照明模式；停运时段的6h内为节电照明模式，照度为工作照明模式的1/3。设备管理用房区则为365d×24h连续照明。根据地下线路照明设计惯例，各车站均负担两端各半个区间隧道的照明。综合考虑到上述因素，如果按有连续照明需求的面积6500m^2，平均每日照明22h估算，照明及广告两项合计用电量折算照明功率密度约为8.93W/m^2。

8.6.4 小结

与国内多数线路的通风空调系统设计相比，成都地铁3号线磨子桥地铁站系统设计进行了大量的变革。该地铁站采用的关键节能技术包括：复合通风制式，空气一水系统，地下冷却塔采用活塞风冷却，一级泵变流量系统，基于智能马达控制（MCC）的风系统解耦控制，以及基于冷源群控的水系统解耦控制等。开通试运营一年多以来，节能效果显著。但限于地铁设计现状及规范，该车站仍是大小系统共用冷源、设置了轨顶和轨底排风，未来车站环控系统的设计、运行还有进一步提高的空间。

从实际车站环境控制效果来看，该地铁车站温湿度、CO_2浓度等指标均能够满足旅客等的需求，但实际CO_2浓度水平仍较低，表明多数时段内车站仍存在过量的无组织新风，存在进一步优化的空间，也为车站能耗的进一步降低提供了启示。

附录　机场航站楼能耗强度指标

机场航站楼综合能耗强度指标［单位：kgce/（m^2·a）］　　**附表 1**

吞吐量＼气候分区	Ⅰ类地区		Ⅱ类地区	
	约束值	引导值	约束值	引导值
甲类机场航站楼	40	30	30	20
乙类机场航站楼	35	25	25	18
说明	以上数值对应综合能耗计算中电力消耗按电热当量法折算，即 1kWh ＝ 0.1229kgce			
甲类机场航站楼	90	65	85	60
乙类机场航站楼	75	50	60	35
说明	以上数值对应综合能耗计算中电力消耗按供电煤耗法折算，即 1kWh ＝ 0.318kgce			

航站楼电耗强度指标［单位：kWh/（m^2·a）］　　**附表 2**

吞吐量＼气候分区	Ⅰ类地区		Ⅱ类地区	
	约束值	引导值	约束值	引导值
甲类机场航站楼	140	120	170	140
乙类机场航站楼	110	90	120	100

机场航站楼年平均单位旅客综合能耗指标［单位：kgce/（旅客·a）］　**附表 3**

吞吐量＼气候分区	Ⅰ类地区		Ⅱ类地区	
	约束值	引导值	约束值	引导值
甲类机场航站楼	0.50	0.35	0.40	0.30
乙类机场航站楼	0.45	0.30	0.35	0.25
说明	以上数值对应综合能耗计算中电力消耗按电热当量法折算，即 1kWh ＝ 0.1229kgce			
甲类机场航站楼	0.90	0.65	0.85	0.60
乙类机场航站楼	0.80	0.55	0.70	0.40
说明	以上数值对应综合能耗计算中电力消耗按供电煤耗法折算，即 1kWh ＝ 0.318kgce			

机场航站楼年平均单位旅客电耗指标［单位：kW/h（旅客·a）］ **附表 4**

吞吐量 \ 气候分区	Ⅰ类地区		Ⅱ类地区	
	约束值	引导值	约束值	引导值
甲类机场航站楼	1.75	1.35	2.00	1.60
乙类机场航站楼	1.10	0.80	1.60	1.30

严寒和寒冷地区机场航站楼单位面积年耗热量［单位：GJ/（m^2·a）］ **附表 5**

吞吐量 \ 气候分区	Ⅰ类地区	
	约束值	引导值
甲类机场航站楼	0.36	0.25
乙类机场航站楼	0.30	0.20

严寒和寒冷地区机场航站楼单位面积年供暖综合能耗指标［单位：kgce/（m^2·a）］

附表 6

吞吐量 \ 气候分区	Ⅰ类地区	
	约束值	引导值
甲类机场航站楼	18.0	12.5
乙类机场航站楼	15.0	10.0

机场航站楼单位面积年耗冷量指标［单位：GJ/（m^2·a）］ **附表 7**

吞吐量 \ 气候分区	Ⅰ类地区		Ⅱ类地区	
	约束值	引导值	约束值	引导值
甲类机场航站楼	0.40	0.30	0.80	0.60
乙类机场航站楼	0.20	0.15	0.35	0.25

机场航站楼单位面积年供冷能耗指标［单位：kWh/（m^2·a）］ **附表 8**

吞吐量 \ 气候分区	Ⅰ类地区		Ⅱ类地区	
	约束值	引导值	约束值	引导值
甲类机场航站楼	40.0	28.0	80.0	55.0
乙类机场航站楼	25.0	18.0	35.0	22.0